Veröffentlichungen des Instituts Wiener Kreis

Band 34

Founded by Friedrich Stadler

Diese peer reviewed Reihe, begonnen bei Hölder-Pichler-Tempsky, wird im Springer-Verlag fortgesetzt. Der Wiener Kreis, eine Gruppe von rund drei Dutzend WissenschaftlerInnen aus den Bereichen der Philosophie, Logik, Mathematik, Natur- und Sozialwissenschaften im Wien der Zwischenkriegszeit, zählt unbestritten zu den bedeutendsten und einflußreichsten philosophischen Strömungen des 20. Jahrhunderts, speziell als Wegbereiter der (sprach)analytischen Philosophie und Wissenschaftstheorie. Die dem Wiener Kreis nahestehenden Persönlichkeiten haben bis heute nichts von ihrer Ausstrahlung und Bedeutung für die moderne Philosophie und Wissenschaft verloren: Schlick, Carnap, Neurath, Kraft, Gödel, Zilsel, Kaufmann, von Mises, Reichenbach, Wittgenstein, Popper, Gomperz - um nur einige zu nennen - zählen heute unbestritten zu den großen Denkern unseres Jahrhunderts. Gemeinsames Ziel dieses Diskussionszirkels war eine Verwissenschaftlichung der Philosophie mit Hilfe der modernen Logik auf der Basis von Alltagserfahrung und einzelwissenschaftlicher Emperie. Aber während ihre Ideen im Ausland breite Bedeutung gewannen, wurden sie in ihrer Heimat aus sogenannten „rassischen" und/oder politisch-weltanschaulichen Gründen verdrängt und blieben hier oft auch nach 1945 in Vergessenheit. Diese Reihe hat es sich zur Aufgabe gemacht, diese DenkerInnen und ihren Einfluß wieder ins öffentliche Bewußtsein des deutschsprachigen Raumes zurückzuholen und im aktuellen wissenschaftlichen Diskurs zu präsentieren.

Julia Franke-Reddig

Zur Kontinuität und Eigenständigkeit der Wissenschaftsphilosophie von Moritz Schlick

Springer

Julia Franke-Reddig
Fakultät IV/Department Mathematik
Universität Siegen
Siegen, Deutschland

ISSN 2363-5118 ISSN 2363-5126 (electronic)
Veröffentlichungen des Instituts Wiener Kreis
ISBN 978-3-032-14191-0 ISBN 978-3-032-14192-7 (eBook)
https://doi.org/10.1007/978-3-032-14192-7

Die Deutsche Nationalbibliothek verzeichnet diese Publikation in der Deutschen Nationalbibliografie; detaillierte bibliografische Daten sind im Internet über https://portal.dnb.de abrufbar.

Springer ist ein Imprint der eingetragenen Gesellschaft Springer Nature Switzerland AG und ist ein Teil von Springer Nature.
Die Anschrift der Gesellschaft ist: Gewerbestrasse 11, 6330 Cham, Switzerland

Gewidmet Valentina Kujath,
in liebevoller Erinnerung.

Danksagung

Mein größter Dank gilt meiner Mutter, Jana Alsen, meinem Doktorvater Ingolf Max sowie meinem Ehemann, Dirk Reddig – ohne deren stete Unterstützung wäre diese Arbeit nie zustandegekommen. Weiterer Dank gilt der *Moritz-Schlick-Forschungsstelle* in Rostock, insbesondere Martin Lemke und Matthias Wunsch; den Teilnehmern des Leipziger Oberseminars *Formen analytischer Philosophie*, insbesondere Philipp Leon Bauer und Alfred Olszok; der Forschungsgruppe *Origens da Filosofia Contemporânea*, darunter insbesondere Mario Porta; dem *Institute Vienna Circle*, insbesondere Friedrich Stadler sowie allen Mitgliedern der Siegener Arbeitsgruppe zur *Geschichte und Philosophie der Mathematik*. Besonderer Dank gilt außerdem meiner gesamten Familie, darunter insbesondere Jörg Alsen, Dirk Franke, Jaqueline Kögler und Rudolf Erwin Reddig. Mein Dank gilt schließlich auch der *Hans-Böckler-Stiftung* für die Finanzierung meiner Forschung.

Einleitung

Die Philosophie des Physikers Moritz Schlick ist in der Folge der tragischen Umstände seiner Ermordung 1936, der nationalsozialistischen Machtergreifung in Österreich 1938 und der mit diesen Ereignissen einhergehenden Flucht der meisten ehemaligen Mitglieder des Wiener Kreises ins Exil (Stadler 2015 [1997], S. 615–645; Geier 1992, S. 7–15, Engler und Renn 2028, S. 15–33) über mehrere Jahrzehnte weitgehend der Vergessenheit anheimgefallen. Erst 1982, anlässlich seines 100. Geburtstags, erschien unter dem Titel *Rationality and Science: A Memorial Volume for Moritz Schlick in Celebration of the Centennial of His Birth* (Gadol 1982) ein erster Sammelband für Schriften, die sich erneut mit Leben, Werk und Wirkung Schlicks auseinandersetzten, gefolgt von einem weiteren Sammelband 1985, dessen Titel – „Zurück zu Schlick“ – wohl nicht unbeabsichtigt in Form einer Aufforderung daherkommt (Ayer und McGuinness 1985). Es folgten in den 1980ern unter Federführung des *Instituts Wiener Kreis* mehrere Neuauflagen seiner Schriften bei Suhrkamp (Schlick 1984, 1986a, b) und letztlich 2002 die Gründung der *Moritz-Schlick-Forschungsstelle* an der Universität Rostock, die sich seither für die kritische Gesamtausgabe von Schlicks Werk und Nachlass verantwortlich zeichnet.

Diese Begebenheiten lösten eine sich zwar langsam, jedoch stetig weiterentwickelnde Schlick-Renaissance aus. Im Kontext der aufkeimenden Schlick-Rezeption hat es sich in jüngster Zeit etabliert, zwischen einem „frühen“ und einem „späten Schlick“ (Philippi 1986, S. III) zu unterscheiden. Diese Unterscheidung wird zumeist an einem vermeintlichen Bruch in Schlicks Denken festgemacht, der eine inhaltliche Wende in der Entwicklung seiner Philosophie zur Folge hatte. Der Zeitpunkt, zu dem jene Wende stattgefunden haben soll, kann unterschiedlich bestimmt werden: Sei es die erstmalige Lektüre des *Tractatus Logico Philosophicus* zu Beginn der 1920er Jahre gewesen (Friedl und Rutte 2008, S. 209; McGuinness 1984, S. 13 f.), die Auseinandersetzung mit der modernen formalen Logik (Lemke 2019, S. 227) oder gar erst die persönliche Bekanntschaft mit Ludwig Wittgenstein (McGuinness 1984, S. 15 f.). Zumindest sind sich alle Autoren, die einen Umbruch im philosophischen Denken Schlicks annehmen, darin einig, dass dieser in irgendeiner Weise durch die Auseinandersetzung mit der Philosophie Wittgensteins veranlasst wurde (Philippi 1986, S. III). Die Geschichte, die dabei von Schlicks philosophischer

Wende erzählt wird, lässt sich hier exemplarisch in den Worten Michael Friedmans skizzieren: „Schlick is not a positivist or strict empiricist in 1918, [...] Why did Schlick [...] move away from this view?“ (Friedman 1983, S. 501), hält Friedman zunächst fest, um dann einige Seiten später unter Bezug auf einen Text, den Schlick 1926 veröffentlicht hat, festzustellen: „In the meantime he [Schlick] has moved to Vienna (1922) and read the Tractatus and drafts of Carnaps Aufbau“ (S. 508) und schließlich zu dem Urteil zu gelangen: „By 1929 [...] the transformation is complete. Schlick is now the militant prophet of logical positivism.“ (S. 509)

Mit dieser Erzählung geht zumeist auch die Behauptung einher, Schlick habe in Wien seine philosophische Eigenständigkeit gegenüber seinem großen Idol Wittgenstein verloren. Er wird zuweilen gar zu dessen „Sprachrohr“ degradiert (Quinton 1985, S. 114). So urteilt bspw. Ramon Cirera:

> It can be truthfully said that his relationship with Wittgenstein marks the end of his career as an independent thinker. (Cirera 1994, S. 48 f.)

Doch in den vergangenen Jahren machten sich vermehrt auch Stimmen breit, die diese Interpretation des schlickschen Gesamtwerkes in Frage stellen. So kommt es, dass Matthias Neuber davon spricht, dass in der Forschungsliteratur zwischen der *Konversionsthese* auf der einen und der *Kontinuitätsthese* auf der anderen Seite unterschieden werden kann (Neuber 2018, S. 28). Zu denjenigen Autoren, die von einer durch Wittgensteins Philosophie verursachten „Konversion“ im Denken Schlicks ausgehen, können bspw. Neuber selbst (S. 28 ff.), wie eben bereits zitiert, Friedman und Cicera, der Schlick-Schüler Herbert Feigl (1963, S. 22) und der Einstein-Interpret Klaus Hentschel (1986) gezählt werden. Als Vertreter der gegenläufigen These können hier die Schlick-Schüler Ludovico Geymonat (1985) und Karl Menger (1982), Bernd Phillippi (1986) sowie Johannes Friedl (2013) angeführt werden.

Neben diesen Autoren, die im Rahmen vorliegender Arbeit ausführlicher (v. A. im Abschn. 4.1) zu besprechen sein werden, liefern Brian McGuinness und Fynn Ole Engler zumindest Indizien für die Kontinuität im Werk Schlicks. So hält McGuiness fest, dass Schlick den *Tractatus* als Ganzes akzeptierte und ihn „sicherlich nicht ohne Grund als den Wendepunkt der Philosophie“ chakarkterisierte (McGuinness 1991, S. 111). Doch er geht dabei nicht so weit wie manch anderer Autor und schließt von dem von Schlick konstatierten „Wendepunkt“ der Philosophiegeschichte nicht auf einen Wendepunkt in dessen eigenen Philosophieren. Vielmehr hält er fest, dass ihn „etwas an diesem Buch“ (dem *Tractatus Logico-Philosophicus*) gefangen hielt und spekuliert darüber, was Anlass dazu gegeben haben könnte:

> [...] vielleicht die Zusammenfassung alle [sic!] dem ganzen „Kreis“ bereits bekannten Einsichten mit den neuen, die sie brauchten (hauptsächlich die in die Logik), obendrein die Zusammenfassung zu einer Weltanschauung, und zwar einer, die für alle diejenigen Werte, derentwegen er sich mehr in Wien als in seinem Geburtsort, der („traurig, aber wahr“, pflegte er zu sagen) Berlin war, zu Hause fühlte, Platz hatte. (S. 111 f.)

Letztlich lassen sich diese vagen Vermutungen dahingehend interpretieren, dass Schlick im *Tractatus* etwas gesehen hat, nach dem er schon lange vor seiner ersten Begegnung mit wittgensteinscher Philosophie gesucht hatte. Vor diesem Hintergrund wird deutlich, inwiefern Wittgensteins gegenüber Schlick in einem Brief vom 20. November 1931 geäußerte Selbstkritik am *Tractatus* für Schlick grundlegend problematisch gewesen sein mag. Dort heißt es bspw. bezüglich einiger seiner früheren Äußerungen:

> [...] alles [...] was „Elementarsätze" & „Gegenstände" betrifft hat sich mir als fehlerhaft gezeigt [...] & mußte gänzlich umgearbeitet werden. (Iven 2015, S. 129)

Dass dies jedoch nicht zu einer Abänderung von Schlicks eigenen Thesen geführt hat, betont dagegen Engler. Er bemerkt, dass durch die philosophischen Diskussionen die nachgewiesenermaßen ab 1929 zwischen Schlick und Wittgenstein stattgefunden haben, zwar Wittgensteins eigene tiefgreifende Denkbewegungen beeinflusst sein mögen, dass jedoch Schlick selbst das Wesentliche seiner eigenen Position stets bewahrte (Engler 2015, S. 175). Bezüglich Schlick heißt es genauer, dass – obgleich Wittgenstein sich spätestens Ostern 1930 endgültig vom Wahrheitsanspruch der Physik abkehrte – Schlick unverändert an der Existenz von Elementarsätzen und Gegenständen, vermittelt über die Koinzidenzmethode, festhielt (S. 208). In Anbetracht dieser Gegebenheiten erscheint es zunächst mindestens fraglich, ob Schlicks Verehrung für Wittgenstein tatsächlich so weit ging, dass von einem vollständigen Verlust seiner Eigenständigkeit die Rede sein kann.

Die vorliegende Arbeit wurde im September 2022 fertiggestellt und im November desselben Jahres als Dissertation an der Fakultät für Sozialwissenschaften und Philosophie der Universität Leipzig eingereicht. Aus diesem Grund konnten sowohl das von Thomas Uebel 2022 veröffentlichte Paper „Wittgenstein and the Vienna Circle" sowie die im 2023 erschienenen Sammelband *Wittgenstein and the Vienna Circle – 100 Years After the Tractatus-Logico-Philosophicus* publizierten Artikel mit Schlick-Bezug ursprünglich nicht berücksichtigt werden. Nachträglich soll jedoch hier eine kurze Besprechung derjenigen Textstücke erfolgen, die inhaltliche Bezugnahmen als argumentativ sinnvoll erscheinen lassen.

Dies betrifft zunächst den im Sammelband abgedruckten Text von Thomas Uebel „Wittgenstein and the Variety of Vienna Circle's." (Uebel 2023). Obgleich Uebels Fokus hier auf dem Verhältnis Wittgensteins zum sog. linken und rechten Flügel des Wiener Kreises liegt sowie auf dessen persönlichen Verhältnis zu Schlick, finden sich darin interessante Passagen, die wiederum die Kontinuitätsthese zu stützen vermögen. Er hält bspw. fest, dass lediglich Schlick und Waismann als Mitglieder des „rechten Flügels" für die Behauptung herhalten könnten, dass der Logische Empirismus lediglich eine Fußnote zu Wittgensteins *Tractatus* darstellte. Er ergänzt jedoch, dass diese Behauptung selbst für diese beiden Philosophen inhaltlich nicht haltbar sei: beispielhaft hierfür sei Schlicks „theory of Affirmations" (S. 112), welche im Rahmen dieser Arbeit ausblicksweise im *Teil III: Fazit und Ausblick* 5.1 tiefergehend besprochen wird. Darüber hinaus erhellt Massimo Ferrari in seinem Beitrag den Disput zwischen Schlick und Wittgenstein bezüglich Fragen der Ethik (Ferrari 2023). Obgleich Schlicks Engagement in der philosophischen Auseinandersetzung mit Ethik, welche er letzlich sogar in den *Schriften zur wissenschaftlichen Weltauffassung* publizierte (Schlick 1930), in klarem Kontrast zu Wittgensteins Position stand und dies als Argument für die Eigenständigkeit Schlicks gegenüber Wittgenstein von Nutzen sein könnte, muss im Rahmen vorliegender Arbeit, deren Fokus auf Schlicks Wissenschaftsphilosophie liegt, auf die Auseinandersetzung mit dieser Thematik verzichtet werden.

Mit Bezug auf die Thematik dieser Arbeit ist im genannten Sammelband die Veröffentlichung von Rose Rands „Thesen" (Stadler 2023) als das Glanzstück zu bezeichnen. Dieser auf den Zeitraum 1932–1933 datierte Bogen stellt die Entwicklung der Position einzelner Mitglieder des Kreises, u. a. Schlick, zu 27 unterschiedlichen Thesen vor und zwar vor, während und nach dem *Tractatus*. Die Antwortmöglichkeiten auf die unterschiedlichen Thesen umfassen dabei „Ja", „Nein", „Sinnlos", „Fehlt" und „Unbestimmt". Interessant ist dabei, dass für keine einzige der Fragen zu Schlick ein Wechsel von sich widersprechenden Antworten in der Zeit vor dem *Tractatus*, zu der Zeit während oder nach dem *Tractatus* verzeichnet ist (etwa ein Wechsel von „Nein" zu „Ja" oder von „Ja" zu „Nein"). Stattdessen wird bei den Fragen 8, 9, 11 und 14 jeweils für alle drei Zeiträume mit „Ja" geantwortet, in Frage 15 dreimal mit „Nein". Der einzige relevante Wechsel findet sich in Frage zwei und zwar von „Nein" auf „Ja", allerdings erfolgt dieser Wechsel erst zwischen den Zeitspannen „während" des und „nach" dem *Tractatus*. Bei allen anderen immerhin 21 verbleibenden Fragen ist für die Zeit „vor dem Tractatus" bei Schlick nichts eingetragen, dies bedeutet entsprechend der vorgegebenen Kategoriesierung, dass eine Angabe „fehlt". Das Fehlen von Hinweisen auf eine Abkehr von früh vertretenen Thesen in diesem Dokument als einen Beleg für die Kontinuität von Schlicks Philosophie zu werten, erschiene höchst spekulativ. Jedoch lässt sich zumindest festhalten, dass dieses 2023 erstmals veröffentlichte Schriftstück der Konversionsthese eher zuwiderläuft, indem es an keiner einzigen Stelle ein Argument *dafür* liefert.

Das erklärte Ziel der vorliegenden Arbeit ist es, im Rahmen der Debatte um die (Dis-)Kontinuität im philosophischen Werk Schlicks, vor dem Hintergrund der hier bereits vorgelegten Argumente, neue Nachweise für die Kontinuitätsthese zu liefern und zwar durch eine eingehende Untersuchung der zentralen Aspekte von Schlicks Wissenschaftsphilosophie in seinem Früh- und Spätwerk. Damit einhergehend vertrete ich auch die These von der Eigenständigkeit Schlicks gegenüber Wittgenstein. Insgesamt beinhaltet der soeben besprochene Sammelband viele neue Erkenntnisse bezüglich des Verhältnisses zwischen Wittgenstein und Schlick und der Auseinandersetzung zwischen den beiden, sowohl in fachlich-philosophischer wie auch in persönlicher Hinsicht. Bezüglich dieser Thematik gab es auch bereits zuvor einige erhellende Publikationen.[1] Doch die Argumentationsstrategie der nachfolgenden Kapitel verfolgt nicht das Ziel, die Beziehungen zwischen den beiden Philosophen historisch nachzuzeichnen und auf diese Weise die Unabhängigkeit Schlicks von Wittgenstein unter Beweis zu stellen. Stattessen liegt der Fokus vorliegender Arbeit, um nicht zu einer weiteren Arbeit über Wittgenstein selbst zu werden, explizit

[1] Zu nennen wären hier die bereits zitierten Sammelbände *Rationality & Science* (Gadol 1982) sowie *Zurück zu Schlick* (Ayer und McGuinness 1985), jedoch auch und vor allem die Einleitung von Brian McGuinness zu *Wittgenstein und der Wiener Kreis* (McGuinness 1984).

auf dem Physiker-Philosophen Schlick selbst. Es wird dabei ausgehend von seinem Frühwerk ein Blick auf ausgewählte Aspekte seines Spätwerks geworfen. Dem liegt folgende Überlegung zugrunde: Insofern sich zeigen lässt, dass bestimmte wesentliche Aspekte von Schlicks Wissenschaftsphilosophie, die bereits sein Frühwerk prägten, sich kontinuierlich durch sein gesamtes Werk ziehen, kann nicht behauptet werden, er habe diese Positionen später von Wittgenstein übernommen. Denn sofern sich das Vorhandensein bestimmter Ideen bereits in seinen frühen Schriften nachweisen lässt, müssen sie bereits entstanden sein, bevor Schlick mit der Philosophie Wittgensteins in Kontakt kam. Dementsprechend lautet die Hypothese, dass Autoren, die behaupten, Schlick hätte in Wien in seinem philosophischen Denken eine Wende vollzogen und seine Eigenständigkeit gegenüber Wittgenstein vollständig eingebüßt, letztlich übersehen, dass bestimmte (zumeist Wittgenstein zugeschriebene) Thesen von Schlick bereits weitaus früher vertreten wurden und zwar lange vor seiner Zeit in Wien. Eine ähnliche Ansicht vertritt auch Menger in seinen *Memories of Moritz Schlick*:

> Upon coming to Vienna in 1922, Schlick for a while became interested in mathematical logic and greatly admired by Russell. A few years later he fell under the ever increasing spell of Ludwig Wittgenstein. This last phase I had opportunity to observe closely; and I was sometimes rather unhappy to see Schlick extol his idol to the point of self-effacement: he ascribed to Wittgenstein ideas that he himself had uttered before he had seen the Tractatus. (Menger 1982, S. 84)

Zur klaren begrifflichen Unterscheidung sei hier folgendes vermerkt: Die von mir behauptete ‚Kontinuität' beschränkt sich auf die These, dass viele Ideen, die zumeist nur dem „späten Schlick" und damit in ihren Ursprüngen Wittgenstein zugeschrieben werden, schon in Schlicks Frühwerk angelegt waren. Mit der ‚Eigenständigkeit' referiere ich auf die Unabhängigkeit der in Schlicks Frühwerk bereits vorhandenen und bis in seine späten Schriften fortgesetzt vertretenen Ideen von der Philosophie Wittgensteins.

Zu meiner Verwendung der Ausdrücke „früher-", „später-", „Wiener" und „vor-Wiener-Schlick" ist anzumerken, dass es selbst den Vertretern der Konversionsthese sichtlich schwerfällt, einen genauen Wendepunkt in der philosophischen Entwicklung Schlicks zu markieren. Vor dem Hintergrund meines soeben beschriebenen Argumentationsstrangs erscheint ist es jedoch sinnvoll, Schlicks erste Lektüre des *Tractatus* als das Ereignis anzusehen, dass die vorgebliche Wende historisch datiert. Dieses fällt in die Zeit zwischen 1922 und 1924 (Friedl und Rutte 2008, S. 13 f.), in der auch Schlicks Berufung an die Universität Wien stattfand (Lemke 2019, S. 225). Mit den Termini „früher-" oder „vor-Wiener-Schlick" werde ich mich im Folgenden auf Schlicks durch Wittgenstein noch völlig unbeeinflusstes philosophisches Werk vor 1922 beziehen. Die Ausdrücke „später" oder „Wiener-Schlick" referieren dagegen auf seine später verfassten Arbeiten.

Fernerhin sei hier erneut betont, dass ich mich im Folgenden auf die Analyse von Schlicks Wissenschaftsphilosophie beschränken werde. Seine umfassenden Arbeiten bspw. zur Ethik, Ästhetik, Kunst und Kultur (MSGA Abt. I, Bd. 3; Abt. II, Bd. 3.1–3, Bd. 4.1–2, Bd. 5.1) werden dagegen nicht berücksichtigt und folglich durch meine

Argumentation nicht berührt. Doch mit dem Vorhaben, Schlicks Wissenschaftsphilosophie auf Kontinuität zu überprüfen, geht noch ein anderer Aspekt einher, den ich an dieser Stelle begründen möchte: Schlicks frühes Hauptwerk – die *Allgemeine Erkenntnislehre* – erschien 1918 als Band einer Reihe von naturwissenschaftlichen Schriften. Diesen Umstand kommentierte er selbst mit den folgenden Worten:

> [...] wenn der Erkenntnislehre gerade an dieser Stelle ein Platz angewiesen wird, so setzt das nicht bloß eine Verträglichkeit beider Forschungsgebiete voraus, sondern es liegt darin die entschiedene Behauptung einer natürlichen Zusammengehörigkeit. (MSGA I.1, S. 123)

Diese „natürliche Zusammengehörigkeit" erläutert er damit, dass es sich bei der Philosophie nicht um eine selbstständige Wissenschaft handelt. Stattdessen sei sie in allen Wissenschaften beheimatet, „als deren wahre Seele, kraft deren sie überhaupt erst Wissenschaften sind" (S. 123). Darauffolgend argumentiert er, dass die Philosophie ein „Prinzip" sei, dass das „System aller Erkenntnisse" durchsetzt (S. 123). Er schließt seine Erläuterung mit den Worten: „ich bin überzeugt, daß man zur Philosophie nicht anders gelangen kann, als indem man sie in ihrer Heimat aufsucht" (S. 123 f.). Es zeigt sich damit, dass für Schlick die *Erkenntnis*, die *Wissenschaft* und die *Philosophie* derart eng miteinander verknüpft sind, dass eine Untersuchung von Schlicks *Wissenschaftsphilosophie* immer auch eine Auseinandersetzung mit seiner *Erkenntnisphilosophie* sein muss. Daraus ergibt sich der nunmehr zu beschreibende Aufbau der vorliegenden Arbeit.

Im ersten und zweiten Kapitel wird der wissenschaftshistorische Kontext für Schlicks Philosophie geliefert, um in späteren Kapiteln darauf zurückgreifen zu können. In Kap. 1 geht es um die Axiomatisierung der Geometrie durch David Hilbert sowie um Carnaps Kritik an Schlicks Inanspruchnahme der sich aus Hilberts Arbeit ergebenden Methode der ‚impliziten Definintion' von Begriffen. Das darauffolgende Kap. 2 behandelt die historische Entwicklung der Etablierung der Relativitätstheorien sowie einige philosophische Konsequenzen, die Schlick daraus zieht. Da es sich bei der Axiomatisierung und den Relativitätstheorien um die wissenschaftlichen Entwicklungen zu Beginn des 20. Jahrhunderts handelt, die Schlicks Philosophie am maßgeblichsten beeinflusst haben, beschließe ich das Kapitel mit der Behandlung dieser beiden Forschungskontexte. Es hätten auch weitere wissenschaftliche Entwicklungen herangezogen werden können, wie bspw. die Entwicklung der Quantenphysik. Doch Schlicks Auseinandersetzung mit dieser fällt naturgemäß in den späteren Zeitraum nach 1922. Da es das Anliegen dieser Arbeit ist, zu untersuchen, inwiefern sein Werk eine Wissenschaftsphilosophie beinhaltet, die durch eine kontinuierliche Entwicklung geprägt ist, beschränke ich mich darauf, diejenigen wissenschaftshistorischen Entwicklungen in Betracht zu ziehen, die aufgrund der zeitlichen Entwicklung auch sein gesamtes Werk von früher bis später Philosophie beeinflusst haben können.

In den drei darauffolgenden Kapiteln des Teils II betrachte ich jeweils einen zentralen Aspekt von Schlicks Wissenschafts- bzw. Erkenntnisphilosophie sowohl in seinem Früh- als auch in seinem Spätwerk. Alle drei Kapitel weisen dabei eine ähnliche Struktur auf: Zunächst werden Positionen aus der Sekundärliteratur besprochen.

Darauf folgt eine Analyse der betreffenden Stellen bei Schlick, woraufhin ich aufbauend auf einer kritischen Betrachtung der Sekundärquellen sowie den Ergebnissen meiner Analysen meinen eigenen Standpunkt entwickle und argumentativ begründe.

Der Fokus des Kap. 3 liegt dabei auf dem Begriff des ‚Erkennens'. In der Sekundärliteratur wird zumeist angenommen, Schlick habe die These vertreten, ‚Erkennen' sei ‚Wiedererkennen'. Es wird sich zeigen, dass es sich bei dieser Formulierung um eine stark vereinfachende Reduktion einer Idee handelt, die Schlick zeitlebens vertreten und dabei kontinuierlich weiterentwickelt hat. Dies liefert ein **erstes Kontinuitätsargument**. Im Kontext dieser Erörterungen wird deutlich, dass Argumentationen, die Schlicks Erkenntnisbegriff in einen infiniten Regress münden sehen, Schlicks eigentliche Grundidee unterlaufen: denn ‚Erkennen' besteht für Schlick stehts darin, unterschiedliche Dinge miteinander in Verbindung zu setzen und damit eine bestimmte Struktur in die Welt zu bringen. Vor diesem Hintergrund wird dafür argumentiert, dass diese Idee sich besser durch die Verwendung von Termini wie ‚zurückführen' oder ‚wiederfinden' statt ‚wiedererkennen' zum Ausdruck bringen lässt, was Schlick auch selbst im Sinn hatte.

Der soeben bereits angeführte Begriff der ‚Struktur' steht im Zentrum des Kap. 4. Hierin wird die Konstruktion des Erkenntniszusammenhangs durch sog. Begriffssysteme in der Allgemeinen Erkenntnislehre im Detail nachvollzogen. Dabei zeigt sich, dass die These des „späten Schlicks", jede Erkenntnis sei Strukturerkenntnis, sich bereits in seinem Frühwerk nachweisen lässt: Sie ist implizit in den Begriffssystemen verankert. Darin besteht das **zweite Kontinuitätsargument**. Darüber hinaus wird in diesem Kapitel die Unabhängigkeit dieser These von Wittgensteins Konzeption der ‚internen' und ‚externen Relationen' besprochen.

Im 5 Kapitel wird Schlicks Wirklichkeitsbegriff in seinen frühen und späten Schriften eingehend beleuchtet. Da die meisten Argumente für die *Diskontinuität* in Schlicks philosophischem Gesamtwerk auf seine Positionierung zur Frage nach der Realität der Außenwelt Bezug nehmen, wird zu Beginn dieses Kapitels eben jene Debatte zunächst mit einem neutralen Blick auf die unterschiedlichen Positionierungen der oben genannten Autoren erläutert. Es zeigt sich dabei, dass vornehmlich in Bezug auf den Wirklichkeitsbegriff des frühen Schlicks Unstimmigkeiten bestehen. Aufgrund dessen wird daraufhin die Konzeption der ‚Wirklichkeit' in der *Allgemeinen Erkenntnislehre* ausführlich analysiert. Das Ergebnis dieser Untersuchung wird zeigen, dass die von einigen Autoren behauptete Widersprüchlichkeit zwischen Schlicks frühem und späten Wirklichkeitsbegriff so keinen Bestand hat und dass die vorgebliche Wende im Denken Schlicks sich dementsprechend nicht an seiner Auffassung dessen festmachen lässt, was aus philosophischer Perspektive als ‚wirklich' zu erachten sei. Damit ist dann mein **drittes Kontinuitätsargument** dargelegt.

Abschließend wird auf den drei genannten Kontinuitätsargumenten aufbauend für die philosophische Eigenständigkeit Schlicks gegenüber Wittgenstein argumentiert. Zur verwendeten Sekundärliteratur ist hier zu sagen, dass in den vergangenen Jahren mehrere Studien von Friedl und Neuber erschienen sind, in denen sie sich (unter anderem) mit den hier im Fokus stehenden Aspekten von Schlicks Wissenschaftsphilosophie befassen. Beide vertreten dabei zum Teil sehr unterschiedliche Ansichten, denen ich jeweils in Teilen nicht vollständig zustimme. Da es sich bei den Arbeiten

Neubers und Friedls um die umfassendsten Werke handelt, die in den letzten Jahren zur Philosophie Schlicks erschienen sind, handelt es sich bei meiner Arbeit auch um eine kritische Auseinandersetzung mit den Arbeiten Neubers und Friedls, vornehmlich mit Neubers Studie *Der Realismus im logischen Empirismus. Eine Studie zur Geschichte der Wissenschaftsphilosophie* (2018) sowie mit *Konsequenter Empirismus. Die Entwicklung von Moritz Schlicks Erkenntnistheorie im Wiener Kreis* (2013), verfasst von Friedl.

Es bleibt an dieser Stelle anzumerken, dass die inhaltliche Dreiteilung der Auseinandersetzung mit Schlicks Wissenschaftsphilosophie in die Themengebiete ‚Erkennen – Struktur – Wirklichkeit' an die Dreiteilung der *Allgemeinen Erkenntnislehre* angelehnt ist. Diese strukturelle Parallele ist zwar nicht in Absicht einer derart offensichtlichen Orientierung an Schlicks frühem Hauptwerk entstanden, aber doch auch keineswegs rein zufälliger Natur: Die Kapitel der vorliegenden Arbeit können zwar, jedes für sich genommen, als inhaltlich abgeschlossen betrachtet werden. Nichtsdestotrotz bauen sie aber inhaltlich aufeinander auf. Für Schlick erhebt sich die Wissenschaftsphilosophie aus der aufeinanderfolgenden Auseinandersetzung mit den Fragen danach, was ‚Erkenntnis' eigentlich ist, wie auf dieser Grundlage die Erkenntnissysteme der Wissenschaften konstituiert werden können und welchen Bezug diese Systeme auf die Wirklichkeit haben. Wer im Sinne Schlicks „konsequent philosophiert" (Bauer et al. 2022) und die Konstitution seiner Wissenschaftsphilosophie nachzuvollziehen sucht, ist der Einhaltung dieser Reihenfolge im Denkweg verpflichtet.

Leipzig,
Mai 2025

Julia Franke-Reddig

Literatur

Ayer, Alfred J., und Brian McGuinness, Hrsg. 1985. *Zurück zu Schlick: eine Neubewertung von Werk und Wirkung.* Wien: Hölder-Pichler-Tempsky.

Philipp Leon Bauer, Raphael Borchers, Julia Franke-Reddig und Ingolf Max. 2022. Konsequentes Philosophieren im Lichte empirischer Wissenschaften und Logik. Drei neue Bände der nachgelassenen Schriften der Moritz Schlick Gesamtausgabe. *Zeitschrift für philosophische Forschung* 76:137–153

Cirera, Ramon. 1994. *Carnap and the Vienna Circle. Empiricism and the Logical Syntax.* Amsterdam/Atlanta: Rodopi.

Engler, Fynn Ole. 2015. „Allerdings ist die Lektüre äusserst schwierig.". Zum Verhältnis von Moritz Schlick und Ludwig Wittgenstein. *Wittgenstein-Studien* 6:175–210.

Engler, Fynn Ole, und Jürgen Renn. 2018. *Gespaltene Vernunft. Vom Ende eines Dialogs zwischen Wissenschaft und Philosophie.* Berlin: Matthes & Seitz.

Feigl, Herbert. 1981 [1963]. The power of positivistic thinking. In: *Inquiries and provocations. Selected writings 1929–1974*, Hrsg. Robert S. Cohen, 38–56. Wien: Springer.

Ferrari, Massimo. 2023. After the *Tractatus*: Schlick and Wittgenstein on Ethics. In *Wittgenstein and the Vienna Circle. 100 Years After the Tractatus Logico-Philosophicus*, Hrsg. Friedrich Stadler, 127–160. Wien: Springer.
Friedl, Johannes. 2013. *Konsequenter Empirismus. Die Entwicklung von Moritz Schlicks Erkenntnistheorie im Wiener Kreis.* Wien: Springer.
Johannes Friedl, und Heiner Rutte. 2008. Einleitung zu: *Moritz Schlick: Die Wiener Zeit. Aufsätze, Beiträge, Rezensionen 1926–1936* [= MSGA I.6], Hrsg. Johannes Friedl und Heiner Rutte. Wien: Springer.
Johannes Friedl, und Heiner Rutte. 2008. Editorischer Bericht zu „Die Wende der Philosophie". In *Moritz Schlick: Die Wiener Zeit. Aufsätze, Beiträge, Rezensionen 1926–1936* [= MSGA I.6], Hrsg. Johannes Friedl und Heiner Rutte. Wien: Springer.
Schlick, Moritz. 1930. *Fragen der Ethik.* Wien: Springer.
Friedman, Michael. 1983. Moritz Schlick, Philosophical papers. *Philosophy of Science* 50:498–514
Gadol, Eugene T. (Hrsg.). 1982. *Rationality and science. A memorial volume for Moritz Schlick in celebration of the centennial of his birth.* Wien: Springer.
Geier, Manfred. 1992. *Der Wiener Kreis mit Selbstzeugnissen und Bilddokumenten.* Hamburg: Rowohlt.
Geymonat, Ludovico. 1985. Entwicklung und Kontinuität im Denken Schlicks. In *Zurück zu Schlick. Eine Neubewertung von Werk und Wirkung*, Hrsg. Brian McGuiness, 24–31. Wien: Hölder-Pichler-Tempsky.
Hentschel, Klaus. 1986. Die Korrespondenz Einstein-Schlick. Zum Verhältnis der Physik zur Philosophie. *Annals of Science* 43:475–488
Iven, Mathias. 2015. Er „ist eine Künstlernatur von hinreissender Genialität". Die Korrespondenz zwischen Ludwig Wittgenstein und Moritz Schlick sowie ausgewählte Briefe von und an Friedrich Waismann, Rudolf Carnap, Frank P. Ramsey, Ludwig Hänsel und Margaret Stonborough. *Wittgenstein-Studien* 6:83–174.
Lemke, Martin. 2019. Editorischer Bericht zu „Logik – [Kiel]". In *Moritz Schlick: Vorlesungen und Aufzeichnungen zur Logik und Philosophie der Mathematik* [= MSGA II.1.3], Hrsg. Martin Lemke. Wien: Springer.
McGuinness, Brian. 1984. Vorwort zu *Wittgenstein und der Wiener Kreis.* Frankfurt a. M.: Suhrkamp.
McGuinness, Brian. 1991. Wittgensteins Beziehungen zum Schlick-Kreis. In *Jour fixe der Vernunft: Beiträge zur Geschichte des Wiener Kreises*, Hrsg. Paul Kruntorad, 108–126. Wien: Hölder-Pichler-Tempsky.
Menger, Karl. 1982. Memories of Moritz Schlick. In *Rationality and Science. A Memorial Volume for Moritz Schlick in Celebration of the Centennial of His Birth*, Hrsg. Eugene T. Gadol, 83–103. Wien: Springer.
Neuber, Matthias. 2018. *Der Realismus im logischen Empirismus. Eine Studie zur Geschichte der Wissenschaftsphilosophie.* Wien: Springer.
Philippi, Bernd. 1986. Protokollsätze versus Konstatierungen. Ein Kernproblem des Wiener Kreises. Einleitung zu: *Moritz Schlick: Philosophische Logik*, Hrsg. Bernd Philippi, I–XLIII. Frankfurt a. M.: Suhrkamp.

Quinton, Anthony. 1985. Vor Wittgenstein: Der frühe Schlick. In *Zurück zu Schlick. Eine Neubewertung von Werk und Wirkung*, Hrsg. Brian McGuinness, 114–133. Wien: Hölder-Pichler-Tempsky.

Schlick, Moritz. 1984. *Fragen der Ethik.* Hrsg. Rainer Hegselmann. Frankfurt a. M.: Suhrkamp.

Schlick, Moritz. 1986a. *Die Probleme der Philosophie in ihrem Zusammenhang.* Hrsg. Henk L. Mulder, Anne J. Kox, und Rainer Hegselmann. Frankfurt a. M.: Suhrkamp.

Schlick, Moritz. 1986b. *Philosophische Logik.* Hrsg. Bernd Philippi. Frankfurt a. M.: Suhrkamp.

Schlick, Moritz. 2006 ff. *Gesamtausgabe* [= MSGA]. Hrsg. Friedrich Stadler und Hans Jürgen Wendel. Wien: Springer.

Schlick, Moritz. 2006. *Allgemeine Erkenntnislehre* [= MSGA I.1]. Hrsg. Fynn Ole Engler und Hans Jürgen Wendel. Wien: Springer.

Stadler, Friedrich. 2015 [1997]. *Der Wiener Kreis. Ursprung, Entwicklung und Wirkung des Logischen Empirismus im Kontext* Wien: Springer.

Stadler, Friedrich. 2023. Wittgenstein and the Vienna Circle – The Vienna Circle and wittgenstein. A critical reconsideration. In *Wittgenstein and the Vienna Circle. 100 years after the tractatus logico-philosophicus*, Hrsg. Friedrich Stadler, 3–33. Wien: Springer.

Uebel, Thomas. 2023. Wittgenstein and the variety of Vienna Circles. In *Wittgenstein and the Vienna Circle. 100 Years after the tractatus logico-philosophicus*, Hrsg. Friedrich Stadler, 109–126. Wien: Springer.

Inhaltsverzeichnis

Teil I Wissenschaftshistorischer Kontext

1 Die Axiomatisierung der Geometrie 3
1.1 Zur impliziten Definition bei Schlick 3
1.2 Hilberts Grundlagenschrift und das axiomatische Denken 7
1.3 Carnaps Kritik 11
Literatur 13

2 Die Relativitätstheorien 15
2.1 Zur speziellen Relativitätstheorie 15
2.2 Philosophische Folgerungen aus der speziellen Relativitätstheorie 24
2.3 Zur allgemeinen Relativitätstheorie und deren philosophischen Folgen 27
Literatur 32

Teil II Drei Kontinuitätsargumente

3 Erkenntnis 35
3.1 Erkennen als ‚Wiedererkennen'? 35
3.2 Zu Schlicks Verwendung der Ausdrücke ‚Wiedererkennen', ‚Wiederfinden', ‚Zurückführen' und ‚Reduzieren': Eine statistische Auswertung 49
3.3 Vom ‚Wiedererkennen' zum ‚Zurückführen' 52
Anhang zu Kap. 3 61
Literatur 126

4 Struktur 129
4.1 Die Konstruktion des Erkenntniszusammenhangs 129
4.2 Zur ‚Strukturthese' 161
4.3 Die Strukturkonzeption in Schlicks Spät- und Frühwerk 165
Literatur 176

5 Wirklichkeit 179
5.1 Zur Kontinuitätsdebatte 179
5.2 Die ‚Setzung des Wirklichen‘ 192
5.3 Zur Relevanz der ‚Wirklichkeitsfrage‘ 209
Literatur 216

Fazit und Ausblick 217

Abkürzungsverzeichnis

AEL	Allgemeine Erkenntnislehre
EEM	Erleben, Erkennen, Metaphysik
F&C	Form & Content
PPZ	Die Probleme der Philosophie in ihrem Zusammenhang
SRT	Spezielle Relativitätstheorie
ART	Allgemeine Relativitätstheorie
RT	Relativitätstheorie(n)
MSGA	Moritz-Schlick-Gesamtausgabe; in römischen Ziffern angegeben: Abteilung, in arabischen Ziffern angegeben: Band

Teil I
Wissenschaftshistorischer Kontext

Kapitel 1
Die Axiomatisierung der Geometrie

Zusammenfassung Eine die Mathematik und Physik im frühen 20. Jahrhundert maßgeblich beeinflussende Entwicklung war die anschauungsunabhängige Axiomatisierung der Geometrie, die David Hilbert (1899) in seiner berühmten Festschrift erstmals veröffentlichte. Das darin entwickelte Konzept der sog. *impliziten Definition* beeinflusste nicht nur die Entwicklung der Relativitätstheorien durch Albert Einstein, wie dieser in einem Vortrag über *Geometrie und Erfahrung* betont, sondern auch Schlicks Auffassung von der (erwünschten) Natur wissenschaftlicher Begriffsbildung. Das nachfolgende Kapitel widmet sich daher zunächst der Konzeption der impliziten Definition im Rahmen von Schlicks eigenen Erläuterungen und setzt diese darauffolgend mit Hilberts Ausführungen in Verbindung. Abschließend wird Rudolf Carnaps Kritik an Schlicks Konzeption der impliziten Definition von Begriffen beleuchtet, die letztlich dazu führte, dass Schlick in seinen späteren Schriftung auf die Verwendung dieses Terminus verzichtete.

Schlüsselwörter Philosophie der Physik · Einstein · Relativitätstheorie · Carnap

1.1 Zur impliziten Definition bei Schlick

Die *Allgemeine Erkenntnislehre* (im Folgenden: AEL) – das frühe Hauptwerk Moritz Schlicks – war vermutlich gegen Anfang 1916 im Wesentlichen fertiggestellt (Engler et al. 2006, S. 75) und wurde 1918 in 1. Auflage veröffentlicht. Doch bereits in der Vorrede zur 2. Auflage von 1925 bemängelt Schlick gewisse „Unvollkommenheiten" seines Frühwerks. Er schreibt, um diese „radikal" zu beseitigen, „wäre ein Ausbau nach der erkenntnislogischen Seite hin nötig gewesen, der nicht ohne einen Neuaufbau des Ganzen hätte bewerkstelligt werden können." Durch die nötigen Änderungen hätte das Buch jedoch seinen „ursprünglichen Charakter" eingebüßt. Aus diesem Grund musste – so Schlick – die „logische Ergänzung" der „erkenntnistheoretischen Gedanken [...] einer späteren zusammenhängenden Darstellung der Prinzipien der Logik vorbehalten bleiben." (MSGA I.1, S. 127 f.).

Da Schlick selbst der Aufgabe, ein umfangreiches Gesamtwerk zu verfassen, das die AEL als neues Hauptwerk ersetzen würde, nicht mehr nachkommen konnte und

J. Franke-Reddig, *Zur Kontinuität und Eigenständigkeit der Wissenschaftsphilosophie von Moritz Schlick*, Veröffentlichungen des Instituts Wiener Kreis 34,
https://doi.org/10.1007/978-3-032-14192-7_1

da er sich überdies bezüglich der „nötigen Änderungen“ nach der „erkenntnislogischen Seite hin“ an keiner Stelle ausführlicher äußert, ist bis heute nicht vollständig geklärt, was Schlick mit den „logischen Unzulänglichkeiten“ der AEL genau gemeint haben könnte. In der Forschungsliteratur wird dieser Kommentar Schlicks häufig auf die in der AEL noch vertretene These bezogen, alle logischen Sätze ließen sich im Modus Barbara darstellen, wie Schlick bspw. an dieser Stelle behauptet:

> [...] so gilt von allen Wahrheiten, die exakt logisch zusammenhängen [...], daß ihre gegenseitige Verknüpfung sich durch logische Syllogismen und zwar im Modus Barbara darstellen lassen muß. (MSGA I.1, S. 330).

Allerdings verhält es sich so, dass das Kapitel über den „Zusammenhang der Erkenntnisse“, in dem Schlick die These vom Modus Barbara ausführlich erläutert, eine merkwürdige Sonderstellung in der AEL einnimmt: Zwar legt Schlick hierin dar, dass es im Rahmen seiner Erörterungen argumentativ notwendig sei, auf den Zusammenhang der Erkenntnisse durch den Modus Barbara einzugehen (MSGA I.1, S. 330 ff.). Allerdings spielen seine diesbezüglichen Erörterungen in keinem anderen Kapitel der AEL eine wesentliche inhaltliche Rolle. Die These wird gar an kaum einer anderen Stelle, als in dem speziell ihr gewidmeten Kapitel, überhaupt erwähnt. Diesbezüglich lässt sich festhalten, dass das gesamte erkenntnisphilosophische Konzept, das Schlick in der AEL entfaltet, völlig unabhängig von jener These beschrieben werden könnte, ohne dass dies merkliche Änderungen an der Gesamtkonzeption nach sich ziehen würde. Denn es trägt als einziges Kapitel der gesamten AEL inhaltlich kaum etwas zu Schlicks weiteren Ausführungen bei. Damit fällt der § 14 inhaltlich aus dem Gesamtzusammenhang der AEL heraus, worauf ich die folgenden Thesen stütze:

1. Wird die Relevanz der These von der Darstellbarkeit aller Erkenntnisse im Modus Barbara für die erkenntnisphilosophische Gesamtkonzeption der AEL von jenen weit überschätzt, die Schlicks oben zitierten Kommentar über die „logischen Unzulänglichkeiten“ der AEL allein darauf beziehen.
2. Muss es – auf These eins aufbauend – noch andere Aspekte der AEL geben, die Schlick gemeint haben könnte, als er tiefgehende Änderungen nach der erkenntnislogischen Seite hin anvisierte.

Insofern diese Änderungen, wie Schlick selbst schreibt, so tiefgehend sein sollten, dass sie den Charakter des gesamten Werks verändern würden, kann er damit aus den oben genannten Gründen unmöglich lediglich den 14. Paragraphen und die darin enthaltenen Ausführungen gemeint haben. Von einem ähnlichen Standpunkt ausgehend, schafft es Johannes Friedl in seiner Studie zum *Konsequenten Empirismus* aufzuzeigen, welche andere „logische Unzulänglichkeit“ Schlick in der Vorrede zur 2. Auflage der AEL im Sinn gehabt haben könnte (Friedl 2013, S. 55–71). Er legt dar, dass sich der Begriff der ‚impliziten Definition‘ für Schlick im Nachtrag als wesentlich problematischer herausstellte, als er dies beim Verfassen der AEL angenommen hatte (S. 68). Damit zeigt Friedl auf, dass die sog. implizite Definition von Begriffen ein wesentlich besseres Beispiel für „logisch-semantische Schwächen“ der AEL darstellt, als die These vom Modus Barbara (S. 68 f.). Um dies nachzuvollziehen, möchte ich hier zunächst näher darauf eingehen, was Schlick selbst überhaupt zur ‚impliziten Definition' in der AEL gesagt hat, der er mit dem §7 ein eigenes Kapitel widmet.

Zunächst einmal ist darauf hinzuweisen, dass es sich bei der ‚impliziten Definition' um ein grundlegendes Konzept der neueren, modernen und vor allem der mathematischen Logik handelt. Und so beginnt Schlick seine Erörterungen zur Thematik mit einem Rekurs auf die mathematische Forschung. Dabei geht es zunächst um das Verhältnis elementarer geometrischer Begriffe zur Anschauung: Historisch betrachtet, so führt Schlick aus, sei die Mathematik schon früh zu der Einsicht gelangt, dass Begriffe wie bspw. „Punkt" oder „Gerade" sich nicht definieren lassen. Allerdings erschien dies lange nicht als problematisch, da die Bedeutung jener Begriffe sich in der Anschauung aufzeigen lässt (MSGA I.1, S. 205). Doch diese Sichtweise änderte sich in der jüngeren Entwicklung:

> Der neueren Mathematik aber genügte der Hinweis auf die Anschauung nicht. Sie wandte sich den Prinzipienfragen zu, sie suchte außer nach neuen geometrischen Sätzen auch nach den Gründen der Gültigkeit *aller* geometrischen Wahrheiten. (MSGA I.1, S. 206)

Der entscheidende Punkt ist, dass die Anschauung, die zuvor als völlig sicherer Garant für die feststehende Bedeutung der Grundbegriffe der Geometrie akzeptiert wurde, zunehmend in Zweifel gezogen wurde. Denn insofern die Bedeutung mathematischer Grundbegriffe (wie bspw. „Punkt", „Gerade" und „Ebene") lediglich in der Anschauung aufgezeigt und in keiner anderen Weise definiert wird, so gilt dies auch für die von diesen Begriffen geltenden Axiome (S. 206 f.), m. a. W.: Die rein anschauliche Bedeutung der geometrischen Grundbegriffe vererbt sich an die Axiome der Geometrie und damit auch an die daraus deduzierten Theoreme. Welche Begebenheiten dazu beigetragen haben mögen, dass der Anschauung, die über lange Zeit als sichere Grundlage zur Definition bestimmter geometrischer Grundbegriffe gedient hatte, plötzlich das Vertrauen entzogen wurde, ist hier zunächst nicht weiter von Relevanz. Entscheidend ist für Schlick: „die Legitimität einer solchen Begründung steht eben in Frage." (S. 207)

Das Ziel lag also darin, das Konzept der Anschauung vollständig aus der Mathematik zu verbannen. Unter diesem Vorzeichen sollten denn auch Begriffe wie „Punkt", „Gerade" und „Ebene" nicht mehr durch Bezugnahme auf die Anschauung definiert werden. Stattdessen sollte die Geometrie auf einem vollständig anschauungsunabhängigen Fundament konstituiert werden. Dieses Ziel wurde laut Schlick schließlich durch die Arbeit David Hilberts erreicht:

> Nachdem manche Vorarbeit geleistet war, hat David Hilbert es unternommen, die Geometrie auf einem Fundamente aufzubauen, dessen absolute Sicherheit nirgends durch Berufung auf die Anschauung gefährdet wird. (MSGA I.1, S. 207)

In Hilberts Axiomatisierung der Geometrie von 1899 werden, wie auch Schlick darlegt, die Grundbegriffe „Punkt", „Gerade" und „Ebene" zunächst eingeführt, ohne dass ihnen irgendein Sinn zugeschrieben wird (Felgner 2013, S. 195 f.). D. h. sie werden zu Beginn schlicht als völlig inhaltsleere Worte gesetzt. In Hilberts Axiomen der Geometrie werden sodann die Beziehungen, die zwischen eben jenen Worten bestehen, formal festgelegt. Erst hierdurch erhalten sie überhaupt ihren Sinn (vgl. ebd.).

D. h. die Grundbegriffe der Geometrie sollen nach Hilbert eben dadurch definiert sein, dass sie den Axiomen genügen, wie auch Schlick schreibt. Er nennt dies die „Definition durch Axiome“ oder auch „implizite Definition“ (MSGA I.1, S. 208). Hierbei ist es, wie weiter unten zu sehen sein wird, von Bedeutung, dass Schlick explizit davon spricht, dass es tatsächlich die Begriffe sind, die implizit definiert werden. Durch diese Art der Definition haben die so eingeführten Grundbegriffe dann auch nur genau den Sinn, der in den Axiomen festgeschrieben wird und das sind eben die Beziehungen, in denen sie im Rahmen des Systems zueinander stehen: „ihr ganzes Wesen besteht darin, Träger der durch jenes System festgelegten Beziehungen zu sein.“ (S. 210) Hieran zeigt sich, dass den so definierten Begriffen nichts Anschauliches mehr anhaftet: Die Definition des Begriffes „Punkt“ bspw. beschränkt sich darauf, wie etwas, das „Punkt“ genannt wird, sich zu etwas verhält, das als „Gerade“ bezeichnet wird et vice versa.

Der Ausdruck ‚implizite Definition‘ stammt freilich nicht von Schlick selbst und auch Hilbert verwendet diesen Terminus nicht. Ungeachtet dessen hat es sich in der Geschichte der Logik etabliert, Hilberts Axiomatisierung der Geometrie als eine Axiomatisierung mittels ‚impliziter Definitionen‘ zu bezeichnen (vgl. bspw. MSGA I.1, §7; Felgner 2013; Peckhaus 1995). Bevor ich im nächsten Abschnitt ausführlicher auf Hilberts „Grundlagenschrift“ selbst eingehe, werde ich an dieser Stelle auf Friedls Ausführungen zur Bedeutung der ‚impliziten Definition‘ in Schlicks AEL zurückkommen.

Wie Friedl anmerkt, ist nicht ganz klar, wie weit Schlick das Konzept der ‚impliziten Definition‘ in der AEL eigentlich fasst (Friedl 2013, S. 64). Natürlich bezieht er sich in seinen Erörterungen zu ‚implizit definierten Begriffen‘ häufig auf die Geometrie oder die Mathematik im Allgemeinen. Doch es finden sich auch viele Stellen, an denen suggeriert wird, dass eine Ausweitung der Anwendung des Konzepts mindestens auf fortgeschrittene „Wirklichkeitswissenschaften“ (d. i. nach Schlick bspw. die Physik aber auch andere Naturwissenschaften können darunterfallen) intendiert ist (siehe Abschn. 4.1). In *Erleben, Erkennen, Metaphysik* (im Folgenden: EEM), einer späteren Schrift Schlicks aus der Mitte der 1920er Jahre, sagt Schlick dann sogar explizit unter Bezug auf das sog. Problem der Mitteilbarkeit, dass tatsächlich in allen Bereichen, also nicht lediglich in der Physik, sondern auch in der Geschichte, der Dichtung und im Alltag, überhaupt nichts anderes mitgeteilt werden kann als das, was sich mithilfe von ‚impliziten Definitionen‘ ausdrücken lässt (MSGA I.6, S. 39 f.). Nach dieser These Schlicks kann also alles, was überhaupt mitteilbar ist, auch durch implizite Definitionen ausgedrückt werden. Im Umkehrschluss bedeutet dies, dass jede Mitteilung, die überhaupt getätigt und verstanden werden kann, nichts weiter ausdrückt als allein die formalen Beziehungen, die zwischen den verwendeten Begriffen bestehen (Abschn. 4.2). Vor diesem Hintergrund bemerkt Friedl, dass die „Unbestimmtheit implizit definierter Begriffe“ viel weiter reicht, als Schlick beim Verfassen der AEL (und wohl auch von EEM) glaubte (S. 38 f.). Was ist damit gemeint? Im Zusammenhang mit EEM (dies stellt erstmals Friedl klar heraus) veröffentlicht Rudolf Carnap (1927) einen Artikel unter dem Titel *Eigentliche und Uneigentliche Begriffe* (Carnap 1927). Wie Friedl überzeugend darlegt, ist es das Hauptziel dieses Artikels aufzuzeigen, dass das Konzept der ‚impliziten Definition‘ viel problematischer ist als von Schlick angenommen (Friedl 2013, S. 60 ff.). Um Carnaps Kritik nachzeichnen zu können, werde ich im folgenden Abschnitt zunächst vertiefend auf Hilberts Axiomatisierung der Geometrie sowie auf das darauf aufbauende Konzept des „axiomatischen Denkens“ eingehen.

1.2 Hilberts Grundlagenschrift und das axiomatische Denken

Hilberts Axiomatisierung der Euklidischen Geometrie wurde in den „Grundlagen der Geometrie“ von 1899 erstmals veröffentlicht. Wie Volker Peckhaus schreibt, ist jene Schrift als Ursprung des sog. Hilbert-Programms in der Grundlagendiskussion der Mathematik anzusehen (Peckhaus 1995, S. 67). Im Folgenden werde ich – der Darstellung Ulrich Felgners folgend (Felgner 2013) – näher auf Hilberts Grundlagenschrift eingehen.

Auch nach Felgners Urteil zeichnet sich Hilberts Axiomatisierung der Geometrie dadurch aus, dass Hilbert zunächst nichts anderes tut, als drei Sorten von Gegenständen und darüber hinaus noch zwei- und dreistellige Relationen einzuführen (Felgner 2013, S. 195). Mehr wird zunächst nicht über jene Gegenstände und Relationen ausgesagt, sie sind schlicht da und darüber hinaus völlig unbestimmt. Anschließend wird in den Axiomen festgelegt, in welchen Beziehungen diese drei Arten von Gegenständen und die Relationen zueinander stehen – und weiter nichts (ebd.). Eben darin besteht die ‚implizite Definition‘ jener Gegenstände und Relationen. Zur näheren Erläuterung betrachten wir den Anfang der Grundlagenschrift genauer:

> Wir denken drei verschiedene Systeme von Dingen: die Dinge des ersten Systems nennen wir *Punkte* und bezeichnen sie mit A, B, C, ...; die Dinge des zweiten Systems nennen wir *Gerade* und bezeichnen sie mit a, b, c, ...; die Dinge des dritten Systems nennen wir *Ebenen* und bezeichnen sie mit α, β, γ, ...; die Punkte heissen auch die *Elemente der linearen Geometrie* und die Punkte, Geraden und Ebenen heissen die *Elemente der räumlichen Geometrie oder des Raumes.* Wir denken die Punkte, Geraden, Ebenen in gewissen gegenseitigen Beziehungen und bezeichnen diese Beziehungen durch Worte wie »liegen«, »zwischen«, »parallel«, »congruent«, »stetig«; die genaue und vollständige Beschreibung dieser Beziehungen erfolgt durch die *Axiome der Geometrie.* (David Hilbert 1899, *Einleitung*)

Hilbert legt hier zunächst fest, dass wir uns drei verschiedene Systeme von Dingen *denken,* m. a. W.: wir *setzen* sie. Über die „Dinge“ des ersten Systems wird nun nicht gesagt, dass sie Punkte *sind,* sie werden Punkte *genannt.* Die einzelnen Dinge des Systems werden dann jeweils mit den Großbuchstaben *A, B, C* usw. bezeichnet. Die gleichen Festlegungen trifft Hilbert nun auch für die Dinge des zweiten und dritten Systems: sie werden Geraden und Ebenen nur *genannt,* was sie aber *sind,* wird nicht festgelegt. Des Weiteren schreibt Hilbert, dass es bestimmte Beziehungen zwischen den einzelnen Dingen des ersten, zweiten und dritten Systems gibt. Diese Beziehungen werden durch Worte wie „liegen“, „zwischen“, „parallel“ etc. jedoch nicht *beschrieben,* sie werden durch diese bloß *bezeichnet.* Folglich sind hiernach also weder die Dinge des ersten, zweiten und dritten Systems noch die zwischen ihnen bestehenden Beziehungen in irgendeiner Weise beschrieben oder definiert, sie sind lediglich benannt, alles weitere bleibt zunächst offen. Erst durch die Axiome der Geometrie erfolgt die genaue und vollständige Beschreibung der Beziehungen, die zwischen den einzelnen Dingen bestehen (S. 4). Alles, was von diesen Dingen und den Beziehungen zwischen ihnen ausgesagt wird, ihre Definition, findet sich also in den Axiomen. D. i. eben die ‚implizite Definition' der Grundbegriffe der Geometrie, die Schlick meinte. Da in den Axiomen selbst lediglich Festlegungen über die Beziehungen getroffen werden, die zwischen den Dingen des ersten, zweiten und dritten Systems bestehen, erschöpft sich ihre Definition dann eben auch darin, dass sie Träger der im Axiomensystem beschriebenen Relationen sind. Hierzu betrachten wir exemplarisch einige Axiome der 1. Axiomengruppe (Die Axiome der Verknüpfung). Axiom I.1 besagt:

> *Zwei von einander verschiedene Punkte A, B bestimmen stets eine Gerade a; wir setzen $AB = a$ oder $BA = a$.* (S. 5)

Felgner drückt das erste Axiom auch in moderner Formelschreibweise aus:

$$\forall A\, \forall B\, \exists a\, (I(A, a) \wedge I(B, a)) \quad \text{(Felgner 2013, S. 196)}$$

(wobei „I" für „Inzidenz" steht), denn ihm nach verwendet Hilbert in seinen Axiomen zwar Worte, der Intention nach soll mit diesen Worten jedoch nur genau das ausgedrückt sein, was eben jene Formelschreibweise zum Ausdruck bringt und nichts weiter (ebd.). Für die Hilbert'sche Axiomatisierung der Geometrie hat die Bedeutung der in ihr vorkommenden Worte ja keinerlei Relevanz. Die Darstellung der Hilbert'schen Axiome in moderner Formelschreibweise soll hier nicht weiter verfolgt werden, es kommt hier lediglich darauf an, dass Hilberts Axiome, auch wenn sie in Worten verfasst sind, nichts weiter ausdrücken sollen, als eben jene Formel zum Ausdruck bringen kann. Und mehr als das wird über die Grundbegriffe der Geometrie in Hilberts Axiomatisierung denn auch nicht ausgesagt: Die Axiome und damit auch die impliziten Definitionen der Grundbegriffe sind nichts weiter als reine Strukturbeschreibungen und haben mit den anschaulichen Vorstellungen, die wir uns von Punkten, Geraden und Ebenen machen, nichts zu tun.

Felgner weist noch auf einen sehr interessanten Punkt hin, den ich hier nicht unerwähnt lassen will. Hilbert hat der Grundlagenschrift folgendes Motto vorangestellt:

> *So fängt denn alle menschliche Erkenntnis mit Anschauungen an, geht von da zu Begriffen und endigt mit Ideen.* (Felgner 2013, S. 202)

In überraschenderweise deckt sich dies mit einer Stelle aus Kants *Kritik der reinen Vernunft.* Dort heißt es:

> *Alle unsere Erkenntnis hebt von den Sinnen an, geht von da zum Verstande und endigt bei der Vernunft.* (Felgner 2013, S. 202)

Wie ist diese Parallele zu interpretieren? Das Ziel der Grundlagenschrift besteht eben darin, die Geometrie auf einem Fundament zu errichten, das sich an keiner Stelle auf die Anschauung bezieht. Die Geometrie soll somit von allem „Erdenrest" befreit (wie Felgner in Anlehnung an Goethe formuliert, S. 202 f.) als reines „Fachwerk von Begriffen", völlig inhaltsleer und als reine Strukturbeschreibung, der mathematischen Vernunft vorgelegt werden können (ebd.).

Vor diesem Hintergrund kommen wir nun zu dem sich direkt an diese Konzeption anschließenden Begriff des „Axiomatischen Denkens". Dieser Terminus stammt von David Hilbert höchstselbst aus einem Vortrag mit dem gleichnamigen Titel von 1917 (Hilbert 1918). Darin versucht Hilbert eine Übertragung des in der Grundlagenschrift auf die Geometrie angewendete Prinzip auf weitere mathematische Wissenschaften sowie auch auf Naturwissenschaften zu rechtfertigen. Und in diesem Aspekt überschneiden sich seine Überlegungen mit denen Schlicks (siehe Kap. 4). Hilbert beschreibt zunächst das genaue Vorgehen mithilfe der „axiomatischen Methode": Er setzt voraus, dass die Tatsachen eines jeden Wissensgebietes stets einer Ordnung fähig sind. Jene Ordnung erfolgt mit einem „Fachwerk von Begriffen". Unter einem solchen Fachwerk versteht Hilbert nichts anderes als die Theorie des betreffenden Wissensgebietes. Innerhalb der Theorie entspricht jedem einzelnen Gegenstand (des betreffenden Wissensgebietes) ein Begriff des Fachwerks und jeder Tatsache (innerhalb des Wissensgebietes) eine logische Beziehung zwischen den Begriffen des Fachwerks (S. 405). Schematisch dargestellt:

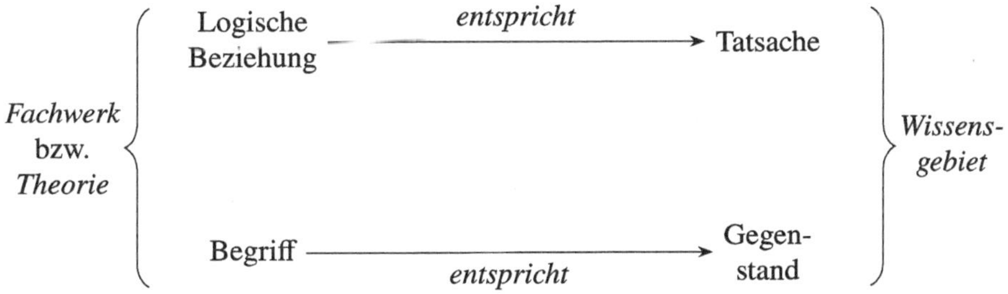

Laut Hilbert gilt dies nun nicht bloß für die Mathematik, sondern auch für andere, der Mathematik fernliegende Wissensgebiete wie die Physik, aber z. B. auch für die Theorie des Geldes (S. 406). Einem jeden dieser Wissensgebiete liegen laut Hilbert nun einige wenige ausgezeichnete Sätze zugrunde, aus denen sich alle anderen Begriffe des Gebietes nach logischen Prinzipien ableiten lassen, um aus ihnen das gesamte Fachwerk zu konstruieren. Diese grundlegenden Sätze sind nach Hilbert die „Axiome des Wissensgebietes" (ebd.).

Der Fortschritt in der Entwicklung einzelner Wissensgebiete besteht dann im weiteren logischen Ausbau des Fachwerks (Hilbert 1918, S. 406). Jenen „logischen Ausbau" beschreibt und begründet er wie folgt: Zunächst ist durch die Axiome eine Begründung für die einzelnen Wissensgebiete gefunden. Allerdings lediglich eine „vorläufige", denn es macht sich innerhalb der einzelnen Wissensgebiete stets das Bedürfnis geltend, auch die Axiome, also die zugrunde gelegten Sätze des jeweiligen Wissensgebietes, selbst wieder zu begründen. So gelangt man laut Hilbert zu der Idee, „Beweise“ aufzustellen. Allerdings führt die „kritische Prüfung dieser Beweise“ letztlich zu der Erkenntnis, dass es sich hierbei nicht um echte Beweise handelt, sondern schlicht um die Zurückführung der Axiome bzw. ausgezeichneten Sätze auf tieferliegende, die in der Folge wiederum selbst die alten Sätze ersetzen, also nun daselbst als neue Axiome angesehen werden können (S. 406 f.). Auf diese Weise entstanden laut Hilbert die Axiome der Geometrie, der Arithmetik, der Statik, Mechanik, der Strahlentheorie wie auch der Thermodynamik (S. 407). Hierin sieht er das Verfahren der axiomatischen Methode: Sie besteht in der „Tieferlegung der Fundamente“ eines Wissensgebietes in der beschriebenen Weise (ebd.).

Der axiomatischen Methode ist nun zur Erläuterung ein letzter Aspekt hinzuzufügen. Die Theorie eines Wissensgebietes bzw. das sie darstellende Fachwerk der Begriffe dient laut Hilbert dem Zweck der Orientierung und Ordnung (Hilbert 1918, S. 407). Um diesem Zweck zu genügen, muss die Theorie zwei Anforderungen erfüllen:

> [...] *erstens* soll es einen Überblick über die *Abhängigkeit* bzw. *Unabhängigkeit* der Sätze der Theorie und *zweitens* der *Widerspruchsfreiheit* der Sätze der Theorie bieten. (Hilbert 1918, S. 407)

Und dies gilt insbesondere für die Axiome der Theorie, sie sind zwingend auf Unabhängigkeit sowie Widerspruchsfreiheit hin zu überprüfen (ebd.). Hierbei handelt es sich nun um Konzepte, die vor allem aus der mathematischen Logik bekannt sind. Was unter der Widerspruchsfreiheit der Axiome verstanden wird, ist selbsterklärend: Aus einem widerspruchsfreien Axiomensystem lassen sich keine Theoreme bzw. Sätze ableiten, die zueinander im Widerspruch stehen. Beweise über die „Unabhängigkeit der Axiome“ sind wohl weniger bekannt: Sind zwei (oder mehrere) Axiome voneinander unabhängig, so bedeutet dies, dass sie sich nicht auseinander ableiten lassen. Hilbert erörtert in diesem Zusammenhang nun mehrere Beispiele von Widerspruchsfreiheits- und Unabhängigkeitsbeweisen in den empirischen Wissenschaften (S. 404–414), auf die wir hier nicht weiter einzugehen brauchen. Entscheidend ist, dass Hilbert eben jene Konzepte aus der mathematischen Logik auf die naturwissenschaftliche Forschung übertragen wissen möchte. Abschließend zieht er folgendes Fazit:

> Ich glaube: Alles, was Gegenstand des wissenschaftlichen Denkens überhaupt sein kann, verfällt, sobald es zur Bildung einer Theorie reif ist, der axiomatischen Methode und damit mittelbar der Mathematik. Durch Vordringen zu immer tieferliegenden Schichten von Axiomen im vorhin dargelegten Sinne gewinnen wir auch in das Wesen des wissenschaftlichen Denkens selbst immer tiefere Einblicke und werden uns der Einheit unseres Wissens immer mehr bewußt. In dem Zeichen der axiomatischen Methode erscheint die Mathematik berufen zu einer führenden Rolle in der Wissenschaft überhaupt. (Hilbert 1918, S. 415)

Um diesen Abschnitt abzuschließen, soll an dieser Stelle nochmal zusammenfassend festgehalten werden, was unter dem sog. axiomatischen Denken zu verstehen ist und wodurch dieses gekennzeichnet ist. Wir haben es m. E. mit einer Ansicht zu tun, nach der jeglicher Wissenserwerb letztlich dazu übergeht, reine Strukturbeschreibung zu sein. Der Inhalt, die Anschauung, wird hiernach aus dem wissenschaftlichen Denken verbannt, das fortan allein nach logischen Prinzipien zu agieren hat. Dabei wird wissenschaftlichen Systemen, den Theorien, ein Aufbau unterstellt, der dem von streng axiomatischen Kalkülen entspricht. Allerdings gibt es hierbei einen gravierenden Unterschied: Ein mathematisches Axiomensystem bspw. wird stets aus den zuvor bereits aufgestellten Axiomen abgeleitet. Bei den Axiomensystemen der empirischen Wissenschaften hingegen, so wie sie von Hilbert beschrieben werden, beginnt man an der Basis und arbeitet sich von „unten" hoch zu den Axiomen, die an oberster Stelle des Systems stehen. Die „Tieferlegung der Fundamente" entspricht dem Vordringen in immer neue, höhere Axiomenschichten. Lässt man jedoch die zeitliche Komponente beim Aufbau eines solchen Systems außer Acht und betrachtet es als ein für sich stehendes, unabhängig davon wie es konstruiert wurde und ob der „logische Aufbau" nach oben hin in Zukunft noch weiter fortschreiten wird, so lässt sich ein derartiges System zumindest seinem Aufbau nach als ein axiomatisches verstehen, dass jener mathematischen Methode gerecht zu werden sucht. Dies bezeugt auch die Tatsache, dass Hilbert den Axiomensystemen empirischer Wissenschaften die soeben beschriebenen logischen Eigenschaften wie Widerspruchsfreiheit und Unabhängigkeit der Axiome zuschreibt.

1.3 Carnaps Kritik

Abschließend zum Konzept der ‚impliziten Definition' soll an dieser Stelle der oben bereits erwähnte Artikel Carnaps von 1927 besprochen werden (Carnap 1927). Dieser bezieht sich vornehmlich auf die sog. ‚Un(ter)bestimmtheit' der impliziten Definition. Hierzu sei angemerkt, dass Carnap im Artikel ausschließlich von „Unbestimmtheit" spricht. In Carnaps Ausführungen zeigt sich jedoch, dass damit die sog. Unterbestimmtheit gemeint ist (S. 16 ff.). Wie Martin Lemke bemerkt (Lemke 2019, S. 44), spricht Schlick den Aspekt der Unterbestimmtheit der impliziten Definition bereits in einer Vorlesung von 1910 explizit an. Dort heißt es:

> Wenn in einem Lehrbuch der Geometrie die Grundbegriffe des Punktes, der Geraden und der Ebene durch Postulate definiert werden, so weiss man dadurch von diesen Begriffen nur, in welchen Beziehung sie zueinander stehen, [...] es wäre tatsächlich denkbar, dass z. B. unter den Begriff des Punktes, wie er durch die implicite Definition definiert ist, etwa Taschenuhren oder Dampfschiffe fielen, sofern nur [...] Beziehungen bestehen, wie sie in dem Axiomensystem niedergelegt sind. Wenn nun auch nicht gerade Taschenuhren und Dampfschiffe, so gibt es doch tatsächlich eine Menge anschauliche Gebilde, die nicht Punkte, Geraden und Ebenen im gewöhnlichen, anschaulichen Sinne sind, von denen aber nichtsdestoweniger die Axiome der gewöhnlichen Geometrie sämtlich gelten, die also unter den Begriff der Punkte, Geraden und Ebenen fallen, wie er durch die impliciten Definition bestimmt wird. Es macht dem Mathematiker keine Schwierigkeit, Gebilde aufzufinden, die in denselben Beziehungen zueinander stehen wie die Punkte, Geraden und Ebenen der gewöhnlichen Anschauung. Beispiel: Kugelgebüsch. (MSGA II.1.1., S. 531 f.)

Es verhält sich tatsächlich so, dass Hilbert in der Grundlagenschrift an keiner Stelle festlegt, dass es sich bei den „Dingen" der drei verschiedenen Systeme um mathematische Gegenstände handeln muss. Somit wird nicht ausgeschlossen, dass das

Axiomensystem auf empirische Gegenstände bezogen werden kann und sicherlich werden sich in der Anschauung zahlreiche Gegenstände (oder vielmehr Gruppen von Gegenständen) finden lassen, die den Axiomen genügen. Selbst wenn man diesbezüglich eine Einschränkung vornehmem würde, ließen sich andere mathematische Gebilde finden, auf die die euklidischen Axiome Hilberts Anwendung finden können, Schlick verweist hierzu, wie oben zitiert, beispielhaft auf ein sog. Kugelgebüsch.[1] In diesem Sinne sind Hilberts Grundbegriffe der Geometrie eben unterbestimmt. Doch, wie bereits erwähnt, ist sich Schlick beim Verfassen der AEL augenscheinlich nicht darüber bewusst, wie weit die Unterbestimmtheit solcherart Definitionen über diese Feststellungen hinaus noch gehen kann. Und darauf zielt Carnap, laut Friedls Ausführungen, in dem 1927er Artikel ab. Er zeigt darin auf, dass für Begriffe, die implizit definiert sind, das Tertium non datur nicht uneingeschränkt gilt (Carnap 1927). Darüber hinaus begründet er, dass für implizit definierte Begriffe die Frage, ob ein bestimmter Gegenstand durch ihn bezeichnet werden kann, stets nur für eine ganze Gruppe von gleichartigen Gegenständen bzw. für ein vollständiges „System von Dingen" entscheidbar ist (S. 18 ff.). Schlimmer noch steht es, wie Carnap darlegt, um die Un(ter)bestimmtheit uneigentlicher Begriffe, sofern ein Axiomensystem nicht nur einen, sondern zugleich mehrere Begriffe implizit definiert: In diesem Fall ist nicht einmal entscheidbar, ob eine ganze Klasse von (gleichartigen) Gegenständen, also ein gesamtes „System von Dingen", unter einen Begriff fällt oder nicht. Denn ob eine Klasse von Dingen bspw. als Klasse der „Punkte" angesehen werden kann, hängt dann stets davon ab, ob zugleich die anderen „Systeme von Dingen" in geeigneter Weise interpretiert werden, was also gleichzeitig unter „Geraden" und „Ebenen" verstanden wird (S. 20 ff.). Auf die Details von Carnaps Argumentation braucht hier nicht näher eingegangen zu werden, denn erst in einem der letzten Kapitel des Artikels kommt er auf das zu sprechen, was er als den eigentlichen „Kern der Sache" identifiziert:

> Der wesentliche Unterschied besteht darin, daß die uneigentlichen Begriffe Variable sind, während die eigentlichen Begriffe Konstante sind. Das Zeichen einer Konstanten hat eine bestimmte Bedeutung; ein satzartiger Zeichenkomplex, in dem nur solche Zeichen vorkommen, hat einen bestimmten Wahrheitswert (Wahrheit oder Falschheit). Dagegen hat das Zeichen einer Variablen keine bestimmte Bedeutung, sondern bezeichnet nur eine Leerstelle („Argumentstelle"), in die man Zeichen von Konstanten einsetzen kann. Satzartige Gebilde mit einer oder mehreren Zeichen von Variablen, also mit Leerstellen, sind gar keine Sätze (sondern Zeichen für „Aussagefunktionen"); sie werden erst durch die Einsetzung von Konstanten-Zeichen zu Sätzen. (Carnap 1927)

Sind nun alle Begriffe eines Systems ausschließlich implizit definiert, so gilt das soeben Gesagte auch für das gesamte System: es bildet nicht eine Theorie, sondern lediglich ein „Theorie-Schema", d. i. eine „Leerform für mögliche Theorien" (S. 26). Insofern bezeichnet Carnap die Aufstellung von „uneigentlichen Begriffen"– so be-

[1] Vgl. Lemke (2019, S. 44): „Ein Kugelgebüsch ist eine Menge von Kugeln, die sich einen Punkt auf ihren Oberflächen teilen. Dieser Punkt spielt keine weitere Rolle und wird ausgeschlossen. Die Oberflächen dieser Kugeln erfüllen nun alle Axiome, die in der Euklidischen Geometrie für Ebenen gelten und die Schnittkreise der Kugeln verhalten sich wie Geraden. Selbst das Parallelenaxiom gilt."

zeichnet er implizit definierte Begriffe – im Rahmen eines Axiomensystems auch als „Herstellung von Leertheorien auf Vorrat für spätere Verwendung" (ebd.). Bei jener „späteren Verwendung" werden für die „uneigentlichen Begriffe" (also für die „Variablen") eigentliche Begriffe bzw. Realbegriffe substituiert. Dann aber haben wir es nicht mehr mit impliziten Definitionen zu tun, denn aus dem zunächst völlig inhaltsleeren Theorien-Schema wird eine empirische Theorie, deren Begriffe als Realbegriffe zu bezeichnen sind, da sie sich nunmehr auf empirische Gegenstände beziehen. Oder, wie Carnap selbst formuliert:

> Das Blut der empirischen Realität strömt durch diese Berührungsstelle ein und fließt bis in die verzweigtesten Adern des bislang leeren Schemas, das dadurch in eine erfüllte Theorie verwandelt wird. (Carnap 1927)

Und eben diese gedankliche Konzeption der Axiomatisierung naturwissenschaftlicher Theorien hat, auch wenn Schlick sie ursprünglich nicht in all ihren Konsequenzen durchdrungen haben mag, die erkenntnisphilosophische Konzeption sowohl seines Früh- als auch seines Spätwerks maßgeblich geprägt, wie in den nachfolgenden Kapiteln dieser Arbeit ausführlich dargelegt wird.

Literatur

Carnap, Rudolf. 1927. Eigentliche und Uneigentliche Begriffe. *Symposion. Philosophische Zeitschrift für Forschung und Aussprache* 1.4:355–374

Engler, Fynn Ole, und Wendel, Hans Jürgen. 2006. Einleitung zu: *Allgemeine Erkenntnislehre* [= MSGA I.6], Hrsg. Fynn Ole Engler und Hans Jürgen Wendel. Wien: Springer.

Felgner, Ulrich. 2013. Hilberts ‚Grundlagen der Geometrie' und ihre Stellung in der Geschichte der Grundlagendiskussion. *Jahresbericht der Deutschen Mathematiker-Vereinigung* 2013: 185–206.

Friedl, Johannes. 2013. *Konsequenter Empirismus. Die Entwicklung von Moritz Schlicks Erkenntnistheorie im Wiener Kreis*. Wien: Springer.

Hilbert, David. 1899. *Grundlagen der Geometrie. Festschrift zur Enthüllung des Gauss-Weber-Denkmals in Göttingen*. Leipzig: Teubner.

Hilbert, David. 1918. Axiomatisches Denken. *Mathematische Annalen* 78: 405–415.

Lemke, Martin. 2019. Einleitung zu *Moritz Schlick: Vorlesungen und Aufzeichnungen zur Logik und Philosophie der Mathematik* [= MSGA II.1.3], Hrsg. Martin Lemke. Wien: Springer.

Peckhaus, Volker. 1995. Hilberts Logik. Von der Axiomatik zur Beweistheorie. *Internationale Zeitschrift für Geschichte und Ethik der Naturwissenschaften, Technik und Medizin* 3: 65–86.

Schlick, Moritz. 2006ff. *Gesamtausgabe* [= MSGA], Hrsg. Friedrich Stadler und Hans Jürgen Wendel. Wien: Springer.

Schlick, Moritz. 2006. *Allgemeine Erkenntnislehre* [= MSGA I.1], Hrsg. Fynn Ole Engler und Hans Jürgen Wendel. Wien: Springer.

Schlick, Moritz. 2008. *Die Wiener Zeit. Aufsätze, Beiträge, Rezensionen 1926–1936* [= MSGA I.6], Hrsg. Johannes Friedl und Heiner Rutte. Wien: Springer.

Schlick, Moritz. 2019. *Frühe erkenntnistheoretische Schriften* [= MSGA II.1.1], Hrsg. Jendrik Stelling. Wien: Springer.

Kapitel 2
Die Relativitätstheorien

Zusammenfassung Neben Hilberts Axiomatisierung der Geometrie war auch die Auseinandersetzung mit den von Albert Einstein entwickelten Relativitätstheorien (im Folgenden: *RT*) für die Konzeption von Schlicks Erkenntnisphilosophie von fundamentaler Bedeutung. Aus diesem Grund wird im Folgenden zunächst ein kurzer Abriss der speziellen und der allgemeinen RT (im Folgenden: *SRT/ART*) gegeben, auf die in den späteren Kapiteln zurückgegriffen werden kann. Dabei wird die SRT um einiges genauer beleuchtet als die ART. Zum einen liegt das daran, dass Schlick seine frühe Erkenntnislehre vor dem Hintergrund der SRT entwickelte und auch selbst in seinen Schriften viel ausführlicher auf diese eingegangen ist als auf die ART. Zum anderen aber auch daran, dass viele prinzipielle Aspekte bereits durch die SRT aufgezeigt werden können, sodass sich dieses Vorgehen anbietet, um die Einfachheit der Darstellung zu gewährleisten. Dabei orientiert sich die Darstellung hauptsächlich an Schlicks eigenen Ausführungen und Erläuterungen. Neuere Interpretationen sowie die Ausführungen anderer zeitgenössischer Autoren zu den RT können im Rahmen dieser Arbeit nicht bzw. nur am Rande besprochen werden. Ergänzend werden zwar einige Ausführungen Einsteins sowie einige Erläuterungen und Anmerkungen aus Klaus Hentschels historischer Studie *Interpretationen und Fehlinterpretationen der Relativitätstheorien durch Zeitgenossen Albert Einsteins* berücksichtigt. Das Hauptaugenmerk liegt jedoch auf Schlicks Analyse der RT und deren philosophischen Konsequenzen.

Schlüsselwörter Philosophie der Mathematik · Hilbert · Axiomatisierung der Geometrie · Implizite Definitionen · Eigentliche und Uneigentliche Begriffe

2.1 Zur speziellen Relativitätstheorie

Die ausführlichsten Erläuterungen Schlicks sowohl zu den Grundlagen als auch zu den physikalischen und philosophischen Konsequenzen der RT finden sich in seiner frühen Schrift *Raum und Zeit in der gegenwärtigen Physik,* die von 1917 bis 1922 viermal jeweils in überarbeiteter und vermehrter Auflage erschienen ist. Er beginnt die „Einführung in das Verständnis der Relativitäts- und Gravitationstheorie" mit einigen Ausführungen zur vor-Einsteinschen Physik. Zunächst betrachtet er hierbei die

J. Franke-Reddig, *Zur Kontinuität und Eigenständigkeit der Wissenschaftsphilosophie von Moritz Schlick*, Veröffentlichungen des Instituts Wiener Kreis 34,
https://doi.org/10.1007/978-3-032-14192-7_2

Grundlagen des sog. „Michelson-Morley-Experiments“. Dieses wurde durch Albert Abraham Michelson bereits 1881 erstmals durchgeführt (Engler und Neuber 2006; MSGA I.2, S. 174: Anmerkung der Hgg. 1). Man nahm an, so Schlick, es gäbe eine Substanz, die den materiefreien Raum lückenlos erfüllt: den „Äther“ (MSGA I.2, S. 174 f.). Einstein selbst spricht an entsprechender Stelle von einem „Lichtmedium“ (Einstein 1905, S. 891). Des Weiteren ging man davon aus, dass die elektromagnetischen Wellen des Lichts in „sich wellenförmig fortpflanzenden Zustandsänderungen“ eben jener Substanz bestehen (ebd.). Überdies legte man die Annahme zugrunde, dass ein im Äther ruhendes Koordinatensystem im physikalischen Sinne als „absolut ruhend“ betrachtet werden könne, d. h., dass es vor allen anderen ausgezeichnet ist und zwar in der Weise, dass sich das Licht nur bezogen auf dieses System konstant mit der Geschwindigkeit c ausbreitet (MSGA I.2, S. 176). Den Begriff des „Koordinatensystems“ definiert Schlick dabei nicht, er setzt ihn vielmehr voraus. Hierzu sei eine Erläuterung von Einstein selbst angeführt: Ausgangspunkt ist die Annahme, dass es für die Beschreibung der Bewegung eines Körpers stets eines zweiten Körpers bedarf, auf den die Bewegungen des ersten bezogen werden kann. In physikalischen Kontexten – so Einstein – wird der Körper, auf den die Vorgänge räumlich bezogen sind, als „Koordinatensystem“ bezeichnet (Einstein 2005 [1919], S. 664). Aus den genannten Voraussetzungen resultiert Folgendes: Die Ausbreitungsgeschwindigkeit des Lichts relativ in Bezug auf ein Koordinatensystem, das sich gegen den Äther mit der Geschwindigkeit q bewegt, müsste in Bewegungsrichtung jenes Systems den Wert $c - q$ und in der entgegengesetzten Richtung den Wert $c + q$ betragen (MSGA I.2, S. 174 f.).

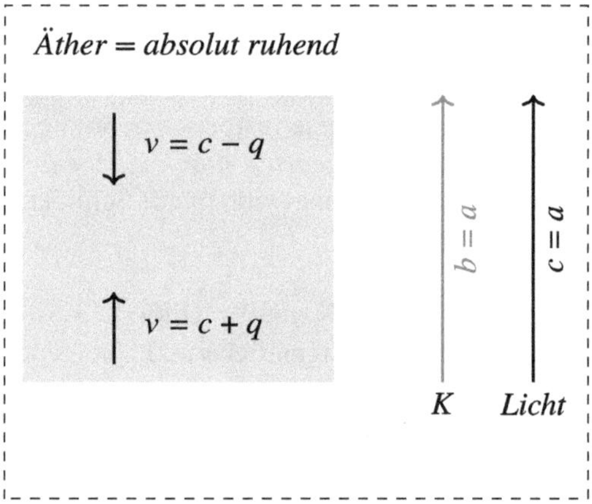

Vor diesem theoretischen Hintergrund wäre die Rede von einer „absoluten Bewegung“ laut Schlick *im physikalischen Sinne* als sinnvoll zu erachten (MSGA I.2, S. 176). Was genau ist damit gemeint? Wie Schlick schreibt, wäre die so beschriebene „absolute Bewegung“ aus philosophischer Perspektive letztlich nichts anderes, als eine Bewegung relativ zum Äther. Diesem selbst könne nun aber wiederum eine beliebige Bewegung oder auch Ruhe in Bezug auf einen Raum zugeschrieben werden, in den er selbst eingebettet ist (ebd.). Er beschließt diesen Gedanken jedoch mit der Bemerkung, dass „[...] diese Möglichkeit [...] gänzlich bedeutungslos [sei], weil man es nicht mehr mit erfahrbaren Größen zu tun hätte“ (ebd.).

Soweit zu Schlicks Ausführungen über die in unserem Kontext relevanten Voraussetzungen des Michelson-Morley-Experiments. Des Weiteren sei der Begriff des *Inertialsystems* eingeführt. D. i. ein Koordinatensystem, das sich (freilich bezogen auf ein anderes Koordinatensystem) konstant in geradlinig-gleichförmiger Geschwindigkeit fortbewegt (MSGA I.2, S. 218)[1]. Inertialsysteme sind demnach drehungs- und beschleunigungsfrei. Wie Einstein ergänzend zu dem Begriff erläutert, sind die Gesetze der Mechanik (nach Galilei und Newton) ausschließlich für Inertialsysteme gültig (Einstein 2005 [1919], S. 665 f.). Vor diesem theoretischen Hintergrund wäre nun zu erwarten, dass sich das Licht in Bezug auf die Erde mit der Geschwindigkeit

$$\sqrt{1-\frac{q^2}{c^2}}$$

ausbreitet, sofern es in Bewegungsrichtung der Erde gegen den Äther entsendet wird, und in der entgegengesetzten Richtung mit der Geschwindigkeit

$$\sqrt{1+\frac{q^2}{c^2}},$$

wobei q die Geschwindigkeit der Erde in Bezug auf ein im Äther ruhendes Koordinatensystem bedeutet (MSGA I.2, S. 175). Dies ergibt sich direkt aus der Annahme, das Licht würde sich in Bezug auf den Äther konstant mit der Geschwindigkeit c ausbreiten, nicht in Bezug auf einen relativ zu ihm bewegten Körper wie z. B. die Erde. Allerdings war der Ausgang des Experiments auch bei mehrfacher Wiederholung stets negativ: Die Lichtgeschwindigkeit beträgt auf der Erde konstant den Wert c, gleich in welche Richtung ein Lichtstrahl ausgesendet wird (MSGA I.2, S. 177; Hentschel 1990, S. 5–8). Der Äther, als „ruhendes Trägermedium der Wellenausbreitung des Lichts“ , konnte folglich nicht experimentell nachgewiesen werden (MSGA I.2, S. 174).[2] Die Einführung der sog. „Lorentz-Kontraktion“ versteht Schlick in diesem Zusammenhang als Erklärungsversuch dafür, warum es mit dem oben beschriebenen Experiment nicht gelingen konnte, eine absolute geradlinig-gleichförmige Bewegung zu konstatieren (S. 167). Hiernach erleiden alle Körper, die sich gegen den Äther bewegen (entsprechend der erwarteten Verlängerung bzw. Verkürzung der Zeit, die das Licht braucht, um von einem Punkt der Erde zu einem anderen zu gelangen) eine Verkürzung um das

$$\sqrt{1-\frac{q^2}{c^2}}$$

[1] Die hier vorgelegte Erläuterung ist an Schlicks Erklärung nur angelehnt.

[2] Zur Näherung Erläuterung des Kontextes und der Durchführung des Experimentes siehe auch Hentschel (1990, S. 6 ff.)

-fache ihrer Länge (S. 177). Dabei wird die sog. „Kontraktionshypothese" als „Ausdruck der Wirkung des Äthers auf materielle Körper" verstanden, wie Hentschel schreibt (Hentschel 1990, S. 10). So ließe sich erklären, dass das Licht sich auch auf der Erde in alle Richtungen mit derselben Geschwindigkeit ausbreitet, obgleich die Lichtgeschwindigkeit lediglich in Bezug auf den Äther konstant den Wert c erhält: Der Weg, den es auf einer bestimmten Strecke zurücklegen muss, wird durch die Bewegung der Erde gegen den Äther schlichtweg kürzer. Diese doch recht simple Beschreibung der Kontraktionshypothese ist im Prinzip ganz richtig (S. 7). Doch Schlick kommentiert sie auf äußerst polemische Weise: nach dieser Anschauung gäbe es zwar einen Äther, der als ausgezeichneter Bezugskörper fungiert, dieser tritt jedoch in den Naturvorgängen nicht in Erscheinung (MSGA I.2, S. 182). So gesehen, scheint die Hypothese von Lorentz und FitzGerald tatsächlich geradezu paradox. Allerdings erfuhr jene von Lorentz zunächst ad hoc eingeführte Hypothese im Nachtrag auch eine physikalische Begründung (Hentschel 1990, S. 7–11). Überdies ist sie später, 1899, zur heute noch nach Lorentz benannten „Lorentz-Transformation" modifiziert worden. Einstein selbst gestand 1954 ein:

> Die systematische Behandlung dieses Problems durch Lorentz führte ganz nahe zur speziellen Relativitätstheorie [...] Dass er diesen Schritt zur speziellen Relativitätstheorie nicht machte, lag einfach daran, dass es für ihn psychologisch unmöglich war, auf die Realität des Äthers als eines materiellen Dinges (Trägers der elektromagnetischen Feldes) zu verzichten. (Einstein, zitiert in: Hentschel 1990, S. 11)

Inwieweit der Ausgang des Michelson-Morley-Experiments tatsächlich zur Entwicklung der SRT beigetragen hat, ist bis heute umstritten, obgleich Schlick geradezu das Gegenteil behauptet (MSGA I.2, S. 174). Hentschel nimmt in seinen historischen Abriss zur Entwicklung der RT verschiedene Theorien als Vorläufer der SRT und ART auf (Hentschel 1990, S. 3–13). Doch der letzte Satz des eben angeführten Zitats von Einstein vermag einen Hinweis darauf zu geben, aus welchem Grund Schlick gerade die historische Relevanz des Michelson-Morley-Experiments so stark betont: *Bei der Behandlung diverser physikalischer Probleme zum Ende des 19. Jahrhunderts sei es Lorentz aus psychologischen Gründen praktisch nicht möglich gewesen, auf die Annahme eines materiell existierenden Äthers zu verzichten.* Er beschließt mit den Worten: „Wer diese Zeit miterlebt hat, begreift es" (Einstein, zitiert in: Hentschel 1990, S. 11). Worauf möchte Einstein damit hinaus? Im Zentrum der Überlegungen jener Zeit standen auch philosophische Fragestellungen über das Verhältnis von Raum und Zeit, denn am Übergang von der vor-Einsteinschen Physik zur SRT verändert sich (zunächst aus physikalischer Perspektive) ihr ontologischer Status: Wurden Raum und Zeit vormals noch als absolut angesehen, so sind sie nunmehr zu variablen Größen degradiert worden, die vom Bewegungszustand eines Koordinatensystems abhängig sind. Die Abänderung eines philosophischen Weltbildes, gar die Abkehr von Grundsätzen, die jahrtausendelang bestand hatten, ist ein viel größerer gedanklicher Schritt als der bloße Übergang von einer physikalischen Hypothese zur nächsten. Dass gerade diesem Aspekt der SRT nach Schlick gar nicht genug Bedeutung beigemessen werden kann, zeigt sich u. a. daran, dass er sich kaum besser illustrieren ließe als anhand des Michelson-Morley-Experiments, oder, wie er selbst schreibt:

> [...] weil bei den Erklärungsversuchen des Michelson-Experimentes der Gegensatz der alten und der neuen Denkweise mit der größten Deutlichkeit in Erscheinung tritt. (MSGA I.2, S. 174)

Eben dies ist der Weg, den Schlick in seinen Erläuterungen der RT einschlägt. An dieser Stelle muss nun geklärt werden, worauf dieser – Schlicks Ansicht nach – philosophisch höchst brisante Einschnitt in unser Verständnis von Raum und Zeit basiert. Wie Schlick sehr treffend formuliert, zeigt die SRT, dass die Lorentz-Kontraktion nicht etwa eine Wirkung des physikalischen Einflusses einer „absoluten Bewegung" darstellt, sondern schlicht eine „Folge unserer Methoden der Längen- und Zeitmessung" (S. 188). Dies darf keineswegs so verstanden werden, als wären jene Methoden in irgendeiner Weise mangelhaft und bedürften der Erneuerung. Um dies zu erläutern, müssen zunächst zwei Annahmen zugrunde gelegt werden, auf denen die SRT fußt: Die erste bezeichnet Schlick als das *spezielle Relativitätsprinzip* (S. 179). Was besagt es?

> Alle Naturgesetze, in bezug (*sic!*) auf ein bestimmtes Koordinatensystem formuliert, bleiben in vollständig derselben Form in Geltung, wenn man sie auf ein anderes Koordinatensystem bezieht, das sich relativ zum ersten geradlinig-gleichförmig bewegt. (MSGA I.2, S. 179)

Einstein selbst führt das Prinzip in später formulierten Erläuterungen zur SRT auf eine andere Weise ein. Er hält zunächst fest, dass gilt „[...] ein relativ zu einem Inertialsystem geradlinig und gleichförmig bewegtes Koordinatensystem ist ebenfalls ein Inertialsystem" (Einstein 1916, S. 666). Bei genauerer Betrachtung erweist sich diese Festlegung schlicht als logische Folgerung aus den oben bereits angeführten Definitionen von Koordinaten- und Inertialsystemen. Das spezielle Relativitätsprinzip ist nun – so Einstein – die Verallgemeinerung dieses Satzes auf beliebige Naturvorgänge, d. h. „[...] jedes allgemeine Naturgesetz, das in Bezug auf ein Koordinatensystem K gilt, muss auch unverändert gelten in Bezug auf ein Koordinatensystem K_1, das relativ zu K in gleichförmiger Translationsbewegung ist" (ebd.). D. h. wenn bspw. ein Naturgesetz in einem System K gültig ist, so gilt es stets auch in einem Koordinatensystem K', das sich relativ zu K mit der Geschwindigkeit q geradlinig-gleichförmig bewegt.[3] Wie Hentschel anführt, konnte Einstein das spezielle Relativitätsprinzip als empirisch aufgefundene und bestätigte Eigenschaft von Naturvorgängen auffassen

---

[3] Hentschel unterscheidet zwischen zwei verschiedenen Relativitätsprinzipien (RP1 und RP2). Nach RP1 wird die „Hypostasierung eines ausgezeichneten aber unbeobachtbaren Bezugssystems" mit ontologischer Begründung abgelehnt. Wie er schreibt, wurde es bereits von George Berkeley und Ernst Mach vertreten. Mach war der Ansicht, in einer empirischen Wissenschaft wie der Physik haben Konzepte wie der ‚absolute Raum', die ‚absolute Zeit' oder die ‚absolute Bewegung' „ohne Beziehung auf irgendeinen äußeren Gegenstand" keinen Platz. Stattdessen forderte er, dass ausschließlich relationale Aussagen über relative Bewegungen beobachtbarer Körper untereinander verwendet werden sollten (Hentschel 1990, S. 3 ff.). RP1 beschreibt Hentschel als „phänomenalistische Bedeutungsvariante", die auch in RP2 enthalten ist. RP2 entspricht der oben angeführten Formulierung (S. 8 ff.). Bei Schlick werden tatsächlich beide RP angeführt, jedoch ohne, dass er explizit zwischen den beiden unterscheiden würde, dasselbe gilt auch für Einstein selbst. Da die oben angeführte Beschreibung des SRP Einsteins Darlegung in „Zur Elektrodynamik bewegter Körper" entspricht, wird hier unter Bezugnahme auf RP2 argumentiert.

(Hentschel 1990, S. 17). Wie sich dies konkret ausgestaltet bzw. welche Auswirkungen dieses Prinzip auf physikalische Vorgänge hat, wird sogleich klar werden. Doch zuvor zur zweiten grundlegenden Annahme der SRT: sie betrifft das hier bereits erwähnte „Prinzip der Invarianz der Lichtgeschwindigkeit“. Hiernach breitet sich das Licht in alle Richtungen konstant mit der Geschwindigkeit c aus (MSGA I.2, S. 181; Einstein 1905, S. 895).[4] Das *Invarianzprinzip* konnte zu jener Zeit noch nicht als empirisch bestätigt angesehen werden (Hentschel 1990, S. 17 f.). Vorläufig handelte es sich hierbei also um eine bloße Hypothese. Wird nun angenommen, dass es sich bei diesem Prinzip um ein Naturgesetz handelt, so muss das spezielle Relativitätsprinzip auch hierauf Anwendung finden, denn laut Voraussetzung soll jenes Prinzip seine Gültigkeit für *alle* Naturgesetze bewahren. In der Folge ergibt sich, dass sich das Licht, bezogen auf alle beliebigen Koordinatensysteme, die sich geradlinig-gleichförmig zueinander bewegen, konstant mit der Geschwindigkeit c ausbreitet. Schlick formuliert es folgendermaßen:

> Jeder Beobachter findet also ganz unabhängig von seinem eigenen Bewegungszustand und demjenigen der Lichtquelle stets denselben Wert c für die Schnelligkeit der Lichtausbreitung. (MSGA I.2, S. 181)

Bemerkenswert an dieser Formulierung ist die Betonung des „Beobachters“ – dies wird an späterer Stelle auch im philosophischen Kontext relevant sein. Was nun aus dem speziellen Relativitätsprinzip zusammengenommen mit dem Invarianzprinzip resultiert, lässt sich anhand des oben angeführten Beispiels der Koordinatensysteme K und K' illustrieren. Zusätzlich sei angenommen, dass auf K' ein Lichtstrahl in eine beliebige Richtung ausgesendet wird. Dann gilt nach dem speziellen Relativitätsprinzip zusammengenommen mit dem Invarianzprinzip, dass sich das Licht sowohl in Bezug auf K' als auch bezogen auf K mit der Geschwindigkeit c ausbreitet. M. a. W. die Lichtgeschwindigkeit beträgt sowohl für einen Beobachter, der sich mit K' bewegt den Wert c als auch für einen Beobachter der in K ruht und die Ausbreitung des Lichts in K' beobachtet. Diese Vorstellung mutet zunächst paradox an: Es erscheint tatsächlich intuitiv einleuchtender anzunehmen, dass sich das Licht, für einen Beobachter aus K mit der Geschwindigkeit $c + q$ fortbewegen müsste. Doch eben diese Vorstellung entspringt laut Schlick bestimmten Voraussetzungen, die der Messung von Raum und Zeit unhinterfragt zugrunde gelegt werden (MSGA I.2, S. 168). Jene Voraussetzungen können jedoch, so Schlick, Einsteins kritischer Überprüfung nicht standhalten (S. 183). Namentlich handelt es sich dabei um die Erwartung, dass in zwei zueinander geradlinig-gleichförmig bewegten Systemen Strecken und Zeiten jeweils mit denselben Maßen gemessen werden (ebd.). Und hier kommen die zu erläuternden „Methoden der Längen und Zeitmessung“ ins Spiel: Es bedarf zur Messung von Länge und Dauer zum einen Maßstäbe (im Prinzip einfach starre Körper) sowie Uhren. Unter einer Uhr kann ein physikalisches Gebilde verstanden werden, das stets den gleichen Vorgang periodisch wiederholt (S. 184). Das Vorhandensein von so definierten Maßstäben und Uhren vorausgesetzt, beginnt Einstein in seiner

[4] „Jeder Lichtstrahl bewegt sich im ‚ruhenden‘ Koordinatensystem mit der bestimmten Geschwindigkeit V, unabhängig davon, ob dieser Lichtstrahl von einem ruhenden oder bewegten Körper emittiert ist“ (Einstein 1905, S. 895).

Schrift „Zur Elektrodynamik bewegter Körper“ mit der Definition dessen, was unter *Zeit* im physikalischen Sinn zu verstehen sei (Einstein 1905, S. 892–895). Dabei hält er fest, dass es sich bei allen Urteilen, die jenen Begriff enthalten, um Urteile über *gleichzeitige* Ereignisse handle: So habe z. B. der Satz „Jener Zug kommt hier um 7 Uhr an“ die gleiche Bedeutung wie „Das Zeigen des kleinen Zeigers meiner Uhr auf 7 und das Ankommen des Zuges sind gleichzeitige Ereignisse“ (S. 893). Die Definition der „Zeit“ als „Stellung des kleinen Zeigers meiner Uhr“ genügt laut Einstein, für den weiteren Fortgang seiner Argumentation, obgleich er zugesteht, dass dem Begriff der „Gleichzeitigkeit“ somit eine gewisse Ungenauigkeit anhaftet, die durch Abstraktion überbrückt werden muss (ebd.). Nach Schlicks Darlegung hat der Begriff der ‚Gleichzeitigkeit‘ von zwei Ereignissen am gleichen Ort einen völlig fest bestimmten *Inhalt* (MSGA I.2, S. 184). Er gehöre „[...] zu jenen letzten Daten, die uns durch das Erleben im Bewußtsein unmittelbar bekannt werden“ (ebd.). Gerade diese Formulierung Schlicks wird an späterer Stelle eine bedeutende Rolle spielen. Doch was ist – vorläufig – damit gemeint? Eine genaue Definition der Gleichzeitigkeit am gleichen Ort ist laut Schlick nicht möglich. Es sei schlicht jedem *bekannt,* was es bedeutet zu sagen, zwei verschiedene Ereignisse haben zum selben Zeitpunkt am gleichen Ort stattgefunden (ebd.). Ein bestimmtes Ereignis habe um 04:39 Uhr stattgefunden, bedeutet vor diesem Hintergrund nichts anderes, als dass sich zum Zeitpunkt dieses Ereignisses in unmittelbarer Umgebung eine Uhr befunden hat, deren Zeiger genau in diesem Moment auf 4 h und 39 min standen. Doch wie lässt sich die Gleichzeitigkeit verschiedener Ereignisse feststellen, wenn diese an verschiedenen, räumlich entfernten Orten stattfinden?[5] Seien A und B Uhren, die jeweils an räumlich getrennten Orten innerhalb des Koordinatensystems K' ruhen. Ferner sei die Strecke der räumlichen Entfernung zwischen A und B bekannt. Eine Person die sich am Ort der Uhr A befindet, könnte (nach vorheriger Absprache) einer Person am Ort B um Punkt 12 Uhr ein Lichtsignal senden. Da die Lichtgeschwindigkeit laut Voraussetzung der SRT konstant den Wert c beträgt, weil weiterhin der Person in B bekannt ist, auf welchem Zeigerstand die Uhr im Ort A war, als das Licht entsendet wurde, und da die Wegstrecke, die das Licht zum Ort B zurücklegen musste, bekannt ist, könnte die Person am Ort B nun berechnen, auf welche Zeit sie die Uhr in B stellen müsste, damit sie mit der Uhr im Ort A synchron läuft. Damit erweist sich die Gleichzeitigkeit von zwei an räumlich getrennten Orten stattfindenden Ereignissen, die jeweils im selben Koordinatensystem als ruhend betrachtet werden können, als unproblematisch (MSGA I.2, S. 184–186). Allerdings gestaltet sich das ganze etwas komplizierter, sobald sich das Koordinatensystem K' wie im vorigen Beispiel, relativ zu K mit der Geschwindigkeit q bewegt (S. 186 f.): Angenommen die Bewegungsrichtung von K verlaufe von A nach B . Des Weiteren befinde sich noch eine dritte Person am Ort C, der relativ zu einem Koordinatensystem in K ruht. Zur Erinnerung: Laut Voraussetzung beträgt die Lichtgeschwindigkeit sowohl in Bezug auf ein in K' ruhendes Koordinatensystem den Wert c als auch bezogen auf ein in K

[5] Die nachfolgende Erläuterung orientiert sich sowohl an Schlicks als auch an Einsteins Ausführungen (MSGA I.2; Einstein 1905). Das Beispiel unterscheidet sich jedoch in einigen Details. Den dahinterstehenden Prinzipien sollte dies jedoch keinen Abbruch tun.

ruhendes. Nach Anwendung der oben beschriebenen Methode zur Synchronisierung von Uhren, laufen die Uhren in den Orten A und B für einen Beobachter, der in K' ruht, synchron. Für eine Person, die das ganze jedoch vom Ort C aus beobachtet, tun sie dies nicht. Aus ihrer Perspektive geht die Uhr in B vor. Denn die Ausbreitungsgeschwindigkeit des Lichts beträgt aus der Perspektive des Beobachters am Ort C, nicht bezogen auf K', sondern in Bezug auf K den Wert c. Von K aus betrachtet, muss das Licht aufgrund der Bewegung von K' gegen K eine längere Wegstrecke zurücklegen, um vom Ort A zum Ort B zu gelangen, da der Zielort mit der Geschwindigkeit q vor dem Licht flieht. Würde man andersherum versuchen, durch die gleiche Methode die Uhr im Ort A mit der Uhr in Ort B zu synchronisieren, so würde aus der Perspektive des Beobachters im Ort C die Uhr in A vorgehen, da in diesem Fall der Zielort dem Licht mit der Geschwindigkeit q entgegeneilen würde und es somit eine kürzere Wegstrecke zurücklegen müsste (ebd.). Das heißt jedoch nicht, dass die beiden Personen, die an den Orten A und B relativ zu K' ruhen, einen Fehler begangen hätten. Aus ihrer Perspektive haben sie ihre Uhren korrekt synchronisiert, und damit sind sie im Recht, denn bezogen auf K' laufen ihre Uhren synchron. Ebenso wie auch der Beobachter am Ort C. Die Uhren in K' laufen für ihn tatsächlich nicht synchron. Der springende Punkt an dieser Stelle ist der: Zwei Vorgänge, die von K' aus betrachtet die gleiche Dauer haben (wie bspw. die Zeit die das Licht braucht, um von A nach B zu gelangen und die Zeit die es braucht, um denselben Weg in die entgegengesetzte Richtung zurückzulegen), dauern von K aus gesehen verschiedene Zeiten (in diesem speziellen Fall dauert von K aus betrachtet der erstgenannte Vorgang in K' länger als der zweite). Das liegt daran, dass beide Systeme ein unterschiedliches Zeitmaß verwenden (S. 187). Dabei verhält es sich so, dass eine Person in K' für K die gleichen Beobachtungen macht wie eine Person in K für K': Ein Beobachter aus K würde das Urteil fällen, dass die Uhren in K' langsamer laufen, während ein Beobachter aus K' urteilen würde, dass die Uhren in K immer weiter hinter seiner eigenen zurückbleiben (S. 189). Das ist auch eine Folge davon, dass K' mit demselben Recht als ruhend angesehen werden wie K (S. 186). Aus dieser Perspektive wäre K als mit der Geschwindigkeit q gegen K' bewegt zu betrachten. All dies ist schlicht eine Konsequenz der Forderung, dass sich alle Naturgesetze – also auch die Konstanz der Lichtgeschwindigkeit – ihre Geltung auch dann erhalten, wenn sie auf ein anderes Koordinatensystem bezogen werden, dass sich relativ zum ersten geradlinig-gleichförmig bewegt. Unter dieser Voraussetzung kann, wie Schlick erläutert, der Begriff der ‚Zeitdauer' und auch der Begriff der ‚Gleichzeitigkeit' nur relativ in Abhängigkeit vom jeweiligen Bezugssystem definiert werden (S. 187). Bei Einstein heißt es dazu:

> Wir sehen also, daß wir dem Begriffe der Gleichzeitigkeit keine *absolute* Bedeutung beimessen dürfen, sondern daß zwei Ereignisse, welche, von einem Koordinatensystem aus betrachtet, gleichzeitig sind, von einem relativ zu diesem System bewegten System aus betrachtet, nicht mehr als gleichzeitige Ereignisse aufzufassen sind. (Einstein 1905, S. 897)

Da Einstein den Begriff der ‚Zeit', wie oben beschrieben, in Abhängigkeit vom Begriff der ‚Gleichzeitigkeit' bestimmt, verliert dieser Begriff wie auch daraus abgeleitete Begriffe wie z. B. ‚Zeitdauer' die ihnen vormals stets zugeschriebene absolute

Bedeutung. In der Folge erhält man auch für die Länge eines Körpers, gemessen von verschiedenen Systemen aus, jeweils unterschiedliche Werte (MSGA I.2, S. 187). Schlick erläutert dies anhand verschiedener Methoden, mit deren Hilfe die Länge eines Stabes von verschiedenen Systemen aus gemessen werden kann. Man könnte die Länge eines in K' ruhendes Stabes von K aus bspw. bestimmen, indem man die Zeit misst, die er braucht, um an einem in K ruhenden Punkt vorüber zu ziehen. Doch aufgrund der Relativität der Zeitdauer würden sich in geradlinig-gleichförmig zueinander bewegten Systemen jeweils unterschiedliche Werte für die Längen desselben Stabes ergeben: Aus der Perspektive eines mit dem Stab in K' ruhenden Beobachters wäre er länger als von K aus betrachtet (S. 188). Insofern ist die Länge des in K' ruhenden Stabes von K aus betrachtet abhängig von der Geschwindigkeit (ebd.). Doch dies lässt sich nicht nur durch die Relativität der Zeitdauer erklären. Bei einem anderen Verfahren zur Messung der Länge des Stabes kann die Relativität der Gleichzeitigkeit zur Begründung desselben Ergebnisses herangezogen werden (ebd.). Letzteres kann man sich auch durch folgende Überlegung vergegenwärtigen: Soll die Länge eines Stabes gemessen werden, der sich relativ zum Beobachter, der die Messung vornimmt, geradlinig-gleichförmig bewegt, dann ist es von tragender Bedeutung, dass der Maßstab, mit dem gemessen werden soll, *gleichzeitig* am Anfang und am Ende des Stabes angelegt wird. Bedeutet aber ‚gleichzeitig' in einem mit dem Stab ruhenden System etwas anderes als in einem gegen den Stab bewegten Koordinatensystem, so ergibt sich direkt, dass dem Stab von verschiedenen Systemen aus betrachtet verschiedene Längen zukommen. Mathematisch lässt sich dies folgendermaßen beschreiben: Insofern ein Stab, dessen Länge von einem mit ihm ruhenden Koordinatensystem aus gemessen den Wert a erhält, wird von einem mit der Geschwindigkeit q geradlinig-gleichförmig zu ihm bewegten System aus der Wert

$$\sqrt{1 - \frac{q^2}{c^2}}$$

zugeschrieben. Diese Formel entspricht der Lorentz-Kontraktion (ebd.). So zeigt sich, dass der Lorentz-Kontraktion auch im Rahmen der SRT eine physikalische Bedeutung zukommt, nicht aber aufgrund einer Wechselwirkung mit dem Äther, sondern – wie Hentschel dies formuliert – als Resultat des Umstandes, dass die Länge eines geradlinig-gleichförmig bewegten Körpers von einem nicht-mitbewegten System aus beschrieben wird (Hentschel 1990, S. 20). Wie oben angeführt wurde, ergeben sich diese Konsequenzen notwendig aus den angewendeten Methoden der „Uhrenregulierung". Diese wurden, so Schlick, „[...] auf Grund des Prinzips der Invarianz der Lichtgeschwindigkeit vorgenommen [...]" und konnten „[...] ohne Willkür gar nicht auf andere Weise vorgenommen werden [...]" (MSGA I.2, S. 187). Doch aus welchem Grund wird gerade die Lichtgeschwindigkeit für die Regulierung von Uhren gewählt? Schlick äußert sich hierzu nur sehr knapp: Bei der Nutzung von Schallsignalen in der Luft wäre die Signalübertragung bspw. von der Windrichtung abhängig. Die Lichtgeschwindigkeit hingegen breite sich im Vakuum konstant mit der Geschwindigkeit c aus (S. 185 f.). An späterer Stelle erwähnt er, dass c eine in der Natur ausgezeichnete Größe sei, die eine ausgezeichnete Grenzgeschwindigkeit darstellt (S. 190). Obgleich Einstein 1919 neben dem speziellen Relativitätsprinzip auch das Invarianzprinzip als „durch die Erfahrung mächtig gestützt“ bezeichnet (Einstein 2005 [1919], S. 666 f.), galt das letztere dieser beiden Prinzipien zu jener Zeit noch nicht als bewährt und wurde sogar noch über einen längeren Zeitraum angezweifelt (Hentschel 1990, S. 17). Bahnbrechend war Einsteins SRT zum Zeitpunkt ihrer Veröffentlichung in der Hinsicht, dass diese beiden Prinzipien zu jener Zeit als miteinander logisch unverträglich angesehen wurden (Einstein 1919, S. 666 f.; Hentschel 1990, S. 18). Einstein gelang es jedoch zu zeigen, dass sie sich zu einer widerspruchsfreien Elektrodynamik bewegter Körper vereinigen lassen (Einstein 1905, S. 891 f.). Die sich hieraus ergebende SRT ließ sich ohne Widerspruch mit den bekannten Ergebnissen verschiedener Experimente zusammendenken (Hentschel 1990, S. 18). Im Ergebnis erwies sich – so Einstein – die Einführung eines „Lichtäthers“ sowie auch die Einführung eines mit besonderen Eigenschaften ausgestatteten „absolut ruhendes Raumes“ als überflüssig (Einstein 1905, S. 892).

2.2 Philosophische Folgerungen aus der speziellen Relativitätstheorie

Die entscheidenden philosophischen Aspekte, die sich aus der im vorigen Abschnitt erläuterten SRT ergeben, seien hier kurz auf den Punkt gebracht: Es ergibt sich aus der SRT, dass es vom Bewegungszustand des Beobachters abhängt, ob zwei Ereignisse aus seiner Perspektive gleichzeitig stattfinden oder nicht. Damit ist der Begriff der ‚Gleichzeitigkeit‘ relativiert. Ihm kommt laut Schlick keine absolute Bedeutung mehr zu (MSGA I.2, S. 302). Da alle Äußerungen über Zeitliches im Rahmen der SRT auf die Festlegung dessen, was ‚Gleichzeitigkeit‘ bedeutet, zurückgeführt wurden, resultiert hieraus direkt die Relativität der so aufgefassten Zeit. In Abhängigkeit davon wurde auch der Begriff der Länge relativiert, sodass Schlick die „Relativität der Längen und Zeiten“ behaupten kann (S. 303). Hiernach sind folglich auch Längen- und Zeitmessungen nicht als ‚absolut‘ zu betrachten. Stattdessen ergeben sich für die Länge eines Stabes bzw. für die Dauer eines Vorgangs verschiedene Werte, abhängig vom Bewegungszustand des Koordinatensystems, von dem aus die Messung vorgenommen wird. Alle unterschiedlichen Werte kommen der Länge bzw. der Dauer jeweils gleichzeitig zu. Denn jede Messung ist den jeweils anderen gegenüber gleichberechtigt.

Nun könnte man festlegen, dass bspw. diejenige Länge des Stabes, die im mit ihm ruhenden System gemessen wird, als seine „wirkliche“ Länge anzusehen ist. Doch dies wäre Schlicks Ansicht nach völlig willkürlich (S. 188). Analoges gilt für die Zeitmessung. Die in dieser Weise vorgenommene Relativierung der Längen- und Zeitmaße vorausgesetzt, ergibt sich für Schlick, dass auch vom Begriff der ‚absoluten Bewegung‘ abgesehen werden muss: Wie erläutert, wurde in der vor-Einstein‘schen Physik die Bewegung relativ zum Äther als ‚absolut‘ gekennzeichnet. Diese Ansicht wurde nun, so Schlick, „aus der Physik verbannt“ und durch das spezielle Relativitätsprinzip ersetzt: Alle geradlinig-gleichförmig zueinander bewegten Systeme sind nunmehr gleichberechtigt (S. 303). Einen ‚absoluten Raum' gibt es nicht, ebenso wenig existiert eine ‚absolute Zeit'. An dieser Stelle bietet es sich an, ergänzend eine Bemerkung von Michael Esfeld anzuführen, die gewiss als unstrittig gelten kann und die sich m. E. sehr gut in Schlicks Erörterungen einpasst. In *Naturphilosophie als Metaphysik der Natur* heißt es:

> In der Relativitätstheorie ist nicht mehr und nicht weniger relativ als in der Newtonschen Physik. Es sind einfach andere physikalische Größen, die gemäß der Relativitätstheorie relativ sind. (Einstein 2007, S. 48)

Er führt weiter aus, dass nach der Newtonschen Physik die Abstände zwischen zwei beliebigen Ereignissen absolut sind, während jede Geschwindigkeit relativ ist auf ein Bezugssystem (ebd.).[6] Im Gegensatz dazu sind nach der RT (Esfeld bezieht sich hiermit explizit auf die SRT, hält jedoch an späterer Stelle fest, dass alles Gesagte ebenso für die ART gilt) die räumlichen und zeitlichen Ereignisse relativ auf ein Bezugssystem zu bewerten, da nun eine andere Größe – namentlich die Lichtgeschwindigkeit – als absolut ausgezeichnet ist (ebd.).

Eine weitere bedeutende Folgerung aus der SRT wird sehr treffend von Hermann Minkowski in folgendem Zitat zusammengefasst:

> Von Stund' an sollen Raum für sich und Zeit für sich völlig zu Schatten herabsinken und nur noch eine Art Union der beiden soll Selbstständigkeit bewahren. (Minkowski 1908, S. 75)

Minkowski prägte im zitierten Vortrag „Raum und Zeit" von 1908 den Begriff der ‚Raum-Zeit-Union' auf Basis der erst drei Jahre zuvor veröffentlichten SRT. Von philosophischer Seite lieferte in neuerer Zeit wiederum Esfeld eine sehr aufschlussreiche Erläuterung dazu, was unter einer derartigen Union zu verstehen ist: Gegeben seien zwei beliebige Ereignisse, die räumlich und zeitlich voneinander getrennt sind. Soll nun von einem Bezugssystem zu einem anderen übergegangen werden, so müssen die räumlichen und zeitlichen Abstände dieser beiden Ereignisse mithilfe der oben erläuterten Lorentz-Transformation ineinander überführt werden. Bei dieser Überführung werden aber – so Esfeld – Raum und Zeit nicht als voneinander unabhängige Größen behandelt. Stattdessen werden die drei räumlichen Größen bei der Transformation mit einer zeitlichen vereinigt (Einstein 2007, S. 48). Der sich hieraus ergebende vierdimensionale raumzeitliche Abstand ist invariant gegenüber verschiedenen Bezugssystemen und ist insofern als objektive Größe aufzufassen. Daraus resultiert die Vereinigung von Raum und Zeit in einer vierdimensionalen Raumzeit im Rahmen der SRT (S. 48 ff.). Abschließend verneint Esfeld jede Interpretation die annimmt, dass die RT die Zeit wie eine zusätzliche räumliche Dimension behandeln würde (S. 50) oder dass das sog. „Blockuniversum" nicht dynamisch sei:

> Diese Behauptung ist falsch. Das Blockuniversum schließt die Zeit ein. Die vierdimensionale Raumzeit ist die Vereinigung von Raum und Zeit, nicht die Elimination der Zeit zugunsten einer vierten Dimension des Raumes. (Einstein 2007, S. 55)

---

[6] Unter einem „Ereignis" im physikalischen Sinne ist laut Esfeld ein Punkt in Raum und Zeit mitsamt den an diesem Punkt auftretenden physikalischen Eigenschaften zu verstehen.

Ein letzter relevanter Aspekt der SRT sei hier erwähnt. Die ART, die wie unten weiter erläutert wird, die SRT verallgemeinern sollte, wurde bis 1916 von Einstein fertig gestellt (Einstein 1916). Noch bevor Schlick dies ahnen konnte, veröffentlichte er eine kurze Schrift unter dem Titel *Die philosophische Bedeutung des Relativitätsprinzips*. Einstein, der Schlick zu diesem Zeitpunkt noch nicht persönlich kannte, wandte sich sogleich schriftlich an ihn, um seine Ausführungen in höchsten Tönen zu loben und den Kontakt zu ihm aufzunehmen (Albert Einstein an Moritz Schlick am 14. Dezember 1914, zitiert in: Engler et al. 2022, S. 3 f.). Die betreffende Schrift soll hier nicht ausführlich besprochen werden, doch es findet sich darin zunächst zumindest ein Punkt, der an dieser Stelle Erwähnung finden sollte: Schlick führt aus, dass der Lorentz'sche Standpunkt durch die (S)RT (vor der Veröffentlichung der ART war die SRT als Relativitätstheorie bekannt) noch nicht widerlegt ist und dass die Lorentz'sche Theorie weiterhin als mögliche Lösung zur Beschreibung der physikalischen Vorgänge Bestand hat. Denn die beiden konkurrierenden Theorien stellten – so Schlick – die beobachteten Naturvorgänge durch exakt dieselben Gleichungen dar (Schlick 2019 [1915], S. 21). Der einzige Unterschied zwischen ihnen läge lediglich in der Interpretation derselben, d. h. im „[...] Gedankengang, der zu den Gleichungen führt“ (S. 20 f.).

Zu jenem Zeitpunkt gab es, wie Schlick erläutert, noch keine Möglichkeit eine der beiden Theorien experimentell oder durch die Erfahrung zu widerlegen. So standen also zwei physikalische Theorien einander diametral gegenüber. Welche der beiden „wahr“ sein sollte, konnte weder physikalisch noch erkenntnistheoretisch entschieden werden (Schlick 2019 [1915], S. 21 f.).

Der Widerspruch zwischen den beiden Theorien ist laut Schlick letztlich darauf zurückzuführen, dass innerhalb ihres jeweiligen theoretischen Kontextes jeweils etwas anderes unter „Wirklichkeit“ verstanden wird: Nach Einstein ist, so Schlick, das „Wirkliche“ ausschließlich mit „dem Erfahrbaren“ zu identifizieren, wohingegen nach Lorentz auch eine „nicht erfahrbare Wirklichkeit“ zulässig ist (S. 26). Diese Bemerkung ist wohl unschwer dahingehend zu deuten, dass Lorentz die Existenz eines materiellen Äthers annimmt, der sich jedoch – wie oben erläutert – nicht in den Naturvorgängen zeigt. Dagegen bezieht sich Einsteins Theorie lediglich auf tatsächlich erfahrbare Daten wie Messungen und den im unmittelbaren Erleben verankerten Begriff der ‚Gleichzeitigkeit'. Gerade dieser Aspekt führt Schlick nun zu einem Argument dafür, der (S)RT den Vorzug gegenüber der Lorentz'schen Theorie zu geben. Er verweist auf die Einfachheit der (S)RT im Vergleich zum konkurrierenden Standpunkt. Denn im Gegensatz zur Lorentz'schen Elektrodynamik habe sie keine „erfundenen Hilfshypothesen“ vorzuweisen, was zu einer deutlichen Vereinfachung des Weltbildes beitrage (S. 21). In diesem Zusammenhang führt er nun das von ihm so genannte „Prinzip der Einfachheit“ an. Es besagt, dass die einfachste Theorie, d. h. diejenige, die im Vergleich zu allen anderen konkurrierenden Theorien die wenigsten zusätzlichen Hypothesen enthält, als das „getreue Abbild“ der Wirklichkeit anzusehen ist (S. 31). Ein Argument, das zur Begründung dieses Prinzips herangezogen werden kann, basiert darauf, dass in vielen Fällen die „größere Einfachheit“ der Theorie darauf zurückzuführen ist, dass sie weniger willkürliche Momente beinhaltet als die mit ihr in Konkurrenz stehenden Theorien: Der „Zwang der Tatsachen" – so Schlick – überwiegt in ihnen gegenüber der Beliebigkeit. Er postuliert, dass eine Theorie die Wirklichkeit darstellt, insofern sie weitestgehend durch die objektiven Tatbestände bestimmt wird. Damit referiert er, so kann an dieser Stelle vorsichtig festgehalten werden, auf die empirische Basis der Theorie. Alles, was eine Theorie darüber hinaus noch enthält, kann laut Schlick als rein willkürliches Element betrachtet werden (S. 32). Es sei nichts als „[ü]berflüssiges Beiwerk", dessen Ausmaß möglichst gering gehalten werden muss. Er hält abschließend fest, dass die Theorie mit einem Minimum an willkürlichen Annahmen auch stets die einfachste sein muss. Dementsprechend ist laut Schlick die (S)RT der Lorentz'schen Theorie vorzuziehen, da sie auf die Annahme überflüssiger Elemente wie das eines ‚materiellen Äthers' verzichte (S. 32 f.).

2.3 Zur allgemeinen Relativitätstheorie und deren philosophischen Folgen

Hier muss nun die SRT in den Kontext der ART gestellt werden, denn die erstere stellt lediglich einen Spezialfall der letzteren dar (MSGA I.2, S. 169). ‚Speziell' bedeutet in diesem Fall, dass die Theorie ausschließlich für Koordinatensysteme gilt, die sich geradlinig-gleichförmig zueinander bewegen (Inertialsysteme). Nach Schlicks Ansicht ergibt sich jedoch ein „erkenntnistheoretisch geschlosseneres, vollendeteres Weltbild", wenn das Relativitätsprinzip nicht nur für geradlinig-gleichförmige Bewegungen sondern für die gesamte Mechanik gilt (S. 218 f.). An früherer Stelle heißt es in ähnlicher Weise:

> Durch das spezielle Relativitätsprinzip ist man zwar über die Newtonschen Raum- und Zeitbegriffe schon ziemlich weit hinausgekommen [..], aber das erkenntnistheoretische Bedürfnis ist noch nicht befriedigt, denn es gilt ja nur für geradlinig-gleichförmige Bewegungen, vom philosophischen Gesichtspunkt jedoch möchte man *jede* Bewegung für relativ erklären, nicht bloß die besondere Klasse der gleichförmigen Translationen. (MSGA I.2, S. 169)

Einstein selbst stellt den Gedankengang, der von der speziellen zur allgemeinen RT führt, in ganz ähnlicher Weise dar: Zunächst stellt er infrage, ob die „Unabhängigkeit der physikalischen Gesetze vom Bewegungszustand des Koordinatensystems" (also das spezielle Relativitätsprinzip) auf Inertialsysteme beschränkt sein sollte: „Was hat die Natur mit den von uns eingeführten Koordinatensystemen und deren Bewegungszustand zu tun? "(Einstein 2005 [1919], S. 668). Er fährt damit fort, dass die Koordinatensysteme, die zur Beschreibung der Naturvorgänge notwendig sind, völlig willkürlich eingeführt werden müssen. Wenn diese Systeme schon der Willkür unterliegen, aus welchem Grund sollten dann die Naturgesetze an die Wahl des Bewegungszustandes jener Koordinatensysteme gebunden sein? (ebd.) Es liegt auf der Hand, dass es sowohl Einstein als auch Schlick sinnvoller erscheint, anzunehmen, dass das Relativitätsprinzip für alle Bewegungen gleichermaßen gilt. Vor diesem Hintergrund muss nun – so Schlick – das spezielle Relativitätsprinzip auch auf beschleunigte sowie auf rotierende Bewegungen erweitert werden (MSGA I.2, S. 170).

Auf der Grundlage dieser Idee beschreibt er das „Allgemeine Relativitätsprinzip“: Hiernach sind *alle* Bewegungen ausnahmslos relativ und beliebig zueinander bewegte Koordinatensysteme gleichberechtigt (S. 227). D. h. genauer, dass die Naturgesetze ihre Gültigkeit relativ in Bezug auf jedes Koordinatensystem in derselben Form beibehalten, unabhängig vom Bewegungszustand der Systeme untereinander. Daran schließt sich die Forderung an, dass es kein Bezugssystem geben dürfe, das vor allen anderen ausgezeichnet ist: Jedes beliebige Koordinatensystem kann mit dem gleichen Recht als „ruhend“ angesehen werden – ein in der Erde liegendes ebenso gut wie eines, das in Bezug auf die Sonne ruht (MSGA I.2, S. 225; Einstein 1916, S. 772).[7] In mathematischer Formulierung bringt Einstein das Prinzip folgendermaßen zum Ausdruck:

> Die allgemeinen Naturgesetze sind durch Gleichungen auszudrücken, die für alle Koordinatensysteme gelten, d. h. die beliebigen Substitutionen gegenüber kovariant (allgemein kovariant) sind. (Einstein 1916, S. 776)

Daran anschließend wird das allgemeine Relativitätsprinzip, wie Hentschel ausführt, auch häufig als Kovarianzprinzip bezeichnet (Hentschel 1990, S. 26 f.).[8] Neben dem allgemeinen Relativitätsprinzip wird im Rahmen der ART, wie Schlick erläutert, das „Äquivalenzprinzip“ angenommen, das die Identität von träger und gravitierender Masse behauptet (MSGA I.2, S. 222). Hiernach kann die Beschleunigung eines Körpers entweder als eine Wirkung von Trägheits- oder von Gravitationskräften aufgefasst werden, da beide Interpretationen als gleichwertig angesehen werden (S. 224). Das Gedankenexperiment, das diesem Prinzip häufig erläuternd zugrunde gelegt wird, ist sicher hinlänglich bekannt (MSGA I.2, S. 224; Hentschel 1990, S. 27). Im Rahmen der „neuen Mechanik“ sind nach dem Äquivalenzprinzip Trägheit und Gravitation jeweils Ausdruck ein und desselben Grundgesetzes: Sie hängen, wie Schlick schreibt, „allein von der relativen Lage und Bewegung der Körper zueinander“ ab (MSGA I.2, S. 225).

Im Rahmen seiner Ausführungen zur ART gelangt Schlick zunächst zu dem Ergebnis, dass der Raum weder eine Euklidische, noch eine nicht-Euklidische oder irgendeine andersartige Geometrie als eigentümliche Struktur aufweist (MSGA I.2, S. 213). Hierzu führt er eine Analogie an, die besonders im philosophischen Kontext interessant ist. Er schreibt, der Raum besitze nicht irgendeine Struktur für sich, „[...] ebenso wenig wie es einer Strecke eigentümlich ist, nach Kilometern gemessen zu werden, nicht aber nach Meilen“ (ebd.). So betrachtet, stellt er die Geometrie folglich

---

[7] „Die Gesetze der Physik müssen so beschaffen sein, dass sie in Bezug auf beliebig bewegte Bezugssysteme gelten.“ Weiter S. 773: „Das mechanische Verhalten der Körper relativ zu K ist dasselbe, wie es gegenüber Systemen sich der Erfahrung darbietet, die wir als „ruhende“ bzw. als „berechtigte“ Systeme anzusehen gewohnt sind; deshalb liegt es auch vom physikalischen Standpunkt nahe, anzunehmen, daß die Systeme K und K' beide mit demselben Recht als „ruhend“ angesehen werden können, bzw. daß sie als Bezugssysteme für die physikalische Beschreibung der Vorgänge gleichberechtigt seien.“ (Einstein 1916, S. 772)

[8] Auch an dieser Stelle weist Hentschel darauf hin, dass diese Formulierung des Prinzips der epistemologischen Variante des RP2 entspricht, wie oben bereits für das spezielle Relativitätsprinzip erläutert. Doch auch die ontologische Formulierung findet sich, wie Hentschel weiter ausführt, in späteren Schriften Einsteins wieder.

als etwas dar, dass sich zum physikalischen Raum so verhält, wie eine Maßeinheit zum Messgegenstand: Sie kann völlig willkürlich festgelegt werden. Tatsächlich ergibt sich letztlich, wie auch Schlick betont, dass die Euklidische Geometrie nach der ART nicht zur Beschreibung der empirischen Welt geeignet ist. Insofern am allgemeinen Relativitätsprinzip festgehalten werden soll, „[...] so müssen wir darauf verzichten, die Abmessungen und Lagebeziehungen der Körperwelt mit Hilfe Euklidischer Methoden zu beschreiben" (MSGA I.2, S. 229). Dies ergibt sich für relativ zu einem Inertialsystem rotierende Bezugssysteme, wie Einstein schreibt, aufgrund der Lorentz-Kontraktion (Einstein 1921, S. 6 f.). Wird das Relativitätsprinzip also auf „Nichtinertialsysteme" erweitert, muss folglich auch die Euklidische Geometrie zur Beschreibung der jeweiligen Vorgänge aufgegeben werden. Stattdessen müssen unterschiedliche Maßbestimmungen verwendet werden und zwar, so Schlick, an jeder Stelle andere. Entscheidend ist dabei das am jeweiligen Ort vorhandene Gravitationsfeld (MSGA I.2, S. 229). Die Gravitationsfelder selbst werden dabei von der Materie erzeugt (Einstein 2005 [1919], S. 669 f.). Da es nun keinen Bereich gibt, der nicht durch Gravitationswirkungen beeinflusst ist, folgt daraus, dass die Euklidischen Methoden zur Beschreibung der Abmessung und Lagebeziehungen der Körper gänzlich aufgegeben werden müssen (MSGA I.2, S. 227 ff.). Doch dies ist keineswegs so zu verstehen, als würde die zur Beschreibung des physikalischen Raumes verwendete Geometrie völlig frei wählbar sein. Die Wahl der Geometrie ist laut Einstein nicht rein konventioneller Natur oder gar nach bloßer Zweckmäßigkeit entscheidbar. Sie hängt vielmehr von der Erfahrung ab. In diesem Sinne wird die Frage danach, nach welcher Geometrie der Raum strukturiert ist, zur physikalischen und damit empirischen Frage (Einstein 1921, S. 10).

Im vorangegangenen Abschn. 2.2 wurde dargelegt, dass sich die SRT und die Lorentz'sche Theorie noch 1915 als gleichberechtigte physikalische Theorien gegenüberstanden, zwischen denen physikalisch nicht entschieden werden konnte. Vor dem Hintergrund der ART änderte sich das: Bereits kurz nach ihrer ersten Veröffentlichung hatte Einsteins Theorie bedeutende empirische Belege vorzuweisen, die weitreichend zu ihrer Akzeptanz beitrugen. Dazu zählt z. B., dass durch sie die Perihelbewegung des Merkur erklärt werden konnte, was im Rahmen der klassischen Mechanik nicht möglich war (Hentschel 1990, S. 35 f.). Darüber hinaus lieferten zwei englische Expeditionen unter A. S. Eddington bei einer Sonnenfinsternis im Jahr 1919 eine weitere bedeutende Bestätigung für die Voraussagen der ART, die auch durch Schlick in einem Artikel unter dem Titel *Einsteins Relativitätstheorie und ihre letzte Bestätigung* gewürdigt wurde (MSGA I.5). Die ART konnte sich also gegenüber der konkurrierenden Lorentz'schen Theorie dadurch durchsetzen, dass sie Erklärungen für Naturvorgänge lieferte, die letztere nicht vorzuweisen hatte. Folglich könnte man also annehmen, dass Schlicks Argumentation bezüglich der größeren Einfachheit der (S)RT gegenüber der Lorentz'schen Theorie in diesem Zusammenhang hinfällig geworden ist, denn die neue Theorie war der alten empirisch überlegen. Doch in *Raum und Zeit in der gegenwärtigen Physik* finden sich einige Äußerungen Schlicks, die vermeintlich darauf hindeuten, dass die Wahl der zu verwendenden Geometrie völlig beliebig wäre. So schreibt er bspw. „daß die Erfahrung uns nur darüber belehrt, ob es praktischer ist, die Euklidische oder eine nicht-Euklidische Geometrie bei der physikalischen Naturbeschreibung zu verwenden" (MSGA I.2, S. 211). Und kurz darauf heißt es: „Es ist also nicht richtig, daß die Erfahrung uns jemals eine »nicht-Euklidische Struktur des Raumes« *beweisen* [...] könnte" (S. 212). Dies lässt sich sogar noch erweitern. Denn es findet sich noch eine Stelle in *Raum und Zeit in der gegenwärtigen Physik* die den Anschein erweckt, als könne die Lorentz'sche Theorie der ART weiterhin als ernstzunehmender Konkurrent entgegentreten:

> Es läßt sich niemals beweisen, daß allein Kopernikus recht, Ptolemäus dagegen unrecht hat; es gibt keinen logischen Zwang, die Relativitätstheorie als die einzig richtige der Absoluttheorie gegenüberzustellen oder die Euklidischen Maßbestimmungen für schlechthin falsch oder schlechthin richtig zu erklären – sondern es läßt sich immer nur zeigen, daß bei diesen Alternativen die eine Anschauung einfacher ist als die andere, zu einem geschlosseneren, befriedigenderen Weltbild führt. (MSGA I.2, S. 281 f.)

Der einzige Grund dazu, die Euklidische Geometrie im Rahmen der ART zu verlassen sowie auch die ART ihren Vorgängertheorien vorzuziehen, liegt hiernach also in der daraus resultierenden „Einfachheit der Naturgesetze".

Wenn Schlick nun aber davon überzeugt ist, dass die ART in der Gestalt, in der sie von Einstein formuliert wurde, der Wirklichkeit am ehesten entspricht, stellt sich jedoch die Frage, aus welchem Grund er so eindrücklich auf die Beliebigkeit der Geometrie der Raumstruktur hinweist. Hierzu müssen zwei Punkte erläutert werden. Der erste besteht im Verweis darauf, dass *Raum und Zeit in der gegenwärtigen Physik* einen „gemeinverständlichen" Anspruch verfolgt. M.E. ist vor diesem Hintergrund das gesamte Kapitel unter dem Titel „Die geometrische Relativität des Raumes" darauf angelegt, dem Leser zu vermitteln, wie die im Rahmen der ART durch Gravitation erzeugte Abweichung der Raumstruktur vom gewohnten Euklidischen Schema vorgestellt werden kann. Und zwar in einer Weise, in der sie vom subjektiven Standpunkt des wahrnehmenden Individuums aus nicht bemerkt werden könnte:

> [...] wir können uns mit Helmholtz und Poincaré die Gegenstände des Universums nach beliebigen Richtungen beliebig verzerrt vorstellen, und die Verzerrung braucht nicht für alle Punkte die gleiche zu sein, sondern kann von Ort zu Ort wechseln – sobald wir voraussetzen, daß alle Meßinstrumente, wozu auch unser Leib mit seinen Sinnesorganen gehört, an jedem Orte die dort vorhandene Deformation und physikalische Änderung mitmachen, wird die ganze Änderung schlechthin ungreifbar, sie existiert für den Physiker nicht »wirklich«. (MSGA I.2, S. 202 f.)

Diese Ausführungen dienen letztlich allein dazu, zu veranschaulichen, dass ein Abweichen von der gewohnten Euklidischen Struktur des Raumes möglich ist und wie dies vorgestellt werden könnte.

Der zweite zu erläuternde Punkt betrifft die Konstitution des „Raumes für sich" (S. 213 f.). Was ist damit gemeint? Schon in *Die philosophische Bedeutung des Relativitätsprinzips* betont Schlick mit Verweis auf Kant, dass nicht der Raum selbst, sondern lediglich „das räumliche Verhalten der Körper" erfahrbar ist (Schlick 2019 [1915], S. 28). Im Rahmen der ART wird dieser Auffassung noch mehr Gewicht verliehen. In *Raum und Zeit in der gegenwärtigen Physik* heißt es nun genauer, dass der Raum nicht selbstständig für sich existiert, sondern jederzeit Körper voraussetzt

(MSGA I.2, S. 196). (Analoges gilt auch für die Zeit: Sie existiert nicht für sich und setzt ihrerseits Vorgänge bzw. Veränderungen voraus.) Insofern ist es laut Schlick sinnlos, von einer Geometrie „des Raumes" zu reden, ohne die in ihm existierenden Körper zu berücksichtigen (S. 209 f.). Er besitzt keine Struktur „für sich", ebenso wenig wie eine „physische Realität" in dem Sinne, dass ihm als Raum eine bestimmte erfahrbare Gestalt zukomme (S. 213). Schlick führt weiter aus, dass Raum und Zeit nur in der Abstraktion von den physischen Dingen (den Körpern) getrennt gedacht werden können und dass stattdessen lediglich die Einheit von Raum, Zeit und Dingen als „wirklich" zu erachten ist (S. 215). Diese Auffassung vom Raum (und in Analogie hierzu auch von der Zeit) resultiert nach Schlicks Erörterungen direkt aus der ART. Denn hiernach ist die Struktur des Raumes, wie auch oben dargelegt, durch schwere Massen bzw. deren Gravitationsfelder bedingt (S. 229). Und Masse haben selbstverständlich eben die Dinge oder Körper *im* Raum. Hieraus lässt sich folgerichtig ableiten, dass eben diese Dinge die Raumstruktur bestimmen. So stellt sich die Behauptung, dass es unmöglich sei, dem Raum irgendwelche Eigenschaften zuzuschreiben, ohne die Dinge in ihm zu berücksichtigen, als direkte Folgerung aus der ART dar (S. 231 f.). An späterer Stelle formuliert Schlick das Verhältnis zwischen der ART und der dargelegten Auffassung vom Raum (und der Zeit) noch deutlicher: Die Annahme der allgemeinen Relativität aller Bewegungen und Beschleunigungen (sprich: das allgemeine Relativitätsprinzip) sei *gleichbedeutend* mit der physikalischen Gegenstandslosigkeit von Raum und Zeit. Sowohl der Raum als auch die Zeit wird hierdurch zum „Ordnungsschema" degradiert, in das sich die physikalischen Vorgänge einordnen lassen (S. 255). In gewisser Hinsicht, können sie folglich als bloße Strukturen bezeichnet werden, die zwischen den Dingen bestehen und nicht an sich schon Realität besitzen. Denn wie Schlick dies formuliert: „Eine Ordnung ist nichts Selbständiges, sie hat Realität nur an den geordneten Dingen" (ebd.).

Abschließend lässt sich im Rahmen des wissenschaftshistorischen Kontextes nunmehr festhalten, dass – wie sich im Folgenden zeigen wird – vor allem Schlicks Frühwerk durch die Auseinandersetzung mit den hier besprochenen wissenschaftlichen Entwicklungen immens beeinflusst wurde. Tatsächlich zeigt sich, dass sich Schlicks Philosophie im Laufe von mehreren Jahrzehnten „von der realistischen Naturphilosophie zum Dualismus von Philosophie (als sprachanalytischer Tätigkeit) und einzelwissenschaftlicher Forschung"entwickelte, so Friedrich Stadler (Stadler 2015 [1997], S. 228). Dass dies jedoch nicht als eine vollständige Abkehr von einer durch die Physik geprägten Philosophie zu werten ist, erhärtet sich durch die in der Einleitung bereits zitierten Feststellung, dass Schlick Zeit seines Lebens – gegen Wittgenstein – am Wahrheitsanspruch der Physik festhielt. Stattdessen führte Schlicks frühe Auseinandersetzung mit den hier vorgestellten Aspekten der Axiomatisierung der Geometrie durch Hilbert sowie mit den RT dazu, dass er in seinen frühen Schriften zentrale Positionen entwickelte, die sich auch in seinen spätesten Schriften philosophisch entfalten, wie hier ausführlich zu zeigen sein wird. In diesem Zusammenhang ist auch vor allem Schlicks frühe Auseinandersetzung mit den Arbeiten Ernst Machs sowie seine dadurch stark beeinflusste erste Publikation zur speziellen Relativitätstheorie von Bedeutung, die ihn letztlich zur persönlichen Bekanntschaft mit Einstein selbst führte. Dabei zeigen sich tiefgreifende Einflüsse insb. betreffend das sog. Kriterium der Einfachheit. Auf diese werde ich im Rahmen dieser Arbeit jedoch nicht näher eingehen, denn zum einen liegt hier der Fokus auf drei zentralen Aspekten, die sich in der AEL wiederfinden. Zum anderen habe ich sowohl den Einfluss von Mach auf Schlicks frühe (und dadurch vermittelt auch auf seine späten) Schriften als auch die historischen Umstände der ersten Begegnung mit Einstein sowie deren frühe philosophische Auseinandersetzungen bereits an anderer Stelle ausführlich besprochen (Franke-Reddig 2024, S. 27–40).

Literatur

Einstein, Albert. 1905. Zur Elektrodynamik bewegter Körper. *Annalen der Physik* 17:891–921.
Einstein, Albert. 1916. Die Grundlage der allgemeinen Relativitätstheorie. *Annalen der Physik* 49:769–822.
Einstein, Albert. 2005 [1919]. Was ist Relativitätstheorie? In *Albert Einstein: Mein Weltbild*, Hrsg. Carl Seelig, 663–671. Zürich: Europa Verlag AG.
Einstein, Albert. 1921. *Geometrie und Erfahrung* Berlin: Springer.
Engler, Fynn Ole, Mathias Iven, und Jürgen Renn, Hrsg. 2022. *Albert Einstein – Moritz Schlick: Briefwechsel*. Hamburg: Meiner.
Esfeld, Michael. 2007. *Naturphilosophie als Metaphysik der Natur.* Frankfurt a. M.: Suhrkamp.
Franke-Reddig, Julia. 2024. Facets of Ernst Mach's Influence on Moritz Schlick. In *Origins of Contemprorary Philosophy: Studies on Philosophy of Mathematics*, Hrsg. Evandro O. Brito, et al., 27–50. Guarapuava: Apolodoro Virtual Edições.
Hentschel, Klaus. 1990. *Interpretationen und Fehlinterpretationen der speziellen und der allgemeinen Relativitätstheorie durch Zeitgenossen Albert Einsteins*. Berlin: Birkhäuser.
Minkowski, Herrmann. 1908. Raum und Zeit. *Jahresbericht der Deutschen Mathematiker-Vereinigung* 18:75–88.
Schlick, Moritz. 2006 ff. *Moritz Schlick: Gesamtausgabe* [= MSGA]. Hrsg. Friedrich Stadler und Hans Jürgen Wendel. Wien: Springer.
Schlick, Moritz. 2006. *Über die Reflexion des Lichtes in einer inhomogenen Schicht/Raum und Zeit in der gegenwärtigen Physik* [= MSGA I.2]. Hrsg. Fynn Ole Engler und Matthias Neuber. Wien: Springer.
Schlick, Moritz. 2012. *Rostock, Kiel, Wien. Aufsätze, Beiträge, Rezensionen 1919–1925* [= MSGA I.5]. Hrsg. Edwin Glassner und Heidi König-Porstner. Wien: Springer.
Schlick, Moritz. 2019 [1915]. Die philosophische Bedeutung des Relativitätsprinzips. In *Moritz Schlick. Texte zu Einsteins Relativitätstheorie*, Hrsg. Fynn Ole Engler, 3–56. Hamburg: Meiner.
Stadler, Friedrich. 2015 [1997]. *Der Wiener Kreis. Ursprung, Entwicklung und Wirkung des Logischen Empirismus im Kontext* Wien: Springer.

Teil II
Drei Kontinuitätsargumente

Kapitel 3
Erkenntnis

Zusammenfassung „Was heißt denn eigentlich Erkennen?" Dieser Frage scheint sich ein ganzer Bereich der philosophischen Forschung – man möge ihn Erkenntnistheorie, Erkenntnisphilosophie oder auch Epistemologie nennen – bereits seit Jahrhunderten zu widmen. Doch schon in einer seiner frühesten Schriften merkte der junge Schlick an, dass in der Geschichte der Philosophie zwar Grenzen und Ursprung, Gegenstand, Möglichkeit sowie auch Voraussetzungen und Ziele der Erkenntnis untersucht worden sind. Dabei wurde jedoch, wie Schlick ausführt, nur sehr selten versucht, die einfache Frage zu beantworten: „Was ist Erkenntnis? Was bedeutet es eigentlich, wenn man sagt, man habe einen Gegenstand, einen Vorgang erkannt?" (Schlick 1913, S. 476). Der Bedeutung entsprechend, die Schlick der Beantwortung dieser vermeintlich einfachen Frage beimisst, avanciert seine Antwort darauf zu einem der zentralsten Aspekte seiner Erkenntnisphilosophie, der in diesem Kapitel untersucht wird.

Schlüsselwörter Erkenntnistheorie · Wiedererkennen · Wiederfinden · Zurückführen · Reduzieren

3.1 Erkennen als ‚Wiedererkennen'?

Jedes ‚Erkennen' ist ein ‚Wiedererkennen' von Etwas in einem Anderen – so lautet eine gängige Schlick-Lesart, die sich exemplarisch auch in Friedls bereits zitierter Studie „Konsequenter Empirismus" findet (Friedl 2013, S. 28 f.). Er macht darin drei charakteristische Merkmale des schlickschen Erkenntnisbegriffes aus und fasst jenen Aspekt unter der Teilüberschrift „Erkennen als Wiedererkennen" zusammen. Darunter heißt es:

> Auf jeder Stufe des Erkennens, vom Alltag über die mehr deskriptiven Wissenschaften bis zu den zeitgenössischen Theorien der Physik [...] ist es so, dass »in etwas Neuem etwas Altes wiedergefunden« wird. [...] Dieser Akt des Wiederfindens ist eine vollständige oder teilweise Identifizierung desjenigen, was erkannt wird, mit dem, als was es erkannt wird; oder, wie Schlick sich auch ausdrückt, der erkannte Gegenstand [...] wird auf etwas anderes zurückgeführt, reduziert. (Friedl 2013, S. 28)

J. Franke-Reddig, *Zur Kontinuität und Eigenständigkeit der Wissenschaftsphilosophie von Moritz Schlick*, Veröffentlichungen des Instituts Wiener Kreis 34,
https://doi.org/10.1007/978-3-032-14192-7_3

Einige Seiten später schreibt er hierzu ergänzend: „An der These des Erkennens als Wiedererkennen hält Schlick praktisch unverändert zeitlebens fest“ (S. 34). Diese Darstellung der schlickschen Erkenntnisbestimmung ist nicht nur in der aktuellen Sekundärliteratur zur Erkenntnisphilosophie Schlicks weit verbreitet, sondern auch im Prinzip weitgehend richtig. Allerdings nur im Prinzip, denn in Friedls Formulierung verbirgt sich ein fundamentaler, jedoch in der Geschichte der Schlickrezeption weit verbreiteter Irrtum. Die z. T. fehlerhafte Darstellung von Schlicks Erkenntnisdefinition offenbart sich bei genauerer Betrachtung von Friedls soeben zitierten Ausführungen. Es fällt sogleich ins Auge, dass er zwar unter Bezug auf Schlicks Bestimmung des Erkenntnisbegriffes vom ‚Erkennen‘ als einem ‚Wiedererkennen‘ und an anderer Stelle auch von der Formel „Erkennen = Wiedererkennen“ spricht, der Ausdruck ‚Wiedererkennen‘ jedoch nicht ein einziges Mal in den von ihm angeführten Textstellen und Zitaten auftaucht. Stattdessen ist bei Schlick die Rede vom ‚Wiederfinden‘, ‚Zurückführen‘ oder auch vom ‚Reduzieren‘, wie auch den hier von Friedl zitierten Stellen entnommen werden kann. Hat die Verwendung dieser Begrifflichkeiten anstelle des Ausdrucks ‚Wiedererkennen‘ bei Schlick eine tiefergehende Bedeutung? Gibt es einen inhaltlichen Unterschied zwischen der Ausdrucksweise ‚Erkennen ist Wiedererkennen‘ und ‚Erkennen ist Wiederfinden bzw. Zurückführen oder Reduzieren‘? M. E. ist das der Fall. Diesen Unterschied zu beachten ist auch deshalb von besonderer Relevanz, weil ein gängiger Einwand gegen Schlicks Erkenntnisphilosophie gerade auf der Missachtung jenes Unterschieds basiert. Im Prinzip verläuft die Argumentation dabei in etwa so: Die Formel ‚Erkennen = Wiedererkennen‘ wird Schlicks Erkenntnisphilosophie im Sinne einer Definition zugeschrieben. Daraus ergibt sich, dass der Teilausdruck ‚erkennen‘ im ‚Wiedererkennen‘ ebenfalls als ‚Wiedererkennen‘ zu verstehen ist. Und wir sehen sehr schnell, dass wir so in einen infiniten Regress geraten:

$$
\begin{aligned}
\text{Erkennen} &= \text{Wieder}\underline{\text{erkennen}} \\
&\quad = \text{Wieder}\underline{\text{erkennen}} \\
&\qquad = \text{Wieder}\underline{\text{erkennen}} \\
&\qquad\quad = \text{Wieder}\underline{\text{erkennen}} \\
&\qquad\qquad\quad = \ldots
\end{aligned}
$$

Friedl bringt hierzu ein Beispiel: Ein Blindgeborener hat nach einer OP zum ersten Mal in seinem Leben eine Rot-Empfindung und fällt nun ein entsprechendes Urteil, „in dem sich sein Bemerken dieser Empfindung ausdrückt.“ Jenes Urteil bezeichnet Friedl nun als Erkenntnis (Friedl 2013, S. 36).[1] Wie – so Friedl – kann nach der „Schlick'schen Vergleichsanalyse“ ein solches Urteil analysiert werden? Im Prinzip will Friedl damit sagen, dass es sich beim ersten Glied der ‚etwas-als-etwas-Wiedererkennen-Formel‘ nach Schlick auch wieder um etwas handeln muss, das zunächst als etwas anderes wiedererkannt werden muss. Wir erhalten eine neue

[1] Problematisch an Friedls Argumentation ist auch, dass er immer wieder ‚Urteile‘ mit ‚Erkenntnissen‘ identifiziert werden, als würde es sich nach Schlick bei jedem Urteil auch um eine Erkenntnis handeln müssen. Schlick sagt zwar sehr deutlich: Jede Erkenntnis ist ein Urteil. Allerdings wird in der AEL auch klar, dass es sich nicht bei jedem Urteil auch zwangsläufig um eine Erkenntnis handeln muss. Siehe hierzu meine Ausführungen in 4.1.

‚etwas-als-etwas-Wiedererkennen-Formel', deren erstes Glied wiederum als etwas anderes wiedererkannt werden muss, und schon sind wir in den infiniten Regress geraten. Friedl führt noch weitere Argumente gegen Schlicks Erkenntnisbegriff an, die sich jedoch zum großen Teil auf das soeben beschriebene Prinzip zurückführen lassen, das stets in einen infiniten Regress mündet (Friedl 2013, S. 36 ff.). Hier soll nun zunächst die Gegenthese zu jener gängigen Schlick-Lesart aufgestellt werden, nach der es sich beim ‚Erkennen' nach Schlick nicht um ein ‚Wiedererkennen' von etwas in einem anderen handelt, sondern um ein ‚Wiederfinden' oder ein ‚Zurückführen', was etwas anderes bedeutet. Hierzu müssen zunächst zwei längere und in ihrer Bedeutung für die schlicksche Erkenntnisphilosophie kaum zu überschätzende Passagen aus der AEL herangezogen werden.

Im §2 unter dem Titel „Das Erkennen im täglichen Leben" führt Schlick anhand eines einfachen Beispiels aus, was im Alltag für gewöhnlich gemeint ist, insofern von einer ‚Erkenntnis' die Rede ist. Dort heißt es:

> Ich habe in jenem braunen Etwas die Merkmale (vor allem das der selbständigen Bewegung) *wiedererkannt,* die ein Gegenstand haben muß, um als Tier bezeichnet zu werden. Unter Vorbehalt der Verbesserung des psychologisch anfechtbaren Ausdrucks kann ich sagen: ich habe in der Wahrnehmung jenes braunen Etwas die Vorstellung wiedergefunden, die dem Namen »Tier« entspricht; das Objekt ist damit zu etwas Bekanntem geworden und ich kann es bei seinem rechten Namen nennen. Wenn ich nun beim Näherkommen sage: ich erkenne jetzt das Tier als Hund – was soll damit gemeint sein? Es soll offenbar heißen (wiederum in vorläufiger, später zu präzisierender Ausdrucksweise), daß der Anblick des fraglichen Objektes nicht bloß mit der Vorstellung übereinstimmt, die ich von einem Tiere überhaupt habe, sondern mit der Vorstellung, die ich von einer ganz bestimmten Klasse der Tiere habe, nämlich derjenigen, die man im Deutschen als Hunde bezeichnet. Ich habe das Tier erkannt, heißt abermals: ich vermag es mit seinem rechten Namen zu bezeichnen, nämlich als Hund, und dieser Name heißt deshalb der rechte, weil er eben allgemein gebraucht wird für die Klasse der Tiere, welcher dieses Tier tatsächlich angehört. Es liegt also auch hier ein Wiederfinden von etwas Bekanntem vor. Nicht anders steht es mit der dritten Stufe dieses Erkenntnisaktes. Ich erkenne den Hund als den meinen, heißt auch hier: ich erkenne ihn *wieder;* ich bestimme nämlich das Tier, das ich vor mir sehe, als identisch mit dem Hunde, den ich täglich um mich zu haben gewöhnt bin. Und dies wird natürlich wieder dadurch möglich, daß ich eine mehr oder minder genaue Erinnerungsvorstellung von dem Aussehen meines Hundes besitze, und daß diese Vorstellung die gleiche ist, die der Anblick des auf mich zukommenden Tieres mir liefert: die Gestalt, die Farbe, die Größe, vielleicht auch der Ton des Bellens, alles stimmt mit dem Bilde überein, das die Erinnerung mir von meinem Hunde gibt. Vorher waren die Namen, mit denen ich das Objekt richtig bezeichnen konnte, nur Klassennamen, nämlich Tier und Hund. Jetzt aber nenne ich es mit einem Namen, der nur einem einzigen Individuum in der ganzen Welt zukommt: ich sage, das ist „mein Hund Tyras", und dadurch ist das Tier als Individuum eindeutig bestimmt. Allen drei Stufen dieses Erkennens ist gemeinsam, daß dabei ein Objekt wiedererkannt wird, daß in etwas Neuem etwas Altes wiedergefunden wird, so daß es nun mit einem vertrauten Namen bezeichnet werden kann. Und der Prozeß ist abgeschlossen, wenn der Name gefunden ist, welcher dem erkannten Gegenstand ganz allein zukommt, und keinem andern. Eine Sache erkennen heißt im gewöhnlichen Leben in der Tat weiter nichts als ihr den rechten Namen geben. (MSGA I.1, S. 147–150)

Offenkundig verwendet Schlick hier den Ausdruck ‚Wiedererkennen' mehrfach. Es heißt „ich habe etwas wiedererkannt", „ich erkenne wieder" sowie auch „dabei wird ein Objekt wiedererkannt". Genauso häufig taucht hier aber auch der Ausdruck ‚Wiederfinden‘ im Zusammenhang mit dem Erkenntnisbegriff auf. Es ist die Rede davon, dass in einer Erkenntnis eine Vorstellung ‚wiedergefunden‘ wird, dass ein ‚Wiederfinden‘ von etwas Bekanntem vorliegt sowie auch, dass in allen Erkenntnisstufen „in etwas Neuem etwas Altes wiedergefunden wird“. Wichtig ist der Kontext, in welchem Schlick seine Formulierungen wählt: Es geht ihm hier, wie schon die Überschrift des Paragraphen suggeriert, um den Erkenntnisbegriff im alltäglichen, gemeinverständlichen Sinne. Obgleich er einige Seiten zuvor noch betont, wie wichtig die Klärung der Frage, worum es sich bei Erkenntnis handelt, vornehmlich für die Wissenschaft ist, betrachtet er sie hier zunächst im vorwissenschaftlichen Kontext des alltäglichen Sprachgebrauchs, aus dem das Wort ‚Erkenntnis‘ seiner Ansicht nach ursprünglich stammt (MSGA I.1, S. 146). Seine Verwendung des Ausdrucks ‚Wiedererkennen‘ ist an dieser Stelle also vor dem Hintergrund jener Prämisse zu verstehen, nach der eine exakte und präzise Verwendung von Begrifflichkeiten, wie sie in wissenschaftlichen Kontexten stets vorausgesetzt wird, nicht erforderlich ist. In diesem Zusammenhang wird lediglich die Frage danach gestellt, in welchem Sinne der Ausdruck ‚Erkennen‘ gemeinhin verwendet wird. Und während er seine Antwort auf die Frage nach der Bedeutung des Begriffs der Erkenntnis anhand eines Beispiels konstruiert, vermerkt er in der zitierten Passage ganze zweimal, dass die hier angeführten Ausdrücke lediglich unter Vorbehalt verwendet werden und an späterer Stelle zu präzisieren sind. Es geht ihm hier also nicht um eine exakte Definition des Erkenntnisbegriffes, sondern um eine Heranführung des Lesers an das Prinzip, das seiner Ansicht nach einer jeden Erkenntnis zugrunde liegt.[2] Und d. i. ein „Wiedererkennen bzw. Wiederfinden von etwas Neuem in einem Alten“. Erst einige Seiten später, unter der Überschrift des §3 „Das Erkennen in der Wissenschaft“ geht Schlick dazu über, den Begriff der Erkenntnis für den wissenschaftlichen Gebrauch zu analysieren und präzise zu definieren. Er erinnert zunächst daran, dass bei einer Erkenntnis im täglichen Leben die Übereinstimmung bzw. „Gleichheit“ zweier Erlebnisse unmittelbar festgestellt wird, „[...] im wissenschaftlichen Beispiel aber ist das Gemeinsame der beiden durch den Erkenntnisakt verbundenen Glieder ein »Gesetz«“ (S. 157). Relevant ist in diesem Kontext zunächst nur, dass Schlick an dieser Stelle erstmalig in der AEL explizit erwähnt, dass eine Erkenntnis stets zwei Glieder voraussetzt. Etwas weiter unten fährt er damit fort zu erläutern, wie im wissenschaftlichen Erkenntnisakt mit jenen beiden Gliedern verfahren wird:

> „Es gilt auf jeden Fall, daß beim Erkennen die beiden Glieder als »ein und dasselbe« festgestellt werden. Es handelt sich also um Gleichheit, die in Identität übergehen kann. Ist das Gemeinsame, wie im obigen Falle, ein *Gesetz*, so ist damit stets etwas *Identisches* gefunden, denn ein Gesetz ist ein begriffliches Gebilde, bei Begriffen aber fallen Gleichheit und Identität bekanntlich zusammen. Vorläufig interessieren uns die hier berührten Unterschiede nicht weiter, wir halten vielmehr fest, daß auch dort, wo man in der Wissenschaft von »Erkenntnis« spricht, ein Wiederfinden des Gleichen stattfindet. Hätten wir irgendein anderes Beispiel aus einer beliebigen anderen Wissenschaft betrachtet, so wären wir doch zu dem gleichen Ergebnis gelangt; überall enthüllt sich der Kern des Erkenntnisprozesses als ein Wiederfinden. (MSGA I.1., S. 157)

---

[2] Wie sich in Abschn. 3.3 dieses Kapitels zeigen wird, steht Schlicks Verwendung des Ausdrucks „ Wiedererkennen“ in der AEL sehr häufig in genau solchen Kontexten.

Zwar handelt es sich bei dieser Passage um einen Einschub aus der 1925 veröffentlichten 2. Auflage der AEL. Doch dieser scheint mehr eine einführende Erläuterung zur darauffolgende Passage zu sein, die sich auch schon in der 1918er Ausgabe findet und die das soeben gesagte inhaltlich bestätigen: Schlick führt hier Beispiele an, um die These zu illustrieren, Erkenntnis sei stets ein ‚Wiederfinden' in dem Sinne, dass zwei unterschiedliche Glieder als „ein und dasselbe" festgestellt werden und daraufhin zu dem Ergebnis zu gelangen:

> Das Resultat der Analysen ist immer, daß Erkennen in der Wissenschaft, wie schon im täglichen Leben, ein Wiederfinden des einen im andern bedeutet. (MSGA I.1., S. 158)

Und damit liegt an dieser Stelle endlich eine exakte Formulierung dessen vor, was laut Schlick unter einer Erkenntnis zu verstehen ist und d. i. ein ‚Wiederfinden', nicht ein ‚Wiedererkennen'. Nachdem Schlick auf den vorangegangenen Seiten Beispiele aus Alltag und Wissenschaft besprochen hat, stellt er *diese* Ausdrucksweise als das Ergebnis seiner Analysen dar und sagt nicht, dass das Erkennen schlicht als ein ‚Wiedererkennen' zu verstehen sei.

Betrachtet man die beiden genannten Paragraphen der AEL genauer, so stellt sich heraus, dass der jeweilige Verwendungskontext der Ausdrücke ‚Wiedererkennen' und ‚Wiederfinden' stark divergiert. Es zeigt sich, dass Schlick das Wort ‚Wiedererkennen' hier nahezu ausschließlich im Zusammenhang mit Beispielen verwendet (MSGA I.1., bspw. S. 147, S. 149, S. 154, S. 155, S. 156, S. 158 sowie S. 164). Die Ausnahme von dieser Regel bildet eine längere Passage, in der es allerdings um die psychologische Betrachtungsweise im Unterschied zur erkenntnistheoretischen geht (S. 152 f.), sowie zwei Stellen, an denen er jedoch direkt im Nachsatz den Ausdruck ‚wiederfinden' als alternative Formulierungsweise hintansetzt (S. 150).[3] An allen Textstellen, die als definitorisch betrachtet werden können, d. h. an Stellen, an denen Schlick sich augenscheinlich wissenschaftlich exakt und präzise auszudrücken versucht, verwendet er hingegen den Ausdruck ‚Wiederfinden' (MSGA I.1, bspw. S. 157 f., S. 166, S. 233, S. 245, S. 246, S. 252, S. 266, S. 271, S. 289, S. 313, S. 323, S. 616, S. 617, S. 628, S. 772, S. 785 sowie S. 808). Dies allein spricht stark dafür, jene Stellen der AEL, an denen Schlick den Ausdruck ‚Wiederfinden' für den Erkenntnisprozess verwendet, ernster zu nehmen als jene, an denen vom ‚Wiedererkennen' die Rede ist. Doch es geht noch weiter. Anschließend an die oben zuletzt zitierte Stelle, nach der sich aus den Analysen laut Schlick stets ergibt, dass ‚Erkennen' ein ‚Wiederfinden' sei, fährt er folgendermaßen fort:

> Aus diesem einfachen Satze können wir bereits gewichtige Schlüsse ziehen über Ziel und Methode der wissenschaftlichen Erkenntnis. Zunächst sei bemerkt, daß zum Erkennen nur die Zurückführung zweier vorher getrennter Erscheinungen aufeinander gefordert wird; es ist also nicht nötig (wie man häufig meint), daß das Erklärende länger bekannt sein muss als das Erklärte, daß also der Mensch nur dort Erkenntnis errungen habe, wo gleichsam das Gewohnte im Ungewohnten wiedergefunden worden sei. (MSGA I.1, S. 158)

---

[3] „Allen drei Stufen dieses Erkennens ist gemeinsam, daß dabei ein Objekt wiedererkannt wird, daß in etwas Neuem etwas Altes wiedergefunden wird […]" sowie S. 160: „Alles Erkennen ist ein Wiedererkennen oder ein Wiederfinden."

Daran anschließend erläutert Schlick, dass es in der Erkenntnis nicht etwas Unbekanntes ist, das in einem Bekannten wiedergefunden bzw. auf dieses zurückgeführt wird, sondern dass es sich geradezu umgekehrt verhält: Ein zu Erkennendes muss bereits bekannt sein, um erkannt werden zu können, sodass sich ergibt, dass im Erkenntnisprozess stets ein Bekanntes auf ein Anderes, ebenfalls bekanntes oder ein zuvor noch unbekanntes zurückgeführt bzw. darin wiedergefunden werden muss. Dieser Aspekt der schlickschen Erkenntnisphilosophie wird im 4. Kapitel noch eingehender beleuchtet. An dieser Stelle ist von Bedeutung, was nun folgt:

> Um richtig zu sein, muß die erwähnte Formel also auf jeden Fall zu dem weniger bestimmten Satze verallgemeinert werden: Erkenntnis ist Zurückführung des einen auf das andere. Daß das Wesen des Erkennens restlos in einer derartigen Zurückführung aufgeht, ist von manchen Philosophen eingesehen und zugegeben worden. Aber es fehlt an solchen, die mit dieser Einsicht Ernst gemacht und die letzten Konsequenzen aus ihr gezogen hätten. Bei allen großen prinzipiellen Fragen muß man schließlich auf die Natur des Erkenntnisvorganges zurückgehen. Man sollte allen philosophischen Problemen und der philosophischen Seite aller Probleme mit derselben Waffe auf den Leib rücken. Wir müssen stets erstens fragen: Auf welche Momente kann denn das zu Erkennende möglicherweise zurückgeführt werden? und zweitens: Auf welchem Wege muß diese Reduktion geschehen? (MSGA I.1, S. 160–161)

Nachdem Schlick sich also zuvor darauf festgelegt hatte, dass das Erkennen im ‚Wiederfinden von etwas in einem anderen' besteht, gelangt er nun zu dem Ergebnis, dass es eigentlich „Erkenntnis ist Zurückführung des einen auf das andere" heißen muss und zwar, „[u]m richtig zu sein". Eine andere Stelle, an der Schlick sich noch weniger metaphorisch, weniger beispielhaft und in noch höherem Maße explizit und präzise zum Ausdruck bringt, was seiner Ansicht nach unter einer Erkenntnis zu verstehen ist, findet sich in der gesamten AEL nicht. Es ist diesbezüglich die wichtigste Stelle im gesamten Werk und von zentraler Bedeutung, wenn man verstehen will, was nach Schlick dem Erkenntnisprozess zugrunde liegt. Und d. i. hiernach die ‚Zurückführung' von etwas auf etwas anderes. Zum Ende des angeführten Zitates verwendet Schlick auch den Ausdruck ‚Reduktion' in einer Weise, die deutlich macht, dass er diesen Ausdruck hier synonym für den Begriff der ‚Zurückführung' verwendet.

Zusammenfassend lässt sich an dieser Stelle folgendes festhalten: Die Analyse von §2 und §3 der AEL, in denen Schlick den Leser an seinen Erkenntnisbegriff heranführt und ihn anschließend darlegt, hat vorläufig ergeben, dass unter einer Erkenntnis nach Schlick nicht ein ‚Wiedererkennen' zu verstehen ist, sondern ein ‚Wiederfinden' von etwas in einem anderen und – sofern man noch exakter sein will – die ‚Zurückführung' oder auch die ‚Reduktion' zweier unterschiedlicher Glieder aufeinander.

Doch es ist völlig berechtigt, an dieser Stelle die Frage aufzuwerfen, worin denn eigentlich der Unterschied zwischen diesen vordergründig zwar verschiedenen, aber doch recht ähnlichen Ausdrucksweisen liegen soll. Was unterscheidet die Formulierung ‚Erkennen ist Wiedererkennen von etwas als etwas' inhaltlich von jenen Ausdrucksweisen, nach denen das Erkennen als ein ‚Wiederfinden', ‚Zurückführen' oder,Reduzieren' verstanden wird? Und lässt sich durch die Berücksichtigung dieses Unterschieds der infinite Regress umgehen, der aus der Bestimmung des Erkenntnisprozesses als einem Wiedererkennungsakt stets resultiert? Um diese Fragen zu beantworten, werde ich im Folgenden – zunächst etwas losgelöst von den zugrundeliegenden Texten – meine eigene Lesart der schlickschen Erkenntnisbestimmung anhand von mehreren Beispielen illustrieren. Bevor dies geschehen kann, muss hier jedoch der grundlegende Unterschied zwischen ‚Erkenntnis' und ‚Kenntnis' in Schlicks Erkenntnisphilosophie dargelegt werden.

Das sog. Kennen, im Sinne von ‚Erleben', ‚Anschauen', ‚Empfinden' oder auch von ‚Intuition' ist nach Schlick strikt zu unterscheiden von der Erkenntnis selbst. So heißt es bspw. in der AEL, dass durch die Anschauung die Gegenstände zwar gegeben werden, nicht aber „begriffen". An selber Stelle formuliert er dies noch genauer aus:

> Durch Erleben, durch Schauung begreifen und erklären wir nichts. Wir erlangen dadurch wohl ein Wissen um die Dinge, aber niemals ein Verständnis der Dinge. (MSGA I.1, S. 293)

„Die reine, unverarbeitete Wahrnehmung (Empfindung) ", so heißt es etwas weiter unten, sei „ein bloßes Kennen [...] die Empfindung gibt uns keinerlei Erkenntnis, sondern nur eine Kenntnis der Dinge" (S. 299). Demnach gibt es bei Schlick das ‚Kennen' im Sinne einer unverarbeiteten Wahrnehmung, das lediglich ein Wissen um die gegebenen Gegenstände vermittelt. Als solches vermittelt es keine Erkenntnis, stellt aber die Voraussetzung für den Erkenntnisprozess dar, wie Schlick einige Seiten später klarstellt:

> „Kurzum: das bloße *Bekannt*werden mit gewissen Gegebenheiten, die bloße Intuition davon ist ein Erleben, nicht aber ein Erkennen dieser Gegebenheiten, wohl aber gibt es die Grundlage ab für eine Erkenntnis des Gesamterlebnisses, das sich aus jenen aufbaut [...] Das bloße Erlebnis des Daseins eines Gegenstandes ist eben niemals Erkenntnis, sondern nur ihre Voraussetzung. (MSGA I.1, S. 308)

Dabei unterscheidet sich das ‚Kennen' vom ‚Erkennen' auch wesentlich darin, dass beim Kennen nur ein einziges Glied vorliegt, das in der Wahrnehmung gegeben wird, während beim Erkennen stets zwei Glieder benötigt werden: „etwas, *das* erkannt wird, und dasjenige, *als was* es erkannt wird" (S. 292). Der Unterschied zwischen dem ‚Kennen' im Sinne eines ‚Erlebens', ‚Anschauens', ‚Empfindens' eines einzelnen Gegenstandes und dem ‚Erkennen' im Sinne eines ‚Wiederfindens' bzw. ‚Zurückführens' ist laut Schlick von fundamentaler Bedeutung für die Philosophie. Vielen namhaften Philosophen attestiert er, dass ihr größter Fehler darin besteht, ihn nicht beachtet zu haben.

> Und damit ist der große Fehler aufgedeckt, den die Intuitionsphilosophen begehen: sie verwechseln Kennen mit Erkennen. *Kennen* lernen wir alle Dinge durch Intuition, denn alles, was uns von der Welt gegeben ist, ist uns in der Anschauung gegeben; aber wir *erkennen* die Dinge allein durch das Denken, denn das Ordnen und Zuordnen, das dazu nötig ist, macht eben das aus, was man als Denken bezeichnet. Die Wissenschaft macht uns mit den Gegenständen nicht bekannt, sie lehrt uns nur, die bekannten verstehen, begreifen und das heißt eben Erkennen. Kennen und Erkennen sind so grundverschiedene Begriffe, daß selbst die Umgangssprache dafür verschiedene Worte hat; und doch werden sie von der Mehrzahl der Philosophen hoffnungslos miteinander verwechselt. (MSGA I.1, S. 293–294)

Das Erkennen im Sinne eines ‚Wiederfindens' oder ‚Zurückführens' muss im Kontext von Schlicks Philosophie stets vor dem Hintergrund dieser Unterscheidung betrachtet werden. Auch in vielen anderen Schriften geht Schlick sehr eindringlich auf die große Differenz zwischen dem ‚Kennen' und dem ‚Erkennen' ein. Z. B. in seinem Aufsatz „Gibt es intuitive Erkenntnis?" von 1913 (Schlick 1913, S. 476, S. 477, S. 479, S. 480, S. 481–482, sowie S. 487), aber auch in seinen späten Vorlesungen, wie bspw. in „Die Probleme der Philosophie in ihrem Zusammenhang" (Schlick 1986a [1933/34], 290–291 sowie S. 294) aus den 1930er Jahren und auch in „Logik und Erkenntnistheorie" (MSGA II.1.3, S. 415) von 1934/35. Darüber hinaus spielte das ‚Kennen' hier auch im 2. Kapitel bereits eine Rolle: In Bezug auf die SRT wurde im Abschn. 2.1 Einsteins Begriff der ‚Gleichzeitigkeit' eingeführt. Nach Schlick hieß es dort, dass jener Begriff zu den „letzten Daten" gehöre, die im Erleben unmittelbar bewusst werden. Vor dem Hintergrund der Differenz zwischen ‚Kennen' und ‚Erkennen' lässt sich diese Bemerkung Schlicks nun weiter erläutern: Was es bedeutet, dass zwei Ereignisse gleichzeitig stattfinden, kann uns lediglich durch das Erleben von Gleichzeitigkeit bekannt werden. Hierdurch erlangen wir ‚Kenntnis' darüber, was Gleichzeitigkeit im anschaulichen Erleben bedeutet. Doch damit ist die Gleichzeitigkeit noch nicht in irgendeinem Sinne *er*kannt: Das ‚Kennen' von etwas ist noch keine ‚Erkenntnis' desselben, wird für den Erkenntnisprozess jedoch stets vorausgesetzt. Somit stellt sich die ‚Gleichzeitigkeit' sowohl aus physikalischer wie auch aus Schlicks erkenntnisphilosophischer Perspektive als eine fundamentale Voraussetzung für die (wissenschaftliche) Erkenntnis heraus.

Doch nun zurück zur Erläuterung, worin der Unterschied zwischen dem Erkennen als einem ‚Wiedererkennen' und einem ‚Wiederfinden' besteht. Ein erstes Beispiel wird auch von Wittgenstein erwähnt (Philosophische Untersuchungen, §§601 ff.). Es lautet in etwa folgendermaßen: Ich kenne meinen Schreibtisch und habe eine Erinnerungsvorstellung von ihm, wenn ich das Büro verlasse. Betrete ich es später wieder, dann habe ich einen erneuten visuellen Eindruck von jenem Schreibtisch und erkenne ihn als eben diesen Schreibtisch aus meiner Erinnerungsvorstellung wieder. In dieser Weise wird der Ausdruck ‚wiedererkennen' gemeinhin verwendet: Zwei unterschiedliche visuelle Eindrücke werden miteinander in Relation gesetzt, indem etwas aus dem ersten mit etwas aus dem zweiten identifiziert wird. Was Schlick m. E. sagen möchte, wenn er schreibt, „Erkennen ist Wiedererkennen" ist nun, dass das Wort ‚Wiedererkennen' ein bestimmtes Prinzip zum Ausdruck bringt. Und dieses Prinzip liegt nicht nur in den Fällen zugrunde, in denen herkömmlicher Weise der Begriff ‚Wiedererkennen' verwendet wird, sondern es ist das Prinzip einer jeden Erkenntnis. Das heißt eben nicht, dass Schlick meint, das ‚Erkennen' sich schlicht als ‚Wiedererkennen' definieren und dadurch erklären ließe. Es bedeutet vielmehr, dass der Ausdruck ‚Wiedererkennen', indem er jenes Prinzip illustriert, besser zum Ausdruck bringt, was eine Erkenntnis eigentlich ist.

Doch worin genau besteht jenes Prinzip und worin unterscheidet sich jene Lesart, nach der das Erkennen schlicht als ein ‚Wiedererkennen' definiert wird von meiner Auffassung, nach der eigentlich der Ausdruck ‚Wiederfinden' gemeint ist? Dies lässt sich anhand eines weiteren Beispiels veranschaulichen: Friedl führt, wie oben besprochen, als Beispiel einen blind geborenen Patienten an, der nach einer Augenoperation zum ersten Mal ein Rot-Erlebnis hat (Friedl 2013, S. 36 ff.). Dieses Beispiel möchte ich hier aufgreifen. Denken wir uns also eine Person, die unsere Sprache vollständig beherrscht und zwar bis auf ein einziges Wort, d. i. „rot". Sie hat diese Farbe noch nie in ihrem Leben wahrgenommen, sie *kennt* sie nicht im oben beschriebenen Sinne des Ausdrucks ‚Kennen', bis ihr jemand eine Tomate vor die Augen hält, darauf zeigt und sagt, „Dies ist ‚Rot'". Mit dem an später genauer zu besprechendem Vokabular aus Schlicks AEL könnte man nun sagen, es wurde ihr damit eine ‚konkrete Definition' des Begriffes ‚Rot' zur Hand gegeben (siehe Abschn. 4.1). Liegt in diesem Moment aber schon eine Erkenntnis vor? Nach Schlicks Erkenntniskonzept würde man sagen: *Nein!* Denn hiernach müssen für eine Erkenntnis stets zwei unterschiedliche Glieder vorliegen, die miteinander in Verbindung gesetzt werden. Das ist in dieser konkreten Situation jedoch nicht der Fall. Hier liegt unzweifelhaft nur ein einziges Glied vor: Die Wahrnehmung der roten Tomate und damit nur ein einziges Rot-Erlebnis. Man könnte hier von einer *Kenntnis* sprechen, den Zugewinn von Wissen über die Welt, indem eine neue Erfahrung – die Rot-Erfahrung – gemacht und mithilfe einer konkreten Definition benannt wurde. Für eine *Er*kenntnis über die Welt bedarf es laut Schlick jedoch noch etwas mehr.

Bleiben wir bei diesem Beispiel: Etwas später am selben Tag läuft unsere Protagonistin über eine Straße und sieht jemanden mit einem roten Mantel. Es ist das zweite Rot-Erlebnis ihres Lebens. Sie zeigt auf den Mantel und sagt „Dies ist ‚Rot'". Was ist hier passiert? Sie hat die Farbe der Tomate, die ihr zuvor als rot definiert wurde, im Mantel wiedergefunden. Sie hat in zwei unterschiedlichen Wahrnehmungserlebnissen (in der Wahrnehmung der roten Tomate und in der Wahrnehmung des roten Mantels) etwas Identisches gefunden, d. i. die Rot-Empfindung, und sie so miteinander in Relation gesetzt. Und erst an diesem Punkt liegt nach Schlicks Konzept tatsächlich eine Erkenntnis vor. Im alltäglichen Sprachgebrauch würde man sagen „Sie hat das Rot der Tomate im Mantel wiedererkannt", doch nach Schlicks Konzept müsste man sich, sofern man sich exakter ausdrücken möchte, sagen: „Sie hat in der Tomate etwas gefunden, dass sie später im Mantel wiedergefunden hat. Sie hat zwei unterschiedliche Wahrnehmungserlebnisse miteinander in Verbindung gesetzt, indem sie die Rot-Empfindung bei der Wahrnehmung des Mantels mit der Rot-Empfindung bei der Tomatenwahrnehmung identifizieren konnte. Erst jetzt liegt überhaupt eine Erkenntnis vor! ".[4]

[4] Es ist an dieser Stelle lohnenswert, ein weiteres Beispiel in Betracht zu ziehen. Das nachfolgende von mir konstruierte Beispiel weicht sehr stark von Schlicks eigener Darstellung ab, soll an dieser Stelle jedoch auch nur dazu dienen, Schlicks Erkenntnisbegriff nicht bloß zu erläutern, sondern auch plausibel zu machen: Ich erzähle einem Freund, dass am 26. August 2020 der neue Film von Christopher Nolan Premiere feiert. Nach dem gebräuchlichen Alltagsverständnis des Begriffes ‚Erkennen' würde er vielleicht sagen, durch den Erhalt dieser Information hat er sein Wissen um die Welt vermehrt, er hat eine neue Erkenntnis über die Welt hinzugewonnen. Schlick würde dagegen sagen: *Nein!* Das ist noch keine Erkenntnis! Vielleicht hat er sein Wissen um die Welt vermehrt, hat eine neue ‚Kenntnis' hinzuerlangt. Aber um eine neue *Er*kenntnis zu erlangen, müsste er ins Kino gehen und sich „Tenet" anschauen. Er würde beim Schauen des Filmes vielleicht feststellen, dass sich hierin Elemente aus einem älteren Nolan-Film wie z. B. „Interstellar" oder „Inception" *wiederfinden*. Dann würde er verschiedene Filme miteinander in Verbindung setzen,

Formal lässt sich dieses Prinzip folgendermaßen darstellen: Es gibt eine Erinnerungsvorstellung X (die Tomate), die sich aus den Bestandteilen $x_1, ..., x_n$ (Form, Farbe, Größe etc.) zusammensetzt. Hinzu kommt nun eine neue Wahrnehmung Y (der Mantel), zusammengesetzt aus den Elementen $y_1, ..., y_m$ (Form, Farbe, Größe etc.). Nun wird festgestellt, dass sich ein Element aus X, nämlich x_2 (die Farbe der Tomate), mit einem Bestandteil von Y, dies sei y_2 (die Farbe des Mantels), identifizieren lässt, d. h. es stellt sich heraus, dass $x_2 = y_2$. In diesem Moment wurde etwas aus X, nämlich x_2, in Y *wiedergefunden*. Damit ist eine Beziehung zwischen X und Y hergestellt, indem zwei ihrer jeweiligen Elemente miteinander identifiziert wurden und darin besteht nun eine Erkenntnis.

Was hat es vor diesem Hintergrund aber mit den alternativen Ausdrucksweisen ‚zurückführen' bzw. ‚reduzieren' auf sich? Im Kontext des Beispiels mit der Tomate könnte man das ganze so formulieren: Unsere Protagonistin hat zwei unterschiedliche Wahrnehmungserlebnisse und führt ihre jeweilige Farbwahrnehmung auf denselben Begriff zurück. Das ist in diesem konkreten Fall der Begriff ‚rot'. Die beiden konkreten Farbwahrnehmungen, zwei unterschiedliche Erlebnisse im Sinne eines Kennens, lassen sich auf denselben Allgemeinbegriff ‚rot' reduzieren.[5] In der formalen Ausdrucksweise hieße das, dass die verschiedenen Wahrnehmungsbestandteile x_2 und y_2, dadurch dass sie sich miteinander identifizieren lassen, auf ein und denselben Begriff zurückführbar sind, $x_2 = y_2$ umfasst. Oder anders formuliert: X und Y enthalten jeweils einen identischen Bestandteil ($x_2 = y_2$) in der Wahrnehmung, die sich jeweils auf denselben Begriff zurückführen lassen. Damit referieren die Ausdrücke ‚Wiederfinden', ‚Zurückführen' und ‚Reduzieren' auf das gleiche Konzept, beschreiben es jedoch jeweils von einer anderen Seite her: Beim Erkenntnisprozess wird einerseits die Farbe der Tomate (x_2) in der Farbe des Mantels (y_2) wiedergefunden ($x_2 = y_2$). Andererseits werden die Farbe der Tomate und die Farbe des Mantels jeweils auf den gleichen gemeinsamen Begriff (rot) zurückgeführt bzw. reduziert.

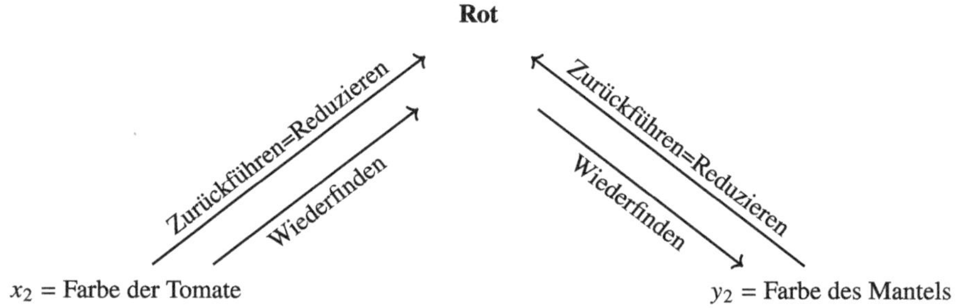

Für die Zurückführung bzw. Reduktion unterschiedlicher Wahrnehmungserlebnisse auf gemeinsame Begriffe bedarf es, wie beim Wiederfinden von etwas in einem anderen, selbstredend mindestens zwei unterschiedlicher Glieder, weswegen im Fall einer einzelnen Farbwahrnehmung noch keine Erkenntnisvorliegen kann. Die Quint-

indem er in beiden Filmen etwas gemeinsames identifiziert und so einen Zusammenhang zwischen ihnen herstellt. Dann erst hat er etwas erkannt.

[5] Näheres zu Schlicks Konzeption der ‚Allgemeinbegriffe' siehe Abschn. 4.1.

essenz lautet nun, dass Erkenntnis nach Schlick stets mehr erfordert, als ein bloßes Anhäufen von Informationen über die Wirklichkeit. Es bedarf auch eines kognitiven Eigenanteils, ein In-Beziehung-Setzen, das eigenständige Herstellen bzw. Auffinden eines Zusammenhangs zwischen verschiedenen Dingen.

Legt man diese Schlick-Interpretation zugrunde, so lassen sich bereits einige Argumente, die Friedl gegen Schlicks Erkenntnisbegriff ins Feld führt, sehr leicht entkräften. Sein zuerst angeführter Einwand beruht darauf, „dass das zweigliedrige logische Schema der Erkenntnis (etwas-als-etwas) nicht auf alle Urteilsformen passt" (Friedl 2013, S. 35). Als Beispiele führt er die Existenzurteile „Es gibt Hunde" und „Es gibt keine Einhörner" an (S. 34). Dass einem Urteil der Form ,Es gibt X' nicht das oben beschriebene Prinzip zugrunde liegt, das Friedl hier als ,etwas-als-etwas' Schema bezeichnet, ist völlig richtig. Im Fall von Existenzurteilen liegt stets nur ein einziges Glied vor, nicht zwei Glieder, die miteinander in Beziehung gesetzt werden. Doch wo liegt hier das Problem? Friedl scheint davon auszugehen, dass es sich bei derartigen Urteilen zwangsläufig um Erkenntnisse handeln muss. In der Folge sollten sie sich durch das schlicksche Erkenntnisschema analysieren lassen. Da dies jedoch nicht möglich ist, schließt Friedl, dass das vorgelegte Erkenntniskonzept unzureichend ist. Der springende Punkt ist aber der: Friedl berücksichtigt hier nicht, dass aus Schlicks Ausführungen in §9 der AEL sehr deutlich hervorgeht, dass es sich zwar bei jeder Erkenntnis um ein Urteil handelt („Nur in Urteilen ist Erkenntnis." MSGA I.1, S. 233), dabei jedoch nicht jedes Urteil zwangsläufig auch Erkenntnis beinhalten muss (S. 233–252). Natürlich ist in der Geschichte der Philosophie schon häufig thematisiert worden, dass es sich nicht bei allen Urteilen um Erkenntnisurteile handelt. Denkt man bspw. an Kant, so stößt man sofort darauf, dass nach der *Kritik der reinen Vernunft* analytische Urteile nicht als erkenntniserweiternde Urteile zu erachten sind. Man könnte also durchaus meinen, Erkenntnis läge lediglich in synthetischen Urteilen a posteriori und a priori. Da Schlick jene apriorischen Urteile ohnehin nicht anerkennt, können sie hier zunächst außen vorgelassen werden. Entscheidend ist, dass nach dem klassischen kantischen Erkenntniskonzept synthetische Urteile a posteriori allesamt erkenntniserweiternd sind. Nach Schlicks Konzept ist das jedoch nicht der Fall: Hiernach wird die Zahl der erkenntnisbeinhaltenden synthetischen Urteile a posteriori eingeschränkt, denn es gilt nach Schlicks Erkenntnisbegriff, dass nur noch diejenigen Urteile als Erkenntnisse angesehen werden können, die mindestens zwei Glieder miteinander in Verbindung setzen. Existenzurteile der Form ,X existiert' fallen demnach nicht unter seinen Erkenntnisbegriff. Zwar erwähnt Schlick dies an keiner Stelle explizit, doch es resultiert konsequenterweise aus seiner Erkenntniskonzeption. Ist dies allein schon problematisch? Aus welchem Grund sollte es zwangsläufig notwendig sein, dass der Begriff der Erkenntnis auch Existenzurteile mit umfasst? Statt dieses schlichte Faktum als Argument gegen Schlicks Erkenntniskonzept zu verwenden, könnte man es auch als Resultat seiner Erkenntnisphilosophie akzeptieren: Existenzurteile beinhalten nach Schlick keine Erkenntnis. Dies bedeutet jedoch nicht, dass sie in Schlicks Erkenntniskonzeption gar nicht berücksichtigt werden, ihnen wird lediglich eine andere Rolle zuteil: Die oben erläuterte Differenz zwischen dem ,Kennen' und dem ,Erkennen' läuft letztlich auf die strikte Unterscheidung zwischen Wissens- und Erkenntniserwerb hinaus.

Denn wie oben zitiert, meint Schlick, dass durch das ‚Kennen' zwar neues Wissen erworben werden kann, jedoch keine Erkenntnis. Demnach könnte man dem Bereich des ‚Kennens' den Wissens- und dem Bereich des ‚Erkennens' den Erkenntniserwerb zuordnen. Obgleich Existenzurteile nach Schlicks Erkenntnisbegriff nicht als Erkenntnisse gekennzeichnet werden können, fallen sie in diesem Zusammenhang nicht unter den Tisch. Sie können dem Bereich des ‚Kennens' zugeordnet werden, wonach ihnen zwar kein Erkenntnis- aber doch ein Wissenserwerb zuerkannt wird. Dies zeigt, dass es keineswegs an sich schon problematisch ist, den Erkenntnisbegriff einzuschränken, sofern für diejenigen Urteile, die nach einer derartigen Einschränkung nicht mehr unter den Erkenntnisbegriff fallen, eine andere Art der Beschreibung eingeführt wird. Es scheint mir vielmehr vorteilhaft zu sein, im Rahmen einer erkenntnisphilosophischen Gesamtkonzeption klar zwischen bloßem Wissenserwerb und dem Zugewinn von Erkenntnis zu differenzieren.

Da mir das Resultat der vorhergehenden Argumentation als äußerst wichtig erscheint, möchte ich meinen Standpunkt an dieser Stelle nochmal kurz zusammenfassend auf den Punkt bringen: Friedl verwendet den Begriff der Erkenntnis offenbar in einer Weise, die auch Existenzurteile mit einbezieht. Schlick führt dagegen durch die Unterscheidung zwischen dem ‚Kennen' und dem ‚Erkennen' implizit eine Unterscheidung zwischen Erkenntnis- und Wissenserwerb ein, nach der der Bereich der Erkenntnisurteile stark eingeschränkt wird und Existenzurteile nunmehr dem Bereich des bloßen Wissenserwerbs zugeordnet werden müssen. Vor diesem Hintergrund ist es schlicht widersinnig, Schlick vorzuwerfen, dass sein Erkenntniskonzept nicht für alle Urteilsformen passend ist, wenn er mit seiner Erkenntnisphilosophie doch gerade darauf hinaus möchte, dass nicht alle Urteile, denen gemeinhin ein Erkenntnisgewinn zugesprochen wird, seiner Auffassung nach auch Erkenntnis enthalten. M. E. spricht Schlick auch in genau diesem Sinne von einer „Verwechslung" von ‚Kennen' mit ‚Erkennen' (bspw. MSGA I.1, S. 293 f., S. 299, S. 308, S. 540, S. 561 sowie S. 630). Nun zurück zu Friedls weiterer Argumentation: Er führt als nächstes, wie in oben besprochenem Beispiel, Urteile der Form „Dies ist rot" an.

> Hier soll ja nur ausgedrückt werden, dass ein Gegebenes in die Klasse der Rot-Empfindungen fällt, es scheint hier nur ein einziger Begriff, eine einzige Bezeichnung vorzuliegen. (Friedl 2013, S. 35)

Dies entspricht dem Fall, in dem unsere Protagonistin über die Straße geht, eine Person in einem Mantel sieht und urteilt, dass dieser Mantel als rot zu bezeichnen ist. Um zu diesem Urteil zu gelangen – in diesem Fall soll es sich tatsächlich um eine Erkenntnis im Sinne Schlicks handeln – musste auch in oben angeführtem Beispiel ein Vergleich angestellt werden. Nun heißt es bei Friedl:

> Der Vergleich soll stattfinden zwischen der gegenwärtigen Rot-Empfindung

– das wäre die Wahrnehmung des Mantels –

> und einer (oder mehrerer) erinnerten.

– in unserem Beispiel war dies die Erinnerung an die rote Tomate –

> Aber ein solcher Vergleich setzt schon voraus, dass die gegenwärtige Empfindung erkannt, bemerkt ist. Und dieses ursprüngliche Bemerken oder Erkennen kann natürlich nicht wieder als ein Wiedererkennen expliziert werden, da sich hier sofort ein infiniter Regress auftut. (Friedl 2013, S. 36)

Hier zeigt sich ein weiteres Problem in Friedls Darstellung: Anhand seiner Formulierungen („dass die gegenwärtige Empfindung erkannt, bemerkt ist. "; „dieses ursprüngliche Bemerken oder Erkennen") wird klar, dass er das „Bemerken" mit dem Erkennen gleich setzt. Jenes ‚Bemerken' ist im konstruierten Kontext (das Gegebensein eines roten Gegenstandes) nach Schlick jedoch eindeutig dem Bereich des ‚Kennens' oder ‚Erlebens' im oben beschriebenen Sinne zuzuordnen (MSGA I.1, S. 296). Gerade die Differenz zwischen dem ‚Kennen' und dem ‚Erkennen' ist für Schlicks Erkenntniskonzeption, wie bereits mehrfach betont, von zentraler Bedeutung. Wäre dieses ‚Bemerken' tatsächlich mit dem Erkennen im Sinne Schlicks zu identifizieren, dann hätte Friedl natürlich recht und wir würden, wie oben beschrieben, durch die schlicksche Vergleichsanalyse in einen infiniten Regress geraten. Schlick möchte aber gerade darauf hinaus, dass es sich bei jenem ‚Bemerken' eben noch nicht um eine Erkenntnis handelt, sondern eben um etwas anderes: Ein ‚Bemerken', ein ‚kennen', dem nur ein einziges Glied zugrunde liegt, wie Friedl selbst anmerkt. Es muss erst noch ein weiteres Glied hinzukommen und zu jenem ersten Glied in Beziehung gesetzt werden, damit eine Erkenntnis im Sinne Schlicks vorliegt. Die Unterscheidung zwischen dem ‚Bemerken' und dem ‚Erkennen' bei Schlick, wird hier von Friedl schlicht unterlaufen, indem er beide Begriffe synonym verwendet. Er behauptet wie oben angeführt überdies, ein Vergleich der beschriebenen Art würde bereits voraussetzen, dass die gegenwärtige rot-Empfindung erkannt ist. Nach Schlicks Konzept würde man jedoch gerade das Gegenteil behaupten: Man würde sagen, die gegenwärtige Empfindung wird lediglich *gekannt,* aber *er*kannt ist sie noch nicht, gerade deshalb, weil das etwas-als-etwas-Schema hierauf nicht angewendet werden kann. Schlicks Botschaft lautet demnach doch gerade: Wir müssen den Moment des Bemerkens, Bewusstwerdens streng vom darauffolgenden Prozess des In-Beziehung-Setzens von zwei unterschiedlichen Gliedern miteinander unterscheiden. Für ersteres führt er den Begriff des ‚Kennens' oder ‚Erlebens' ein, der auch mit dem ‚Bemerken' beschrieben werden kann. Wenn Friedl also sagt, dass die Rot-Empfindung erkannt sein muss, um mit einer anderen verglichen werden zu können, dann hat er damit nicht ein Argument gegen Schlicks Erkenntnisbegriff geliefert, sondern genau genommen schlicht die Gegenthese dazu aufgestellt, nach der das ‚Kennen' nicht vom ‚Erkennen' zu unterscheiden ist. Dies offenbart sich auch in einem weiteren Einwand Friedls gegen Schlicks Erkenntnisbegriff:

> „Weiters muss es für jedes Auftreten einer bestimmten Empfindung ein erstes Mal geben (und es könnte bei diesem einen Mal bleiben). Wenn ein Blindgeborener nach einer Operation das erste Mal eine Rot-Empfindung hat und nun ein entsprechendes Urteil fällt, in dem sich sein Bemerken dieser Empfindung ausdrückt, wie kann nach der Schlick'schen Vergleichsthese ein solches Urteil analysiert werden? Laut Voraussetzung gab es in der Vergangenheit ja keine ähnliche Empfindung, sodass in diesem Fall kein Vergleich möglich ist. Nichtsdestotrotz hat dieser Mensch ja echte Erkenntnis erworben in dem Sinn, dass er das Vorliegen einer bestimmten Erlebnisqualität bemerkt (auch wenn er die übliche Verwendung der Farbausdrücke natürlich erst erlernen muss). (Friedl 2013, S. 36)

Auch dieses Beispiel wurde oben bereits besprochen. Es betrifft den Moment, in dem unsere Protagonistin das erste rot-Erlebnis ihres Lebens hat, als ihr eine Tomate vor die Augen gehalten wird. Im Unterschied zu Friedls Argumentation wurde oben erläutert, dass in diesem Moment nach Schlicks Konzeption eben noch keine Erkenntnis vorliegt, sondern ein bloßes ‚Kennen', was allein nicht die Grundlage für eine Erkenntnis im schlickschen Sinne liefern kann. Doch Friedl ist der Ansicht, in dem Moment, in dem jene Person „das Vorliegen einer bestimmten Sinnesqualität bemerkt", eine echte Erkenntnis erworben hat. Daran anschließend stellt er die (offensichtlich rhetorisch gemeinte) Frage, wie sich jenes Urteil durch die „Schlick'sche Vergleichsthese" analysieren lässt. Die Antwort darauf lautet selbstverständlich: Gar nicht! Doch, anders als Friedl anzunehmen scheint, stellt das für Schlicks Erkenntnisbegriff kein Problem dar. Denn in diesem Moment liegt nach Schlicks Konzept eben noch gar keine Erkenntnis vor, auf die jenes Prinzip angewendet werden *sollte*. Durch die konkrete Definition „dies ist rot" erlangt die betreffende Person zwar ein neues Wissen um die Welt, aber eben noch keine Erkenntnis. Die neue ‚Kenntnis' liefert das erste Glied der etwas-als-etwas-Relation, das erst mit einer weiteren Kenntnis, die das zweite Glied liefert, in Verbindung gesetzt werden muss. Erst wenn dieser Vorgang des In-Beziehung-Setzens von zwei unterschiedlichen Kenntnissen miteinander abgeschlossen ist, kann überhaupt die Rede von einer Erkenntnis im Sinne Schlicks sein. Denn Erkenntnis ist hiernach immer dadurch gekennzeichnet, dass Beziehungen zwischen unterschiedlichen Gegenständen gestiftet werden (insb-MSGA I.1, §§8–9). Beide Glieder für sich genommen, sind nicht wiederum einzeln in das etwas-als-etwas-Schema zu zerlegen, wie Friedl hier behauptet. Sie sind in diesem Sinne – als Kenntnisse – Atome.

Das Problem mit Friedls Kritik liegt etwas allgemeiner gesprochen darin: Schlick fragt eingangs nach der genauen Bedeutung des Wortes ‚Erkennen', d. h. danach, was genau damit gemeint ist, wenn jemand sagt, er habe etwas ‚erkannt', und liefert darauf eine Antwort. Hiernach hat der Begriff der Erkenntnis eine bestimmte, sehr eng gefasste Bedeutung. Friedls Erkenntnisbegriff scheint weiter gefasst zu sein als der Schlicks. Nun wird Schlick dafür angeklagt, dass die von ihm gefasste Erkenntnisdefinition sich nicht auf diejenigen Verwendungsweisen des Erkenntnisbegriffes erstreckt, die Schlick selbst ausschließt, die Friedl in seinem Erkenntnisbegriff jedoch eingeschlossen wissen möchte. Doch Schlick möchte mit seiner Erkenntniskonzeption gerade darauf hinaus, dass in bestimmten Momenten, in denen ein reines ‚Kennen', ‚Erleben' oder ‚Bemerken' stattfindet, eben noch keine Erkenntnis vorliegt. Einen Erkenntnisbegriff zu konstruieren, der dies berücksichtigt und nach dem eben jene Tätigkeiten nicht als Erkenntnisse aufgefasst werden können, ist genau der Sinn und Zweck seiner Erkenntnisdefinition:

> „Das bloße Erlebnis des Daseins eines Gegenstandes ist eben niemals Erkenntnis, sondern nur ihre Voraussetzung. Intuition oder Wesensschau kann höchstens den Stoff der Erkenntnis herbeischaffen und ihr dadurch wichtige Dienste leisten, aber sie darf nicht mit ihr verwechselt werden. (MSGA I.1, S. 308)

Erkenntnis ist nach Schlick etwas darüber Hinausgehendes, ist mehr, woraus eben folgt, dass im Rahmen seiner Konzeption weniger Urteile unter den Begriff der

Erkenntnis fallen als nach weiter gefassten Erkenntnisdefinitionen. Dieses ‚Mehr' besteht eben darin, dass eine Erkenntnis lediglich dann vorliegt, wenn es sich um ein Urteil handelt, in dem zwei unterschiedliche Glieder miteinander in Beziehung gesetzt werden. Aus diesem Grund lässt sich das sog. etwas-als-etwas-Schema auch nicht auf Urteile anwenden, denen lediglich ein einziges Glied zugrunde liegt. Friedl versucht, Schlicks Erkenntnisdefinition auf Dinge anzuwenden, die nach Schlick gar keine Erkenntnisse sind. Das geht an dem, was Schlick eigentlich sagt, völlig vorbei. Argumente dieser Art sind deswegen hinfällig.

An dieser Stelle sei vermerkt, dass diese Argumentation nicht als Rechtfertigung von Schlicks Erkenntnisbegriff missdeutet werden sollte. Ich möchte an dieser Stelle nicht darauf hinaus, dass Schlicks Erkenntnisbegriff unzweifelhaft richtig ist. Natürlich kann man anderer Auffassung sein als Schlick. Natürlich kann man sagen, dass der Begriff der Erkenntnis nach seinem Konzept viel zu eng gefasst ist. Man kann Schlick auch, wie Cassirer dies tut, ein „Satyrspiel der philosophischen Terminologie" vorwerfen (Cassirer 1927, S. 70). Und man kann sicherlich Argumente dafür finden, den schlickschen Erkenntnisbegriff abzulehnen und sich stattdessen dafür entscheiden, einen weiter gefassten Begriff zu verwenden, der bspw. auch Existenzurteile mit umfasst. Der springende Punkt ist lediglich der, dass die hier besprochenen Einwände Friedls gegen Schlicks Erkenntnisbegriff nicht fruchten, da sie auf etwas abzielen, das Schlick eigentlich gar nicht sagen wollte.

3.2 Zu Schlicks Verwendung der Ausdrücke ‚Wiedererkennen', ‚Wiederfinden', ‚Zurückführen' und ‚Reduzieren': Eine statistische Auswertung

Die hier besprochenen Argumente gegen Friedls Kritik an Schlicks Erkenntniskonzeption basieren allesamt darauf, dass das ‚Erkennen' nach Schlick eben nicht schlicht als ein ‚Wiedererkennen' zu verstehen ist, sondern in der hier besprochenen Weise als ein ‚Wiederfinden', ‚Zurückführen' oder ‚Reduzieren'. Dementgegen finden sich jedoch unter Bezug auf Schlicks Gesamtwerk zahlreiche Stellen, an denen das Gegenteil der Fall zu sein scheint. Bezüglich der Stellen, die sich in den §2 und §3 der AEL finden, wurde hier bereits dafür argumentiert, dass sie gegenüber den als definitorisch zu interpretierenden Stellen, an denen Schlick eher die Worte ‚Wiederfinden' und ‚Zurückführen' bzw. ‚Reduzieren' verwendet, weniger ernst zu nehmen und eher als heranführend und metaphorisch zu deuten sind. Doch gilt das grundsätzlich, d. h. auch dann, wenn man weitere Schriften aus Schlicks Gesamtwerk in Betracht zieht? Um dies zu untersuchen, habe ich einen in der Philosophie eher unüblichen Weg eingeschlagen, der hier zunächst näher erläutert werden soll:

Ich habe alle derzeit mir digital verfügbaren Schriften Schlicks, die er selbst in deutscher Sprache verfasst hat, nach Stellen durchsucht, an denen die Rede davon ist, dass es sich beim Erkennen um ein ‚Wiedererkennen', ein ‚Wiederfinden'ein ‚Zurückführen' oder um eine ‚Reduktion' handelt und sie im „Anhang zu Kap. 3.1" im

Appendix S. 159–224 in unten stehender Tabelle aufgelistet.[6] Textstellen, an denen ‚Wiedererkennen' in irgendeiner Flexion auftaucht, habe ich dabei allesamt aufgenommen. Bei dem Ausdruck ‚Wiederfinden' gab es hingegen Stellen, an denen der Ausdruck in anderer Weise verwendet wurde, als im Zusammenhang mit Schlicks Erkenntnisbegriff (bspw. bei Verwendungen wie „in der Philosophie ist dieses Problem häufig wiederzufinden"). Stellen dieser Art, an denen klar war, dass sich der Ausdruck ‚Wiederfinden' nicht auf den Erkenntnisbegriff bezieht, habe ich nicht mit in die Tabelle übertragen. Im Falle von ‚Wiederfinden' ist dies auch zumeist sehr eindeutig gewesen, sodass die Entscheidung in den meisten Fällen sehr einfach zu fällen war. Im Zweifelsfall habe ich jedoch stets darauf verzichtet, die Stelle mit aufzunehmen. Bei den Ausdrücken ‚Zurückführen' und ‚Reduzieren' war die Entscheidung, ob der Ausdruck hier im Zusammenhang mit Schlicks Erkenntnisbegriff verwendet wird oder nicht, häufig schwierig. Auch hier habe ich mich im Zweifelsfall dafür entschieden, die Stelle nicht mit aufzunehmen. Es gab einige Stellen, an denen der Zusammenhang mit dem Erkenntnisbegriff nur aus dem Kontext ersichtlich wird. Aus diesem Grund, und um für eine leichtere Nachvollziehbarkeit des Verwendungskontextes zu sorgen, sind die zitierten Stellen häufig sehr lang ausgefallen.[7] Anschließend habe ich die Häufigkeit der Verwendung der Ausdrücke ‚Wiedererkennen', ‚Wiederfinden', ‚Zurückführen' und ‚Reduktion/Reduzieren' im Kontext von Schlicks Erkenntniskonzept ausgezählt und ausgewertet. Die Ergebnisse finden sich in der nachfolgend aufgeführten Tab. 3.1 (S. 51). In der Spalte „Absolut" findet sich die Gesamtzahl der Vorkommen aller 4 Ausdrücke für die jeweilige Schrift, unter den einzelnen Ausdrücken jedes einzelne Vorkommen jeweils als ganze Zahl und prozentual angegeben. Hervorgehoben ist in jeder Zeile jeweils die Spalte des Ausdrucks, der in der betreffenden Schrift anteilig am häufigsten auftaucht.

Betrachtet man diese Tabelle nun genauer, lässt sich folgendes ablesen: In den beiden frühesten Schriften, die aus der Zeit bis 1911 stammen, verwendet Schlick nahezu ausschließlich den Ausdruck ‚Wiedererkennen', die anderen genannten Ausdrücke tauchen hier gleichermaßen selten auf. Doch ab Ende 1911 geht Schlick dazu über, statt ‚Wiedererkennen' eher den Ausdruck ‚Wiederfinden' zu verwenden. In diese Zeit fällt auch die Erarbeitung der AEL (Engler und Wendel 2006, S. 50). Darin ist

---

[6] Dabei sind natürlich auch alle möglichen Flexionen der genannten Ausdrücke berücksichtigt worden, wie bspw. ‚Erkennen heißt, etwas wieder zu erkennen', ‚im Erkennen findet man etwas in etwas wieder', ‚Erkennen heißt etwas zurückzuführen/ist Zurückführung', ‚ich erkenne wieder', ‚ich finde wieder', ‚Erkennen ist Reduktion', ‚Erkennen heißt zu reduzieren', ‚ich reduziere im Erkennen' etc.

[7] Ich möchte an dieser Stelle betonen, dass die häufigere Verwendung von ‚Wiederfinden', ‚Zurückführen' und ‚Reduzieren' bei Schlick für meine zuvor ausführlich dargelegte These spricht, die Verwendung von ‚Wiedererkennen' jeweils dagegen. Trotzdem bin ich bei der Auswahl von Stellen, an denen ‚Wiedererkennen' auftaucht keineswegs streng gewesen, sondern habe schlicht alle betreffenden Stellen in die Tabelle aufgenommen. Bei der Auswahl der Stellen mit ‚Wiederfinden', ‚Zurückführen' und ‚Reduzieren' war ich hingegen sehr streng und habe viele Stellen, die eventuell doch der Berücksichtigung verdient hätten, außen vor gelassen. Bspw. taucht der Ausdruck ‚Reduzieren' in II.2.1 insgesamt 24 mal auf, ich habe aber lediglich 10 Fälle aufgenommen, in denen eindeutig ersichtlich war, dass hier ‚reduzieren' im Sinne von ‚Erkenntnis ist Reduktion von etwas auf etwas' gemeint ist.

Tabelle 3.1 Verwendung der Ausdrücke *Wiedererkennen, Wiederfinden, Zurückführen, Reduzieren*

Jahr/MSGA-Band/Schrift	Wiedererkennen	Wiederfinden	Zurückführen	Reduzieren	Absolut
1907–1910/II.1.1/Erkenntnistheorie 2	**4 (100 %)**	0 (0 %)	0 (0 %)	0 (0 %)	4
1911/II.1.1/Grundzüge	**26 (63 %)**	5 (12 %)	3 (7 %)	7 (17 %)	41
1911–12/II.2.1	2 (6 %)	**17 (47 %)**	10 (28 %)	7 (19 %)	36
1913/II.1.3/Grundlagen	0 (0 %)	0 (0 %)	**2 (100 %)**	0 (0 %)	2
1913/I.4/Intuitive Erkenntnis	1 (9 %)	**7 (64 %)**	3 (27 %)	0 (0 %)	11
1915–25/I.1/AEL	35 (27 %)	**50 (39 %)**	26 (20 %)	17 (13 %)	128
1915–17/II.2.1/Philosophie der Biologie	0 (0 %)	3 (43 %)	**4 (57 %)**	0 (0 %)	7
1916/I.4/Begriffsbildung	0 (0 %)	0 (0 %)	**2 (50 %)**	**2 (50 %)**	4
1919/I.5/Erscheinung und Wesen	0 (0 %)	0 (0 %)	2 (40 %)	**3 (60 %)**	5
1920/I.5/Kausalprinzip	0 (0 %)	0 (0 %)	**2 (100 %)**	0 (0 %)	2
1920/II.2.2/Naturphilosophie	0 (0 %)	0 (0 %)	**2 (100 %)**	0 (0 %)	2
1920–27/II.2.2/Einführung in die Naturphilosophie	0 (0 %)	0 (0 %)	**1 (100 %)**	0 (0 %)	1
1925/I.5/Naturphilosophie	1 (11 %)	1 (11 %)	3 (33 %)	**4 (44 %)**	9
1925–Ende 20er/II.1.2/Einleitung in die Philosophie der Zukunft	0 (0 %)	0 (0 %)	**1 (100 %)**	0 (0 %)	1
1926/I.6/Erleben, Erkennen, Metaphysik	0 (0 %)	0 (0 %)	**1 (100 %)**	0 (0 %)	1
1926–27/II.2.1/Naturphilosophie	0 (0 %)	1 (20 %)	1 (20 %)	**3 (60 %)**	5
1932–36/II.2.2/Naturphilosophie	0 (0 %)	**1 (100 %)**	0 (0 %)	0 (0 %)	1
1933–34/II.5.2b/Die Probleme der Philosophie in ihrem Zusammenhang	3 (13 %)	2 (9 %)	**16 (70 %)**	2 (9 %)	23
1934–35/II.1.3/Logik & Erkenntnistheorie	3 (20 %)	0 (0 %)	**9 (60 %)**	3 (20 %)	15
1935/II.5.2a/Historische Einleitung in die Philosophie	1 (4 %)	0 (0 %)	**15 (58 %)**	10 (38 %)	26

der am häufigsten verwendete Ausdruck ,Wiederfinden', gefolgt von ,Wiedererkennen'. Doch zusammengenommen liegt der Anteil der Verwendung von ,Wiederfinden', ,Zurückführen' und ,Reduzieren' in der AEL anteilig bei fast einem dreiviertel aller betrachteten Fälle. Überdies nimmt auch die Verwendung des Ausdrucks ,Zurückführen' ab 1913 stetig zu, nach 1917 ist die ,Zurückführung' der am häufigsten verwendete Ausdruck. Es gibt nach 1917 nur drei Schriften, in denen ,Zurückführen' nicht der in Bezug auf den Erkenntnisbegriff am häufigsten verwendete Ausdruck bei Schlick ist. Stattdessen liegt in diesen Fällen jedoch nicht das ,Wiedererkennen' und auch nicht das ,Wiederfinden' vorn, sondern der Ausdruck ,Reduzieren', während jeweils ,Zurückführen' oder ,Wiederfinden' den zweiten Platz einnehmen. Die Ausdrücke ,Wiedererkennen' und ,Wiederfinden' tauchen, wie in der Tabelle ersichtlich ist, nach 1917 kaum noch auf. (Eine Ausnahme bildet hierbei die Vorlesung *Logik & Erkenntnistheorie,* worauf sogleich noch genauer einzugehen sein wird.) Vor diesem Hintergrund überrascht es doch sehr, dass Friedl – wie oben zitiert – erstens unter Bezug auf Schlicks Spätwerk von der These des „Erkennens als Wiedererkennen" spricht, wenn Schlick diesen Ausdruck nach 1913 kaum noch verwendet, und zweitens behauptet, dass Schlick an jener These „praktisch unverändert" zeitlebens festgehalten hätte. Denn schon allein anhand der hier dargelegten Zahlen lässt sich sehr deutlich eine Entwicklung ablesen, die in Schlicks Erkenntnisphilosophie stattgefunden hat: Zu Beginn seiner philosophischen Karriere hat er tatsächlich vom Erkennen als einem „Wiedererkennen" gesprochen. Doch er scheint sich der sich daraus ergebenden Probleme bewusst geworden zu sein und entwickelte seinen Erkenntnisbegriff weiter. Er geht sehr schnell dazu über, eher die Ausdrücke ,Wiederfinden' und ,Zurückführen' zu verwenden, wenngleich er manchmal auch noch in „alte Muster" verfällt und auf die von ihm eigentlich als falsch erkannte Ausdrucksweise zurückgreift. Ab den 1920er Jahren scheint er darüber hinaus gewachsen zu sein und geht dazu über, den von ihm in der AEL als „eigentlich exakter" bezeichneten Ausdruck ,Zurückführen' zu verwenden (Tab. 3.1).

Doch diese Entwicklung lässt sich nicht allein anhand von statistischen Daten belegen. Hierzu bedarf es der genaueren inhaltlichen Analyse der einzelnen hier untersuchten Schriften und Textstellen. So lässt sich der Entwicklungsgang, den der schlicksche Erkenntnisbegriff in der soeben beschrieben Weise genommen hat, tiefergehender beschreiben. Hierbei können natürlich nicht alle in der im Anhang zu Kap. 3.1 aufgeführten Schriften und Textpassagen besprochen werden. Aus diesem Grund beschränke ich mich im Folgenden auf eine Auswahl der diesbezüglich relevantesten Textstellen und arbeite sie chronologisch durch.

3.3 Vom ,Wiedererkennen' zum ,Zurückführen'

Zunächst sei hier die Vorlesung über die „Grundzüge der Erkenntnislehre und Logik" erwähnt. Sie stammt von 1911 und stellt die wichtigste Vorarbeit zur AEL dar, die zum Teil sogar wortgenau in Schlicks frühes Hauptwerk eingegangen ist (Stelling 2019, S. 372). Darin tauchen alle vier der hier betrachteten Ausdrücke im Zusammenhang mit dem Erkenntnisbegriff zusammengenommen insgesamt 41 mal auf. Es fällt dabei auf, dass der Ausdruck ‚Wiederfinden' lediglich am Anfang dieser Ausführungen zum Erkenntnisbegriff eine Rolle spielt. An den betreffenden Stellen geht es jeweils eher beispielhaft formuliert darum, dass im Erkenntnisprozess stets ein Wiederfinden von etwas Bekanntem vorliegt (MSGA II.1.1, S. 409 und S. 412). Er geht dann jedoch relativ schnell dazu über, nur noch vom ‚Wiedererkennen' zu sprechen und legt mehrfach fest, dass unter Erkenntnis tatsächlich ein ‚Wiedererkennen' zu verstehen sei. So heißt es z. B. „Ich erkenne den Hund als den meinen, heisst auch hier: ich erkenne ihn *wieder*" vorliegt (S. 403) oder auch „so ein alltäglicher Vorgang wie das Erkennen, d. h. das Wiedererkennen" vorliegt (S. 405), woraufhin im Zusammenhang mit dem Erkenntnisbegriff nahezu ausschließlich vom ‚Wiedererkennen' die Rede ist. Der Ausdruck ‚Wiederfinden' taucht dementgegen nach den einführenden Passagen nur noch ein einziges Mal auf (S. 434). Es spricht also viel dafür, dass Schlick zu diesem frühen Zeitpunkt seiner Karriere tatsächlich das Erkennen als ein ‚Wiedererkennen' definierte, wie in der Schlick-Rezeption gemeinhin behauptet wird. Doch es finden sich auch einige Verwendungen der Ausdrücke ‚Zurückführen' und vornehmlich ‚Reduzieren' in der betreffenden Vorlesung. So ist z. B. die Rede davon, dass in der Erkenntnis „das eine auf das andere reduziert wird" (S. 435–436), „dass zur eigentlichen Erkenntnis eine Reduction speciellerer Begriffe auf allgemeinere erfordert wird" (S. 477) und dass das „Ziel aller Erkenntnis [...] in der Reduction der notwendigen Grundbegriffe auf eine möglichst kleine Zahl [besteht] " (S. 524) sowie auch, dass wir beim „reduzieren" dem „eigensten Wesen und Gesetz des Wirklichen" folgen würden: „wir *erkennen* es" (S. 658). Obgleich also in jener Vorlesung noch vorrangig vom ‚Wiedererkennen' gesprochen wird, scheint Schlick bereits zu ahnen, dass da noch etwas mehr hinter dem Erkenntnisprozess stecken muss, als ein bloßer Wiedererkennungsakt. Den diesbezüglichen Wendepunkt markiert die Vorlesung „Einleitung in die Naturphilosophie", die Schlick erstmals im Sommersemester 1912 gehalten hat (Kutzner und Pohl 2019 [= MSGA II.2.1], S. 97),[8] nachdem er das Manuskript im Wintersemester 1911/1912 verfasste. Dabei griff er auf zwei Vorarbeiten aus dem Sommer 1911 zurück, die jedoch keine in unserem Kontext nennenswerten Erwähnungen zum Erkenntnisbegriff beinhalten (S. 98). Laut Angaben der Herausgeber*innen des betreffenden Bandes der MSGA ist anzunehmen, dass Schlick jenes Schriftstück für Vorlesungen bis in die 1930er Jahre hinein verwendete (S. 99). Der Ausdruck ‚Wiedererkennen' taucht darin insgesamt nur zweimal auf. In beiden Fällen jedoch im Kontext der vielfachen Verwendung des Ausdrucks ‚Wiederfinden'. So findet sich zunächst seine längere Passage (MSGA II.2.1, S. 119–123), in der Schlick seinen Erkenntnisbegriff sehr konsequent unter Verwendung jenes neuen Ausdrucks erläutert. In einem Auszug daraus heißt es:

[8] A. a. O. findet sich die Angabe, dass Schlick die Vorlesung von 1911 bis 1921 insgesamt sechsmal gehalten hat, erstmalig aber 1912. Anhand der https://www.ub.uni-rostock.de/standorte-einrichtungen/universitaetsarchivkustodie/das-universitaetsarchiv/electronic-sources/digitalisierte-vorlesungsverzeichnisse/digitalisierten Vorlesungsverzeichnisse der Universität Rostock ist jedoch ersichtlich, dass die Vorlesung erst ab 1912 im Lehrplan verankert war.

> Die nähere Analyse zeigt nun, dass ein Erkennen eines vorher Unbekannten überall dort vorliegt, wo in diesem Unbekannten etwas Bekanntes wiedergefunden wird. [...] Der Chemiker sagt, er habe die Zusammensetzung eines Stoffes *erkannt*, wenn er bei der Analyse in diesem Stoff lauter bereits bekannte Elemente in bestimmten Mengenverhältnissen wiedergefunden hat. Der Physiker „erkennt" irgend eine Erscheinung immer in der Weise, dass er nachweist, dass in ihr lauter anderweitig bekannte Gesetzmässigkeiten wiedergefunden werden können, so dass jene restlos darauf zurückgeführt wird. [...] Ich will die Beispiele nicht häufen; Sie mögen einen beliebigen Fall aus irgendeiner Wissenschaft oder aus dem täglichen Leben betrachten, wo man von erkennen redet: immer besteht der Erkenntnisprocess in einem Wiederfinden von etwas Bekanntem. (MSGA II.2.1, S. 119–120)

Und so führt er seine Erläuterungen fort (S. 120 ff.). Nachdem er über mehrere Seiten sehr konsequent ausschließlich den Ausdruck ‚wiederfinden' verwendet (insgesamt achtmal) taucht lediglich ein einziges Mal der Ausdruck ‚Wiedererkennen' auf. Dort führt er aus, wie man in der Philosophie zu den Begriffen der ‚Substanz' und ‚Accidenz' gelangte. Hierzu heißt es nun „Das Motiv lag also darin, dass alles Erkennen ein Wiedererkennen verlangt, d. h. eine Identifizierung von etwas Neuem mit etwas Altem" (S. 122). An jener Stelle geht es jedoch nicht um eine Definition oder um eine Erläuterung seines Erkenntnisbegriffes. Diesen hat er zuvor unter Verwendung von ‚Wiederfinden' bestimmt[9] und setzt ihn nun voraus, bei der Erläuterung eines gänzlich anderes Sachverhalts. Kurz darauf geht er wieder dazu über, statt vom ‚Wiedererkennen' zu sprechen, konsequent ‚wiederfinden' für seine Erkenntniskonzeption zu verwenden (S. 120, , S. 126, S. 130, S. 137, S. 158 f. sowie S. 187–189). Auch aus diesem Grunde ist dieser Stelle m. E. nicht viel Bedeutung beizumessen. Man könnte auch annehmen, dass er, wie sich in der geradezu inflationären Verwendung des Ausdrucks ‚Wiederfinden' im Zusammenhang mit Schlicks Erkenntnisbegriff in der gesamten Schrift zeigt (insgesamt 17 mal), geradezu fieberhaft darauf bedacht ist, die Verwendung des Ausdrucks ‚Wiedererkennen' nunmehr zu vermeiden und dass ihm an dieser einen Stelle ein unglücklicher Fehler unterlaufen ist. Dies wird auch durch die Tatsache bezeugt, dass die einzige weitere Verwendung von ‚Wiedererkennen' in jener Schrift in engem Zusammenhang mit den Ausdrücken ‚Wiederfinden' und ‚Zurückführen' steht (S. 137). Hier wird ‚Wiedererkennen' augenscheinlich mehr zur Illustration des Konzepts verwendet, das hinter dem Erkennen als einem ‚Wiederfinden' zu verstehen ist. Doch wie steht es in jener naturphilosophischen Schrift um die Ausdrücke ‚Zurückführen' und ‚Reduzieren'? Beide tauchen in etwa gleicher Häufigkeit jeweils deutlich öfter auf als ‚Wiedererkennen', doch nicht in jenem definitorischen Sinne, in dem der Ausdruck in der etwas später verfassten AEL Verwendung findet. Insgesamt wird in diesem Text sehr deutlich, dass Schlick sowohl den Begriff der ‚Zurückführung' als auch den der ‚Reduktion' aus den Naturwissenschaften entlehnt, ohne bislang jedoch dazu vorgedrungen zu sein, den Begriff der ‚Zurückführung' als eigentlich exaktere Formulierung für seinen Erkenntnisbegriff anzuführen. ‚Zurückführen' und ‚Reduzieren' werden hier sehr deutlich vollständig synonym verwendet und stehen in dieser frühen Schrift, sofern sie hier im Zusammenhang mit Schlicks Erkenntnisbegriff auftauchen, stets im Kontext der Ver-

[9] Vgl. ebd., S. 120: „[...] immer besteht der Erkenntnisprocess in einem Wiederfinden von etwas Bekanntem."

wendung des Ausdrucks ‚Wiederfinden' (MSGA II.1.2, S. 137–139, S. 148 f., S. 156, S. 187–189).

Die hier zuerst besprochene Vorlesung zu den „Grundzügen der Erkenntnislehre und Logik" wurde im Wintersemester 1911/12 erstmalig gehalten, die „Einleitung in die Naturphilosophie" erst 1912. In der zuerst gehaltenen Vorlesung wird, wie soeben besprochen, das Erkennen noch als ‚Wiedererkennen' definiert, in jener nur kurz darauf gehaltenen zweiten Vorlesung lässt sich dagegen die Weiterentwicklung von Schlicks Erkenntnisbegriff zur ausgereifteren Konzeption des ‚Wiederfindens' wie soeben erläutert nachvollziehen. Somit liegt es nahe, dass spätestens im Winter 1911 die Wende vom ‚Wiedererkennen' hin zum ‚Wiederfinden' stattgefunden hat. Es kommt noch hinzu, dass Schlick beide Manuskripte bis in die 1930er Jahre für Vorlesungen verwendete. Das naturphilosophische Skript, in dem die Verwendung von ‚Wiederfinden' sehr deutlich überwiegt, blieb dabei nahezu unverändert und wurde lediglich marginal ergänzt, während das ältere Manuskript zu den *Grundzügen,* das noch auf ein ‚Wiedererkennen' referiert, derart stark abgeändert wurde, dass die Herausgeber*innen der MSGA sich dazu veranlasst sahen, die ursprüngliche Fassung von 1911 und die späteste Version von 1935 als zwei eigenständige Texte in zwei verschiedenen Teilbänden zu veröffentlichen (MSGA II.1.1; MSGA II.1.3). Die Vorlesung von 1934/35 beinhaltet den Ausdruck ‚Wiedererkennen' dann auch nur noch dreimal, obgleich darin insgesamt zusammengenommen fünfzehnmal vom Erkennen als einem ‚Zurückführen' und ‚Reduzieren' die Rede ist.[10] Die Zahl der Verwendungen von ‚Wiedererkennen' wurde durch Schlick in der Überarbeitung folglich stark reduziert. Auf die Vorlesungen aus den 1930er Jahren komme ich sogleich noch genauer zu sprechen, hier stehen zunächst weiter die frühen Jahre nach der 1911er Wende in der Erkenntniskonzeption vom ‚Wiedererkennen' zum ‚Wiederfinden' im Vordergrund. Diese manifestiert sich auch sehr deutlich in dem 1913 veröffentlichten Aufsatz *Gibt es intuitive Erkenntnis?* sowie in der AEL. In *Intuitive Erkenntnis* liegt sehr deutlich das ‚Wiederfinden' vorn. Auch hier zeigt sich die definitorische Verwendung dieses Ausdrucks (Schlick 1913, S. 477–479) im Gegensatz zur eher metaphorisch geprägten Verwendung von ‚Wiedererkennen' (S. 480) sehr deutlich. Insgesamt ist die Phase bis zur AEL stark durch die Verwendung des Ausdrucks ‚Wiederfinden' statt der Verwendung von ‚Wiedererkennen' geprägt.[11]

Doch bevor diese Geschichte hier weitergeschrieben werden kann, sollten weitere Vorkommen von ‚Wiedererkennen' in der AEL besprochen werden. Oben wurde bereits über den Gebrauch jenes Ausdrucks in den §§ 2 und 3 gesprochen. Wie verhält es sich beim Blick auf die gesamte Schrift? Insgesamt zeichnet sich ab, dass die Vorkommen von ‚Wiedererkennen' hier zum großen Teil entweder im Kontext von anschaulichen Beispielen auftauchen (MSGA I.1, S. 147–150, S. 157f., S. 164, S. 171, S. 221, S. 238, sowie S. 300) oder im Kontext von Erläuterungen naturwissen-

[10] Vgl. hierzu den Anhang zu diesem Kapitel unter MSGA II.1.3.

[11] Vgl. hierzu auch die Vorkommen in „Philosophische Bedeutung der Biologie" in MSGA II.2.1 sowie „Die Grenzen der naturwissenschaftlichen und philosophischen Begriffsbildung" (1910) im beigefügten Anhang.

schaftlicher Debatten (S. 152 f. 154, 155 f. sowie S. 199.).[12] Darüber hinaus gibt es zahlreiche Vorkommen, die sich eindeutig auf eine Übertragung von Textpassagen aus der 1911er Vorlesung zu den Grundzügen der Erkenntnislehre, in der Schlick noch hauptsächlich ‚Wiedererkennen' verwendete, erklären lassen (S. 152–153 inkl. Fußnote 33, S. 156 inkl. Fußnote 36 oder S. 170–172 inkl. Fußnote 60). Zugleich finden sich auch Stellen, an denen Schlick hier bei sinnhafter Übernahme von Textstellen den Ausdruck ‚Wiedererkennen' durch ‚Wiederfinden' ersetzt hat (S. 148 inkl. Fußnote 25). Dies und die zu Beginn dieses Kapitels angeführten Argumente bezüglich der AEL sowie die Textstellenanalyse der Schriften ab dem Winter 1911 spricht sehr deutlich dafür, dass Schlicks Erkenntniskonzeption in der Phase zwischen 1911 und der Fertigstellung der AEL eindeutig nicht mit der These, dass Erkennen ein Wiedererkennen sei, umschrieben werden kann. Hier steht m. E. eher die Konzeption des ‚Wiederfindens' oder ‚Zurückführens' in der oben dargelegten Weise im Vordergrund und diese ist etwas komplexer als jene Darstellung, nach der das Erkennen schlicht dadurch definiert wird, dass man es zu einem ‚Wiedererkennen' erklärt.

Was das ‚Wiedererkennen' betrifft, so lässt sich hier weiter bemerken, dass jener Ausdruck nach der AEL bis zu Beginn der 1930er Jahre in Schlicks Schriften tatsächlich nur noch ein einziges Mal auftaucht und zwar in „Naturphilosophie" von 1925 (MSGA I.5). Hierin geht Schlick nur anfangs auf seine Erkenntniskonzeption ein und erläutert sie unter Verwendung der Ausdrücke ‚Wiederfinden', und ‚Zurückführen'. Erst eine Seite später, im Anschluss an die Darlegung seines Erkenntnisbegriffes, verwendet er den Ausdruck ‚wiedererkennen', jedoch lediglich im Kontext eines Beispiels (S. 605–606). Es wird auch hier der Eindruck erweckt, dass die Definition von Schlicks Erkenntnisbegriff mithilfe von ‚Wiederfinden' und ‚Zurückführen' erfolgt, während ‚wiedererkennen' lediglich als metaphorische Umschreibung des Konzeptes dient. Und dies ist, wie gesagt, das einzige Vorkommen von ‚Wiedererkennen' zwischen 1915 und 1933, ausgenommen der AEL. ‚Wiederfinden' kommt zwar häufiger vor, jedoch insgesamt lediglich dreimal in einer Schrift, die zwischen 1915 und 1917 entstand (MSGA II.2.1, S. 219, S. 231 sowie S. 393) sowie einmal in „Naturphilosophie"(MSGA I.5, S. 605) und einmal 1926/27 (MSGA II.2.1, S. 394).[13] Das Konzept des ‚Wiederfindens' wird spätestens nach Abschluss der AEL klar von der ‚Zurückführung' bzw. ‚Reduktion' abgelöst. Sie legen nach der Erstveröffentlichung der AEL 1918 immer mehr an Gewicht zu. M. E. ist damit die AEL als zweiter Wendepunkt in der Geschichte des Wandels von Schlicks Erkenntniskonzeption zu betrachten. Denn nach ihrer Veröffentlichung ist in Bezug auf Schlicks Erkenntniskonzeption nahezu ausschließlich vom ‚Zurückführen' oder ‚Reduzieren' die Rede. Der Ausdruck ‚Wiederfinden' wird folglich in den später verfassten Schriften tatsächlich durch den in der AEL als „exakter" beschriebenen Ausdruck ‚Zurückführen' ersetzt. Fairerweise muss hier jedoch erwähnt werden, dass die Konzeption des Erkennens als eines ‚Wiederfindens' bzw. ‚Zurückführens' oder ‚Reduzierens' im genannten Zeitraum nur sehr selten in Schlicks Schriften auftaucht und sofern sie auftaucht, jeweils nur wenig Raum einnimmt. Dies lässt sich auch in der angeführten Tab. 3.1 anhand der Zahlen zum absoluten Vorkommen der

[12] Vgl. die Vorkommen im Anhang unter MSGA I.1.

[13] Wieder ausgenommen die AEL.

relevanten Ausdrücke in den jeweiligen Schriften ablesen. Aus diesem Grund möchte ich jenem Zeitraum, in dem Schlicks seine Erkenntniskonzeption offenkundig nicht wirklich ausführlich besprochen hat, nun auch nicht noch mehr Aufmerksamkeit zukommen lassen, nachdem die einzigen Vorkommen von ‚Wiedererkennen' und ‚Wiederfinden' zu jener Zeit hier bereits besprochen und bewertet wurden. Stattdessen möchte ich nun auf die zwei großen deutschsprachig verfassten Vorlesungen aus den 1930er Jahren eingehen, die derzeit bereits publiziert wurden, in denen jener Erkenntniskonzeption durch Schlick wieder mehr Aufmerksamkeit gewidmet wird, wenngleich auch nicht ansatzweise so viel wie in der AEL.

In „Die Probleme der Philosophie in ihrem Zusammenhang" aus dem Wintersemester 1933/34 ist an drei Stellen vom ‚Wiedererkennen' die Rede. Betrachten wir diese genauer: Es heißt hier zunächst, „Erkennen" sei „immer ein Wiedererkennen" (Schlick 1986a [1933/34], S. 94; MSGA II.5.2b, S. 960). Allerdings vor dem Hintergrund, dass im vorhergehenden Satz festgehalten wurde, dass Erkenntnis in einer (symbolischen) Reduktion bestehe (ebd.). Einige Seiten später schreibt Schlick:

> Das Wort " erkennen„ stammt aus dem täglichen Leben und hat da seinen guten Sinn; bei blossem Vorhandensein eines Bewusstseinszustandes würde man nie an Erkenntnis denken, sondern nur in dem Falle eines Wiedererkennens, der Feststellung einer Tatsache, einer Erklärung und deren Zweck ist es immer, die Ordnung in der Welt aufzufinden (dass wir daran Freude haben, ist der Weg, der zur Wissenschaft führt). (Schlick 1986a [1933/34], S. 102; MSGA II.52b, S. 970)

Hier ist zu betonen, dass der Ausdruck ‚Wiedererkennen' im Zuge der Erläuterung des Erkenntniskonzeptes im Kontext des Sprachgebrauchs aus dem „täglichen Leben" erfolgt, d. h. Schlick bezieht sich hier auf alltagssprachliche Verwendungen. Wie oben in Bezug auf eine ähnliche Stelle in der AEL, führt Schlick den Leser bzw. Zuhörer hier an sein Erkenntniskonzept heran und gebraucht den Ausdruck ‚Wiedererkennen' nur, um den Unbedarften damit vertraut zu machen, dass das Prinzip, das wir gewöhnlich hinter dem ‚Wiedererkennen' vermuten, seiner Ansicht nach das eigentliche Prinzip einer jeden Erkenntnis darstellt. Eine Seite später findet sich die dritte und letzte Verwendung des Ausdrucks ‚Wiedererkennen' in jener Schrift und sie ist von besonderer Relevanz. Denn sie belegt erneut die hier dargelegte Interpretation von Schlicks Erkenntniskonzeption. Dort führt er aus:

> Ferner ist zu überlegen, dass überall dort, wo etwas über eine Intuition gesagt wird, schon ein discursiver Erkenntnisprozess, wenn auch primitiver Art, vorliegen muss: denn wenn man sagt, dass etwas z. B. grün ist oder dass Grün da ist, so muss man doch schon wissen, was „grün" ist, muss es schon einmal kennengelernt haben, um es nun wiedererkennen zu können. (Schlick 1986a [1933/34], S. 103; MSGA II.5.2b, S. 971)

Es zeigt sich hier, obgleich Schlick vom Erkennen als einem ‚Wiedererkennen' spricht, dass jene Interpretation, die behauptet, dass ein Erkennen im Sinne eines ‚Wiedererkennens' qua Voraussetzung in einen infiniten Regress führt, an Schlicks intendierter Konzeption vorbeigeht. Friedl meinte, dass das ‚Wiedererkennen' einer Rot-Wahrnehmung voraussetzt, dass zuvor bereits ein Erkennen stattgefunden hat. Dieses müsste wiederum als ein ‚Wiedererkennen' bestimmt werden und würde selbst wiederum einen vorhergehenden Erkenntnisakt voraussetzen ad Infinitum.

Hier zeigt sich jedoch, dass Schlick, obgleich er den Ausdruck ‚Wiedererkennen' verwendet, etwas anderes im Sinn hat: Voraussetzung für das ‚Wiedererkennen' ist hiernach lediglich das vorhergehende ‚Kennenlernen' der Farbe ‚Grün'. Wie im Beispiel des roten Mantels wird folglich vorausgesetzt, dass jemand bei einer ersten Erfahrung die Bedeutung des Wortes „grün" erlernt haben muss und nun weiß, was ‚grün' ist. Hier liegt jedoch noch keine Erkenntnis vor, nur eine Kenntnis, durch die das Wissen darum, was „Grün" ist, erlangt wird. Erst später, bei einer erneuten Grün-Wahrnehmung, findet ein „Wiedererkennen" des zuvor bloß gekannten und damit eine Erkenntnis statt. Die Verwendung des Ausdrucks ‚Wiedererkennen' ist an dieser Stelle tatsächlich unglücklich gewählt, da sie zu derlei Missverständnissen verleiten kann. Doch wie erwähnt, verwendet Schlick in der zur Rede stehenden Vorlesung an allen anderen als den drei hier vorgestellten Stellen nicht den Ausdruck ‚Wiedererkennen' sondern hauptsächlich den Ausdruck ‚Zurückführen', denn:

> „Erkenntnis besteht darin, dass man das Besondere auf das Allgemeine zurückführt. Das Wesen der Erkenntnis besteht also darin, Zusammenhänge zwischen verschiedenen Wahrheiten zu finden. (Schlick 1986a [1933/34], S. 54; MSGA II.5.2b, S. 913)

Bei der letzten hier näher zu besprechenden Schrift handelt es sich um die Vorlesung „Logik & Erkenntnistheorie" aus dem Wintersemester 1934/35. Schlick verwendete hierfür das vielfach überarbeitete Manuskript der 1911er Vorlesung, in der er noch hauptsächlich den Ausdruck ‚Wiedererkennen' verwendete.[14] Allerdings schien sich der Vortrag aus den 1930er Jahren so stark verändert zu haben, dass die Herausgeber der Moritz-Schlick-Gesamtausgabe sich dazu veranlasst sahen, die Vorlesung von 1934/35 als eigenständigen Text herauszugeben. Für die Veröffentlichung lagen drei Vorlesungsmitschriften zugrunde (Lemke 2019 [=MSGA II.1.3], S. 338). Im nunmehr veröffentlichten Text verwendet Schlick den Ausdruck ‚Wiederfinden' gar nicht, ‚wiedererkennen' dreimal und damit genauso oft wie den Ausdruck ‚Reduktion'. Ganze neunmal taucht hierin ‚Zurückführen' im Kontext mit seinem Erkenntnisbegriff auf und liegt damit erneut vorn.[15] Dass Schlick, obgleich er das 1911er Manuskript auch 1935 noch verwendete, die Anzahl der Vorkommen von ‚Wiedererkennen' derart drastisch reduziert, während er zugleich seine Verwendung von ‚Zurückführen' stark erhöht, belegt erneut, dass hier eine Entwicklung stattgefunden hat, die auch für Schlick von Bedeutung gewesen sein muss. Betrachtet man die Vorkommen von ‚Wiedererkennen' in der Vorlesungsmitschrift genauer, so zeigt sich, dass es eine Stelle gibt, an der zweimal von einem „Wiedererkennungsakt" die Rede ist (MSGA II.1.3, S. 391). Es heißt hier, dass für jede Erkenntnis ein Wiedererkennungsakt notwendig sei. Im darauffolgenden Satz hält Schlick fest, dass ein Wiedererkennungsakt Voraussetzung für die Möglichkeit zur Sprachverwendung sei. Was es nun mit dieser Aussage auf sich hat, sei zunächst dahingestellt. Doch es liegt auf der Hand, dass jene Bemerkungen fernab sind von einer Definition des Erkennens als einem ‚Wiedererkennen'. Der Wiedererkennungsakt wird hier lediglich als wichtige Grundlage für den Erkenntnisprozess dargestellt, nicht als seine

[14] Vgl. hierzu die Vorkommen im Anhang unter MSGA II.1.3.

[15] Vgl. hierzu Anhang: MSGA II.1.3.

Umschreibung. Dagegen finden sich in jener Vorlesung verhältnismäßig viele Stellen, aus denen deutlich hervorgeht, dass Schlick die Erkenntnis als einen Akt der Zurückführung beschrieben wissen möchte (S. 393–395, S. 400–401 sowie S. 422). Die Untersuchung der 2024 in der MSGA II.5.2a publizierten Vorlesung *Historische Einleitung in die Philosophie* vermag die hier vorgetragenen Ergebnisse weiter zu bestätigen.

Um die Analyse einzelner Textstellen bei Schlick, an denen es um die Erkenntnis im Sinne eines ‚Wiedererkennens', ‚Wiederfindens', ‚Zurückführens' oder ‚Reduzierens' geht, abzuschließen, möchte ich hier kurz genauer auf Schlicks Verwendung des zuletzt genannten Ausdrucks eingehen. In Bezug auf die Verwendung des Ausdrucks der ‚Reduktion' im Zusammenhang mit dem Erkenntnisbegriff wurde hier bereits an mehreren Stellen festgehalten, dass Schlick ihn im jeweiligen Text synonym zu ‚Zurückführen' verwendet. Dies trifft m. E. auf alle Stellen zu, an denen Schlick den Ausdruck der ‚Reduktion' im Zusammenhang mit seinem Erkenntnisbegriff verwendet. Es findet sich im gesamten Werk Schlicks keine einzige Textstelle, die darauf hindeutet, dass er zwischen den Ausdrücken ‚Zurückführen' und ‚Reduzieren' unterscheidet, sofern sie auf seine Erkenntniskonzeption bezogen sind. Dagegen finden sich Stellen, an denen er auf die ‚Erkenntnis als Zurückführung' referierend den Ausdruck ‚reduzieren' verwendet und umgekehrt (MSGA II.1.3, S. 393–394). Unter der Erkenntnis als einer Reduktion ist folglich dasselbe zu verstehen, wie unter der Erkenntnis als einer Zurückführung.

Was ist nun mit den vorangegangenen Erörterungen zur Verwendung der genannten Ausdrücke zum Verständnis von Schlicks Erkenntnisphilosophie gewonnen? An dieser Stelle möchte ich noch einmal zusammenfassend auf das eingehen, was m. E. Schlicks Erkenntniskonzeption im Sinne eines ‚Wiederfindens' oder ‚Zurückführens' statt eines ‚Wiedererkennens' ausmacht.

Ein Wiedererkennen setzt voraus, dass zuvor bereits ein Erkennen stattgefunden hat, das wiederum als ein ‚Wiedererkennen' definiert werden müsste, sofern das Erkennen als ein ‚Wiedererkennen' verstanden wird. Daraus resultiert infiniter Regress. Eine derart triviale Erkenntniskonzeption, die das Erkennen schlicht zum ‚Wiedererkennen' erklärt und damit aufhört, hatte Schlick jedoch, wie in diesem Abschnitt deutlich wurde, nicht im Sinn. Ein ‚Wiederfinden' von einem Bekannten hat lediglich zur Voraussetzung, dass zunächst einmal etwas *gefunden* wurde. Dieser Prozess des erstmaligen Findens von etwas ist nicht selbst Erkenntnis, sondern einer ihrer Bestandteile, der mit dem Konzept des ‚Kennens' zu beschreiben ist. Wird anschließend das zuerst gefundene – damit ist hier das von Schlick als „bereits Bekanntes" bezeichnete gemeint – in einem Anderen *wieder*gefunden, kann von einer Erkenntnis die Rede sein. Alternativ lässt sich dies auch damit ausdrücken, dass zwei unterschiedliche Erkenntnisglieder jeweils auf etwas Gemeinsames zurückgeführt bzw. reduziert werden. In dieser Weise wird das Erste zum Zweiten in Beziehung gesetzt und der Erkenntnisprozess ist abgeschlossen. Beide Akte des Findens sind jeweils als Atome zu deuten, die nur im Zusammenhang miteinander eine Erkenntnis bilden. Die Erkenntnis selbst besteht also aus zwei unterschiedlichen Akten: dem ersten Finden oder ‚Kennen' von etwas und dem darauffolgenden Wiederfinden desselben in einem Anderen, wodurch die beiden zunächst unterschiedlichen Glieder in der

Zurückführung auf etwas Gemeinsames in Beziehung zueinander gesetzt werden. Zwar könnte man, wie es auch alltagssprachlich gemeinhin geschieht, dieses zweite Finden, das ‚Wiederfinden', auch als ein ‚Wiedererkennen' bezeichnen. Doch, wie hier hoffentlich deutlich wurde, ist damit bei Schlick etwas ganz anderes gemeint, als dass das ‚Erkennen' schlicht als ‚Wiedererkennen' definiert und damit erklärt werden könnte.

Aus dieser Konzeption ergibt sich nun, dass der Kreis derjenigen Urteile, die wir als Erkenntnisse bezeichnen können, deutlich kleiner wird. Eine Person, die zum ersten Mal ein Rot-Erlebnis hat, erlangt damit noch keine Erkenntnis und auch Existenzurteilen wird nach Schlicks Erkenntnisbegriff der Erkenntnisgehalt abgesprochen. Doch ist das allein schon problematisch? Friedl nimmt an, dass der bloße Zuerwerb von Wissen durch die erste Rot-Wahrnehmung im Leben eines Menschen oder die Feststellung, dass etwas existiert, bereits als Erkenntnis zu werten ist. Schlick möchte m. E. jedoch darauf hinaus, dass es sich bei Erkenntnis um einen komplexeren Vorgang handelt, der stets einen kognitiven Eigenanteil erfordert – ein In-Verbindung-Setzen von Etwas mit einem Anderen. Man könnte hier ergänzen, dass Urteilen dieser Art nach Schlick zwar kein Erkenntnisgewinn zugesprochen wird, aber immer noch ein Wissenserwerb. Und scheint es nicht sinnvoll, den Zuerwerb von Wissen vom Erwerb eigenständiger Erkenntnis klar zu unterscheiden? Schlick möchte mit seinem Erkenntniskonzept vielmehr aufzeigen, dass andere Erkenntniskonzepte hier keine klare Trennlinie zu ziehen vermögen. Damit scheint mir widerlegt, dass Schlick das ‚Erkennen' im Rahmen seiner Erkenntnisphilosophie schlicht als ein ‚Wiedererkennen' definiert. Stattdessen sollte eher von einem ‚Wiederfinden' oder besser einem ‚Zurückführen' bzw. ‚Reduzieren' im Erkenntnisakt die Rede sein. Im Folgenden werde ich jedoch eher den Ausdruck ‚Wiederfinden' verwenden. Dies hat den Grund, dass sich auch in meiner Analyse der schlickschen Erkenntnisphilosophie zeigte, dass bei der Verwendung des Ausdrucks ‚Wiederfinden' stets einfacher entscheidbar ist, ob jenes Wort jeweils im Kontext seiner Erkenntniskonzeption Verwendung findet oder nicht. Die Ausdrücke ‚Zurückführen' und ‚Reduzieren' tauchten, gerade in Schriften, in denen naturwissenschaftliche Erörterungen eine Rolle spielten, auch in vielen anderen Fällen auf und dies kann bei der Verwendung der Ausdrücke ‚Zurückführen' und ‚Reduzieren' im erkenntnisphilosophischen Kontext zu Missverständnissen führen. Es erscheint mir deshalb eindeutiger, wenn ich im Folgenden, sofern es um Schlicks Erkenntniskonzeption geht, vom ‚Wiederfinden' spreche. Dabei sei jedoch vermerkt, dass ich ‚wiederfinden' in einem Sinne gebrauche, der in jedem Fall auch die alternativen Ausdrucksweisen ‚Erkennen ist Zurückführung/Reduktion von etwas auf etwas anderes' mit umfasst. Abschließend bleibt hier Folgendes zu sagen: Friedls Behauptung, Schlick habe die These, Erkennen sei ‚Wiedererkennen' zeitlebens unverändert vertreten, würde natürlich ein gutes Argument für die Kontinuitätsthese liefern. Somit könnte meine hier vorgelegte Analyse als Argumentation für die Diskontinuitätsthese verstanden werden. Dem möchte ich hier widersprechen. Denn Schlick hat sich, wie hier gezeigt werden konnte, spätestens ab 1911 mit der Frage beschäftigt, was Erkenntnis sei und daraufhin ein Konzept vorgelegt, das er bis 1935 weiter bearbeitet hat. Hierbei hat eine Weiterentwicklung der Formulierung seiner ursprünglichenIdee stattgefunden (vom Erkennen als ‚Wiedererkennen' über das ‚Wiedererfinden' bis hin zum ‚Zurückführen' bzw. ‚Reduzieren'). Doch diese Entwicklung stellte, wie sich nachzeichnen ließ, eine kontinuierliche Entwicklung dar. In keiner Weise kann die hier beschriebene Änderung der Terminologie wie sie bei Schlick in über zwei Jahrzehnten stattgefunden hat, als eine Abkehr von seiner ursprünglichen Idee verstanden werden. Diese besteht darin, den Erkenntnisvorgang in der im Abschn. 3.1 dieses Kapitels beschriebenen Weise als ein In-Beziehung-Setzen von Etwas mit einem Anderen zu verstehen. Die Verwendung der Ausdrücke ‚Wiederfinden' und später ‚Zurückführen' oder ‚Reduzieren' anstelle von ‚Wiedererkennen' stellt letztlich eine Präzisierung dessen dar, was Schlick schon ursprünglich zum Ausdruck bringen wollte. Dieses seiner Erkenntnisphilosophie zugrundeliegende Konzept durchzieht m. E. in der Tat Schlicks gesamtes Erkenntnisphilosophisches Werk von den frühen bis hin zu den späten Schriften. Und insofern dieses Konzept nicht als eine bloße Reduktion des Erkenntnisvorgangs auf einen Wiedererkennungsakt missverstanden wird, das letztlich in einen infiniten Regress mündet, bin ich in dieser Hinsicht mit Friedls eingangs zitierter These völlig einig.

Anhang zu Kap. 3

Erläuterung Nachfolgend werden sämtliche Textpassagen zitiert, die in meiner statistischen Analyse im Abschn. 3.2 berücksichtigt wurden. Die Texte sind jeweils einer Publikation zugeordnet. Dabei sind die Vorkommen von ‚Wiederfinden', ‚Wiedererkennen', ‚Zurückführen' und Reduzieren' einzeln aufgelistet. Da in vielen Passagen jeweils mehrere der untersuchten Ausdrücke vorkommen, sind zahlreiche Zitate mehrfach aufgeführt. Sofern eine Passage in MSGA I.1, die unter ‚Wiederfinden' einsortiert wurde, auch den Ausdruck ‚Wiedererkennen' beinhaltet, ist dies am Ende der jeweiligen Passage durch das Symbol „⇔" und die Angabe der Nummerierung des jeweiligen Zitats in der Liste ‚Wiedererkennen' gekennzeichnet. In Klammern nach jedem Zitat erfolgt die Seitenangabe zur zitierten Publikation. Am Ende von Schriften, die in der MSGA publiziert wurden, ist zusätzlich der Kurztitel des jeweiligen Textes mit aufgeführt[16] (ausgenommen MSGA I.1). Bereits publizierte Bände der MSGA, die in dieser Liste nicht geführt werden, wurden ebenfalls untersucht. Dabei ließen sich jedoch keine relevanten Vorkommen der betreffenden Ausdrücke finden.

MSGA I.1: Berücksichtigte Vorkommen von ‚Wiederfinden'

1. Ich habe in jenem braunen Etwas die Merkmale (vor allem das der selbständigen Bewegung) *wiedererkannt,* die ein Gegenstand haben muß, um als Tier bezeichnet zu werden. Unter Vorbehalt der Verbesserung des psychologisch anfecht-

---

[16] Für die Kurztitel vgl. MSGA I.1: Stücke aus dem Nachlaß von Schlick, S. 877 ff. sowie zu Lebzeiten veröffentlichte Schriften, S. 881 ff.

baren Ausdrucks kann ich sagen: ich habe in der Wahrnehmung jenes braunen Etwas die Vorstellung **wiedergefunden,** die dem Namen „Tier" entspricht; das Objekt ist damit zu etwas Bekanntem geworden und ich kann es bei seinem rechten Namen nennen. Wenn ich nun beim Näherkommen sage: ich erkenne jetzt das Tier als Hund – was soll damit gemeint sein? Es soll offenbar heißen (wiederum in vorläufiger, später zu präzisierender Ausdrucksweise), daß der Anblick des fraglichen Objektes nicht bloß mit der Vorstellung übereinstimmt, die ich von einem Tiere überhaupt habe, sondern mit der Vorstellung, die ich von einer ganz bestimmten Klasse der Tiere habe, nämlich derjenigen, die man im Deutschen als Hunde bezeichnet. Ich habe das Tier erkannt, heißt abermals: ich vermag es mit seinem rechten Namen zu bezeichnen, nämlich als Hund, und dieser Name heißt deshalb der rechte, weil er eben allgemein gebraucht wird für die Klasse der Tiere, welcher dieses Tier tatsächlich angehört. Es liegt also auch hier ein **Wiederfinden** von etwas Bekanntem vor. Nicht anders steht es mit der dritten Stufe dieses Erkenntnisaktes. Ich erkenne den Hund als den meinen, heißt auch hier: ich erkenne ihn *wieder;* ich bestimme nämlich das Tier, das ich vor mir sehe, als identisch mit dem Hunde, den ich täglich um mich zu haben gewöhnt bin. Und dies wird natürlich wieder dadurch möglich, daß ich eine mehr oder minder genaue Erinnerungsvorstellung von dem Aussehen meines Hundes besitze, und daß diese Vorstellung die gleiche ist, die der Anblick des auf mich zukommenden Tieres mir liefert: die Gestalt, die Farbe, die Größe, vielleicht auch der Ton des Bellens, alles stimmt mit dem Bilde überein, das die Erinnerung mir von meinem Hunde gibt. Vorher waren die Namen, mit denen ich das Objekt richtigbezeichnen konnte, nur Klassennamen, nämlich Tier und Hund. Jetzt aber nenne ich es mit einem Namen, der nur einem einzigen Individuum in der ganzen Welt zukommt: ich sage, das ist „mein Hund Tyras", und dadurch ist das Tier als Individuum eindeutig bestimmt. Allen drei Stufen dieses Erkennens ist gemeinsam, daß dabei ein Objekt wiedererkannt wird, daß in etwas Neuem etwas Altes **wiedergefunden** wird, so daß es nun mit einem vertrauten Namen bezeichnet werden kann. Und der Prozeß ist abgeschlossen, wenn der Name gefunden ist, welcher dem erkannten Gegenstand ganz allein zukommt, und keinem andern. Eine Sache erkennen heißt im gewöhnlichen Leben in der Tat weiter nichts als ihr denrechten Namen geben. (147–150) ⇔ 1.

2. Als aber später, besonders durch die Forschungen von Heinrich Hertz, die elektromagnetischen Wellen bekannt wurden und ihre Gesetzmäßigkeiten in strenger mathematischer Form dargestellt waren, da bemerkte man, daß die Gesetze der elektrischen Wellen gleichfalls **wiedergefunden** werden konnten in den Gesetzen der Lichterscheinungen, und zwar in viel vollkommenerem Maße als die der mechanischen Schwingungen, d. h. auch solche Eigentümlichkeiten des Lichtes, die durch die mechanische Theorie nicht erklärt waren, ließen sich jetzt wiedererkennen und dadurch begreifen. So wurde, um nur eine dieser zahlreichen Eigentümlichkeiten anzuführen, beim Lichte dieselbe Ausbreitungsgeschwindigkeit **wiedergefunden,** die auch elektrische Wellen besitzen, während keine elastischen Wellen bekannt waren, deren Geschwindigkeit diesen Wert hätte. Auf Grund solcher Wiedererkennungsakte durfte man sagen: das Licht ist eine

elektromagnetische Erscheinung, und damit hat man es beim rechten Namen genannt.

Hier liegt also eine Erkenntnis in zwei Stufen vor: zuerst wurde das Licht als eine Schwingungserscheinung, als Wellenfortpflanzung erklärt, und darauf wurden durch einen zweiten Akt des **Wiederfindens** diese Schwingungen und Wellen als elektrische bestimmt. Ganz analog lagen aber die Dinge im Beispiel des Hundes: zuerst konnte er nur mit einem allgemeineren Namen als Tier benannt werden, dann aber wurde er nach weitergehender Wiedererkennung seiner Eigenschaften als Hund bezeichnet. (155–156) ⇔ 4.

3. Es gilt auf jeden Fall, daß beim Erkennen die beiden Glieder als „ein und dasselbe" festgestellt werden. Es handelt sich also um Gleichheit, die in Identität übergehen kann. Ist das Gemeinsame, wie im obigen Falle, ein *Gesetz,* so ist damit stets etwas *Identisches* gefunden, denn ein Gesetz ist ein begriffliches Gebilde, bei Begriffen aber fallen Gleichheit und Identität bekanntlich zusammen. Vorläufig interessieren uns die hier berührten Unterschiede nicht weiter, wir halten vielmehr fest, daß auch dort, wo man in der Wissenschaft von „Erkenntnis" spricht, ein **Wiederfinden** des Gleichen stattfindet.

   Hätten wir irgendein anderes Beispiel aus einer beliebigen anderen Wissenschaft betrachtet, so wären wir doch zu dem gleichen Ergebnis gelangt; überall enthält sich der Kern des Erkenntnisprozesses als ein **Wiederfinden.** Wenn man z. B. feststellt, daß Aristoteles die Schrift über den Staat der Athener verfaßt hat dies wäre also eine *historische* Erkenntnis –, so identifiziert man den Urheber dieser Schrift mit dem anderweitig wohlbekannten Philosophen, erkennt also diesen in jenem wieder. Wenn man in der Philologie die Verwandtschaft zweier Wörter aus verschiedenen Sprachen erkennt, so heißt dies weiter nichts, als daß die *Gleichheit* der Wurzeln konstatiert wird, auf welche beide Wörter zurückgehen. Und den nämlichen Sachverhalt entdeckt man in allen erdenklichen Beispielen. Doch wir können hier auf die Durchführung weiterer derartiger Analysen verzichten. Das Resultat der Analysen ist immer, daß Erkennen in der Wissenschaft, wie schon im täglichen Leben, ein **Wiederfinden** des einen im andern bedeutet. Aus diesem einfachen Satze können wir bereits gewichtige Schlusse ziehen über Ziel und Methode der wissenschaftlichen Erkenntnis.

   Zunächst sei bemerkt, daß zum Erkennen nur die Zurückführung zweier vorher getrennter Erscheinungen aufeinander gefordert wird; es ist also nicht nötig (wie man häufig meint), daß das Erklärende länger bekannt sein müsse als das Erklärte, daß also der Mensch nur dort Erkenntnis errungen habe, wo gleichsam das Gewohnte im Ungewohnten **wiedergefunden** worden sei. (157–158) ⇔ 5.
4. Wir brauchen nur darauf zu achten, daß alles Begreifen dadurch von Stufe zu Stufe weiterschreitet, daß zuerst das eine im andern **wiedergefunden** wird, dann in jenem wieder ein anderes und so fort (162)
5. Denn es lassen sich ohne Schwierigkeit allgemeine Begriffe so auffinden oder konstruieren, daß sie in allen Erscheinungen der Welt **wiedergefunden** werden können. (164) ⇔ 7.

6. Alles Erkennen ist ein Wiedererkennen oder **Wiederfinden.** Und alles **Wiederfinden** ist ein Gleichsetzen s dessen, *was* erkannt wird, mit dem, *als was* es erkannt wird. (166) ⇔ 8.
7. Einen Gegenstand erkennen heißt: einen andern in ihm **wiederfinden** oder auffinden. (233)
8. In der Tat: alles in der Außenwelt ist an einem bestimmten Ort und zu einer bestimmten Zeit, und man kann zunächst sagen: das eine im andern **wiederfinden** heiße beiden denselben Ort zur selben Zeit anweisen. (245)
9. Dann bedeutet Erkenntnis das **Wiederfinden** eines und desselben Gegenstandes als Glied verschiedener Beziehungen. (246)
10. Denn einen Gegenstand durch Begriffe zu bezeichnen, welche bereits anderen Gegenständen zugeordnet sind, geht nur dann an, wenn vorher diese in jenem **wiedergefunden** wurden, und gerade dies machte ja das Wesen des Erkennens aus. (252)
11. Unsere Wahrheiten wären gleichsam lauter diskrete Punkte, sie bildeten kein zusammenhängendes System; und nur in einem solchen ist Erkenntnis möglich, denn ein **Wiederfinden** des einen im anderen setzt einen durchgehenden Zusammenhang voraus. (266)
12. Sie [die Sachbeziehungen in unserer Zuordnungstheorie der Wahrheit] gehören natürlich auch zu den Tatsachen, die durch Urteile bezeichnet werden, und ohne ihre vollständige Berücksichtigung wäre eine Zuordnung gar nicht möglich. Das Feststellen sachlicher Zusammenhänge gehört mit zu dem **„Wiederfinden“**, welches die notwendige Voraussetzung der Erkenntniszuordnung ist. Da eindeutige Zuordnung heißt, daß „demselben“ Gegenstand immer dasselbe Zeichen entsprechen soll, so ist sie nur möglich, wenn jeder Gegenstand von allen übrigen unterschieden und jedesmal als der gleiche wiedererkannt wird. Also ohne **Wiederfinden** keine Zuordnung. Die primitivste Art des Erkennens ergibt aber noch kein System, sondern zunächst nur eine Menge von unabhängigen Einzelzuordnungen, es gäbe so viele Zeichen wie unterscheidbare Gegenstände, und ihre Zahl ließe sich nicht reduzieren – wenn nicht noch eine andere Bedingung erfüllt wäre. Sie besteht darin, daß die Erkenntnisgegenstände nicht von vornherein bestimmte fest abgegrenzte Einheiten sind. Daß in unserem Bewußtsein dessen Inhalte zu gewissen Komplexen zusammentreten, die wir als „Einheiten“ erleben, ist eine Tatsache, für welche die moderne Psychologie den von Chr. Ehrenfels geprägten Begriff der „Gestaltqualität“ verwendet. Den Gestalten kommt bei der Beschreibung des unmittelbar Gegebenen eine schlechthin fundamentale Rolle zu. Mit jener Tatsache ist das gegeben, was wir als „Zusammenhang“ bezeichnen: dasselbe Element kann verschiedenen Gegenständen angehören. Und schließlich gelingt es bei passender Wahl des Standpunktes, in allen Gegenständen eines Gebietes *dieselben* ganz wenigen Elemente in steter Wiederholung aufzufinden. – So sind Zuordnung, **Wiederfinden** des Gleichen und Zusammenhang ganz untrennbar verknüpft; von ihrem Verhältnis zueinander scheint die vorgetragene Wahrheitstheorie vollständig Rechenschaft zu geben. (270–271) ⇔ 19.

13. Aber ist nicht das Erkennen auch eine Lebensfunktion? Gewiß, doch es nimmt allen übrigen Lebensfunktionen gegenüber eine so besondere Stelle ein (im nächsten Paragraphen müssen wir sie besprechen), daß es nötig ist, immer wieder vor einer Verkennung der wahren Natur der Erkenntnis, vor einer Verwechslung mit anderen Funktionen zu warnen. Deshalb erscheint es geboten, die bisherigen Ergebnisse nach zwei Seiten hin noch besonders zu stützen. Nämlich erstens: negativ zu zeigen, daß unter keinen Umständen dem Erkenntnisbegriff eine andere Bedeutung beigelegt werden darf als die in den vorhergehenden Untersuchungen festgelegte, daß also keine andere Funktion des menschlichen Geistes die Aufgaben zu erfüllen vermag, die dem Erkennen gesetzt sind; zweitens aber positiv den Nachweis zu fuhren, daß alle Hoffnungen, die der Mensch auf das Erkennen zu setzen berechtigt ist, wirklich erfüllt werden durch den Vollzug des geschilderten Prozesses: das **Wiederfinden** des einen im anderen, das Bezeichnen durch Urteile und Begriffe. (289)
14. Alle Versuche, den Rang des Erkennens irgendeinem anderen Prozesse zu verleihen als der bloßen Funktion des Vergleichens, **Wiederfindens** und Zuordnens, schlagen zuletzt an den entscheidenden Punkten kläglich fehl, wenn es ihnen manchmal auch gelingen mag, einige Zeit durch verführerischen Schein zu blenden (289)
15. Solche Lehren [Bergson, Husserl] stehen im schärfsten Gegensatz zu allen Ergebnissen unserer vorhergehenden Betrachtungen. Sie bezeichnen als Erkennen eine Tätigkeit des Geistes, die ganz und gar verschieden ist von jenem Vergleichen, **Wiederfinden** und Bezeichnen, das sich uns als das wahre Wesen der Erkenntnis offenbart hat. (291–292)
16. Und sie [die Einsicht in die Existenz der eigenen Bewußtseinsinhalte (Descartés)] scheint gesichert zu sein durch das bloße Erleben der Bewußtseinsinhalte, ohne daß irgendeine begriffliche Verarbeitung, irgendein Vergleichen und **Wiederfinden** zuvor stattfinden mußte. (296)
17. Denn jenes **Wiederfinden,** Ordnen und Bezeichnen, als welches das Erkennen sich uns offenbart hat, leistet alles das in vollkommener Weise, was wir in Leben und Wissenschaft vom Erkennen verlangen, und kein anderer Prozeß, keine „intellektuelle Anschauung“, kein Einswerden mit den Dingen, könnte es leisten. (305)
18. Ein Psychologe, der irgendeinen Bewußtseinsvorgang – z. B. einen Willensakt – analysiert, findet, daß an diesem zunächst für schlechthin einfach gehaltenen Bewußtseinsdatum mehrere Momente unterschieden werden können, die bisher nie beachtet waren, und für die keine Namen existieren. Hier scheint es doch, als könne von einem **Wiederfinden** des Gleichen nicht die Rede sein, denn jene Momente werden ja gerade zum erstenmal entdeckt, der Psychologe muß eigene Namen für sie erfinden. (307)
19. Diese Einsicht ist wichtig, um die Ansprüche richtig zu werten, die eine in der Gegenwart weit verbreitete Methode in der Philosophie erhebt: die sogenannte Phänomenologie. Sie besteht eben darin, sich die zu erkennenden Gegenstände in allen ihren Momenten durch Intuition oder „Wesensschau“ zu vergegenwärtigen, zum Erlebnis zu bringen Solange das Resultat der phänomenologischen

Analyse hiermit endigt, ist aber für unsere Erkenntnis noch *nichts* gewonnen, nicht unsere Einsicht, sondern nur unser Erleben ist bereichert, es ist nur *Material* für das Erkennen herbeigeschafft. Aber dessen Arbeit beginnt nun erst, indem der Stoff durch Vergleichen und **Wiederfinden** geordnet wird. Das bloße Erlebnis des Daseins eines Gegenstandes ist eben niemals Erkenntnis, sondern nur ihre Voraussetzung. (308) ⇔ 22.

20. Das Tier stürzt sich auch dort auf seine Nahrung, wo es der Erhaltung seines Lebens gar nicht förderlich ist, wenn z. B. die Beute als Lockspeise in einer Falle angebracht war; der Mensch aber vermag Hinterhalt und Gefahr auch in der Verkleidung zu erkennen, er kann Fallen stellen und nicht nur die wilden Tiere, sondern jetzt sogar die unsichtbar kleinen Lebewesen überlisten, die das Leben seines Körpers von innen bedrohen. Um sich in der Natur zu behaupten, muß er sie beherrschen, und das ist nur möglich, wenn er überall in ihr Bekanntes **wiederfindet.** Denn könnte er dies nicht, vermöchte er das Neue und Ungewohnte nicht in Bekanntes aufzulösen, so stände er der Natur oft genug ratlos gegenüber, er würde falsch handeln, seine Zwecke nicht erreichen, weil er die Folgen seines eigenen Handelns und andere Ereignisse nicht richtig voraussähe. Da das Erkennen eines Gegenstandes darin besteht, daß man in ihm andere Gegenstände **wiederfindet,** so setzt uns die Erkenntnis (wenn nicht sonst praktische Hindernisse entgegenstehen) in den Stand, den Gegenstand durch Kombination jener anderen Gegenstände wirklich schöpferisch zu bilden, oder seine Bildung aus dem beobachteten Zusammentreten jener Momente vorauszusagen und Maßnahmen zu seiner Abwehr oder Nutzbarmachung zu treffen. Alles weiter ausschauende Handeln ist mithin ohne Erkenntnis nicht möglich. (312–313)
21. Das folgt aus dem Begriffe der Erkenntnis. Denn wenn man zwei Glieder so aufeinander zurückführt, daß ein dritter in beiden **wiedergefunden** wird, so wird eben dadurch ein Zusammenhang zwischen ihnen geschaffen. (323)
22. Alle Versuche, diesen durchaus eigentümlichen Einheitszusammenhang *erkennen* zu wollen, d. h. in ihm etwa auch sonst bekannte andere Zusammenhänge **wiederzufinden,** scheitern unter allen Umständen. (365)
23. Alles in der Außenwelt (so sagten wir S. 49 f) ist an einem bestimmten Ort zu einer bestimmten Zeit; und das eine im anderen **wiederfinden** heißt in letzter Linie stets: beidem denselben Ort zur selben Zeit anweisen. (609)
24. Was ist nun durch die Einfügung der Dinge in die transzendente Ordnung erreicht? Ein ganz gewaltiger Erkenntnisfortschritt. Erkennen heißt **Wiederfinden** des einen im anderen. In den bunten, vielgestaltigen Verhältnissen der Erlebnisse verschiedener Individuen (und *eines* Individuums unter verschiedenen Umständen) ist durch die beschriebenen Methoden eine und dieselbe gemeinsame Ordnung aufgefunden, in der Fülle und dem Gewirr der subjektiven Daten ist die eine objektive Welt entdeckt. Es sind identisch dieselben Gegenstände jener Welt, die in den verschiedensten Beziehungen zu den Elementen der Bewußtseinswelt **wiedergefunden** werden. (616)
25. Bei der Ordnung der objektiven Welt haben wir es nun mit diesem Fall zu tun; zu allen anderen Gegenständen in ihr steht ein durch jene Ordnung bestimm-

tes Objekt in verschiedenen raumzeitlichen Beziehungen, und es tritt in allen diesen Relationen als ein und dasselbe auf, es wird in jeder von ihnen als eins ihrer Glieder **wiedergefunden.** So wird die Einfügung in das transzendente Ordnungsschema zu einem **Wiederfinden** der identischen Gegenstände in den mannigfaltigsten Relationen; und das würde einen ungeheuren Erkenntnisfortschritt auch dann bedeuten, wenn jene Relationen qualitativ ganz und gar voneinander verschieden wären und in keiner Weise aufeinander zurückgeführt werden könnten. (617)

26. Strecken sind *extensive* Größen, sie sind teilbar, sie bauen sich auf aus lauter gleichen Teilen; ein und dieselbe Längeneinheit wird in *allen* Längen **wiedergefunden,** nur in verschiedener Anzahl. So werden sie *quantitativ* aufeinander zurückgeführt und es gibt keine vollkommenere Art der Erkenntnis. Denn das **Wiederfinden** des einen Gegenstandes im anderen findet am vollkommensten da statt, wo der letztere eine bloße Summe von lauter gleichen Exemplaren des ersteren ist. Das gehört eben zum Begriff der Summe, daß die Summanden vollständig und unverändert in sie eingehen, daß also der Summand *innerhalb* der Summe identisch dasselbe bleibt wie außerhalb ihrer. Jede Zahl kann als Summe von Einsen aufgefaßt werden, und so drückt jede Zahl in ihrer Anwendung auf die Wirklichkeit bereits eine Erkenntnis aus, die Erkenntnis nämlich, daß die Einheit in der gemessenen Größe so oft **wiedergefunden** wurde, wie es eben die Zahl angibt. Das Wesen der quantitativen Erkenntnis besteht also darin, daß sie den erkannten Gegenstand in eine Summe von Einheiten auflöst, welche unverändert und unter sich völlig gleich in ihm **wiedergefunden** und gezählt werden können. (618)
27. Möglichkeit der quantitativen Bestimmung ist also nicht nur eine willkommene, zur strengeren Fassung nötige Beigabe zur Erkenntnis, sondern sie ist die unumgängliche Bedingung der restlosen Erkenntnis überhaupt. Nur die quantitative, also letzten Endes additive Zurückführung von Größen aufeinander gestattet, die einen in den andern unverändert vollständig **wiederzufinden,** nämlich als Teile im ganzen, als Summanden in der Summe. (624–625)
28. Jene Gesetzmäßigkeit auffinden heißt die Außenwelt erkennen, denn mit ihr wird das allgemeinste im einzelnen **wiedergefunden** und dieses dadurch erkannt. (628)
29. Erkennen der Wirklichkeit bedeutet, einen realen Gegenstand in einem andern **wiederfinden** und geht letzten Endes immer auf ein Wiedererkennen zurück, auf eine Identifizierung anschaulicher oder unanschaulicher Bewußtseinsinhalte. (716–717) ⇔ 27.
30. Das **Wiederfinden** des Gleichen im Verschiedenen, das alle wissenschaftliche Erkenntnis konstituiert, stellt sich in letzter Linie stets als ein **Wiederfinden** der gleichen *Gesetze* heraus. (772)
31. Die Akte des **Wiederfindens,** auf die jene Urteile sich gründen, sind Einzelfälle der Erfahrung, und die Erkenntnisse gelten zunächst nur für die Einzelfälle. (783)
32. In irgendwelchen tatsächlichen Eigentümlichkeiten unseres Seelenlebens muß es begründet sein, daß wir für bestimmte Fälle errungene Erkenntnisse darüber hinaus auch auf andere Fälle anwenden. Wenn wir bei jeder Untersuchung eines

Gegenstandes A in ihm den Gegenstand **wiedergefunden** haben, so erwarten wir, daß nun *überall,* wo der Begriff A Anwendung findet, auch B zur Bezeichnung desselben Gegenstandes verwendet werden darf und ohne weiteres zu einer eindeutigen Zuordnung führt. (785)

33. Erkenntnis besteht in der eindeutigen Bezeichnung der Welt mit Hilfe eines Minimums von Begriffen und wird dadurch ermöglicht, daß die wirklichen Dinge sich aufeinander zurückführen lassen, indem eins im andern **wiedergefunden** wird. (808)

MSGA I.1: Berücksichtigte Vorkommen von ‚Wiedererkennen'

1. Ich habe in jenem braunen Etwas die Merkmale (vor allem das der selbständigen Bewegung) ***wiedererkannt,*** die ein Gegenstand haben muß, um als Tier bezeichnet zu werden. Unter Vorbehalt der Verbesserung des psychologisch anfechtbaren Ausdrucks kann ich sagen: ich habe in der Wahrnehmung jenes braunen Etwas die Vorstellung wiedergefunden, die dem Namen „Tier" entspricht; das Objekt ist damit zu etwas Bekanntem geworden und ich kann es bei seinem rechten Namen nennen. Wenn ich nun beim Näherkommen sage: ich erkenne jetzt das Tier als Hund – was soll damit gemeint sein? Es soll offenbar heißen (wiederum in vorläufiger, später zu präzisierender Ausdrucksweise), daß der Anblick des fraglichen Objektes nicht bloß mit der Vorstellung übereinstimmt, die ich von einem Tiere überhaupt habe, sondern mit der Vorstellung, die ich von einer ganz bestimmten Klasse der Tiere habe, nämlich derjenigen, die man im Deutschen als Hunde bezeichnet. Ich habe das Tier erkannt, heißt abermals: ich vermag es mit seinem rechten Namen zu bezeichnen, nämlich als Hund, und dieser Name heißt deshalb der rechte, weil er eben allgemein gebraucht wird für die Klasse der Tiere, welcher dieses Tier tatsächlich angehört. Es liegt also auch hier ein Wiederfinden von etwas Bekanntem vor. Nicht anders steht es mit der dritten Stufe dieses Erkenntnisaktes. Ich erkenne den Hund als den meinen, heißt auch hier: ich **erkenne** ihn ***wieder;*** ich bestimme nämlich das Tier, das ich vor mir sehe, als identisch mit dem Hunde, den ich täglich um mich zu haben gewöhnt bin. Und dies wird natürlich wieder dadurch möglich, daß ich eine mehr oder minder genaue Erinnerungsvorstellung von dem Aussehen meines Hundes besitze, und daß diese Vorstellung die gleiche ist, die der Anblick des auf mich zukommenden Tieres mir liefert: die Gestalt, die Farbe, die Größe, vielleicht auch der Ton des Bellens, alles stimmt mit dem Bilde überein, das die Erinnerung mir von meinem Hunde gibt. Vorher waren die Namen, mit denen ich das Objekt richtigbezeichnen konnte, nur Klassennamen, nämlich Tier und Hund. Jetzt aber nenne ich es mit einem Namen, der nur einem einzigen Individuum in der ganzen Welt zukommt: ich sage, das ist „mein Hund Tyras", und dadurch ist das Tier als Individuum eindeutig bestimmt. Allen drei Stufen dieses Erkennens ist gemeinsam, daß dabei ein Objekt **wiedererkannt** wird, daß in etwas Neuem etwas Altes wiedergefunden wird, so daß es nun mit einem vertrauten Namen bezeichnet werden kann. Und der Prozeß ist abgeschlossen, wenn der Name gefunden ist, welcher dem erkannten Gegenstand ganz allein zukommt,

und keinem andern. Eine Sache erkennen heißt im gewöhnlichen Leben in der Tat weiter nichts als ihr den rechten Namen geben. (147–150)

2. Die Psychologen haben denn auch viel darüber gestritten, wie man sich den Vorgang des **Wiedererkennens** zu denken habe, und die Akten über diesen Punkt sind nicht geschlossen. Mit dieser psychologischen Frage haben wir hier aber gar nichts zu tun, und wir können sie gänzlich beiseite lassen. Hier lernen wir an einem deutlichen Beispiele den Unterschied der erkenntnistheoretischen und der psychologischen Betrachtungsweise kennen, von dem im vorigen Paragraphen die Rede war: den Erkenntnistheoretiker interessiert hier gar nicht, nach welchen psychologischen Gesetzmäßigkeiten der **Wiedererkennungsvorgang** verläuft und möglich ist, sondern für ihn kommt jetzt nur die Tatsache in Betracht, *daß* unter gewissen Umständen ein **Wiedererkennen** überhaupt eintritt, und diese Tatsache steht fest, ganz unabhängig davon, wie die Frage nach dem psychischen Vorgang entschieden werden mag, durch den es zustande kommt. (152–153)
3. Bereits im 17. Jahrhundert stellte Huyghens die Undulationstheorie des Lichtes auf, nach welcher es besteht in der wellenförmigen Fortpflanzung eines Zustandes, und später, etwa seit den Experimenten Fresnels und Youngs, wurde unzweifelhaft festgestellt, daß die Eigenschaften und Gesetze der Lichtausbreitung identisch sind mit den Eigenschaften und Gesetzen der Fortpflanzung von Wellen unter gewissen Umständen. Beide lassen sich durch dieselben mathematischen Formeln darstellen, kurz, in den Verhältnissen der Lichterscheinungen wurden dieselben Verhältnisse ***wiedererkannt***, die allgemein bei der Ausbreitung von Wellen auftreten und von dort her vertraut waren. Gerade so erklärte ich in dem vorigen Beispiele ein Tier für einen Hund, weil ich an ihm diejenigen Merkmale **wiedererkannte,** die mir als Merkmale der Hunderasse vertraut waren. (154)
4. Als aber später, besonders durch die Forschungen von Heinrich Hertz, die elektromagnetischen Wellen bekannt wurden und ihre Gesetzmäßigkeiten in strenger mathematischer Form dargestellt waren, da bemerkte man, daß die Gesetze der elektrischen Wellen gleichfalls wiedergefunden werden konnten in den Gesetzen der Lichterscheinungen, und zwar in viel vollkommenerem Maße als die der mechanischen Schwingungen, d. h. auch solche Eigentümlichkeiten des Lichtes, die durch die mechanische Theorie nicht erklärt waren, ließen sich jetzt **wiedererkennen** und dadurch begreifen. So wurde, um nur eine dieser zahlreichen Eigentümlichkeiten anzuführen, beim Lichte dieselbe Ausbreitungsgeschwindigkeit wiedergefunden, die auch elektrische Wellen besitzen, während keine elastischen Wellen bekannt waren, deren Geschwindigkeit diesen Wert hätte. Auf Grund solcher **Wiedererkennungsakte** durfte man sagen: das Licht ist eine elektromagnetische Erscheinung, und damit hat man es beim rechten Namen genannt.

   Hier liegt also eine Erkenntnis in zwei Stufen vor: zuerst wurde das Licht als eine Schwingungserscheinung, als Wellenfortpflanzung erklärt, und darauf wurden durch einen zweiten Akt des Wiederfindens diese Schwingungen und Wellen als elektrische bestimmt. Ganz analog lagen aber die Dinge im Beispiel des Hundes: zuerst konnte er nur mit einem allgemeineren Namen als Tier benannt werden, dann aber wurde er nach weitergehender **Wiedererkennung** seiner Eigenschaften als Hund bezeichnet. (155–156)

5. Es gilt auf jeden Fall, daß beim Erkennen die beiden Glieder als „ein und dasselbe“ festgestellt werden. Es handelt sich also um Gleichheit, die in Identität übergehen kann. Ist das Gemeinsame, wie im obigen Falle, ein *Gesetz,* so ist damit stets etwas *Identisches* gefunden, denn ein Gesetz ist ein begriffliches Gebilde, bei Begriffen aber fallen Gleichheit und Identität bekanntlich zusammen. Vorläufig interessieren uns die hier berührten Unterschiede nicht weiter, wir halten vielmehr fest, daß auch dort, wo man in der Wissenschaft von „Erkenntnis“ spricht, ein Wiederfinden des Gleichen stattfindet.
   Hätten wir irgendein anderes Beispiel aus einer beliebigen anderen Wissenschaft betrachtet, so wären wir doch zu dem gleichen Ergebnis gelangt; überall enthält sich der Kern des Erkenntnisprozesses als ein Wiederfinden. Wenn man z. B. feststellt, daß Aristoteles die Schrift über den Staat der Athener verfaßt hat dies wäre also eine *historische* Erkenntnis –, so identifiziert man den Urheber dieser Schrift mit dem anderweitig wohlbekannten Philosophen, **erkennt** also diesen in jenem **wieder.** Wenn man in der Philologie die Verwandtschaft zweier Wörter aus verschiedenen Sprachen erkennt, so heißt dies weiter nichts, als daß die *Gleichheit* der Wurzeln konstatiert wird, auf welche beide Wörter zurückgehen. Und den nämlichen Sachverhalt entdeckt man in allen erdenklichen Beispielen. Doch wir können hier auf die Durchführung weiterer derartiger Analysen verzichten. Das Resultat der Analysen ist immer, daß Erkennen in der Wissenschaft, wie schon im täglichen Leben, ein Wiederfinden des einen im andern bedeutet. Aus diesem einfachen Satze können wir bereits gewichtige Schlusse ziehen über Ziel und Methode der wissenschaftlichen Erkenntnis. Zunächst sei bemerkt, daß zum Erkennen nur die Zurückführung zweier vorher getrennter Erscheinungen aufeinander gefordert wird; es ist also nicht nötig (wie man häufig meint), daß das Erklärende länger bekannt sein müsse als das Erklärte, daß also der Mensch nur dort Erkenntnis errungen habe, wo gleichsam das Gewohnte im Ungewohnten wiedergefunden worden sei. Zunächst sei bemerkt, daß zum Erkennen nur die Zurückführung zweier vorher getrennter Erscheinungen aufeinander gefordert wird; es ist also nicht nötig (wie man häufig meint), daß das Erklärende länger bekannt sein müsse als das Erklärte, daß also der Mensch nur dort Erkenntnis errungen habe, wo gleichsam das Gewohnte im Ungewohnten wiedergefunden worden sei. (157–158)
6. Denn es lassen sich ohne Schwierigkeit allgemeine Begriffe so auffinden oder konstruieren, daß sie in allen Erscheinungen der Welt wiedergefunden werden können. Wenn z. B. Thales in allen Dingen dieselbe Substanz, das Wasser, **wiederzuerkennen** glaubte, so hatte er damit keine echte Erkenntnis gewonnen, denn dieser Gedanke konnte ihm nicht dazu helfen, etwa die individuellen Unterschiede eines Stückes Marmor und eines Stückes Holz eindeutig und vollständig durch allgemeine Namen zu bestimmen. (164)
7. Alles Erkennen ist ein **Wiedererkennen** oder Wiederfinden. Und alles Wiederfinden ist ein Gleichsetzen dessen, *was* erkannt wird, mit dem, *als was* es erkannt wird. (166)

8. Dennoch lehrt die Erfahrung, daß das **Wiedererkennen** und Erkennen im täglichen Leben mit einer Genauigkeit und Sicherheit stattfindet, die für gewöhnliche Bedürfnisse unter allen Umständen ausreicht. (171)
9. In der Tat wird es jeder für ausgeschlossen halten, daß ich etwa einen fremden Hund infolge einer Täuschung, eines fälschlichen **Wiedererkennens** für meinen eigenen ansehen könnte [...] (171)
10. Wenn schon bei den Individualvorstellungen die Identifikation und damit das **Wiedererkennen** wegen der Undeutlichkeit aller Vorstellungen theoretisch niemals als vollkommen sicher gelten konnte – wie steht es da erst mit Erkenntnissen, durch die ein Individuum als zu einer bestimmten Klasse gehörig bestimmt wird? (175–176)
11. Diese Betrachtungen zeigen einerseits, daß für die Erkenntnisprozesse des täglichen Lebens (und auch großer Teile der Wissenschaft) die Identifikation und das **Wiedererkennen** bloßer Vorstellungen im allgemeinen völlig genügt; andererseits aber geht aus ihnen unwiderleglich hervor, daß ein wissenschaftlich absolut brauchbarer, d. h. strenger, exakter Begriff des Erkennens sich auf diese Weise überhaupt nicht begründen läßt. (177)
12. Wir schalten mit Begriffen so, als ob es Vorstellungen mit völlig genau umrissenen Eigenschaften wären, die sich stets mit absoluter Sicherheit **wiedererkennen** lassen. (179)
13. Nun bedarf es aber zu jeder sinnlichen Beobachtung (Skalenablesung usw.) in letzter Linie stets der **Wiedererkennung** eines Wahrnehmungsbildes und diese ist immer, wie wir uns klar gemacht haben, mit einer prinzipiellen Unsicherheit behaftet. (197)
14. Ein **Wiedererkennen** anschaulicher Gebilde, ein Vergleichen von Wahrneh mungs- und Erinnerungsvorstellungen bleibt auch hier erforderlich, nur daß es nicht Vorstellungen des zu erkennenden Gegenstandes selbst, sondern seiner Eigenschaften sind. (198)
15. Auch die Merkmale des Begriffes „Silber", auf den wir eben exemplifizierten, sind so gewählt, daß für alle praktischen wie wissenschaftlichen Zwecke die **Wiedererkennung** mit hinreichender Genauigkeit garantiert werden kann, obgleich sie in letzter Linie nur mit Hilfe sinnlicher Vorstellungen zustande kommt. (199)
16. Wir haben es also hier nach dem im *§* 3 Gesagten mit einer *Erkenntnis* zu tun: auf Grund eines **Wiedererkennungsaktes** wird der Gegenstand „Schnee" mit dem richtigen Namen „kalt" belegt. (221)
17. Andererseits ist dem Kinde eine gewisse Hautempfindung gegeben, und diese wird in einem zweiten Apperzeptionsakte als eine Empfindung **wiedererkannt,** welcher der Name „kalt" zukommt. (238)
18. Sie [die Sachbeziehungen in unserer Zuordnungstheorie der Wahrheit] gehören natürlich auch zu den Tatsachen, die durch Urteile bezeichnet werden, und ohne ihre vollständige Berücksichtigung wäre eine Zuordnung gar nicht möglich. Das Feststellen sachlicher Zusammenhänge gehört mit zu dem „Wiederfinden", welches die notwendige Voraussetzung der Erkenntniszuordnung ist. Da eindeutige Zuordnung heißt, daß „demselben" Gegenstand immer dasselbe Zeichen ent-

sprechen soll, so ist sie nur möglich, wenn jeder Gegenstand von allen übrigen unterschieden und jedesmal als der gleiche **wiedererkannt** wird. Also ohne Wiederfinden keine Zuordnung. Die primitivste Art des Erkennens ergibt aber noch kein System, sondern zunächst nur eine Menge von unabhängigen Einzelzuordnungen, es gäbe so viele Zeichen wie unterscheidbare Gegenstände, und ihre Zahl ließe sich nicht reduzieren – wenn nicht noch eine andere Bedingung erfüllt wäre. Sie besteht darin, daß die Erkenntnisgegenstände nicht von vornherein bestimmte fest abgegrenzte Einheiten sind. Daß in unserem Bewußtsein dessen Inhalte zu gewissen Komplexen zusammentreten, die wir als „Einheiten" erleben, ist eine Tatsache, für welche die moderne Psychologie den von Chr. Ehrenfels geprägten Begriff der „Gestaltqualität" verwendet. Den Gestalten kommt bei der Beschreibung des unmittelbar Gegebenen eine schlechthin fundamentale Rolle zu. Mit jener Tatsache ist das gegeben, was wir als „Zusammenhang" bezeichnen: dasselbe Element kann verschiedenen Gegenständen angehören. Und schließlich gelingt es bei passender Wahl des Standpunktes, in allen Gegenständen eines Gebietes *dieselben* ganz wenigen Elemente in steter Wiederholung aufzufinden. – So sind Zuordnung, Wiederfinden des Gleichen und Zusammenhang ganz untrennbar verknüpft; von ihrem Verhältnis zueinander scheint die vorgetragene Wahrheitstheorie vollständig Rechenschaft zu geben. (270–271)

19. Die beiden großen Klassen von Urteilen, aus denen jedes System einer Wirklichkeitswissenschaft sich aufbaut, sind also jetzt näher beschrieben: Wir haben auf der einen Seite die Definitionen, mit denen die exakte Erkenntnis auf eine restlose Stellvertretung der konkret bestimmten Begriffe durch implizit bestimmte hinzielt, und unter denen die Konventionen, die jene Stellvertretung durch eine geschickte Festsetzung von vornherein sicher stellen, einen ausgezeichneten Platz einnehmen. Auf der anderen Seite haben wir die Erkenntnisurteile, die entweder beobachtete Tatsachen auf Grund von **Wiedererkennungsakten** bezeichnen und *historische* Urteile heißen, oder auch für nicht beobachtete zu gelten beanspruchen und dann den Namen *Hypothesen* tragen. (278)
20. So werden etwa die Schwarz-Weiß-Empfindungen beim Blick auf das vor mir liegende Papier ohne weiteres zur Wahrnehmung von Schriftzeichen. Hier haben wir natürlich eine Erkenntnis, wenn auch primitivster Art, vor uns, denn es bleibt ja nicht bei dem bloßen Sinneseindruck, sondern er wird sogleich in den Kreis früherer Erfahrungen eingeordnet, als der und der **wiedererkannt.** (300)
21. Kurzum: das bloße *Bekannt*werden mit gewissen Gegebenheiten, die bloße Intuition davon ist ein Erleben, nicht aber ein Erkennen dieser Gegebenheiten, wohl aber gibt es die Grundlage ab für eine Erkenntnis des Gesamterlebnisses, das sich aus jenen aufbaut. Freilich ist diese letztere Erkenntnis auch nur von der allerprimitivsten Art; sie besteht nämlich nur darin, daß das Ganze als etwas nicht Einfaches, sondern Mannigfaches, erkannt wird. Sobald man über diese kümmerliche Feststellung hinausgehen möchte und danach fragt, *woraus* es sich denn zusammensetze, genügt es zur Antwort nicht mehr, die Teilmomente bloß erlebt zu haben, sondern sie müssen **wiedererkannt** und benannt, in irgendwelche Zusammenhänge eingeordnet sein – erst dann läßt sich das Wesen des zu erkennenden Gegenstandes in Urteilen ausdrücken. Diese Einsicht ist wichtig,

um die Ansprüche richtig zu werten, die eine in der Gegenwart weit verbreitete Methode in der Philosophie erhebt: die sogenannte Phänomenologie. Sie besteht eben darin, sich die zu erkennenden Gegenstände in allen ihren Momenten durch Intuition oder „Wesensschau“ zu vergegenwärtigen, zum Erlebnis zu bringen Solange das Resultat der phänomenologischen Analyse hiermit endigt, ist aber für unsere Erkenntnis noch *nichts* gewonnen, nicht unsere Einsicht, sondern nur unser Erleben ist bereichert, es ist nur *Material* für das Erkennen herbeigeschafft. Aber dessen Arbeit beginnt nun erst, indem der Stoff durch Vergleichen und Wiederfinden geordnet wird. (308)

22. Das bloße Erlebnis des Daseins eines Gegenstandes ist eben niemals Erkenntnis, sondern nur ihre Voraussetzung. Wir müssen annehmen, daß jedes Tier, das Bewußtsein besitzt, auch zu Akten des **Wiedererkennens** befähigt ist. (311)
23. Wir sagten, ein analytisch gewonnenes Resultat sei apodiktisch richtig, weil ja sein Inhalt ganz derselbe ist wie der Inhalt der Voraussetzungen, aus denen es deduziert wurde – aber es genügt ja nicht, daß der Inhalt derselbe *ist,* sondern wir müssen ihn auch als denselben **wiedererkennen,** und **Wiedererkennungsakte** sind eben prinzipiell nicht über jeden Zweifel erhaben, (348)
24. Man begibt sich zur bestimmten Zeit an den bestimmten Ort, realisiert die bestimmten Umstände und beschreibt, d. h. bezeichnet die dabei gemachten Beobachtungen oder Erlebnisse durch ein Urteil W (Wahrnehmungsurteil), indem man das Beobachtete oder Erlebte auf Grund von unter die zugehörigen Begriffe bringt und mit den dafür gebräuchlichen Worten benennt. (425)
25. Erkennen setzt eben Denken voraus, und dazu bedarf es der Begriffe, und sie können nur gewonnen werden durch eine Bearbeitung des Tatsachenmaterials, welche sofort die Möglichkeit von Fehlern und Widerspruchen schafft. Die wissenschaftliche Beschreibung, welche Erklärung ist, besteht ja darin, daß mit Hilfe von **Wiedererkennungsakten** die Tatsachen aufeinander bezogen und durcheinander gedeutet werden. (489)
26. Erkennen der Wirklichkeit bedeutet, einen realen Gegenstand in einem andern wiederfinden und geht letzten Endes immer auf ein **Wiedererkennen** zurück, auf eine Identifizierung anschaulicher oder unanschaulicher Bewußtseinsinhalte. (716–717)
27. Eine Rotempfindung ist einfach eine gegebene Tatsache; spreche ich aber das Urteil aus „dies ist rot“, so setzt das natürlich schon einen Erkenntnisakt voraus, denn es muß ja die erlebte Farbe als zur Klasse der mit „rot“ bezeichneten Nuancen gehörig **wiedererkannt** sein. (754)

MSGA I.1: Berücksichtigte Vorkommen von ‚Zurückführen‘

1. Das Resultat der Analysen ist immer, daß Erkennen in der Wissenschaft, wie schon im täglichen Leben, ein Wiederfinden des einen im andern bedeutet. Aus diesem einfachen Satze können wir bereits gewichtige Schlusse ziehen über Ziel und Methode der wissenschaftlichen Erkenntnis.

Zunächst sei bemerkt, daß zum Erkennen nur die **Zurückführung** zweier vorher getrennter Erscheinungen aufeinander gefordert wird; es ist also nicht nötig (wie man häufig meint), daß das Erklärende länger bekannt sein muss als das Erklärte, daß also der Mensch nur dort Erkenntnis errungen habe, wo gleichsam das Gewohnte im Ungewohnten wiedergefunden worden sei. Das läßt sich leicht an Beispielen aus dem Betriebe der Forschung zeigen. Wenn es etwa der modernen Physik gelingt, mechanische Gesetzmäßigkeiten auf elektromagnetische **zurückzuführen,** so bedeutet das genau ebensogut eine Erklärung, einen Erkenntnisfortschritt, als wenn das früher so oft versuchte umgekehrte Verfahren, nämlich die mechanische Erklärung der Elektrizität, gelungen wäre, obgleich die mechanischen Gesetze sehr viel länger bekannt und dem menschlichen Geist sehr viel vertrauter sind als die elektrischen. Oder wenn eine neue Sprache auf der Erde entdeckt wird, so kann diese natürlich sehr wohl das Bindeglied und den Erklärungsgrund abgeben, wodurch die Erscheinungen der nächstliegenden und bekanntesten Sprachen erkannt werden.
Häufig findet man auch die Formulierung, Erkennen sei „Zurückführung des Unbekannten auf Bekanntes". Dies ist aber eine verkehrte Ausdrucksweise. Das zu Erklärende muß uns immer bekannt sein – denn wie könnten wir es erklären wollen, wenn wir nichts von ihm wußten? Man begeht hier eine Verwechslung von Kennen und Erkennen, die, wie wir später sehen werden, an manchen Stellen die schlimmsten Folgen für die Philosophie haben kann (siehe auch unten §12). Aber selbst wenn man diesen Irrtum korrigiert und in jener Formel das „Unerkannte" für das „Unbekannte" einsetzt, so wird sie dadurch noch nicht richtig. Denn das erklärende Moment, auf welches man das Unerkannte reduziert, braucht nicht notwendig ein vorher Bekanntes zu sein; es kommt auch vor, daß es ein Neues, erst zum Zwecke dieser besonderen Erkenntnis Angenommenes ist. Diesen Fall haben wir überall dort, wo zur Erklärung eines Tatbestandes ein neuer Begriff, eine neue Hypothese aufgestellt wird, die sich dann freilich erst noch anderweitig bewähren muß, ehe die Erklärung als gegluckt betrachtet werden kann. Aber wo eine neue, glücklich ersonnene Hypothesen zum ersten Male irgendwelche Tatbestände verständlich macht, da besteht die Erkenntnis in der **Zurückführung** des Bekannten auf ein vorher Unbekanntes, also jener Formel gerade entgegengesetzt. Das erklärende Moment, welches die Erkenntnis ermöglicht, braucht natürlich seinerseits nicht selbst ein Erkanntes zu sein; es kann auch ein Letztes sein, das für uns noch nicht auf andere Momente reduzierbar ist. Um richtig zu sein, muß die erwähnte Formel also auf jeden Fall zu dem weniger bestimmten Satze verallgemeinert werden: Erkenntnis ist **Zurückführung** des einen auf das andere. Daß das Wesen des Erkennens restlos in einer derartigen **Zurückführung** aufgeht, ist von manchen Philosophen eingesehen und zugegeben worden. Aber es fehlt an solchen, die mit dieser Einsicht Ernst gemacht und die letzten Konsequenzen aus ihr gezogen hätten. Bei allen großen prinzipiellen Fragen muß man schließlich auf die Natur des Erkenntnisvorganges zurückgehen. Man sollte allen philosophischen Problemen und der philosophischen Seite aller Probleme mit derselben Waffe auf den Leib rücken. Wir müssen stets erstens fragen: Auf welche Momente kann denn das zu Er-

kennende möglicherweise **zurückgeführt** werden? und zweitens: Auf welchem Wege muß diese Reduktion geschehen? (158–161)

2. Wir werden später sehen, daß in der Tat nur eine einzige Methode wirklich imstande ist, wissenschaftliche Erkenntnis im strengsten, vollgültigen Sinne zu vermitteln, also den *beiden* besprochenen Bedingungen Genüge zu tun; vollständige Bestimmung des Individuellen, *und* sie zu leisten durch **Zurückführung** auf das Allgemeinste; es ist die Methode der mathematischen Wissenschaften. (166)
3. Die gegenwärtig so viel gepriesene und geübte Methode der phänomenologischen Analyse, welche eben jene Unterscheidungen zur Aufgabe hat, führt deshalb umso mehr ins Uferlose, je strenger sie durchgeführt wird, ohne doch wirkliche Erkenntnisse zu vermitteln. Sie bereitet solche nur vor. Denn sie **führt** nirgends das eine auf das andere **zurück,** sondern sucht im Gegenteil alles möglichst voneinander zu trennen, auseinander zu halten. (188–189)
4. Wenn eine Wissenschaft sich zu einem wohlgerundeten, annähernd geschlossenen Gefüge entwickelt hat, so bestimmt bei ihrer systematischen Darstellung nicht mehr die zufällige Reihenfolge der menschlichen Erfahrungen, was als Definition und was als Erkenntnis zu betrachten sei, sondern man wird als Definitionen diejenigen Urteile ansehen, welche einen Begriff in solche Merkmale auflösen, daß man aus *denselben* Merkmalen möglichst viele – vielleicht sogar alle – Begriffe der betreffenden Wissenschaft in möglichst einfacher Weise aufbauen kann. Dies Verfahren wird offenbar den letzten Zwecken der Erkenntnis am besten gerecht, denn auf solche Weise lassen sich am leichtesten die Begriffe aller Gegenstände der Welt auf möglichst wenige Elementarbegriffe **zurückführen.** (236)
5. Nur die ersten Begriffe und Urteile, auf welche die Erkenntnis die übrigen **zurückführt,** beruhen auf Konvention und müssen als willkürliche Zeichen gelernt werden. (267)
6. Aus welchem Grunde bemühen wir uns, die reiche Mannigfaltigkeit des Universums nur durch solche Begriffe zu bezeichnen, die aus einem Minimum von Elementarbegriffen aufgebaut sind?
   Die letzte Antwort auf diese Frage ist zweifellos: Weil uns diese **Zurückführung** des einen auf das andere *Lust* bereitet; und es ist nur eine andere Formulierung derselben Antwort, wenn wir sagen: uns wohnt ein Erkenntnis*trieb* inne, der nach Befriedigung verlangt. (310)
7. Das Verfahren der Wissenschaft, obwohl, wie wir wissen, aus biologischen Nötigungen ursprünglich hervorgegangen, bringt keineswegs Ersparnis, sondern vielmehr reichliche Ausstreuung von Denkenergie mit sich. Es bedeutet durchaus keine Erleichterung für unser Denken, wenn es gezwungen wird, zur Bezeichnung aller Tatsachen der Welt nur ein Minimum von Begriffen zu verwenden, sondern es wird ihm außerordentlich sauer. Gewiß ist die **Zurückführung** des einen auf das andere bis zu einem bestimmten Grade für das Leben nötig oder erleichternd, wie wir gesehen haben; über diesen Grad hinaus aber wird es zu einem schwierigen Spiel, das Geduld und Liebe erfordert, und dem bis jetzt doch nur eine Minderheit der Menschen Geschmack abgewinnt, denn in Wirklichkeit

ist ja die Zahl derer noch nicht groß, die von einem starken Erkenntnistrieb beseelt sind. (319)

8. Wissenschaft ist nicht eine bloße Ansammlung, sondern ein *Zusammenhang* von Wahrheiten. Das folgt aus dem Begriffe der Erkenntnis. Denn wenn man zwei Glieder so aufeinander **zurückführt,** daß ein dritter in beiden wiedergefunden wird, so wird eben dadurch ein Zusammenhang zwischen ihnen geschaffen. (323)
9. Zwar erhält natürlich der Theoretiker den Anstoß zu seinen Untersuchungen immer durch die Wirklichkeit, aber für das eigentlich wissenschaftliche Interesse, welches sich an dem Spiel der **Zurückführung** der Begriffe aufeinander erfreut, ist es im Grunde belanglos, ob diese Begriffe Wirklichkeiten bezeichnen oder nicht; in beiden Fällen kann der Erkenntnisprozeß gleich energisch verlaufen. (446)
10. Was ist nun durch die Einfügung der Dinge in die transzendente Ordnung erreicht? Ein ganz gewaltiger Erkenntnisfortschritt. Erkennen heißt Wiederfinden des einen im anderen. In den bunten, vielgestaltigen Verhältnissen der Erlebnisse verschiedener Individuen (und *eines* Individuums unter verschiedenen Umständen) ist durch die beschriebenen Methoden eine und dieselbe gemeinsame Ordnung aufgefunden, in der Fülle und dem Gewirr der subjektiven Daten ist die eine objektive Welt entdeckt. Es sind identisch dieselben Gegenstände jener Welt, die in den verschiedensten Beziehungen zu den Elementen der Bewußtseinswelt wiedergefunden werden. Denn die Begriffe der transzendenten Gegenstände sind definiert durch Beziehungen, durch Zuordnung zu Gegebenem. Es ist *derselbe* Bleistift, der sich in Berührung mit meiner rechten Hand befindet, in bestimmter Entfernung von meiner linken, in gewissen Abständen von meinen beiden Augen usw.

    Wir haben früher gesehen (Teil I, §9), daß in jedem Urteil eine Identitätssetzung stattfindet, weil es nämlich dasjenige, was da erkannt wird, identisch setzt mit demjenigen, als was es erkannt wird; und wir fanden dort, daß eine wirklich vollständige Identifizierung, ohne welche eine Erkenntnis eben überhaupt nicht vorliegt, bei realen Gegenständen hauptsächlich da möglich wird, wo einer der in eins gesetzten Gegenstände, oder beide, als Glied einer *Beziehung* definiert ist. Bei der Ordnung der objektiven Welt haben wir es nun mit diesem Fall zu tun; zu allen anderen Gegenständen in ihr steht ein durch jene Ordnung bestimmtes Objekt in verschiedenen raumzeitlichen Beziehungen, und es tritt in allen diesen Relationen als ein und dasselbe auf, es wird in jeder von ihnen als eins ihrer Glieder wiedergefunden. So wird die Einfügung in das transzendente Ordnungsschema zu einem Wiederfinden der identischen Gegenstände in den mannigfaltigsten Relationen; und das wurde einen ungeheuren Erkenntnisfortschritt auch dann bedeuten, wenn jene Relationen qualitativ ganz und gar voneinander verschieden wären und in keiner Weise aufeinander **zurückgeführt** werden könnten. In Wahrheit aber sind jene objektiven Relationen qualitativ völlig gleichartig; alle ihre Unterschiede werden als rein quantitative aufgedeckt und damit aufeinander **zurückführbar.** (616–617)

11. Strecken sind *extensive* Größen, sie sind teilbar, sie bauen sich auf aus lauter gleichen Teilen; ein und dieselbe Längeneinheit wird in *allen* Längen wiedergefunden, nur in verschiedener Anzahl. So werden sie *quantitativ* aufeinander **zurückgeführt** und es gibt keine vollkommenere Art der Erkenntnis. (618)
12. Auf dieser Erkenntnisstufe mußte nun jeder der unendlich vielen Farbnuancen, die ich an den anschaulichen Gegenständen des Gesichtssinnes wahrnehmen kann (gleiche Wahrnehmungsumstände vorausgesetzt), eine besondere Qualität am transzendenten Gegenstande entsprechen. Jede wäre etwas für sich, stände unerkannt neben den übrigen und wäre nicht auf sie **zurückführbar.** (621–622)
13. Dies Volumen ist nun eine extensive Größe und durch die Methode der Koinzidenzen meßbar; von der Temperatur selbst gilt das aber auf dieser Erkenntnisstufe noch *nicht,* die Temperaturen sind nicht in addierbare Stücke zerlegt, nicht aufeinander **zurückgeführt;** es hat keinen Sinn zu sagen, die Temperatur von 20° sei gleich zweimal derjenigen von 10°, sondern nur durch eine völlig willkürliche Festsetzung sind die Zahlen 10 und 20 gewissen Temperaturen zugeordnet, durch die Annahme einer beliebigen thermometrischen Substanz und Skala. (623)
14. Nun sind Temperaturunterschiede für den Physiker nichts Qualitatives mehr, die Temperatur ist überhaupt als besondere Qualität aus der physikalischen Weltanschauung fortgeschafft, sie ist restlos **zurückgeführt** auf die mechanischen Begriffe der Masse, des Raumes und der Zeit und damit im strengen Sinne meßbar geworden, ihrem Wesen nach restlos *erkannt.* Aus der Betrachtung dieser Verhältnisse ergibt sich mit Klarheit: Qualitäten sind nur dann vollständig erkannt, d. h. durch Kombinationen bereits vorhandener Begriffe vollkommen und eindeutig zu bezeichnen, wenn es gelingt, sie quantitativ auf andere **zurückzuführen.** Und dadurch werden sie in ihrer Eigenschaft als besondere Qualitäten aus dem Weltbilde gänzlich eliminiert. (624)
15. Aber gesetzt selbst, die psychophysische Methode Fechners ließe sich von allen ihren Unvollkommenheiten befreien und wäre auch auf andere Gebilde als Empfindungen anwendbar (was wiederum praktisch ausgeschlossen erscheint), so wäre damit eine Erkenntnis des Psychischen im höchsten Sinne doch keineswegs gewonnen. Es wäre wohl eine Zuordnung von Zahlen zu seelischen Größen nach einer willkürlichen Skala erzielt, aber sie wären nicht auf etwas anderes **zurückgeführt** und blieben unter- einander völlig unverbunden, von einer Wesenserkenntnis könnte man nicht sprechen. (634–635)
16. Wie hier die Temperatur auf mechanische, so mußten die Bewußtseinsdaten, um wahrhaft erkannt zu werden, allgemein durch natürliche Prinzipien auf physikalische Bestimmungen **zurückgeführt** werden; und wie das bei der Temperatur, der objektiven Wärmequalität, nur möglich ist durch Hypothesen über die molekulare Struktur der Materie, so bedarf es zur Erkenntnis der subjektiven psychischen Qualitäten eindringender physiologischer Hypothesen über die Natur der Gehirnvorgänge. (635)
17. Wir haben uns oben klar gemacht, daß das Wesen der naturwissenschaftlichen Erkenntnis in der Zuordnung eines Begriffssystems besteht, mit dessen Hilfe die mannigfachen Qualitäten der Welt aufeinander **zurückgeführt** werden können;

wir wiesen aber ausdrücklich darauf hin (S. 260), daß prinzipiell eine Willkür besteht in bezug auf die letzten Elemente, die als Bausteine des Begriffssystems dienen, und daß die Begriffe „einfach" und „zusammengesetzt" dadurch völlig relativiert werden. Die eindeutige Bezeichnung der Welt ist eben durch beliebig viele verschiedene Begriffssysteme möglich, und was in dem einen als unzerlegbares Element auftritt, wird in dem andern durch eine verschlungene Kombination von Begriffen dargestellt. (686–687)

18. Da die physiologischen Korrelate psychischer Größen noch in keinem Falle restlos bekannt sind, so ist die Wissenschaft erst recht nicht im Besitz der quantitativen Begriffe, durch welche ihr Zusammenhang im Bewußtsein zu bezeichnen ist; aber sobald jene Begriffe einmal gefunden sein werden, wird jene Einheit des Bewußtseins als nur einer von vielen anderen Zusammenhängen erkannt sein und auf sie **zurückgeführt** werden; das Bewußtseinsproblem wird gelöst sein. (704)
19. Erkenntnis besteht in der eindeutigen Bezeichnung der Welt mit Hilfe eines Minimums von Begriffen und wird dadurch ermöglicht, daß die wirklichen Dinge sich aufeinander **zurückführen** lassen, indem eins im andern wiedergefunden wird. Die Erkenntnis fordert, die Reduktion der Begriffe aufeinander soweit durchzuführen, wie es möglich ist; *daß* es aber durchgehends möglich sei, daß die Welt sich unserer Erkenntnis in allen Teilen, in Vergangenheit und Zukunft, gleich zugänglich erweise, ist ein Wunsch, dessen Erfüllung oder Nichterfüllung die theoretische Wissenschaft einfach zu registrieren hätte, während für das Leben Sein oder Nichtsein davon abhängt. (808)

MSGA I.1: Berücksichtigte Vorkommen von ‚Reduzieren'

1. Häufig findet man auch die Formulierung, Erkennen sei „Zurückführung des Unbekannten auf Bekanntes". Dies ist aber eine verkehrte Ausdrucksweise. Das zu Erklärende muß uns immer bekannt sein – denn wie könnten wir es erklären wollen, wenn wir nichts von ihm wußten? Man begeht hier eine Verwechslung von Kennen und Erkennen, die, wie wir später sehen werden, an manchen Stellen die schlimmsten Folgen für die Philosophie haben kann (siehe auch unten §12). Aber selbst wenn man diesen Irrtum korrigiert und in jener Formel das „Unerkannte" für das „Unbekannte" einsetzt, so wird sie dadurch noch nicht richtig. Denn das erklärende Moment, auf welches man das Unerkannte **reduziert,** braucht nicht notwendig ein vorher Bekanntes zu sein; es kommt auch vor, daß es ein Neues, erst zum Zwecke dieser besonderen Erkenntnis Angenommenes ist. Diesen Fall haben wir überall dort, wo zur Erklärung eines Tatbestandes ein neuer Begriff, eine neue Hypothese aufgestellt wird, die sich dann freilich erst noch anderweitig bewähren muß, ehe die Erklärung als gegluckt betrachtet werden kann. Aber wo eine neue, glücklich ersonnene Hypothesen zum ersten Male irgendwelche Tatbestände verständlich macht, da besteht die Erkenntnis in der Zurückführung des Bekannten auf ein vorher Unbekanntes, also jener Formel gerade entgegengesetzt. Das erklärende Moment, welches die Erkenntnis ermöglicht, braucht

natürlich seinerseits nicht selbst ein Erkanntes zu sein; es kann auch ein Letztes sein, das für uns noch nicht auf andere Momente **reduzierbar** ist. Um richtig zu sein, muß die erwähnte Formel also auf jeden Fall zu dem weniger bestimmten Satze verallgemeinert werden: Erkenntnis ist Zurückführung des einen auf das andere. Daß das Wesen des Erkennens restlos in einer derartigen Zurückführung aufgeht, ist von manchen Philosophen eingesehen und zugegeben worden. Aber es fehlt an solchen, die mit dieser Einsicht Ernst gemacht und die letzten Konsequenzen aus ihr gezogen hätten. Bei allen großen prinzipiellen Fragen muß man schließlich auf die Natur des Erkenntnisvorganges zurückgehen. Man sollte allen philosophischen Problemen und der philosophischen Seite aller Probleme mit derselben Waffe auf den Leib rücken. Wir müssen stets erstens fragen: Auf welche Momente kann denn das zu Erkennende möglicherweise zurückgeführt werden? und zweitens: Auf welchem Wege muß diese **Reduktion** geschehen? (160–161)

2. Soviel ist klar: auf die geschilderte Weise wird die Zahl der Erscheinungen, die durch ein und dasselbe Prinzip erklärt werden, immer größer, und demnach die Zahl der zur Erklärung der Gesamtheit der Erscheinungen nötigen Prinzipien immer kleiner. Denn da eins immer auf das andere **reduziert** wird, so nimmt die Menge des noch nicht **Reduzierten,** d. h. des erklärenden noch nicht Erklärten, ständig ab. Es kann daher die Anzahl der verwendeten Erklärungsprinzipien gerade- zu als ein Maß der erreichten Höhe der Erkenntnis dienen, die höchste Erkenntnis wird nämlich offenbar diejenige sein, die mit einem Minimum erklärender nicht weiter erklärungsfähiger Prinzipien auskommt. (162–163)
3. Während früher die Gebiete der Mechanik, der Optik, der Wärme und der Elektrizität getrennt nebeneinander standen, jedes mit seinen eigenen Gesetzmäßigkeiten, kennt der moderne Physiker im Prinzip nur noch die Mechanik und die Elektrodynamik als besondere Teile seiner Disziplin, auf die alle übrigen bereits **reduziert** sind; und auch diese beiden lassen ihrerseits schon an manchen Punkten die Möglichkeit einer gegenseitigen **Reduktion** und Vereinigung nicht ausgeschlossen erscheinen. (163)
4. Die primitivste Art des Erkennens ergibt aber noch kein System, sondern zunächst nur eine Menge von unabhängigen Einzelzuordnungen, es gäbe so viele Zeichen wie unterscheidbare Gegenstände, und ihre Zahl ließe sich nicht **reduzieren** – wenn nicht noch eine andere Bedingung erfüllt wäre. Sie besteht darin, daß die Erkenntnisgegenstände nicht von vornherein bestimmte fest abgegrenzte Einheiten sind. (270–271)
5. Der Eliminationsprozeß der Qualitäten ist der Kern aller Erkenntnisfortschritte der erklärenden Wissenschaften. [...] Im Laufe der Zeit sind zunächst die sinnlichen und darauf die an ihre Stelle geruckten objektiven Qualitäten immer mehr eliminiert worden, bis zuletzt nur noch eine ganz geringe Anzahl nicht weiter **reduzierter** Qualitäten (z. B. die oben erwähnten elektrischen und magnetischen Feldstärken) übrig blieb. Aus ihnen baut die Physik die ganze objektive Welt auf, und alle in ihrem Weltbild vorkommenden Größen werden als räumliche oder zeitliche Kombinationen jener fundamentalen Qualitäten dargestellt. (625)

6. Nachdem übrigens einmal die gegenseitige Abhängigkeit der einzelnen Größen endgültig aufgedeckt ist, besteht eine gewisse Willkür, welche Intensitäten man als die fundamentalen bezeichnet, d. h. als diejenigen benutzen will, auf welche alle anderen **reduziert** werden. Denn wegen der durchgehenden wechselseitigen Beziehungen kann ich stets die bisher als fundamental angenommenen Qualitäten durch einige der übrigen ausdrücken und nun diese letzteren als diejenigen wählen, auf welche alle anderen zurückzuführen sind. So brauche ich – um ein Beispiel herauszugreifen – im Aufbau der gewöhnlichen Newtonschen Mechanik als Grundbegriffe nicht die üblichen der Masse, der Zeit und der Strecke anzunehmen, sondern ich kann statt ihrer ebensogut etwa das Volumen, die Geschwindigkeit und die Energie zugrunde legen und alle übrigen in der Mechanik auftretenden Größen auf sie **reduzieren.** Es ist nur eine praktische Frage der Zweckmäßigkeit, für welche Möglichkeit man sich entscheidet. (627)
7. Gerade umgekehrt steht es mit den Qualitäten, welche den Inhalt unseres Bewußtseins bilden. Sie sind uns absolut bekannt, wie aber ist es mit ihrer Erkenntnis bestellt? Im Vergleich mit der Erkenntnis der Außenweltsqualitäten offenbar schlecht genug; denn die Psychologie, welche die Erforschung der subjektiven, bekannten Qualitäten zum Gegenstande hat, kann sich in bezug auf Umfang und Erkenntniswert ihrer Resultate mit den Naturwissenschaften nicht wohl messen. Und es ist klar, daß zwischen beiden sogar ein *prinzipieller* Unterschied besteht. In der Tat: die introspektive Psychologie kann niemals über das Stadium der qualitativen Erkenntnis hinausgelangen, für sie ist die unendliche Mannigfaltigkeit der psychischen Qualitäten schlechthin **unreduzierbar,** jede ist den andern gegenüber etwas Neues und weist keine extensiven Eigenschaften auf. (630–631)
8. Welche besonderen Gehirnvorgänge ganz bestimmten Erlebnissen zugeordnet werden müssen, vermögen wir bei dem gegenwärtigen Stand unserer Kenntnisse nicht zu sagen, dazu steht die Erforschung der Gehirnfunktionen noch zu sehr in den Anfängen. Die Möglichkeit der durchgehenden Zuordnung aber muß behauptet werden, dieses Postulat muß erfüllt sein, wenn das Psychische überhaupt *erkannt,* d. h. durch aufeinander **reduzierbare** Begriffe bezeichnet werden soll. (653)
9. Unerklärlichkeiten [..] d. h. [...] etwas nicht weiter **Reduzierbares,** einfach Hinzunehmendes (660)
10. Erkenntnis besteht in der eindeutigen Bezeichnung der Welt mit Hilfe eines Minimums von Begriffen und wird dadurch ermöglicht, daß die wirklichen Dinge sich aufeinander zurückführen lassen, indem eins im andern wiedergefunden wird. Die Erkenntnis fordert, die **Reduktion** der Begriffe aufeinander soweit durchzuführen, wie es möglich ist; *daß* es aber durchgehends möglich sei, daß die Welt sich unserer Erkenntnis in allen Teilen, in Vergangenheit und Zukunft, gleich zugänglich erweise, ist ein Wunsch, dessen Erfüllung oder Nichterfüllung die theoretische Wissenschaft einfach zu registrieren hätte, während für das Leben Sein oder Nichtsein davon abhängt. (808)
11. In diesem Sinne ist die Wirklichkeit ganz und gar rational, das heißt, sie ist objektiv so beschaffen, daß eine kleine Zahl von Begriffen ausreicht, sie eindeutig

zu bezeichnen; es ist also nicht etwa erst unser Bewußtsein, das sie erkennbar macht. Indem wir die Zahl der begrifflichen Zeichen auf ein Minimum **reduzieren,** folgen wir dem eigensten Wesen und Gesetz des Wirklichen; deshalb eben ist diese **Reduktion** *Erkenntnis* der Wirklichkeit. (809)

(MSGA I.4):[17] Berücksichtigte Vorkommen von ‚Wiederfinden'

1. Wenn ich in der Ferne einen großen Vogel sehe und sage: ich erkenne, daß es ein Storch ist – was meine ich damit? Offenbar dies, daß der Vogel einer mir wohl bekannten Art angehört, die mir durch Beobachtung oder Belehrung vertraut ist, und die ich mit dem Namen Störche bezeichnen gelernt habe. Ich **finde** an dem Vogel gewisse Merkmale **wieder,** großen Schnabel, lange Beine usw., die für mich nichts Neues sind, und die ich als Merkmale des Storchengeschlechts zu betrachten gewohnt bin. Das Erkennen kommt also nur zustande durch ein Vergleichen eines Neuen mit einem Alten und ein **Wiederfinden** des letzteren im ersteren. Zum Erkennen gehören zwei Glieder: etwas, das erkannt wird, und dasjenige, als was es erkannt wird. Wenn und ein Neues gegenübertritt, so bleibt es so lange unerkannt, unerklärt, als wir ihm keine Ähnlichkeit mit irgend sonst Erfahrenem entdecken können, so daß wir nicht vermögen, es in den Kreis unserer Erinnerungen, des bisher Erlebten, einzuordnen, es mit bekanntem Namen zu nennen.
   Dies war ein Beispiel aus dem alltäglichen Gebrauch des Wortes Erkennen; aber nicht anders liegen die Verhältnisse bei seiner Anwendung in der Wissenschaft; wir begegnen hier ganz denselben Momenten. Wenn die Physik uns etwa sagt, sie habe das Wesen der Wärme erkannt, nämlich als Bewegung kleiner Teilchen der Materie, so bedeutet dies, daß es durch experimentelle Forschung und theoretische Überlegungen gelungen ist, in dem Verhalten eines warmen Körpers alle Eigenschaften eines aus heftig bewegten kleinen Teilchen bestehenden Systems **wiederzufinden.** Oder wenn die Chemie behauptet, das Benzol in seiner Zusamensetzung erkannt zu haben – nämlich als Verbindung von Kohlenstoff und Wasserstoff in bestimmtem Verhältnis – so will sie damit sagen, daß man diese wohlbekannten Elemente, und keine anderen, im Benzol **wiedergefunden** hat, daß dieser Stoff nicht ein unreduzierbares Neues ist, sondern in die Klasse der Verbindungen von Kohlenstoff und Wasserstoff gehört und dort einen wohldefinierten Platz einnimmt. Wenn in der Philologie die Herkunft irgendeines Wortes ermittelt, in der Geschichte die Ursache eines historischen Ereignisses festgestellt wird, so besteht auch da – ich brauche das nicht näher auszuführen – jede Erkenntnis in der Zurückführung des zu Erkennenden auf etwas, als was es erkannt wird. Immer liegen zwei Glieder vor, die im Erkenntnisakt derart miteinander verknüpft werden, daß das eine im anderen **wiedergefunden** und aufgewiesen wird.

---

[17] Die MSGA I.4 ist derzeit nocht nicht erschienen. Alle Seitenangaben zum Band I.4 beziehen sich auf die Originalpaginierung der Erstausgaben der zitierten Artikel und sind zur Kennzeichnung in eckige Klammern gesetzt.

Welches Beispiel aus einer beliebigen Wissenschaft man auch betrachten mag: Wo immer ein unzweifelhafter, allgemein anerkannter Erkenntnisfortschritt vorliegt, heißt Erkennen, Begreifen, Erklären niemals etwas anderes als Aufzeigen einer solchen Beziehung zwischen zwei Gliedern (und dadurch indirekt einer Beziehung zwischen vielen Gliedern, da jedes mit anderen in Zusammenhang steht).
Diese Charakteristik des Erkenntnisprozesses soll natürlich keine erschöpfende sein; sie müßte dazu noch in vieler Hinsicht ergänzt und vertieft werden. Hier handelt es sich nur darum, aus diesem Prozeß dasjenige integrierende Moment herauszuheben, das für unseren Zweck in Betracht kommt. Schon früher ist übrigens dieses Moment als das wesentliche erkannt worden, so u. a. von Avenarius, welcher sagt, beim Begreifen führe die Seele „das Unbegriffene auf solches zurück, was bereits als Begriffenes unser geistiges Besitztum bildet." Jenes Moment ist nun am vollkommensten zur Geltung gelangt in den exakten, den messenden Wissenschaften, denn die eingehende (hier nicht näher durchzuführende) erkenntnistheoretische Besinnung zeigt, daß ein vollständiges, restlosen Zurückführen des einen auf das andere nur möglich ist durch die Zahlbegriffe; nämlich nur quantitative, nicht qualitative Verhältnisse gestatten, das eine im anderen völlig unverändert als es selbst **wiederzufinden,** wie in der Summe die summierten Einheiten. Also kommen die auf mathematischer Methode ruhenden Wissenschaften, die exakten, dem Erkenntnisideal am nächsten und sind allen anderen Disziplinen Vorbild und Ziel.
So also ist alles Erkennen in der Wissenschaft beschaffen: ein Zurückführen zweier Glieder aufeinander, ein **Wiederfinden** des einen im anderen. ([477–479], **Intuitive Erkenntnis 1913**)

(MSGA I.4): Berücksichtigte Vorkommen von ‚Wiedererkennen'

1. es wird z. B. das Blau als die mit dem Namen Blau bezeichnete Farbe **wiedererkannt** […] ([480], **Intuitive Erkenntnis 1913**)

(MSGA I.4): Berücksichtigte Vorkommen von ‚Zurückführen'

1. Wenn ich in der Ferne einen großen Vogel sehe und sage: ich erkenne, daß es ein Storch ist – was meine ich damit? Offenbar dies, daß der Vogel einer mir wohl bekannten Art angehört, die mir durch Beobachtung oder Belehrung vertraut ist, und die ich mit dem Namen Störche bezeichnen gelernt habe. Ich finde an dem Vogel gewisse Merkmale wieder, großen Schnabel, lange Beine usw., die für mich nichts Neues sind, und die ich als Merkmale des Storchengeschlechts zu betrachten gewohnt bin. Das Erkennen kommt also nur zustande durch ein Vergleichen eines Neuen mit einem Alten und ein Wiederfinden des letzteren im ersteren. Zum Erkennen gehören zwei Glieder: etwas, das erkannt wird, und dasjenige, als was es erkannt wird. Wenn und ein Neues gegenübertritt, so bleibt es so lange unerkannt, unerklärt, als wir ihm keine Ähnlichkeit mit irgend sonst

Erfahrenem entdecken können, so daß wir nicht vermögen, es in den Kreis unserer Erinnerungen, des bisher Erlebten, einzuordnen, es mit bekanntem Namen zu nennen.

Dies war ein Beispiel aus dem alltäglichen Gebrauch des Wortes Erkennen; aber nicht anders liegen die Verhältnisse bei seiner Anwendung in der Wissenschaft; wir begegnen hier ganz denselben Momenten. Wenn die Physik uns etwa sagt, sie habe das Wesen der Wärme erkannt, nämlich als Bewegung kleiner Teilchen der Materie, so bedeutet dies, daß es durch experimentelle Forschung und theoretische Überlegungen gelungen ist, in dem Verhalten eines warmen Körpers alle Eigenschaften eines aus heftig bewegten kleinen Teilchen bestehenden Systems wiederzufinden. Oder wenn die Chemie behauptet, das Benzol in seiner Zusamensetzung erkannt zu haben – nämlich als Verbindung von Kohlenstoff und Wasserstoff in bestimmtem Verhältnis – so will sie damit sagen, daß man diese wohlbekannten Elemente, und keine anderen, im Benzol wiedergefunden hat, daß dieser Stoff nicht ein unreduzierbares Neues ist, sondern in die Klasse der Verbindungen von Kohlenstoff und Wasserstoff gehört und dort einen wohldefinierten Platz einnimmt. Wenn in der Philologie die Herkunft irgendeines Wortes ermittelt, in der Geschichte die Ursache eines historischen Ereignisses festgestellt wird, so besteht auch da – ich brauche das nicht näher auszuführen – jede Erkenntnis in der **Zurückführung** des zu Erkennenden auf etwas, als was es erkannt wird. Immer liegen zwei Glieder vor, die im Erkenntnisakt derart miteinander verknüpft werden, daß das eine im anderen wiedergefunden und aufgewiesen wird.

Welches Beispiel aus einer beliebigen Wissenschaft man auch betrachten mag: Wo immer ein unzweifelhafter, allgemein anerkannter Erkenntnisfortschritt vorliegt, heißt Erkennen, Begreifen, Erklären niemals etwas anderes als Aufzeigen einer solchen Beziehung zwischen zwei Gliedern (und dadurch indirekt einer Beziehung zwischen vielen Gliedern, da jedes mit anderen in Zusammenhang steht).

Diese Charakteristik des Erkenntnisprozesses soll natürlich keine erschöpfende sein; sie müßte dazu noch in vieler Hinsicht ergänzt und vertieft werden. Hier handelt es sich nur darum, aus diesem Prozeß dasjenige integrierende Moment herauszuheben, das für unseren Zweck in Betracht kommt. Schon früher ist übrigens dieses Moment als das wesentliche erkannt worden, so u. a. von Avenarius, welcher sagt, beim Begreifen **führe** die Seele „das Unbegriffene auf solches zurück, was bereits als Begriffenes unser geistiges Besitztum bildet."

Jenes Moment ist nun am vollkommensten zur Geltung gelangt in den exakten, den messenden Wissenschaften, denn die eingehende (hier nicht näher durchzuführende) erkenntnistheoretische Besinnung zeigt, daß ein vollständiges, restlosen **Zurückführen** des einen auf das andere nur möglich ist durch die Zahlbegriffe; nämlich nur quantitative, nicht qualitative Verhältnisse gestatten, das eine im anderen völlig unverändert als es selbst wiederzufinden, wie in der Summe die summierten Einheiten. Also kommen die auf mathematischer Methode ruhenden Wissenschaften, die exakten, dem Erkenntnisideal am nächsten und sind allen anderen Disziplinen Vorbild und Ziel.

So also ist alles Erkennen in der Wissenschaft beschaffen: ein **Zurückführen** zweier Glieder aufeinander, ein Wiederfinden des einen im anderen. ([477–479], **Intuitive Erkenntnis 1913**)

2. Der letzte Zweck aller Forschung besteht nun, formal und allgemein gesprochen, in der Erkenntnis, im Begreifen, begreifen aber heißt auf gesetzmäßige Zusammenhänge **zurückführen** oder, da strenge Gesetzmäßigkeit das Allgemeine, ausnahmslos gültige bedeutet, das einzelne unter ein einziges Gesetz subsummieren, es als Spezialfall desselben darstellen. ([123], **Begriffsbildung 1910**)
3. Die Wissenschaft ist fortwährend bestrebt, alle Erscheinungen durch möglichst wenige allgemeine Sätze darzustellen; denn eine Erklärung wird natürlich umso vollkommener heißen müssen, je kleiner die Zahl der Elemente ist, auf die sie das zu Erklärende reduziert. Um ihre Aufgabe zu erfüllen, wird sie also die Zahl der qualitativ verschiedenen Intensitäten möglichst zu verringern suchen, indem sie eine Qualität nach der anderen dadurch eliminiert, dass sie sie auf die übrigen **zurückführt** und als von ihnen nicht spezifisch verschieden erweist. ([125–126], **Begriffsbildung 1910**)

MSGA I.5: Berücksichtigte Vorkommen von ‚Wiederfinden'

1. Jedes Erkennen stiftet eine Beziehung zwischen zwei Gliedern, nämlich dem Gegenstande, der da erkannt wird, und demjenigen, *als welcher* er erkannt wird. Man pflegt zu sagen, der zu erkennende Gegenstand sei durch die Erklärung auf etwas anderes „zurückgeführt". Dies geschieht stets so, daß in der fraglichen Naturerscheinung die *gleichen* Eigenschaften oder Merkmale entdeckt werden, die man auch an einer anderen Erscheinung **wiederfindet;** beide erscheinen jetzt nicht mehr als etwas Verschiedenes, sondern die eine darf als besonderer Fall der anderen aufgefaßt werden und wird eben hierdurch auf diese zurückgeführt. Nachdem man z. B. fand, daß elektrische Wellen (wie sie in der drahtlosen Telegraphie Verwendung finden) genau dieselbe Fortpflanzungsgeschwindigkeit besitzen wie das Licht, daß sie gebrochen und gespiegelt werden können wie dieses, da durfte man die Annahme machen: das Licht besteht aus elektrischen Wellen, es ist nichts als ein besonderer Fall von solchen. Und als dann festgestellt wurde, daß auch alle weiteren Eigenschaften der elektrischen Wellen mit denen des Lichtes genau übereinstimmen (mit Ausnahme der Wahrnehmbarkeit durch das menschliche Auge), da konnte das Wesen des Lichtes als richtig erklärt, seine Zurückführung auf elektrische Wellen als feststehende Erkenntnis betrachtet werden. Ein anderes Beispiel: Wir wissen heute mit großer Bestimmtheit, daß die sogenannten chemischen Valenzkräfte (also jene Kräfte, welche die Vereinigung der chemischen Elemente zu Verbindungen bewirken) elektrischer Natur sind; die chemischen Prozesse sind also als eine spezielle Art elektrischer Vorgänge wiedererkannt. Die zwischen positiver und negativer Elektrizität wirkenden Anziehungskräfte sind das Allgemeinere; wo sie zwischen Atomen unter ganz bestimmten Umständen auftreten, *heißen* sie eben chemische Kräfte.

Der Grund für diese Erkenntnis liegt wieder darin, daß die chemischen Vorgänge bei genauestem Eindringen das *gleiche* Verhalten zeigen, das wir von elektrischen Vorgängen her kennen. So wird es möglich, jene als Spezialfall der umfassenderen Klasse der elektrischen Erscheinungen zu behandeln. (605–606, **Naturphilosophie 1925**)

MSGA I.5: Berücksichtigte Vorkommen von ‚Wiedererkennen'.

1. Jedes Erkennen stiftet eine Beziehung zwischen zwei Gliedern, nämlich dem Gegenstande, der da erkannt wird, und demjenigen, *als welcher* er erkannt wird. Man pflegt zu sagen, der zu erkennende Gegenstand sei durch die Erklärung auf etwas anderes „zurückgeführt". Dies geschieht stets so, daß in der fraglichen Naturerscheinung die *gleichen* Eigenschaften oder Merkmale entdeckt werden, die man auch an einer anderen Erscheinung wiederfindet; beide erscheinen jetzt nicht mehr als etwas Verschiedenes, sondern die eine darf als besonderer Fall der anderen aufgefaßt werden und wird eben hierdurch auf diese zurückgeführt. Nachdem man z. B. fand, daß elektrische Wellen (wie sie in der drahtlosen Telegraphie Verwendung finden) genau dieselbe Fortpflanzungsgeschwindigkeit besitzen wie das Licht, daß sie gebrochen und gespiegelt werden können wie dieses, da durfte man die Annahme machen: das Licht besteht aus elektrischen Wellen, es ist nichts als ein besonderer Fall von solchen. Und als dann festgestellt wurde, daß auch alle weiteren Eigenschaften der elektrischen Wellen mit denen des Lichtes genau übereinstimmen (mit Ausnahme der Wahrnehmbarkeit durch das menschliche Auge), da konnte das Wesen des Lichtes als richtig erklärt, seine Zurückführung auf elektrische Wellen als feststehende Erkenntnis betrachtet werden. Ein anderes Beispiel: Wir wissen heute mit großer Bestimmtheit, daß die sogenannten chemischen Valenzkräfte (also jene Kräfte, welche die Vereinigung der chemischen Elemente zu Verbindungen bewirken) elektrischer Natur sind; die chemischen Prozesse sind also als eine spezielle Art elektrischer Vorgänge **wiedererkannt.** Die zwischen positiver und negativer Elektrizität wirkenden Anziehungskräfte sind das Allgemeinere; wo sie zwischen Atomen unter ganz bestimmten Umständen auftreten, *heißen* sie eben chemische Kräfte. Der Grund für diese Erkenntnis liegt wieder darin, daß die chemischen Vorgänge bei genauestem Eindringen das *gleiche* Verhalten zeigen, das wir von elektrischen Vorgängen her kennen. So wird es möglich, jene als Spezialfall der umfassenderen Klasse der elektrischen Erscheinungen zu behandeln. (605–606, **Naturphilosophie 1925**)

MSGA I.5: Berücksichtigte Vorkommen von ‚Zurückführen'

1. Bei sorgfältigster Analyse aber ergibt sich: Einen Gegenstand oder Vorgang *erkennen* heißt immer: andere Gegenstände oder Vorgänge in ihm auffinden, solche Beziehungen zwischen ihm und ihnen entdecken, daß er durch sie dargestellt und auf sie **zurückgeführt** werden kann. Er wird auf sie **zurückgeführt,** das heißt: er

wird als Spezialfall von allgemeinen Fällen dargestellt. Es bedarf nun zu diesem Prozeß keiner unmittelbaren Anschauung der Gegenstände, sondern es genügt, wenn wir imstande sind, sie durch Begriffe zu bezeichnen. Dazu ist weiter nichts nötig als eine eindeutige Zuordnung der Begriffe zu den Objekten. Und Erkenntnis bedeutet demnach die Schaffung einer Ordnung zwischen diesen Begriffen; sie werden zueinander durch den Erkenntnisprozeß auf die beschriebene Weise in Beziehung gesetzt, und damit sind die Objekte erkannt, denen jene Begriffe zugeordnet waren; der Ordnung der Objekte entspricht die Beziehung der Begriffe zueinander. Erkenntnis bedeutet also Stiftung einer Beziehung zwischen den zu erkennenden Objekten – oder vielmehr zwischen ihren Begriffen, nicht aber stellt sie eine reale Beziehung her zwischen dem erkennenden Subjekt und den erkannten Gegenständen. Im Gegensatz dazu bedeutet Anschauung gerade einen innigen realen Konnex zwischen Anschauendem und Angeschauten. Bei einem anschaulichen Erlebnis – wenn ich z. B. einen Ton höre – tritt dieser Ton tatsächlich in Realunion mit den andern Erlebnissen, die mein Ich konstituieren; er gehört zu diesem Ich, er wird von mir erlebt, er wird mir dadurch *be*kannt. Aber *er*kannt wird er dadurch noch keineswegs; dazu gehört noch ganz etwas anderes; dazu mußte sein Begriff zu andern Begriffen in Beziehung gesetzt, mußten z. B. die Bedingungen seiner Entstehung erforscht werden, und dadurch wäre er in den allgemeinen Zusammenhang der Natur einzuordnen, mit Hilfe des Begriffs der Schwingungszahl und anderer. Einen direkteren Weg zu seiner Erkenntnis gibt es nicht; dadurch, daß ich ihn nur höre, anschaulich erlebe, wird er bloß *gegeben*, nicht erkannt. Und umgekehrt: um etwas zu erkennen, brauche ich es keineswegs unmittelbar anzuschauen, sondern ich brauche nur die Beziehungen aufzusuchen, in denen der Begriff davon zu andern Begriffen steht. Das folgt ganz allgemein aus der Analyse des Erkenntnisbegriffs; und wenn es daher überhaupt eine *Wesens*erkenntnis geben soll, so kann sie nicht Wesensschau sein, sondern eben auch nur eine Beziehung und Ordnung der dem Wesen zugeordneten Begriffe. Ein Blinder, der nie einen Lichtschimmer geschaut hat, kann doch das *Wesen* des Lichts vollkommen *er*kennen, nämlich durch das Begriffssystem der theoretischen Optik. Nur kennen, *erleben* kann er es nie – das ist eben etwas anderes, hat mit Erkenntnis nichts zu tun. Dem Physiker ist das Wesen der Elektrizität allein beschlossen in den Gleichungen Maxwells, das Wesen der Gravitation in den Gleichungen Einsteins; er denkt nicht daran, es schauen zu wollen. (62–64, **Erscheinung und Wesen 1919**)

2. Bekanntlich schritt die allgemeine Relativitätstheorie dadurch über die Newtonsche Mechanik hinaus, daß sie auf den von Newton vernachlässigten Umstand hinwies, daß die in der beschriebenen Weise ausgezeichneten Körper gerade diejenigen sind, die relativ zum Fixsternhimmel ruhen. Mit andern Worten: der bevorzugte Körper ist, wie die Erfahrung lehrt, in Wahrheit das System der Fixsterne. *Dies* System aber ist gegenüber allen sonst zur Wahrnehmung gelangenden Körpern *ohnehin* ausgezeichnet, nämlich durch seine ungeheure Größe und Masse; und wenn es gelang, die erste Art der Bevorzugung (Eignung als Bezugssystem der Mechanik) auf die zweite (Größe der räumlichen Ausdehnung und Masse) **zurückzuführen,** so war dies erkenntnistheoretisch überaus befrie-

digend. Wir sind eben durchaus nicht geneigt, die verschiedene Bedeutung der Körper als Bezugssysteme mit derselben Bereitwilligkeit als eine letzte, nicht weiter reduzierbare Eigenschaft anzuerkennen, wie ihre Größe. Jene **Zurückführung** war als Postulat schon früher, z. B. von Mach, aufgestellt worden, aber erst Einstein zeigte den Weg, auf welchem die Reduktion, und zwar mit Hilfe einer Kausalerklärung, wirklich ausgeführt werden konnte. Auf diesem Wege wurden dann alle Bewegungen völlig relativiert, zur Erkenntnis des Charakters einer Bewegung genügten rein kinematische Feststellungen: der kinematische Bewegungsbegriff fiel mit dem dynamischen in der Wirklichkeit vollkommen zusammen, und diese Vereinfachung ist es, die für das erkenntnistheoretische Gewissen eine so große Erleichterung bedeutet. (137, **Naturphilosophische Betrachtungen über das Kausalprinzip 1920**)

3. Jedes Erkennen stiftet eine Beziehung zwischen zwei Gliedern, nämlich dem Gegenstande, der da erkannt wird, und demjenigen, *als welcher* er erkannt wird. Man pflegt zu sagen, der zu erkennende Gegenstand sei durch die Erklärung auf etwas anderes „zurückgeführt“. Dies geschieht stets so, daß in der fraglichen Naturerscheinung die *gleichen* Eigenschaften oder Merkmale entdeckt werden, die man auch an einer anderen Erscheinung wiederfindet; beide erscheinen jetzt nicht mehr als etwas Verschiedenes, sondern die eine darf als besonderer Fall der anderen aufgefaßt werden und wird eben hierdurch auf diese **zurückgeführt.** Nachdem man z. B. fand, daß elektrische Wellen (wie sie in der drahtlosen Telegraphie Verwendung finden) genau dieselbe Fortpflanzungsgeschwindigkeit besitzen wie das Licht, daß sie gebrochen und gespiegelt werden können wie dieses, da durfte man die Annahme machen: das Licht besteht aus elektrischen Wellen, es ist nichts als ein besonderer Fall von solchen. Und als dann festgestellt wurde, daß auch alle weiteren Eigenschaften der elektrischen Wellen mit denen des Lichtes genau übereinstimmen (mit Ausnahme der Wahrnehmbarkeit durch das menschliche Auge), da konnte das Wesen des Lichtes als richtig erklärt, seine **Zurückführung** auf elektrische Wellen als feststehende Erkenntnis betrachtet werden. Ein anderes Beispiel: Wir wissen heute mit großer Bestimmtheit, daß die sogenannten chemischen Valenzkräfte (also jene Kräfte, welche die Vereinigung der chemischen Elemente zu Verbindungen bewirken) elektrischer Natur sind; die chemischen Prozesse sind also als eine spezielle Art elektrischer Vorgänge wiedererkannt. Die zwischen positiver und negativer Elektrizität wirkenden Anziehungskräfte sind das Allgemeinere; wo sie zwischen Atomen unter ganz bestimmten Umständen auftreten, *heißen* sie eben chemische Kräfte. Der Grund für diese Erkenntnis liegt wieder darin, daß die chemischen Vorgänge bei genauestem Eindringen das *gleiche* Verhalten zeigen, das wir von elektrischen Vorgängen her kennen. So wird es möglich, jene als Spezialfall der umfassenderen Klasse der elektrischen Erscheinungen zu behandeln. (605–606, **Naturphilosophie 1925**

MSGA I.5: Berücksichtigte Vorkommen von ‚Reduzieren'

1. Aber erstens wäre es unbefriedigend, die zwei Reiche getrennt und **unreduzierbar** nebeneinander anzunehmen, denn der Wille zur Erkenntnis fordert die **Reduktion** des einen auf das andere – Erkenntnis ist nichts anderes als solche **Reduktion** –, und deshalb kann das Denken sich bei einem derartigen Dualismus nicht beruhigen; zweitens aber, und das ist entscheidend, stellt sich auch die Kantsche Fassung unseres Gegensatzes überhaupt als undurchführbar heraus, weil sie im Rahmen seines Systems an innerem Zwiespalt, an Widersprüchen leidet. (55, **Erscheinung und Wesen 1919**)
2. Wie man sieht, läßt es sich bei der Durchführung des Gedankens der Atomistik nicht vermeiden, auf die Frage nach der Konstitution des Atom*innern* einzugehen, und diese Frage führt stets zu Widersprüchen mit dem Begriff der Substanz als bloßer Raumerfüllung. Allerdings wäre dieser Begriff ohnehin aufgegeben, wenn die Chemie die Substanzen ihrer „Elemente" als wirklich **unreduzierbar** qualitätsverschieden betrachtete, aber diesen Standpunkt nahm sie gewiß immer nur vorläufig ein, ohne jemals den Glauben an weitere **Reduktion** der Qualitäten bei fortschreitender Erkenntnis aufzugeben: Und dann werden jene Widerspruche für sie aktuell, sobald sie nach mechanischen Erklärungen sucht. (616, **Naturphilosophie 1925**)
3. Die verschiedenen Energieformen (z.B. Wärme, Gravitationsenergie, Volumenergie usw.) werden als letzte, nicht weiter erkennbare Qualitäten eingeführt; sie sind nicht mehr aufeinander **reduzierbar,** die Theorie lehnt jede Erklärung darüber ab, warum die Energie gerade in diesen Formen mit ihren bestimmten Eigenschaften auftritt. Damit kann sich unser Erkenntnisbedürfnis aber nimmermehr zufrieden geben, es verlangt gebieterisch nach weitergehender Vereinheitlichung der Natur, zumal die Physik eine solche Vereinheitlichung bereits mit dem allergrößten Erfolge hatte erzielen können – wie z. B. die Erklärung der Wärme als einer Art mechanischer, die des Lichtes als einer Art elektromagnetischer Energie. (629, **Naturphilosophie 1925**)
4. Wir werden alsbald sehen, daß die Physik gewichtige Gründe hat, überhaupt den Gedanken der Identität mehr und mehr aufzugeben und statt dessen bei dem Gedanken der Konstanz stehen zu bleiben, womit dann überhaupt der alte Substanzbegriff verlassen und auf den Gesetzesbegriff **reduziert** wurde. Dies ist ein sehr wesentlicher Erkenntnisfortschritt, und die Energetik, die durch ihre besondere Deutung des Energieprinzips den Begriff in der alten Form aufrechterhalten möchte, wurde demgegenüber einen Rückschritt bedeuten. (630, **Naturphilosophie 1925**)

MSGA I.6

Keine relevanten Vorkommen von ‚Wiederfinden', ‚Wiedererkennen' und ‚Reduzieren'.

MSGA I.6: Berücksichtigte Vorkommen von ‚Zurückführen'

1. Gorgias, der große Nihilist, hat behauptet, daß wir, selbst wenn es Erkenntnis gäbe, sie doch nicht mitteilen könnten. Er hat unrecht. Denn es liegt im Wesen der Erkenntnis, daß sie mitteilbar sein muß. Mitteilbar ist, was auf irgendeine Weise formuliert, das heißt, durch irgendwelche Symbole ausgedrückt werden kann, seien es Worte der Sprache oder sonstige Zeichen. Jede Erkenntnis besteht nun aber darin, daß ein Gegenstand, nämlich der zu erkennende, zurückgeführt wird auf andere Gegenstände, nämlich auf diejenigen, durch welche er erkannt wird; und dies findet darin seinen Ausdruck, daß der erkannte Gegenstand mit Hilfe derselben Begriffe bezeichnet wird, welche schon jenen anderen Gegenständen zugeordnet waren. Es ist also für das Wesen der Erkenntnis gerade diese symbolische Beziehung des Bezeichnens, der Zuordnung, charakteristisch, welche zugleich immer schon Ausdruck, symbolische Darstellung, ist. Erkenntnis ist also das Mitteilbare, jede Erkenntnis ist mitteilbar und alles Mitteilbare ist Erkenntnis. (33, Erleben, Erkennen, Metaphysik 1926)

MSGA II.1.1: Berücksichtigte Vorkommen von ‚Wiederfinden'

1. Ich habe das Tier erkannt, heisst also: ich vermag es mit seinem *rechten Namen* zu bezeichnen, nämlich als Hund, und dieser Name heisst deshalb der rechte, weil er eben allgemein gebraucht wird für die Klasse der Tiere, welcher dieses Tier tatsächlich angehört. Es liegt also auch hier ein **Wiederfinden** von etwas Bekanntem vor nämlich in der Wahrnehmung habe ich das bekannte Bild wiedererkannt, das mir von den Angehörigen der Hunderasse vorschwebt, und so kann es geschehen, dass ich die richtige Bezeichnung auf das gesehene Object anwende, nämlich *Hund,* wie zuerst Tier. (403, **Grundzüge 1911**)
2. Wir könnten nun noch viele Beispiele betrachten, aus beliebigen Wissenschaften, aus der Chemie, aus der Astronomie, der Psychologie, oder sonst irgend einer Disciplin: überall würden wir finden, dass eine Erscheinung oder ein Zusammenhang oder ein Vorgang immer dann und nur dann als erklärt oder erkannt gelten, wenn ein ganz bestimmtes Ziel erreicht ist, und dieses Ziel, um es noch einmal zu sagen, besteht eben darin, dass mit Hilfe möglichst genauer und mannigfaltiger Beobachtung des Unbekannten in diesem schliesslich ein Bekanntes **wiedergefunden** wird, so dass es damit in eine Klasse des früher Bekannten eingereiht werden kann. Dieser Process kann sich mehrmals hintereinander wiederholen, wie wir an unsern Beispielen gezeigt haben, und je öfter diese Wiederholung stattfindet, um so genauer, um so eindeutiger wird das zu Erkennende bestimmt,

um so deutlicher ist es erkannt, um so tiefer ist unsere Erkenntnis in das Wesen des Erkannten eingedrungen. (409, **Grundzüge 1911**)

3. Es ist also nun noch eine etwas genauere Aufgabe des Erkennens auszüfuhren. Zu diesem Zwecke fragen wir uns zunächst: Was ist es denn eigentlich, was beim Erkenntnisprocess in dem zu erkennenden Gegenstand als Bekanntes **wiedergefunden** wird? Die Antwort fällt verschieden aus je nach der Vollkommenheit der betreffenden Erkenntnisart. Bei der roheren Art der Erkenntnis und mit ihr hat man es nicht etwa nur in im gewöhnlichen Leben zu tun, sondern sehr oft auch in den Wissenschaften und in der Philosophie ist dieses **Wiedergefundene** dasjenige, was man in der Psychologie eine *Vorstellung,* und zwar eine anschauliche Vorstellung nennt. (412, **Grundzüge 1911**)
4. Es werden also hier in dem Urteile zwei *alte,* dem wissenschaftlichen Denken längst geläufige Begriffe zur Bezeichnung einer neuen Tatsache benutzt. Das wird dadurch möglich, dass wir an der neuen Tatsache Seiten oder Elemente **wiederfinden,** die uns schon von andern Tatsachen her vertraut sind und zu deren Bezeichnung wir daher Begriffe bereit haben, wie ich das früher ausführte. Und dies ist nun das Wichtigste: durch die Urteile wird es uns ermöglicht, *neue* Tatsachen mit Hilfe der *alten* Begriffe, und *dennoch* auf eindeutige Weise zu bezeichnen. (434, **Grundzüge 1911**)

MSGA II.1.1: Berücksichtigkte Vorkommen von ‚Wiedererkennen'

1. Wundt
    1. Verification als Kriterium (Zeichen einer inneren Eigenschaft)
    2. Wesen der Verification
       Vorstellung mit Wahrnehmung? [Erk[enntnis] p. 261
       Urteil mit Tatsache (Zeichen – Bezeichnetes)
       Identitätsgefuhl = Evidenz. Erkennen = **Wiedererkennen.**
       Es müssen bestimmt angebbare Bedingungen hergestellt werden (Störring) damit es auftritt.
    3. Verhältnis zu den anderen Theorien
    4. Voraussetzungen d[er] W[ahrheit]
       Üeberschauen der mittelbaren Evidenzen
       Zeit (133, **Wesen der Wahrheit II vor 1910**)
2. Ich habe das Tier erkannt, heisst also: ich vermag es mit seinem *rechten Namen* zu bezeichnen, nämlich als Hund, und dieser Name heisst deshalb der rechte, weil er eben allgemein gebraucht wird für die Klasse der Tiere, welcher dieses Tier tatsächlich angehört. Es liegt also auch hier ein Wiederfinden von etwas Bekanntem vor nämlich in der Wahrnehmung habe ich das bekannte Bild **wiedererkannt,** das mir von den Angehörigen der Hunderasse vorschwebt, und so kann es geschehen, dass ich die richtige Bezeichnung auf das gesehene Object anwende, nämlich *Hund,* wie zuerst Tier. Gehen wir nun über zur dritten Stufe dieses Erkennensactes. Ich erkenne jetzt, dass das Object nicht nur ein Tier,

und nicht nur ein Hund, sondern *mein* Hund ist Tyras, oder Männi, oder wie er sonst heissen mag. Ich erkenne den Hund als den meinen, heisst auch hier: ich **erkenne** ihn ***wieder;*** ich bestimme nämlich das Tier, das ich vor mir sehe, als identisch mit dem Tyras oder Männi, den ich täglich um mich zu haben gewöhnt bin. Und dies wird natürlich wieder dadurch ermöglicht, dass ich eine mehr oder minder genaue Vorstellung von dem Aussehen meines Hundes besitze, und dass diese Vorstellung die gleich ist, die der Anblick des auf mich zukommenden Hundes mir liefert: die Groesse, die Farbe, die Gestalt, vielleicht auch der Ton des Bellens, alles stimmt mit dem Bilde überein, das meine Erinnerung mir von meinem Hunde gibt, alles ist mir bekannt, ich **erkenne** es ***wieder,*** und daraufhin bezeichne ich das Tier als meinen Hund. Und damit gebe ich ihm den rechten Namen. Schon vorher, als die Genauigkeit meiner Wahrnehmungen mir nur gestattete, es als Tier und als Hund zu bezeichnen, nannte iches damit auch mit rechten Namen, aber es waren die Namen von umfangreichen Klassen. Der Name Tiere kommt unzählig vielen Lebewesen, der Name Hund einer grossen Klasse von Tieren zu. Wenn ich aber nunmehr sagen kann: „mein Hund Tyras" oder „mein Hund Männi", so kommt diese Bezeichnung einzig und allein dem vor mir stehenden Individuum zu; durch diese Bezeichnung ist dies Individuum *eindeutig bestimmt...* Fassen wir zusammen: In dem betrachteten Falle bedeutete das Wort Erkennen jedesmal so viel wie **Wiedererkennen.** In dem zunächst Unbekannten wurde etwas Bekanntes **wiedererkannt,** und dadurch wurde es möglich, das fragliche Object mit bekannten Namen zu bezeichnen, d. h. mit Namen oder Worten die mir schon vorher geläufig waren, zunächst mit allgemeinen Namen die ganzen Klassen von Objecten gemeinsam sind, dann aber mit so speciellen, dass das betreffende individuelle Object dadurch eindeutig bezeichnet wird. Das Object ist erkannt, wenn es beim rechten Namen genannt wird. (403–405, **Grundzüge 1911**)

3. Übrigens dies möchte ich hier doch bemerken, ehe wir weitergehen: selbst ein so alltäglicher Vorgang wie das Erkennen, d. h. das **Wiedererkennen,** eines Hundes ist vom psychologischen Gesichtspunkt aus keineswegs ein so ganz einfacher, durchsichtiger Prozess. In der Tat ist es eigentlich ein grosses Rätsel, wie es zugeht, dass ein Wahrnehmungsbild als ein *bekanntes* angesprochen werden kann, woher weiss man, dass dasselbe oder ein ähnliches Wahrnehmungsbild schon einmal oder mehrmals im Bewusstsein war? Und tatsächlich war ja niemals *genau* dasselbe da! Es hängt das mit Wesen der Erinnerung zusammen, und die Psychologen haben ausserordentlich viel über den Vorgang des **Wiedererkennens** gestritten (es hat da eine ziemlich beruhmte Fehde über diesen Punkt zwischen zwei [?] Philosophen, Höffding und Lehmann, stattgefunden . . . doch davon haben wir hier nicht zu reden, es handelt sich um psychologische Fragen, die wir für unsern Zweck beiseite lassen können. Sie können sich hier von der Unabhängigkeit der Erkenntnistheorie von der Psychologie an einem Beispiel überzeugen, von der ich vorhin gesprochen habe. Den Erkenntnistheoretiker interessiert gar nicht, auf welche Weise und in was für besonderen Modificationen der Process des **Wiedererkennens** verläuft das ist eine Frage nach psychologischen Gesetzmässigkeiten; für ihn ist zunächst nur die Tatsache wichtig, *dass*

unter gewissen Umständen ein **Wiedererkennen** überhaupt eintritt und diese Tatsache steht natürlich unerschütterlich fest, ganz unabhängig davon, wie die Frage nach dem psychischen Vorgang entschieden werden mag, durch den es zustande kommt. (405–406, **Grundzüge 1911**)

4. d. h. es wurde durch die Versuche unzweifelhaft festgestellt, dass die Eigenschaften und Gesetzte der Lichtfortpflanzung identisch sind mit den Eigenschaften und Gesetzen der Ausbreitung von Wellen unter bestimmten Umständen; die Eigenschaften der Wellenfortpflanzung und der Lichtausbreitung liessen sich durch *dieselben* mathematischen Formeln darstellen; in den Verhältnissen der Lichterscheinungen wurden dieselben Verhältnisse ***wiedererkannt***, die auch bei der Fortpflanzung von Wellen auftreten und einem von dorther vertraut waren. Gerade so **erkannte** ich in unserm vorigen Beispiel in dem auf mich zukommenden Tiere diejenigen Merkmale **wieder,** die mir als Merkmale der Hunderasse vertraut waren, und ich bestimmte es daher als einen Hund. (407, **Grundzüge 1911**)
5. Die Gleichungen, welche die electrische Wellenbewegung drahtlos[er] Telegr[aphie] darstellen, wurden immer vollkommener **wiedererkannt** in den Gleichungen, welchen die Lichtfortpflanzung gehorcht, und auf Grund dieses **Wiederkennens** durfte man sagen: Das Licht besteht in electromagnetischen Wellen. Und hiermit scheint es, ist das Wesen des Lichtes nun endgültig *erkannt.* Wir können es jetzt beim rechten Namen nennen, wir nennen es nämlich eine electromagnetische Erscheinung. Sie sehen, hier liegt eine Erkenntnis in zwei Stufen vor: Zuerst wurde das Licht als eine Schwingungserscheinung, als Wellenfortpflanzung erkannt; und darauf wurden durch einen zweiten **Wiedererkennungsakt** diese Schwingung, diese Wellen als electrische bestimmt. Genau so lagen die Dinge aber in dem Beispiel des Hundes: Zuerst wurde es als Hund, dann, nach genauerer Betrachtung der Merkmale, als Tyras oder Caro angesprochen; zuerst konnte er nur bei einem allgemeineren, einem Gattungsnamen, nämlich Hund, genannt werden, dann aber bei einem specielleren, einem individuellen, durch welchen er eindeutig bezeichnet wurde. Wir sind also zu dem Resultat gekommen, dass das Wort Erkennen in einem dem täglichen Leben entnommenen Beispiel und in einem andern aus der Wissenschaft in beiden Fällen nicht etwas gänzlich Verschiedenes bedeutet, sondern dass gerade das Wesentlichste des Erkennensvorganges in beiden Fällen das Nämliche war. Die Sprache entwickelt eben gleichsam instinctiv ein grosses Feingefühl, sodass wirklich das seinem Wesen nach Zusammengehörige und Gleichartige auch mit demselben Worte bezeichnet wird. Wir könnten nun noch viele Beispiele betrachten, aus beliebigen Wissenschaften, aus der Chemie, aus der Astronomie, der Psychologie, oder sonst irgend einer Disciplin: überall würden wir finden, dass eine Erscheinung oder ein Zusammenhang oder ein Vorgang immer dann und nur dann als erklärt oder erkannt gelten, wenn ein ganz bestimmtes Ziel erreicht ist, und dieses Ziel, um es noch einmal zu sagen, besteht eben darin, dass mit Hilfe möglichst genauer und mannigfaltiger Beobachtung des Unbekannten in diesem schliesslich ein Bekanntes wiedergefunden wird, so dass es damit in eine Klasse des früher Bekannten eingereiht werden kann. Dieser Process kann sich mehrmals hinter-

einander wiederholen, wie wir an unsern Beispielen gezeigt haben, und je öfter diese Wiederholung stattfindet, um so genauer, um so eindeutiger wird das zu Erkennende bestimmt, um so deutlicher ist es erkannt, um so tiefer ist unsere Erkenntnis in das Wesen des Erkannten eingedrungen. (408–409, **Grundzüge 1911**)

6. Die Gleichartigkeit der Naturereignisse mit den durch menschliche Wesen hervorgerufenen Vorgängen ist eine so geringe und spärliche, dass nicht die nüchterne Beobachtung, sondern nur eine stark gespannte Phantasie glauben kann, das eine lasse sich im andern **wiedererkennen.** (412, **Grundzüge 1911**)
7. Bei den Erkenntnisprocessen des gewöhnlichen Lebens spielt sich nun, wie ich bereits bei der Betrachtung unseres Hundebeispiels andeutete, das zu dem Process gehörige **Wiedererkennen** in der Weise ab, dass die Identität einer Wahrnehmungsvorstellung, näamlich die Vorstellung des wahrgenommenen Gegenstandes, um dessen Erkennen es sich handelt, einer reproduzierten Vorstellung festgestellt wird, einer Vorstellung, die ihren Ursprung mehr oder weniger zahlreichen früheren Wahrnehmungen verdankt. Wenn ich einen Hund als *meinen* Hund **wiedererkenne,** so geschieht dies dadurch, und kann nur dadurch geschehen, dass die Erinnerungsvorstellung, die ich von meinem Hunde habe, d. h. das geistige Bild, das in mir auftaucht, wenn ich an meinen Hund denke, dass diese Erinnerungsvorstellung dieselbe ist, wie die Wahrnehmungsvorstellung des Hundes, den ich vor mir sehe, und dass ich beide Vorstellungen *gleich* finde. Hat die Feststellung dieser Identität stattgefunden, so spreche ich das Urteil aus oder denke es auch nur im Geiste Dieses Tier ist mein Hund. Mit dem Namen „dies Tier bezeichne ich in diesem Satze das Object welches mir durch die augenblicklich vorliegende Wahrnehmungsvorstellung vertreten ist, und mit den Worten „mein Hund“ bezeichne ich das Tier, welches in meinem Bewusstsein durch die Erinnerungsvorstellung meines Tyras oder Waldmann vertreten wird, und in dem Urteile werden beide Tiere als identisch, als eines und dasselbe bestimmt oder *erkannt,* denn da beide Vorstellungen tatsächlich ein und dieselbe Vorstellung sind und jede Vorstellung nur einem ganz bestimmten Gegenstand vertritt, so sind beides Vorstellungen desselben Gegenstandes, desselben Hundes. (414–415, **Grundzüge 1911**)
8. Ein Erkennen, das auf dem Vergleichen und auf der Konstatierung der Gleichheit derartiger Gebilde beruht, musste doch so sollte man meinen ein sehr unsicherer und zweifelhafter Process sein. Dennoch lehrt die Erfahrung, dass das **Wiedererkennen** und Erkennen im alltäglichen Leben mit einer Genauigkeit und Sicherheit stattfindet, die für gewöhnliche Bedürfnisse in jeder Beziehung ausreicht. (416, **Grundzüge 1911**)
9. In der Tat wird es jeder für völlig ausgeschlossen halten, dass ich etwa einen fremden Hund infolge einer Täuschung, eines fälschlichen **Wiedererkennens** für meinen eigenen ansehen könnte, oder dass ich bei hinreichend genauer Betrachtung meinen eigenen Vater nicht erkennen würde vorausgesetzt natürlich, dass mit dem erkannten Hund oder Vater nicht inzwischen etwa durch den Einfluß des Alterns solche Veränderungen vergangen sind, dass wirklich die Wahrnehmungsvorstellung von meinen Erinnerungsvorstellungen total verschieden ist

aber in diesem Falle wäre ja auch das zu erkennende Object eigentlich gar nicht mehr dasselbe geblieben, sondern ein anderes geworden. Theoretisch freilich und daran müssen wir gerade vom philosophischen Standpunkt aus festhalten bleibt immer die Möglichkeit, dass entweder mein Gedächtnis nicht zuverlässig war und die Erinnerungsvorstellungen ganz und gar entstellt hat (bei Geisteskranken kommt dergleichen ja tatsächlich vor), oder auch, dass ein erinnertes und ein wahrgenommenes Object sich so sehr gleichen, dass die scheinbare Erkenntnis in Wirklichkeit ein Irrtum war. Principiell ist ja doch die Möglichkeit natürlich nicht ausgeschlossen, dass etwa ein fremder Hund dem meinigen wirklich aufs Haar gleicht und so ein Irrtum, ein falsches Urteil möglich wird. (417, **Grundzüge 1911**)

10. Wenn schon bei den Individualvorstellungen, wie mein Hund, mein Vater die Identification und damit das **Wiedererkennen** wegen der Undeutlichkeit unserer Vorstellungen theoretisch niemals als vollkommen *sicher* gelten konnte wie steht es da erst mit den Erkenntnissen, durch die ein Individuum als zu einer bestimmten Klasse gehörig bestimmt wird? (419, **Grundzüge 1911**)
11. Was ich in diesen Betrachtungen zeigen wollte, ist nur dies, dass sich auf die Identification und das **Wiedererkennen** blosser Vorstellungen ein wissenschaftlich brauchbarer, d. h. strenger, exacter Begriff des Erkennens überhaupt nicht gründen lässt. (420, **Grundzüge 1911**)
12. Das **Wiedererkennen** der Merkmale ist nun freilich seinerseits wiederum nur in der Weise möglich, dass man die anschauliche Erinnerungsvorstellung des Merkmals mit der Wahrnehmungsvorstellung der entsprechenden Eigenschaften des zu erkennenden Objectes vergleicht es scheint somit die Schwierigkeit, zu deren Beseitigung die Begriffe eingeführt wurden, durch sie gar nicht gehoben, sondern nur zurückgeschoben, an eine andere Stelle gerückt zu sein, denn wiederum bedarf es zum Erkennen ja einer Identification anschaulicher Vorstellungen, die von Natur mit Undeutlichkeit behaftet sind. (424–425, **Grundzüge 1911**)
13. Mit Hilfe von Experimenten überzeuge ich mich von dem Vorhandensein oder Fehlen der geforderten Merkmale, und obgleich die Feststellung der Resultate dieser Experimente wieder durch sinnliche Wahrnehmungen geschieht, sind diese Wahrnehmungen doch so characteristischer Natur, dass ein fehlerhaftes, fälschliches **Wiedererkennen** praktisch ausgeschlossen [ist]. (426, **Grundzüge 1911**)
14. Ist ein Urteil falsch, so nennt man es Irrtum, ist es wahr, so nennt man es Erkenntnis. Das sind blosse Worterklärungen, über die daher kein Streit möglich ist, und auch nicht besteht. Erkenntnisse sind also wahre Urteile. In der Tat, jene Processe des **Wiedererkennens,** von denen wir so viel schon geredet haben, des Vergleichens und der Identifikation der Vorstellungen und Begriffe, und was sonst noch alles zum Erkenntnisprocesse gehören mag sie endigen schliesslich in einem Urteil, welches die Erkenntnis formuliert oder enthält, oder wie man sonst ausdrücken will. Seinen sprachlichen Ausdruck aber findet das Urteil im Satze, d. h. im gesprochenen, geschriebenen, gedruckten oder auch nur gedachten Sat-

ze, gerade wie der Begriff seinen Ausdruck im *Worte* fand. (429, **Grundzüge 1911**)

15. Wir haben früher gesehen, dass die Erkenntnisakte in *der* Weise von statten gehen, dass bestimmte Vorstellungen bzw. Begriffe **wiedererkannt** und identifiziert werden. (433, **Grundzüge 1911**)
16. Hier aber kommt es uns nur darauf an, *dass* die Gewissheit auch des einfachsten analytischen Schliessens nur unter der Voraussetzung einer absoluten Korrectheit des **Wiedererkennungsprocesses** gesichert ist. Der menschliche Geist muss Identität und Verschiedenheit unter Umständen mit aller Strenge feststellen können, sonst ist kein Schliessen für ihn möglich. (563, **Grundzüge 1911**)
17. Unsere erste Frage also lautet: Was ist Erkenntnis? Und es wird sich sogleich zeigen, dass es gar keiner besondern Mühe bedarf, die Antwort darauf zu finden, die Begriffsbestimmung des Wortes Erkenntnis zu geben. Die primitivste, aber in ihrer Zweckmässigkeit und Bedeutung nicht zu unterschätzende Definitionsweise besteht bekanntlich darin, dass man ein Beispiel des zu definierenden Begriffs vorführt. Betrachten wir also einmal einen Fall des practischen Lebens, in welchem man das Wort Erkennen anwendet, zunächst unbekümmert darum, ob ihm dort vielleicht ein andrer Sinn zukommt als in der Wissenschaft, deren Erkenntnisbegriff uns später allein interessieren soll. Ich sehe auf der Strasse einen Menschen von fern mir entgegen kommen; sein Gang, seine Gestalt und Haltung scheinen mir vertraut zu sein, und sobald er auf eine gewisse Entfernung nahegekommen ist, weiss ich plötzlich: es ist mein Vater. Ich habe, so sagt man, meinen Vater *erkannt.* Das Urteil: Mein Vater kommt dort ist also eine *Erkenntnis.* Was soll nun damit gesagt sein? Offenbar ganz dasselbe wie: dies Urteil ist *wahr.* Nun, und in diesem einfachen Beispiel weiss jedermann, was dies bedeutet. Ich erkenne den dort heranschreitenden Mann als meinen Vater heisst: Jene Person ist dieselbe, welche ich bisher stets (auf Grund des Verwandschaftsverhältnisses und des Namens, den die deutsche Sprache für dasselbe hat) mit den Worten „mein Vater" bezeichnet habe. Ich sage von diesem Urteil, es ist wahr oder es enthält eine Erkenntnis, weil darin ein Gegenstand beim rechten Namen genannt wird. Man sieht: Erkennen heisst in unserm Beispiele soviel wie **Wiedererkennen,** und das Wesentliche des **Wiedererkennungsprocesses** besteht darin, dass ich einen Namen, mit dem ich gewohnt bin, einen mir durch frühere Erfahrungen oft gegebenen Gegenstand zu bezeichnen, nun mehr anwende auf einen in einer neuen Erfahrung gegenübertretenden Gegenstand, und denselben dadurch als identisch mit jenem bestimme. Durch was für einen psychischen Process das **Wiedererkennen** nun wirklich geschieht, darüber herrscht unter den Psychologen Streit. [...]Erkennen ist Bezeichnen nur dann scheint ja Erkenntnis die einfachste Sache der Welt zu sein: Wir ordnen allen Erscheinungen, allen Vorgängen und Tatsachen der Welt *Worte* zu dann haben wir sie erkannt, denn alles ist bezeichnet. Doch so verhält es sich nicht. Ein solches Bezeichnen hätte überhaupt keinen Sinn, denn dann könnten wir statt der Zeichen die Objecte selbst setzen, die Zeichen wären eine unnötige Verdopplung. Bezeichnen findet doch immer zu dem Zwecke statt, das Bezeichnete **wiederzuerkennen.** Z. B. in der Garderobe den Hut. Wenn das Zeichen mir gegeben wird, muss

ich wissen: Aha, das bedeutet jenen Gegenstand! Die Erleuchtung die durch das Bezeichnen herbeigeführt wird, besteht gerade darin, dass ich jetzt nur wenige Zeichen auswendig zu lernen brauche, um die Dinge darzustellen, während der Gegenstände selber gar viele sind. (Vgl. Vorteile der Lautschrift vor der Begriffsschrift, Vorteil der Sprache überhaupt, die mit ganz wenigen Lauten die grösste Mannigfaltigkeit der Dinge bezeichnet) Wenn nun der Zeichen ebenso viele sind wie der Dinge, so muss ich gleichsam die gleiche Anzahl von Vokabeln auswendig lernen. Jedes Ding wäre in ein Zeichen übersetzt aber Sprachen lernen ist noch keine Erkenntnis. Der gemeine Mann steht den Erscheinungen der Natur und des Geistes nun tatsächlich in hohem Grade so gegenüber, dass er von ihnen wenig mehr weiss als ihre *Namen.* Aus allem geht hervor, dass der Zeichen möglichst wenige sein müssen, und das sie imstande sein müssen, möglichst Vieles zu bezeichnen (670–672, **[Erkenntnistheorie 2] 1907–1910**)

MSGA II.1.1: Berücksichtigkte Vorkommen von ‚Zurückführen'

1. Der Physiker ist vollständig befriedigt, wenn er das Licht als electrodynamische Schwingungserscheinung bestimmt und damit durch gewisse Differentialgleichungen dargestellt hat, der Philosoph aber, oder vielleicht später auch der Physiker wird versuchen wollen, das Wesen der electr[ischen] Schwingungen zu erkennen, auf noch besser Bekanntes **zurückzuführen.** Sie sehen schon, dass es letzten Endes immer der *Philosoph* ist, der es mit dem vollständigen, nicht mehr zu vertiefenden Erkennen zu tun hat, denn alle Einzelwissenschaften hören schon an früheren Punkten auf, weil ihre Ziele dann schon erreicht sind und sie auch mit ihren eigenen Mitteln nicht weiter können. Die Frage aber, wann etwas dem Philosophen als vollständig erkannt gelten kann, kann in diesem frühen Punkte unserer Untersuchung natürlich noch nicht gelöst werden. Was ist das *letzte* Bekannte, auf das alles Unbekannte **zurückgeführt** sein muss, damit der Erkenntnistrieb des Philosophen befriedigt wäre? (410, **Grundzüge 1911**)
2. Dieser letztere Umstand gibt zu denken. Er zeigt, dass man von einem Fortschritt der Erkenntnis nicht nur dort redet, wo neue Tatsachen durch ein System alter, längst vertrauter Begriffe bezeichnet werden, sondern unter Umständen auch dort, wo die alten, wohlbekannten Tatsachen ein System neuer von neuen Erscheinungen abgeleiteter Zeichen zugeordnet wird. Dies haben manche Denker übersehen und sie haben geglaubt, es handle sich nur dort um eigentliche Erkenntnis, wo die Menschheit lernte, neu bekannt werdende Erscheinungen **zurückzuführen** auf solche, die ihnen zeitlich früher bekannt waren, und an die sie sich daher besser gewöhnt hatten. Das ist aber nicht richtig. Der Erkenntnisfortschritt (später werden wir uns das an noch mehr an Beispielen klar machen) ist ganz ebenso wohl vorhanden, wenn das Alte auf etwas Neues reduziert wird, vorausgesetzt nur, dass eine eindeutige Zuordnung der Urteile zu Tatsachen zustande kommt. Das Gemeinsame in beiden Fällen ist aber der Umstand, dass eben das Eine auf das Andere reduziert wird, also entweder die späteren Begriffe auf die länger bekannten, oder umgekehrt. In beiden Fällen wird der Effekt erreicht, dass man zur eindeutigen Bezeichnung des Alten *und* des Neuen mit einer ge-

ringeren Zahl von Begriffen auskommt. Der gewöhnlichere Fall wird allerdings der sein, dass man die neuen Erscheinungen mit Hilfe der alten zur Verfügung stehenden Begriffe „erklärt". Das, was man dabei Erkenntnisfortschritt nennt, besteht aber eben darin, dass es gelang, die neuen Tatsachen eindeutig zu bezeichnen, *ohne* dass es notwendig war, neue Zeichen einzuführen, sodass man also mit einer möglichst *kleinen* Zahl von Begriffen auskommen konnte. (435–436, **Grundzüge 1911**)

MSGA II.1.1: Berücksichtigkte Vorkommen von ‚Reduzieren'

1. Der Erkenntnisfortschritt (später werden wir uns das an noch mehr an Beispielen klar machen) ist ganz ebenso wohl vorhanden, wenn das Alte auf etwas Neues **reduziert** wird, vorausgesetzt nur, dass eine eindeutige Zuordnung der Urteile zu Tatsachen zustande kommt. Das Gemeinsame in beiden Fällen ist aber der Umstand, dass eben das Eine auf das Andere **reduziert** wird, also entweder die späteren Begriffe auf die länger bekannten, oder umgekehrt. In beiden Fällen wird der Effekt erreicht, dass man zur eindeutigen Bezeichnung des Alten *und* des Neuen mit einer geringeren Zahl von Begriffen auskommt. Der gewöhnlichere Fall wird allerdings der sein, dass man die neuen Erscheinungen mit Hilfe der alten zur Verfügung stehenden Begriffe „erklärt". Das, was man dabei Erkenntnisfortschritt nennt, besteht aber eben darin, dass es gelang, die neuen Tatsachen eindeutig zu bezeichnen, *ohne* dass es notwendig war, neue Zeichen einzuführen, sodass man also mit einer möglichst *kleinen* Zahl von Begriffen auskommen konnte. (436, **Grundzüge 1911**)
2. Man hört in der Gegenwart ziemlich viel auf die Subsumtionstheorie schelten; dennoch bedient man sich ihrer regelmässig zur Erläuterung der Schlussgesetze, wie wir später sehen werden. Die Subs[umptionstheorie] drückt in Wahrheit die Erkenntnisfunction der Urteile auf eine ganz angemessene Weise aus. Denn ich habe ja schon früher angedeutet, dass zur eigentlichen Erkenntnis eine **Reduction** speciellerer Begriffe auf allgemeinere erfordert wird, das ist aber ein Subsumtionsprocess. Und so wird denn jedes Urteil, sofern es eine eigentliche Erkenntnis enthält, auch irgend eine Subsumtion vollziehen. (477, **Grundzüge 1911**)
3. Dies alles ist ganz anders in den sog[enannten] exacten Wissenschaften. In ihnen wird die Eindeutigkeit nicht dadurch erreicht, dass man die Zahl der Fundamentalurteile möglichst gross macht, so dass möglichst viele von einander unabhängige Tatbestände durch isolierte Urteile bezeichnet wurden, sondern im Gegenteil, in ihnen bedarf man nur weniger Grundtatsachen und Axiome und es gelingt allein durch die logische Verknüpfung der Urteile untereinander die eindeutige Zuordnung zu erreichen. Hier strebt man die Zahl der Grundbegriffe immer mehr zu verringern, und diese **Reduction** auf ganz wenige Begriffe, die trotzdem zur Bezeichnung der unendlichen Mannigfaltigkeit der Tatsachen ausreichen, ist hier schon bis zu einem erstaunlichen Grade gelungen, die Erkenntnis ist in ihnen ungeheuer weit vorgeschritten denn das Ziel aller Erkenntnis besteht

ja in der **Reduction** der notwendigen Grundbegriffe auf eine möglichst kleine Zahl. Hier sorgt also nicht eine grosse Zahl von einander unabhängiger Wahrheiten, wie in der Geschichte oder der Philologie oder ähnlichen Wissenschaften, für die Eindeutigkeit der Zuordnung, sondern dafür sorgt in den exacten Wissenschaften der Systemzusammenhang, die logische, die syllogistische Verknüpfung der Urteile untereinander. Die erstaunliche Sicherheit, die dieser logische Zusammenhang den Urteilen gibt, ist ja allgemein ein Gegenstand der grössten Bewunderung. Er ermöglicht z. B. der Astronomie, was für die Geschichte ein ewig unerreichbares Ideal bleiben muss: ein sicheres Vorausschauen, auch über die längsten Zeiträume hinweg. Die exacten Wissenschaften begnügen sich mit einer höchst geringen Zahl von Grundbegriffen und Grundgesetzen. Sind diese einmal gegeben, so lassen sich mit ihrer Hilfe auch die compliciertesten Tatsachen erklären, die in das Gebiet der betroffenen Wissenschaft fallen. Um ein Beispiel wenigstens auszufuhren: die klassischen Mechanik bedient sich zur Erklärung aller mechanischen Gesetze und Verhältnisse nur der drei Grundbegriffe des Raumes, der Zeit und der Masse, von welchen allerdings der Raum noch in mehrere Begriffe zerlegt werden kann. Dies tut bekanntlich die Geometrie. Und die modernste Geometrie benutzt wiederum nur drei Begriffe: die des Punktes, der Geraden und der Ebene, um damit sämtliche nur denkbaren Sätze und Wahrheiten über räumliche Verhältnisse, eben alle geometrischen Wahrheiten, auszudrucken. Es wird eine Reihe von Axiomen an die Spitze gestellt, und auf ihnen wird durch blosse immer weiter und weiter ausgedehnte syllogistische Verknüpfung das ganze Gebäude der Geometrie errichtet. (524–525, **Grundzüge 1911**)

4. Für uns bleibt die Hauptsache, dass eine Bezeichnung der ganzen bunten Mannigfaltigkeit der Welt durch eine überaus geringe Zahl von Begriffen principiell möglich und zum grossen Teil sogar schon durchgeführt ist. Alle wissenschaftliche Arbeit ist auf kein andres Ziel gerichtet als die fortwährende immer weiterschreitende **Reduction** der Begriffe aufeinander denn dies eben heisst Erkennen. Wie die Erkenntnis nun im Einzelnen sich vollzieht, d. h. wie die Wirklichkeit allmählich durch die Begriffe bemeistert wird, und wie die dazu nötige Zahl sich immer verringert, und welches dann schliesslich jene wenigen allgemeinsten Begriffe sind, aus denen das ganze Gebäude der Erkenntnis sich aufbaut und entwickelt das können wir hier nicht mehr betrachten, denn es gehört gar nicht mehr in die allgemeine Erkenntnislehre, sondern es ist bereits Sache der Einzelwissenschaften, oder wenigstens der speciellen Theorie der einzelwissenschaftlichen Erkenntnis. Wenn man aber am Schluss, das Gebäude der Wissenschaften überblickend, fragt: Wie ist es möglich, dass die ganze Welt in ihrem unendlichen Gestalten- und Formenreichtum mit Hilfe eines so einfachen, durchsichtigen Begriffssystems bezeichnet, als ein einheitliches Ganzes dargestellt und gewissermaasen auf eine Formel gebracht werden kann?, so werden wir darauf ohne Zögern antworten, weil die Wirklichkeit selbst tatsächlich ein einheitliches Ganzes ist, eine Einheit, die wir unter der Form einer alles durchdringenden Einheitlichen Gesetzmässigkeit darstellen mögen, die aber jedenfalls in der Welt der Dinge, wie sie unabhängig von unserm Bezeichnen sind, ein rea-

les Correlat hat. Und dies eben ist der wahre Grund dafür, warum das Princip der Oekonomie des Denkens das eigentliche Erkenntnisprincip ist, denn indem wir unsere bezeichnenden Begriffe auf ein Minimum **reduzieren,** folgen wir dem eigensten Wesen und Gesetz des Wirklichen: wir *erkennen* es. Und wenn der naive Mensch glaubt, das Erkennen in der Wissenschaft und Philosophie sei ein wirkliches Eindringen und Einswerden mit dem innersten Wesen der Welt, so ist das zwar nicht richtig, aber es kommt in Wirklichkeit auch für keinen Zweck des Lebens oder der Wissenschaft darauf an, was das Erkennen eigentlich ist, sondern vielmehr einzig darauf, was es vermag. Und jeder, der die Wissenschaft wirklich kennt, weiss, dass es in Wahrheit viel, viel mehr vermag, als der naive Mensch sich träumen lässt, der da ein Eindringen in das innerste Wesen der Dinge an sich fordert. Die Erkenntnistheorie scheint zwar den Einzelwissenschaften gegenüber eine äusserst strenge Richterin zu sein, sie ist eben ihrem Wesen nach *kritisch,* aber von dem, was die Wissenschaften einmal wirklich sich errungen haben, kann sie niemals etwas zerstören oder umwerfen oder ändern, sondern sie kann es im Gegenteil nur begründen und deuten, und solche Deutung ist die letzte und höchste wissenschaftliche Forderung, und durch sie allein kann unser philosophisches Bedürfnis endgültig befriedigt werden. (658–658, Ende, **Grundzüge 1911**)

MSGA II.1.2

Keine relevanten Vorkommen von ‚Wiederfinden', ‚Wiedererkennen' oder ‚Reduzieren'.

MSGA II.1.2: Berücksichtigkte Vorkommen von ‚Zurückführen'

1. Was heisst aber „begreifen", „verstehen", „erklären"? Man ahnte seit Thales sehr wohl, dass damit eine **Zurückführung** des Verschiedenen auf Gleiches gemeint sei [...]. (41, **[Einleitung in die Philosophie der Zukunft]**

MSGA II.1.3

Keine relevanten Vorkommen von ‚Wiederfinden'.

MSGA II.1.3: Berücksichtigkte Vorkommen von ‚Wiedererkennen'

1. Soll also Beschreibung möglich sein, so muss etwas vorher Festgesetztes bestehen, oder, wie man auch sagen kann, etwas durch die Erfahrung bestimmtes. Also ist selbst für die einfachste *beschreibende Erkenntnis ein* ***Wiedererkennungsakt*** *notwendig.* (Wie ein solcher zustandekommt, ist Sache der Psychologie.) Der einfachste Fall einer beschreibenden Erkenntnis ist bezeichnen irgend eines erlebten Sinneseindruckes; dazu ist aber nötig, dass man z. B. eine unbekannte Farbe immerhin als Farbe erkennt. Der **Wiedererkennungsakt** ist die Voraus-

setzung für die Möglichkeit der Verwendung der Sprache. (391, **Logik und Erkenntnistheorie 1934/35**)

2. Den Zweck der Erkenntnis im tägl[ichen] Leben, uns vorzubereiten, erfüllt schon die Beschreibung; man führt für etwas Neues eben neue Namen ein und kann es später **wiedererkennen.** Bald aber kommt man im Leben an den Punkt, wo man genügend Worte anhand hat, um alles (tatsächlich vorkommende) Neue beschreiben zu können; man kann durch nichts mehr überrascht werden, in dem Sinne, dass man es nicht beschreiben könnte (in einem anderen Sinne gibt es natürlich immer wieder neue Gegenstände (Auto, Radio, Flugzeug, etz.), die man aber immer hätte vollständig beschreiben können). *Neuartige Dinge mit neuen Worten zu belegen, ist praktisch; man könnte diese Worte aber auch durch komplizierte Beschreibungen ersetzen und so ist es klar, dass viele Worte in unserer Sprache logisch gesprochen überflüssig sind.* Es entsteht nun die *Frage,* mit welchen Worten wir im Notfall auskommen könnten, *welche Worte oder Begriffe absolut unentbehrlich sind?* (Man kann diese Frage in der Geschichte der Philosophie gleichsetzen der Frage nach den sog[enannten] Kategorien des Denkens.) Dies ist die Frage, die wir zu beantworten suchen, wo immer in der Welt, in der Wissenschaft, es sich um Erkenntnis handelt; *denn jede erklärende Erkenntnis besteht darin, dass wir die Anzahl der zunächst zur Beschreibung verwendeten Worte oder Begriffe verringern.* Es geschieht dies durch die Einsicht, dass man nicht ganz bestimmte, besondere Worte für eine gewisse Tatsache braucht, sondern diese Worte durch einen Komplex anderer Worte ersetzen kann und darin besteht zunächst die Erkenntnis. (392, **Logik und Erkenntnistheorie 1934/35**)

MSGA II.1.3: Berücksichtigkte Vorkommen von ‚Zurückführen'

1. Eben weil die Philosophie es mit den allgemeinsten Fragen zu tun hat, deshalb müssen alle specielleren Fragen sich philosophisch begründen lassen, sofern man überhaupt letzte Gründe für sie finden kann. Begründen heisst in der Wissenschaft überhaupt: das Speciellere auf das Allgemeinere **zurückzuführen,** und wenn das Allgemeinste eben immer das Philosophische ist, so muss jede Wissenschaft, jede Wahrheit in irgend einem Sinne philosoph[ische] Grundlagen haben.
   (Aber das will ich etwas näher erläutern, damit uns auch klar wird, was wir eigentlich unter philos[ophischen] Grundlagen zu verstehen haben. Betrachten wir eine beliebige spezialwissenschaftliche Frage. Der Mediziner fragt nach der Ursache einer Krankheit. Findet sie in Bacillen. Diese Antwort genügt ihm schon in manchen Fällen. Will er aber mit der Erkenntnis weiter dringen, so fragt er: *warum* bedingt das Vorhandensein der Bacterien Krankheit? Er findet, dass sie giftige Stoffe abscheiden. Dies ist eine physiologische Frage. Aber er will weiter wissen, wie kommt das? Dazu muss er die Lebensbedingungen der Bacillen im allgemeinen untersuchen, d. h. er muss sich ins Gebiet der *Biologie* begeben. Fragt er noch weiter, so kommt er in die *Chemie,* weiter in die Physik. Von hier

aus entweder direct zur Philosophie, oder auf dem Umwege über die Mathematik (Raum und Zeit). (93, **Grundlagen der Mathematik 1913**)

2. Denn alles im Universum das ist der unerschütterliche Glaube der Wissenschaft ist exacten Gesetzen unterworfen, Gesetze aber lassen sich streng quantitativ genau, allein in math[ematischer] Form aussprechen. Deshalb ist reine Erkenntnis der Vorgänge im Universum nur dadurch möglich, dass alles auf Mass und Zahl **zurückgeführt** wird und das geschieht eben durch die mathemat[ische] Methode. (99, **Grundlagen der Mathematik 1913**)
3. Sowohl bei der beschreibenden, wie auch bei der erklärenden Erkenntnis kommt es darauf an, *dass man einen neuen Gegenstand mit alten Worten bezeichnet, dass das Neue durch alte Zeichen beschrieben wird; das ist das Gemeinsame beider Arten der Erkenntnis. Das Neue wird auf das Alte* ***zurückgeführt****. Beschreibung.* Arbeitet man mit Zeichen (mit gebräuchlichen, denn ein Zeichen, das noch nicht gebraucht worden ist, ist ja keines) die für diesen besonderen Fall noch nicht gebraucht wurden und von denen sich herausstellt, dass sie zur Beschreibung dieses Tatbestandes auch reichen: *Erklärung.* Weiters kann man sagen: *Beschreibung liegt vor, wenn durch die Bezeichnung die Zahl der Zeichen nicht verringert wird. Kommt man aber mit weniger Worten oder Zeichen aus, als bei einer solchen Beschreibung sonst üblich ist, dann hat man die Tatsache erklärt,* man hat sie auf etwas anderes, schon Bekanntes, **zurückgeführt** (z. B. die Wärmeerscheinung auf Bewegungserscheinungen.) *Sowohl bei Beschreibung als auch bei Erklärung handelt es sich um Erkenntnis.* Bei jeder *erklärenden Erkenntnis* liegt also *eine* ***Zurückführung*** *des Neuen auf das Alte vor, eine Reduktion* (und zwar eine symbolische Reduktion, denn es handelt sich um einen Denkvorgang, wir operieren nur mit Zeichen); dieses aufeinander **Zurückführen** ist eine Verallgemeinerung des Gebrauches der Zeichen. *Die Erklärung besteht in der* ***Zurückführung*** *des Besonderen auf das Allgemeine;* man kann immer mehr Tatsachen mit immer weniger Zeichen beschreiben. Die Erklärung besteht darin, dass die in der Wirklichkeit bestehende Buntheit der Welt verschwindet, im Zeichensystem ausgeglichen wird; anders bei der beschreibenden Erkenntnis. Durch die Verwendung in einer Erklärung bekommen die Zeichen einen grossen Anwendungsbereich, sie werden zur Bewältigung der Beschreibung von mehr Phänomenen verwendet. (393–394, **Logik und Erkenntnistheorie 1934/35**)
4. *Die wissenschaftliche Erkenntnis* ist aber nicht dazu da, um die Worte der tägl[ichen] Sprache zu eliminieren, sondern um zu zeigen, wie Neues auf Bekanntes **zurückgeführt** werden kann, *inwieweit es möglich ist, die letzten Elemente der Welt aufzuzeigen,* auf die alles andere **zurückzuführen** ist, *das Weltbild dadurch zu vereinfachen und zu vereinheitlichen.* (395, **Logik und Erkenntnistheorie 1934/35**)
5. Erkenntnis ist immer **Zurückführen** des einen auf das andere; man stellt etwas auf Grund von Ähnlichkeiten fest, es handelt sich nie um irgendeinen Gegenstand, sondern um einen Gegenstand, den man schon kennt und nun weiter einordnet. Das zunächst Unbekannte wird als Bild, weiter als Bild eines bestimmten Gegenstandes erkannt: um alles das ausführen zu können, muss man das Bild anschauen, sich davon Kenntnis verschaffen, was eigentlich vorliegt; das geschieht,

indem man möglichst viele sinnliche Eindrucke zu gewinnen sucht; man trachtet genau wahrzunehmen, um die Beschreibung liefern zu können und dann eine Erklärung geben zu können. (400–401, **Logik und Erkenntnistheorie 1934/35**)

6. Es handelt sich also um eine Erkenntnis, wenn die in den Aussagen vorkommenden Worte in der richtigen Weise verwendet sind; hier wird das Wort „wahr" auf das Wort „richtig" **zurückgeführt,** d. h. dass die zu der Aussage verwendeten Worte gemäss den Regeln angewendet sind, die für den Gebrauch der Sprache für diese Fälle festgelegt sind. (422, **Logik und Erkenntnistheorie 1934/35**)

MSGA II.1.3: Berücksichtigkte Vorkommen von ‚Reduzieren'

1. Sowohl bei der beschreibenden, wie auch bei der erklärenden Erkenntnis kommt es darauf an, *dass man einen neuen Gegenstand mit alten Worten bezeichnet, dass das Neue durch alte Zeichen beschrieben wird; das ist das Gemeinsame beider Arten der Erkenntnis. Das Neue wird auf das Alte zurückgeführt. Beschreibung.* Arbeitet man mit Zeichen (mit gebräuchlichen, denn ein Zeichen, das noch nicht gebraucht worden ist, ist ja keines) die für diesen besonderen Fall noch nicht gebraucht wurden und von denen sich herausstellt, dass sie zur Beschreibung dieses Tatbestandes auch reichen: *Erklärung.* Weiters kann man sagen: *Beschreibung liegt vor, wenn durch die Bezeichnung die Zahl der Zeichen nicht verringert wird. Kommt man aber mit weniger Worten oder Zeichen aus, als bei einer solchen Beschreibung sonst üblich ist, dann hat man die Tatsache erklärt,* man hat sie auf etwas anderes, schon Bekanntes, zurückgeführt (z. B. die Wärmeerscheinung auf Bewegungserscheinungen.) *Sowohl bei Beschreibung als auch bei Erklärung handelt es sich um Erkenntnis.* Bei jeder *erklärenden Erkenntnis* liegt also *eine Zurückführung des Neuen auf das Alte vor, eine* ***Reduktion*** (und zwar eine symbolische **Reduktion,** denn es handelt sich um einen Denkvorgang, wir operieren nur mit Zeichen); dieses aufeinander Zurückführen ist eine Verallgemeinerung des Gebrauches der Zeichen. *Die Erklärung besteht in der Zurückführung des Besonderen auf das Allgemeine;* man kann immer mehr Tatsachen mit immer weniger Zeichen beschreiben. Die Erklärung besteht darin, dass die in der Wirklichkeit bestehende Buntheit der Welt verschwindet, im Zeichensystem ausgeglichen wird; anders bei der beschreibenden Erkenntnis. Durch die Verwendung in einer Erklärung bekommen die Zeichen einen grossen Anwendungsbereich, sie werden zur Bewältigung der Beschreibung von mehr Phänomenen verwendet. (393–394, **Logik und Erkenntnistheorie 1934/35**)
2. Noch ein weiteres Missverständnis ist schuld daran, wenn das Ziel der Intuition und das Ziel der discursiven Erkenntnis verwechselt werden, dass man überhaupt für beide denselben Namen gebraucht, trotzdem es sich doch um ganz verschiedene Prozesse handelt. Man strebt bei der Erkenntnis gerne immer nach der sogen[annten] *absoluten Sicherheit* und da scheint es nun, dass die discursive Erkenntnis als komplizierter Prozess leichter dem Irrtum ausgesetzt ist (man hat dabei erst Gleiches zu finden, dann auf einander zu reduzieren mit Hilfe von Symbolen, die vorher anderen Darstellungen gedient haben, etz.). Man sagt richtig, dass Erkenntnisprozesse dieser Art irgendwie dem Zweifel ausgesetzt

sind, ihr Resultat nie als ganz sicher bezeichnet werden kann. Wenn man aber nun das, was Unsicherheit verschuldet, auszuschalten sucht, was der reinen, ungetrübten Erkenntnis vielleicht im Wege steht, dann bleibt die blosse Intuition, das Anschauen oder Dasein der Gegenstände, das keine Erkenntnis beinhaltet. (410–411, **Logik und Erkenntnistheorie 1934/35**)

MSGA II.2.1: Berücksichtigkte Vorkommen von ‚Wiederfinden'

1. Da wir vom Naturerkennen reden wollen, ist es wohl notwendig, uns zuerst mit ein paar Worten zu vergegenwärtigen, was eigentlich unter Erkennen ganz im allgemeinen zu verstehen ist. Die nähere Analyse zeigt nun, dass ein Erkennen eines vorher Unbekannten überall dort vorliegt, wo in diesem Unbekannten etwas Bekanntes **wiedergefunden** wird. Das ist zunächst eine sehr vage Bestimmung, sie genügt aber für unsere Zwecke, und einige Beispiele werden Ihnen sogleich zeigen, wie sie gemeint ist. Der Chemiker sagt, er habe die Zusammensetzung eines Stoffes *erkannt,* wenn er bei der Analyse in diesem Stoff lauter bereits bekannte Elemente in bestimmten Mengenverhältnissen **wiedergefunden** hat. Der Physiker „erkennt" irgend eine Erscheinung immer in der Weise, dass er nachweist, dass in ihr lauter anderweitig bekannte Gesetzmässigkeiten **wiedergefunden** werden können, so dass jene restlos darauf zurückgeführt wird. Alle Eigentümlichkeiten des Schalles und seiner Ausbreitung z. B. waren bekanntlich erklärt, sobald man fand, dass sie identisch sind mit den Eigentümlichkeiten der longitudinalen Schwingungen eines gasförmigen Mediums, nämlich der Luft. Ferner galten die Erscheinungen und das Wesen des Lichtes als *erkannt,* als man in ihnen ganz genau die Gesetze der electrischen Wellen mit allen Einzelheiten **wiederfand,** und man konnte dann sagen: das Licht besteht aus electrischen Wellen. Ich will die Beispiele nicht häufen; Sie mögen einen beliebigen Fall aus irgendeiner Wissenschaft oder aus dem täglichen Leben betrachten, wo man von erkennen redet: immer besteht der Erkenntnisprocess in einem **Wiederfinden** von etwas Bekanntem. Sie sehen: damit eine Naturerkenntnis überhaupt möglich sei, ist erforderlich, dass in der Natur in irgendeinem Sinne, auf irgendeine Weise, etwas *Gleiches* wiederkehrt, denn wenn alle Erscheinungen ganz voneinander unterschieden wären, wenn in der Welt alles wirklich nur im ewigen Fluss begriffen wäre, wie Heraklit meinte: πάντα ῥεῖ, dann gäbe es kein Erkennen, denn jener Akt des **Wiederfindens** von Bekanntem könnte nicht stattfinden, es gäbe ja nichts Bekanntes, weil alles vollkommen neu und nie vorher dagewesen wäre. Damit wir die Natur erkennen, muss es also in ihr Erscheinungen oder Dinge oder Gegenstände geben – das Wort lassen wir einstweilen noch ganz offen – die zu verschiedenen Zeiten oder an verschiedenen Orten wiederkehren – und diese Bedingung wird am einfachsten erfüllt, wenn es etwas gibt, das überhaupt es selbst bleibt, identisch mit sich selbst bleibt. Und nur, wenn dies letztere der Fall ist fühlt der Mensch sein Erkenntnisbedürfnis ganz befriedigt, oder hat wenigstens Hoffnung, es zu befriedigen, denn nur wenn im Flusse der Erscheinung irgend etwas *bleibt,* kann er die verschiedenen Vorgänge und Zustände, die

er in der Welt wahrnimmt, erkennend miteinander verbinden; ein Phänomen, in dem in einem Augenblick absolut *nichts* mehr von dem enthalten wäre, was es im Augenblick vorher war, würde ewig unerkannt bleiben, unbegreiflich sein, weil sich in den beiden Phasen des Phänomens nichts Gemeinsames **wiederfinden** liesse; in diesem **Wiederfinden** aber besteht das Erkennen und Begreifen. Denken Sie, um sich den Sinn des eben Gesagten klarer zu machen, an irgend einen einfachen Vorgang, etwa das Gefrieren des Wassers.
Würde man das Eis im Vergleich mit dem Wasser als etwas absolut Neues auffassen, so wäre damit auf jede Erkenntnis des Vorgangs im Prinzip verzichtet. Das ist die richtige Erklärung – von einer Anwendung eines apriorischen Wissens wie „nihil fit ex nihilo aut ad nihilum“ ist gar nicht die Rede. Der Mensch schafft sich eine Erklärungsmöglichkeit erst dadurch, dass er sagt, es bleibt bei dem Vorgang etwas erhalten, in beiden Fällen haben wir dasselbe Etwas, denselben Stoff, aber in zwei verschiedenen Zuständen. Und ebenso verfährt nun der Mensch überhaupt ganz allgemein bei der Naturerklärung, so verfuhr er zu allen Zeiten. Um die Welt zu erkennen, nahm und nimmt er hinter dem Flusse der Erscheinungen, der doch nun einmal in der Natur beobachtet wird, etwas *Beharrliches* an, und alle Veränderungen in der Welt sind Veränderungen *an* diesem Beharrlichen. Das Beharrliche heißt in der Philosophie *Substanz,* und die Zustände, die Eigenschaften dieser Substanz, also das Veränderliche, nennt sie *Accidentien.* Man drückt das Verhältnis zwischen beiden aus, indem man sagt: die Accidentien inhärieren der Substanz, oder diese ist der *Träger* von jenen. Von der Rechtmässigkeit dieser Begriffe reden wir hier vorläufig gar nicht, sondern ich stelle nur dar, wie man tatsächlich zu ihnen gelangte. Das Motiv dazu lag also darin, dass alles Erkennen ein Wiedererkennen verlangt, d. h. eine Identifizierung von etwas Neuem mit etwas Altem. Alles Geschehen ist nun aber Entstehen von etwas Neuem; um es begreifbar zu machen, muss also etwas Beharrliches zugrunde gelegt werden, das nicht fortwährend etwas Neuem Platz macht, sondern identisch dasselbe bleibt – eben die Substanz. Eine besondere Art der Substanz ist die raumerfüllende, sie heißt Stoff oder Materie[.] Mit ihr hat sich natürlich die Naturphilosophie besonders zu beschäftigen. Die Probleme, die mit dem Substanzbegriff zusammenhängen, werden also den ersten Gegenstand unserer Betrachtungen bilden. Diese Probleme bilden ja eine lange Reihe, die beginnt mit den grossen physikalischen Fragen nach der Constitution der Materie und endigt mit der philosophischen Frage nach der Bedeutung des Substanzbegriffs überhaupt. Aber die Substanz ist – oder die Substanzen sind – nicht das einzige Beharrliche, Unveränderliche, das der Naturerklärung zugrunde gelegt wird. Es genügt nicht zur vollkommenen Erkenntnis, dass man in allem Wechsel etwas Beharrliches **wiederfindet** (wie etwa das Gewicht des Wassers durch das Gefrieren nicht geändert wird), sondern der Wechsel selbst muss in sich, um erkannt zu werden, etw[as] immer Bekanntes enthalten, etwas immer Wiederkehrendes, also schließlich etwas Beharrliches. Dieses Beharrliche nennt man *Gesetz.* Die Veränderungen der Natur mögen noch so bunt und mannigfaltig sein – das Gesetz ihres Wechsels bleibt und ist immer identisch dasselbe. Jedenfalls ist ein Erkennen des Wechsels nur möglich, wenn dies sich

so verhält. Wenn man das Gesetz aller Veränderung kennt, so gibt es nichts neues, unbekanntes mehr, denn alle Veränderungen sind nur Specialfälle der Gesetze und lassen sich aus diesen vollständig herleiten. Wenn ich aber blos wusste, dass aller Wechsel an einer beharrlichen Substanz stattfindet, so könnte ich daraus das Einzelne dieses Wechsels selbst noch nicht begreifen, der Substanzbegriff allein genügt also in keiner Weise zur Naturerklärung. (119–123, **[Einleitung in die Naturphilosophie] 1911/12**)

2. Allen genannten Denkern ist nun gemeinsam, dass sie mit characteristischer Kühnheit naiver Speculation nur *eine* Ursubstanz annahmen. Durch diese Hypothese wird nämlich das Erkenntnisstreben gleich im grösstmöglichen Masse befriedigt, denn das Erkennen ist offenbar weiter gediehen, wenn dasselbe Bekannte in *allen* Erscheinungen **wiedergefunden** wird, als wenn nur hinter einer Reihe von Phänomenen eine Substanz entdeckt wird, hinter einer anderen Reihe aber eine andere. (126, **[Einleitung in die Naturphilosophie] 1911/12**)
3. Offenbar kann man nun nicht wohl sagen – und Demokrit tat es auch nicht – dass diese Teile des Atoms nun ihrerseits durch Haken oder sonstige Vorrichtungen zusammengehalten werden – das würde ja dann ins Unendliche so weiter gehen müssen, und das Nachdenken würde nicht befriedigt, sondern man muss eben diesen unaufhebbaren Zusammenhang als letzte Tatsache hinnehmen, man kann sie nicht weiter „erklären", d. h. man kann in ihr nichts anderweitig Bekanntes **wiederfinden,** und wenn man etwa sagt, die Teile des Atoms wurden durch unüberwindliche, unendlich große Kräfte miteinander verbunden, und diesen etwa noch gelehrte Namen wie Cohäsion oder dergl[eichen] gibt, so hat man damit diese Tatsache nicht weiter erkannt, sondern nur durch Worte bezeichnet. (130, **[Einleitung in die Naturphilosophie] 1911/12**)
4. Hier werden also zwei völlig getrennte Gebiete, das der Mechanik und das der Wärme unter einen Gesichtspunkt gebracht; in den Temperaturerscheinungen werden die mechanischen Gesetze **wiedergefunden,** wiedererkannt, und hier haben wir also einen jener grossen Erkenntnisschritte vor uns, durch die zwei ganz auseinanderfallende Wirklichkeitsgebiete aufeinander zurückgeführt werden, was eine gewaltige Vereinfachung des Weltbildes bedeutet. (137, **[Einleitung in die Naturphilosophie] 1911/12**)
5. Man will doch eben die Natur *erkennen,* die Anschaulichkeit aber ist keine notwendige Bedingung der Erkenntnis, sondern höchstens eine bequeme Zutat. Es ist einer der grössten Fehler aller Metaphysiker gewesen, dass sie Anschauen mit Erkennen verwechselten. Was ich deutlich sehe oder höre, ist damit noch nichts weniger als erkannt im wissenschaftlichen Sinne. Erkennen bedeutet ja das **Wiederfinden** des einen im andern, und die bestmögliche, vollkommenste Naturerkenntnis ist erreicht, wenn diejenigen Elemente oder Begriffe entdeckt sind, die dann in allen Naturerscheinungen **wiedergefunden,** und ausser denen keine darin gefunden werden. Aber anschaulich brauchen diese letzten Begriffe nicht zu sein. (158–159, **[Einleitung in die Naturphilosophie] 1911/12**)
6. Was nach der modernen qualitativen Energetik bei allen Umwandlungen dasselbe bleibt, ist nur die Zahl, welche die Grösse der betr[effenden] Energie angibt, das aber etwas mit sich selbst identisch Bleibendes zugrunde liegt, eine Substanz,

wird nur behauptet, nicht bewiesen, und der Beweis wird sogar abgelehnt, indem z. B. die kinetische Theorie der Wärme verworfen wird, welche den Übergang kinetischer Energie in Wärme erklärt und beide Arten von Energie als identisch, als wesensgleich, nämlich beide als kinetisch auffasst. Die Energetik lässt also eine Hauptforderung der Erkenntnis unerfüllt, nämlich die qualitativen Unterschiede in der Natur auf quantitative zurückzuführen. Die Energieumwandlungen möchten wir doch *erkennen;* Erkennen aber heisst **Wiederfinden** des einen im andern; die Umwandlungen können also nur dann als erklärt gelten, wenn in allen Energiearten ein und dieselbe Energie **wiedergefunden** ist. Die reine Energetik verbietet nun gerade solch **Wiederfinden,** solch Reduzieren aufeinander. Man müsste sich dabei beruhigen, wenn die Versuche zu solchen Reductionen erfolglos gewesen wären – aber wir haben bei den mechanischen Theorien gesehen, dass es vorzüglich gelungen ist, Wärmeenergie auf kinetische zurückzuführen – und dadurch wird das Erkenntnisstreben in viel höherem Masse befriedigt. Der Gedanke, der den mechanischen Hypothesen zugrunde lag, war, wie wir jetzt erkennen, der: alle Energie in der Welt ist mechanischer Natur. Bei den dynamischen Theorien: potentiell und kinetisch, bei der Wirbelringtheorie blos kinetisch. Ebenso bei der Hertz'schen Theorie. Erläutern. Aber von allen mechanischen Theorien hat man sich, wie ich schon mehrmals sagte abgewandt, und zwar aus dem einfachen Grunde, weil es auf keine Weise gelingen wollte, die electrischen und magnetischen Erscheinungen auf mechanische Art zu erklären. Alle übrigen Energiearten können mit Leichtigkeit auf diese beiden zurückgeführt werden – wenigstens principiell, wenn auch in Einzelheiten noch nicht immer klar ist, in welcher Art die Reduction stattzufinden hat. So unterliegt es z. B. keinem Zweifel, dass die sog. chemische Energie elektrischer Natur ist. Das gleiche gilt, wie jederman weiss, von der Energie der Licht- und Wärmestrahlen – die Wärmeenergie n der ponderablen Körper dagegen wird durch die kinetische Theorie als mechanische erkannt. Der moderne Physiker hat also nur noch zwei verschiedene Energiearten einander gegenüberstehen: mechanische und electromagnetische. Und es ist also noch der letzte Schritt zur völligen Vereinheitlichung des Weltbildes zu tun: Es muss entweder die mechanische ihrem Wesen nach als electrische erkannt werden, oder beide müssen auf eine dritte erst noch zu definierende Art zurückgeführt werden. Im letzten Jahrzehnt hat man mit beträchtlichem Erfolge diese beiden Wege eingeschlagen und zwar war das grosse Hilfsmittel hierbei die sog. Elektronentheorie, durch die das Substanzproblem in der Gegenwart ein ganz neues Aussehen bekommen hat. Ich muss ganz kurz die Leitgedanken der Electronentheorie angeben. (187–189, **[Einleitung in die Naturphilosophie] 1911/12**)

7. Die ersten naturphilosophischen Versuche wollten das Tote auf das Lebendige zurückführen (Mythologie, Hylozoismus)[.] Die moderne Wissenschaft versucht natürlich das Umgekehrte. Erklären: **Wiederfinden** des Gleichen. Arten des Constanten: 1: Substanzen; 2: Gesetze. Die organische Natur erklären heisst also: im Lebendigen dieselben Substanzen, dieselben Gesetze **wiederfinden** wie im Anorganischen. Die 1ste Aufgabe ist vollständig, die 2te erst zum Teil gelöst. Wenn wir das Wesen einer Sache erkannt, d. h. wenn wir sie auf andre

Sachen zurückgeführt haben, so ist der beste Beweis für die Richtigkeit dieser Zurückführung immer der, dass wir das Erkannte mit Hilfe jener andern Sachen wirklich künstlich erzeugen. (219–220, **Philosophie der Biologie 1915–17**)

8. Ein solches Princip ist z. B. der Glaube an die *Einfachheit* der Natur, also die Voraussetzung, dass es nicht viele verschiedene Arten von Naturgesetzen gibt, sondern dass die complizierteren sich aus den einfacheren ableiten lassen; so leitete etwa Newton die Gesetze der Gestirnbewegungen und des Falles der irdischen Körper aus *einem* einfachen Gesetze ab. Das ist eine Voraussetzung, die sich bisher immer bewährt hat; auf ihr beruht alle exacte Wissenschaft, ja nur durch sie ist die Natur *erkennbar,* denn erkennen heisst ja, in allem immer dasselbe **wiederfinden,** in allen Naturvorgängen immer die gleichen einfachen Gesetze aufdecken, und wenn dies möglich ist, dann nennen wir eben die Natur *einfach.* (231, **Philosophie der Biologie 1915–17**)
9. III. Theorienbildung

   Bisher nur das *End*resultat der Theorienbildung betrachtet, jetzt Verfahren höher untersuchen. Theorien bestehen aus allgemeinen Sätzen. Woher kommen sie?

   1) Direkt gewonnen, abgelesen durch Zusammenfassung. Führt nur zur Beschreibung im engeren Sinne, während erst Beschreibung im *weitern* Sinne Erklärung ist. **Wiederfinden** des einen im andern. Um zu finden, muss man *suchen, raten.* Kriterium f[ür] richtiges Raten: Bestätigung durch Erfahrung.
   2) Hypothesen, Annahmen, Geratenes. Deduktion aus allgem[einen] Sätzen muss zu verifizierbaren Urteilen fuhren.
   3) Notwendige Sätze. Synth[etisch] a priori
   4) Definitionen. (Analytische Urteile, Konventionen)

   Definition ist leicht – aber gibt es Objekte in Wirklichkeit, auf die dann der definierte Begriff passt?

   Was ist Theorie? Schlechtes Wort, denn ϑεωρέω heisst *anschauen.* Theoretische Physik = deduktive, experimentelle = induktive Physik. Die rohe (Bacon'sche) Induktion liefert die lebenswichtigsten Erkenntnisse über Sukzessionen, sodass wir nicht *überrascht* werden – aber kein wissenschaftliches *Verständnis.* Nur Feststellung und einfachste Voraussagungen der Koinzidenzen. Reduktion verschiedener Gebiete aufeinander erfordert Einführung neuer Ideen, um Gleichheiten aufzudecken. *Phantasie* des Forschers. (393–394, **Naturphilosophie 1926/27**)

MSGA II.2.1: Berücksichtigkte Vorkommen von ‚Wiedererkennen'

1. Da wir vom Naturerkennen reden wollen, ist es wohl notwendig, uns zuerst mit ein paar Worten zu vergegenwärtigen, was eigentlich unter Erkennen ganz im allgemeinen zu verstehen ist. Die nähere Analyse zeigt nun, dass ein Erkennen eines vorher Unbekannten überall dort vorliegt, wo in diesem Unbekannten etwas Bekanntes wiedergefunden wird. Das ist zunächst eine sehr vage Bestimmung, sie genügt aber für unsere Zwecke, und einige Beispiele werden Ihnen

sogleich zeigen, wie sie gemeint ist. Der Chemiker sagt, er habe die Zusammensetzung eines Stoffes *erkannt,* wenn er bei der Analyse in diesem Stoff lauter bereits bekannte Elemente in bestimmten Mengenverhältnissen wiedergefunden hat. Der Physiker „erkennt" irgend eine Erscheinung immer in der Weise, dass er nachweist, dass in ihr lauter anderweitig bekannte Gesetzmässigkeiten wiedergefunden werden können, so dass jene restlos darauf zurückgeführt wird. Alle Eigentümlichkeiten des Schalles und seiner Ausbreitung z. B. waren bekanntlich erklärt, sobald man fand, dass sie identisch sind mit den Eigentümlichkeiten der longitudinalen Schwingungen eines gasförmigen Mediums, nämlich der Luft. Ferner galten die Erscheinungen und das Wesen des Lichtes als *erkannt,* als man in ihnen ganz genau die Gesetze der electrischen Wellen mit allen Einzelheiten wiederfand, und man konnte dann sagen: das Licht besteht aus electrischen Wellen. Ich will die Beispiele nicht häufen; Sie mögen einen beliebigen Fall aus irgendeiner Wissenschaft oder aus dem täglichen Leben betrachten, wo man von erkennen redet: immer besteht der Erkenntnisprocess in einem Wiederfinden von etwas Bekanntem. Sie sehen: damit eine Naturerkenntnis überhaupt möglich sei, ist erforderlich, dass in der Natur in irgendeinem Sinne, auf irgendeine Weise, etwas *Gleiches* wiederkehrt, denn wenn alle Erscheinungen ganz voneinander unterschieden wären, wenn in der Welt alles wirklich nur im ewigen Fluss begriffen wäre, wie Heraklit meinte: πάντα ῥεῖ, dann gäbe es kein Erkennen, denn jener Akt des Wiederfindens von Bekanntem könnte nicht stattfinden, es gäbe ja nichts Bekanntes, weil alles vollkommen neu und nie vorher dagewesen wäre. Damit wir die Natur erkennen, muss es also in ihr Erscheinungen oder Dinge oder Gegenstände geben – das Wort lassen wir einstweilen noch ganz offen – die zu verschiedenen Zeiten oder an verschiedenen Orten wiederkehren – und diese Bedingung wird am einfachsten erfüllt, wenn es etwas gibt, das überhaupt es selbst bleibt, identisch mit sich selbst bleibt. Und nur, wenn dies letztere der Fall ist fühlt der Mensch sein Erkenntnisbedürfnis ganz befriedigt, oder hat wenigstens Hoffnung, es zu befriedigen, denn nur wenn im Flusse der Erscheinung irgend etwas *bleibt,* kann er die verschiedenen Vorgänge und Zustände, die er in der Welt wahrnimmt, erkennend miteinander verbinden; ein Phänomen, in dem in einem Augenblick absolut *nichts* mehr von dem enthalten wäre, was es im Augenblick vorher war, würde ewig unerkannt bleiben, unbegreiflich sein, weil sich in den beiden Phasen des Phänomens nichts Gemeinsames wiederfinden liesse; in diesem Wiederfinden aber besteht das Erkennen und Begreifen. Denken Sie, um sich den Sinn des eben Gesagten klarer zu machen, an irgend einen einfachen Vorgang, etwa das Gefrieren des Wassers. Würde man das Eis im Vergleich mit dem Wasser als etwas absolut Neues auffassen, so wäre damit auf jede Erkenntnis des Vorgangs im Prinzip verzichtet. Das ist die richtige Erklärung – von einer Anwendung eines apriorischen Wissens wie „nihil fit ex nihilo aut ad nihilum" ist gar nicht die Rede. Der Mensch schafft sich eine Erklärungsmöglichkeit erst dadurch, dass er sagt, es bleibt bei dem Vorgang etwas erhalten, in beiden Fällen haben wir dasselbe Etwas, denselben Stoff, aber in zwei verschiedenen Zuständen. Und ebenso verfährt nun der Mensch überhaupt ganz allgemein bei der

Naturerklärung, so verfuhr er zu allen Zeiten. Um die Welt zu erkennen, nahm und nimmt er hinter dem Flusse der Erscheinungen, der doch nun einmal in der Natur beobachtet wird, etwas *Beharrliches* an, und alle Veränderungen in der Welt sind Veränderungen *an* diesem Beharrlichen. Das Beharrliche heißt in der Philosophie *Substanz,* und die Zustände, die Eigenschaften dieser Substanz, also das Veränderliche, nennt sie *Accidentien.* Man drückt das Verhältnis zwischen beiden aus, indem man sagt: die Accidentien inhärieren der Substanz, oder diese ist der *Träger* von jenen. Von der Rechtmässigkeit dieser Begriffe reden wir hier vorläufig gar nicht, sondern ich stelle nur dar, wie man tatsächlich zu ihnen gelangte. Das Motiv dazu lag also darin, dass alles Erkennen ein **Wiedererkennen** verlangt, d. h. eine Identifizierung von etwas Neuem mit etwas Altem. Alles Geschehen ist nun aber Entstehen von etwas Neuem; um es begreifbar zu machen, muss also etwas Beharrliches zugrunde gelegt werden, das nicht fortwährend etwas Neuem Platz macht, sondern identisch dasselbe bleibt – eben die Substanz. Eine besondere Art der Substanz ist die raumerfüllende, sie heißt Stoff oder Materie[.] Mit ihr hat sich natürlich die Naturphilosophie besonders zu beschäftigen. Die Probleme, die mit dem Substanzbegriff zusammenhängen, werden also den ersten Gegenstand unserer Betrachtungen bilden. Diese Probleme bilden ja eine lange Reihe, die beginnt mit den grossen physikalischen Fragen nach der Constitution der Materie und endigt mit der philosophischen Frage nach der Bedeutung des Substanzbegriffs überhaupt. Aber die Substanz ist – oder die Substanzen sind – nicht das einzige Beharrliche, Unveränderliche, das der Naturerklärung zugrunde gelegt wird. Es genügt nicht zur vollkommenen Erkenntnis, dass man in allem Wechsel etwas Beharrliches wiederfindet (wie etwa das Gewicht des Wassers durch das Gefrieren nicht geändert wird), sondern der Wechsel selbst muss in sich, um erkannt zu werden, etw[as] immer Bekanntes enthalten, etwas immer Wiederkehrendes, also schließlich etwas Beharrliches. Dieses Beharrliche nennt man *Gesetz.* Die Veränderungen der Natur mögen noch so bunt und mannigfaltig sein – das Gesetz ihres Wechsels bleibt und ist immer identisch dasselbe. Jedenfalls ist ein Erkennen des Wechsels nur möglich, wenn dies sich so verhält. Wenn man das Gesetz aller Veränderung kennt, so gibt es nichts neues, unbekanntes mehr, denn alle Veränderungen sind nur Specialfälle der Gesetze und lassen sich aus diesen vollständig herleiten. Wenn ich aber blos wusste, dass aller Wechsel an einer beharrlichen Substanz stattfindet, so könnte ich daraus das Einzelne dieses Wechsels selbst noch nicht begreifen, der Substanzbegriff allein genügt also in keiner Weise zur Naturerklärung. (119–123, **[Einleitung in die Naturphilosophie] 1911/12**)

2. Hier werden also zwei völlig getrennte Gebiete, das der Mechanik und das der Wärme unter einen Gesichtspunkt gebracht; in den Temperaturerscheinungen werden die mechanischen Gesetze wiedergefunden, **wiedererkannt,** und hier haben wir also einen jener grossen Erkenntnisschritte vor uns, durch die zwei ganz auseinanderfallende Wirklichkeitsgebiete aufeinander zurückgeführt werden, was eine gewaltige Vereinfachung des Weltbildes bedeutet. (137, **[Einleitung in die Naturphilosophie] 1911/12**)

MSGA II.2.1: Berücksichtigkte Vorkommen von ‚Zurückführen'

1. Da wir vom Naturerkennen reden wollen, ist es wohl notwendig, uns zuerst mit ein paar Worten zu vergegenwärtigen, was eigentlich unter Erkennen ganz im allgemeinen zu verstehen ist. Die nähere Analyse zeigt nun, dass ein Erkennen eines vorher Unbekannten überall dort vorliegt, wo in diesem Unbekannten etwas Bekanntes wiedergefunden wird. Das ist zunächst eine sehr vage Bestimmung, sie genügt aber für unsere Zwecke, und einige Beispiele werden Ihnen sogleich zeigen, wie sie gemeint ist. Der Chemiker sagt, er habe die Zusammensetzung eines Stoffes *erkannt,* wenn er bei der Analyse in diesem Stoff lauter bereits bekannte Elemente in bestimmten Mengenverhältnissen wiedergefunden hat. Der Physiker „erkennt" irgend eine Erscheinung immer in der Weise, dass er nachweist, dass in ihr lauter anderweitig bekannte Gesetzmässigkeiten wiedergefunden werden können, so dass jene restlos darauf **zurückgeführt** wird. Alle Eigentümlichkeiten des Schalles und seiner Ausbreitung z. B. waren bekanntlich erklärt, sobald man fand, dass sie identisch sind mit den Eigentümlichkeiten der longitudinalen Schwingungen eines gasförmigen Mediums, nämlich der Luft. Ferner galten die Erscheinungen und das Wesen des Lichtes als *erkannt,* als man in ihnen ganz genau die Gesetze der electrischen Wellen mit allen Einzelheiten wiederfand, und man konnte dann sagen: das Licht besteht aus electrischen Wellen. Ich will die Beispiele nicht häufen; Sie mögen einen beliebigen Fall aus irgendeiner Wissenschaft oder aus dem täglichen Leben betrachten, wo man von erkennen redet: immer besteht der Erkenntnisprocess in einem Wiederfinden von etwas Bekanntem. Sie sehen: damit eine Naturerkenntnis überhaupt möglich sei, ist erforderlich, dass in der Natur in irgendeinem Sinne, auf irgendeine Weise, etwas *Gleiches* wiederkehrt, denn wenn alle Erscheinungen ganz voneinander unterschieden wären, wenn in der Welt alles wirklich nur im ewigen Fluss begriffen wäre, wie Heraklit meinte: πάντα ῥεῖ, dann gäbe es kein Erkennen, denn jener Akt des Wiederfindens von Bekanntem könnte nicht stattfinden, es gäbe ja nichts Bekanntes, weil alles vollkommen neu und nie vorher dagewesen wäre. Damit wir die Natur erkennen, muss es also in ihr Erscheinungen oder Dinge oder Gegenstände geben – das Wort lassen wir einstweilen noch ganz offen – die zu verschiedenen Zeiten oder an verschiedenen Orten wiederkehren – und diese Bedingung wird am einfachsten erfüllt, wenn es etwas gibt, das überhaupt es selbst bleibt, identisch mit sich selbst bleibt. Und nur, wenn dies letztere der Fall ist fühlt der Mensch sein Erkenntnisbedürfnis ganz befriedigt, oder hat wenigstens Hoffnung, es zu befriedigen, denn nur wenn im Flusse der Erscheinung irgend etwas *bleibt,* kann er die verschiedenen Vorgänge und Zustände, die er in der Welt wahrnimmt, erkennend miteinander verbinden; ein Phänomen, in dem in einem Augenblick absolut *nichts* mehr von dem enthalten wäre, was es im Augenblick vorher war, würde ewig unerkannt bleiben, unbegreiflich sein, weil sich in den beiden Phasen des Phänomens nichts Gemeinsames wiederfinden liesse; in diesem Wiederfinden aber besteht das Erkennen und Begreifen. Denken Sie, um sich den Sinn des eben Gesagten klarer zu machen, an irgend einen einfa-

chen Vorgang, etwa das Gefrieren des Wassers. Würde man das Eis im Vergleich mit dem Wasser als etwas absolut Neues auffassen, so wäre damit auf jede Erkenntnis des Vorgangs im Prinzip verzichtet. Das ist die richtige Erklärung – von einer Anwendung eines apriorischen Wissens wie „nihil fit ex nihilo aut ad nihilum“ ist gar nicht die Rede. Der Mensch schafft sich eine Erklärungsmöglichkeit erst dadurch, dass er sagt, es bleibt bei dem Vorgang etwas erhalten, in beiden Fällen haben wir dasselbe Etwas, denselben Stoff, aber in zwei verschiedenen Zuständen. Und ebenso verfährt nun der Mensch überhaupt ganz allgemein bei der Naturerklärung, so verfuhr er zu allen Zeiten. Um die Welt zu erkennen, nahm und nimmt er hinter dem Flusse der Erscheinungen, der doch nun einmal in der Natur beobachtet wird, etwas *Beharrliches* an, und alle Veränderungen in der Welt sind Veränderungen *an* diesem Beharrlichen. Das Beharrliche heißt in der Philosophie *Substanz,* und die Zustände, die Eigenschaften dieser Substanz, also das Veränderliche, nennt sie *Accidentien.* Man drückt das Verhältnis zwischen beiden aus, indem man sagt: die Accidentien inhärieren der Substanz, oder diese ist der *Träger* von jenen. Von der Rechtmässigkeit dieser Begriffe reden wir hier vorläufig gar nicht, sondern ich stelle nur dar, wie man tatsächlich zu ihnen gelangte. Das Motiv dazu lag also darin, dass alles Erkennen ein Wiedererkennen verlangt, d. h. eine Identifizierung von etwas Neuem mit etwas Altem. Alles Geschehen ist nun aber Entstehen von etwas Neuem; um es begreifbar zu machen, muss also etwas Beharrliches zugrunde gelegt werden, das nicht fortwährend etwas Neuem Platz macht, sondern identisch dasselbe bleibt – eben die Substanz. Eine besondere Art der Substanz ist die raumerfüllende, sie heißt Stoff oder Materie[.] Mit ihr hat sich natürlich die Naturphilosophie besonders zu beschäftigen. Die Probleme, die mit dem Substanzbegriff zusammenhängen, werden also den ersten Gegenstand unserer Betrachtungen bilden. Diese Probleme bilden ja eine lange Reihe, die beginnt mit den grossen physikalischen Fragen nach der Constitution der Materie und endigt mit der philosophischen Frage nach der Bedeutung des Substanzbegriffs überhaupt. Aber die Substanz ist – oder die Substanzen sind – nicht das einzige Beharrliche, Unveränderliche, das der Naturerklärung zugrunde gelegt wird. Es genügt nicht zur vollkommenen Erkenntnis, dass man in allem Wechsel etwas Beharrliches wiederfindet (wie etwa das Gewicht des Wassers durch das Gefrieren nicht geändert wird), sondern der Wechsel selbst muss in sich, um erkannt zu werden, etw[as] immer Bekanntes enthalten, etwas immer Wiederkehrendes, also schließlich etwas Beharrliches. Dieses Beharrliche nennt man *Gesetz.* Die Veränderungen der Natur mögen noch so bunt und mannigfaltig sein – das Gesetz ihres Wechsels bleibt und ist immer identisch dasselbe. Jedenfalls ist ein Erkennen des Wechsels nur möglich, wenn dies sich so verhält. Wenn man das Gesetz aller Veränderung kennt, so gibt es nichts neues, unbekanntes mehr, denn alle Veränderungen sind nur Specialfälle der Gesetze und lassen sich aus diesen vollständig herleiten. Wenn ich aber blos wusste, dass aller Wechsel an einer beharrlichen Substanz stattfindet, so könnte ich daraus das Einzelne dieses Wechsels selbst noch nicht begreifen, der Substanzbegriff allein genügt also in keiner Weise zur Naturerklärung. (119–123, **[Einleitung in die Naturphilosophie] 1911/12**)

2. Hier werden also zwei völlig getrennte Gebiete, das der Mechanik und das der Wärme unter einen Gesichtspunkt gebracht; in den Temperaturerscheinungen werden die mechanischen Gesetze wiedergefunden, wiedererkannt, und hier haben wir also einen jener grossen Erkenntnisschritte vor uns, durch die zwei ganz auseinanderfallende Wirklichkeitsgebiete aufeinander **zurückgeführt** werden, was eine gewaltige Vereinfachung des Weltbildes bedeutet. Stellte bis dahin die Temperatur eine besondere qualitative Eigenschaft der Körper dar, die uns durch einen besonderen Sinn, den Temperatursinn gegeben wurde, so sind nunmehr alle Wärmeerscheinungen als qualitativ besonderes Reich der Wirklichkeit ausgemerzt und auf quantitativ fassbaren Grössen, nämlich die lebendige Kraft kleinster Teilchen **zurückgeführt.** Sie sehen, wie ganz anders diese moderne Atomtheorie dasteht als die antike. Sie ist ein fest gegründetes, wissenschaftliches Gebäude, sie ist eben eine physikalische, nicht mehr eine philosophische Theorie. Die philosophischen Schwierigkeiten, auf die ich bei der Demokritischen Lehre zuletzt aufmerksam machte, bleiben in der modernen Theorie unverändert bestehen, das philosophische Problem der Materie ist durch sie in keiner Weise gelöst. Nur, um Ihnen dies zeigen zu können, habe ich die Theorie so verhältnismässig ausführlich dargestellt. Was sind denn die Atome, die den Rechnungen der kinetischen Theorie d[er] Materie zugrunde gelegt werden? Feste, vollkommen elastische Körperchen. Es ist also das Verhalten der Gase **zurückgeführt** auf das Verhalten fester Körper. Ist aber die Natur der festen Körper nicht viel rätselhafter als die der Gase, die doch viel einfacheren Gesetzen folgen? Man hat in der Tat die Erklärung durch die kinetische Theorie aus diesem Grunde als illusorisch verworfen, aber mit Unrecht. Denn es kommt bei der physikalischen Naturerklärung von vornherein nicht gleich darauf an, das Komplicierte auf das Einfachere zu reduzieren, sondern zunächst darauf, überhaupt verschiedene Erscheinungsgebiete aufeinander zu reduzieren; damit ist immerhin schon ein Erkenntnisfortschritt erzielt. Aber das philosophische Bedürfnis ist natürlich auf diese Weise noch nicht befriedigt. Wie soll man sich die vollkommen elastischen Körperchen vorstellen? Erfahrungsgemäss sind solche nicht bekannt, sondern nur unvollkommen elastische Körper, z. B. Billardkugeln. Beim Zusammenstoss von solchen geht infolge der unvollkommenen Elasticität etwas von der Energie des Stosses verloren und wandelt sich in Wärme um, die Kugeln erleiden eine geringe Temperaturerhöhung. Beim Stoss der Moleküle oder Atome darf dergleichen nicht angenommen werden, denn *1.* darf nichts von der Energie beim Stosse verlorengehen, da man sonst zu einem ganz falschen Verhalten der Gase käme, das mit der Erfahrung nicht stimmen wurde, und *2.* Darf man auch nicht annehmen, dass etwa *in* den Atomen noch Wärme erzeugt wurde, denn da ja nach der Theorie die Bewegung der Atome selber erst das ausmacht, was wir Wärme nennen, so kann das, was *in* ihnen stattfindet, eben *nicht* mehr Wärme sein. (137–139, **[Einleitung in die Naturphilosophie] 1911/12**)
3. Die Darstellung alles Geschehens durch Functionen *ist* eben Erklärung; der Intellect ist vollkommen befriedigt, wenn er weiss, nach welchen Gesetzen ein Vorgang von allem übrigen Geschehen in der Welt abhängt; er verlangt gar nicht mehr und kann nicht mehr verlangen als das was die exacte Wissenschaft

tatsächlich leistet, nämlich die Mannigfaltigkeit der zahllosen verschiedenen Naturvorgänge durch dieselben Functionen darzustellen, d. h. alles scheinbar so verschiedene Geschehen auf dieselben Gesetze **zurückzuführen.** Es ist also ganz ungerechtfertigt, wenn man den Namen „Erklärung“ nicht für dies Verfahren der Wissenschaft gebrauchen will und ihn durch „Beschreibung“ ersetzt - blos weil man sich früher einen falschen Begriff davon gemacht hatte, was eine Erklärung eigentlich leisten soll. (174, **[Einleitung in die Naturphilosophie] 1911/12**) (Anm.: im selben Text wird klar „erklären“ mit „erkennen“ identifiziert/synonym gesetzt, siehe unten: Zitat 4 dieser Auflistung.)

4. Wir haben jetzt den Gesetzesbegriff und seine Anwendung auf die Natur von der allgemeinsten Seite betrachtet, um die fundamentalsten Principien klarzulegen, die in der Idee der Naturgesetzlichkeit enthalten sind. Wir müssen jetzt, ehe wir weiter gehen können, einen flüchtigen Blick auf die allgemeinsten Naturgesetze selber werfen. Ich hatte schon angedeutet, von welcher Art die Gesetze sind, die dem Forscher als letztes Ziel der physikalischen Naturerklärung vorschweben. Sie sind von der Art, dass sie die Abhängigkeit eines in irgend einem Punkte der Welt herrschenden Zustandes von den Zuständen der räumlich und zeitlich unmittelbar benachbarten Punkte angeben. Und es besteht die begründete Hoffnung, alles Naturgeschehen auf Gesetze dieser Art **zurückführen.** (178, **[Einleitung in die Naturphilosophie] 1911/12**) (vgl. Anm. zu 3.)
5. Was nach der modernen qualitativen Energetik bei allen Umwandlungen dasselbe bleibt, ist nur die Zahl, welche die Grösse der betr[effenden] Energie angibt, das aber etwas mit sich selbst identisch Bleibendes zugrunde liegt, eine Substanz, wird nur behauptet, nicht bewiesen, und der Beweis wird sogar abgelehnt, indem z. B. die kinetische Theorie der Wärme verworfen wird, welche den Übergang kinetischer Energie in Wärme erklärt und beide Arten von Energie als identisch, als wesensgleich, nämlich beide als kinetisch auffasst. Die Energetik lässt also eine Hauptforderung der Erkenntnis unerfüllt, nämlich die qualitativen Unterschiede in der Natur auf quantitative **zurückzuführen.** Die Energieumwandlungen möchten wir doch *erkennen;* Erkennen aber heisst Wiederfinden des einen im andern; die Umwandlungen können also nur dann als erklärt gelten, wenn in allen Energiearten ein und dieselbe Energie wiedergefunden ist. Die reine Energetik verbietet nun gerade solch Wiederfinden, solch Reduzieren aufeinander. Man müsste sich dabei beruhigen, wenn die Versuche zu solchen Reductionen erfolglos gewesen wären – aber wir haben bei den mechanischen Theorien gesehen, dass es vorzüglich gelungen ist, Wärmeenergie auf kinetische **zurückzuführen** – und dadurch wird das Erkenntnisstreben in viel höherem Masse befriedigt. Der Gedanke, der den mechanischen Hypothesen zugrunde lag, war, wie wir jetzt erkennen, der: alle Energie in der Welt ist mechanischer Natur. Bei den dynamischen Theorien: potentiell und kinetisch, bei der Wirbelringtheorie blos kinetisch. Ebenso bei der Hertz'schen Theorie. Erläutern. Aber von allen mechanischen Theorien hat man sich, wie ich schon mehrmals sagte abgewandt, und zwar aus dem einfachen Grunde, weil es auf keine Weise gelingen wollte, die electrischen und magnetischen Erscheinungen auf mechanische Art zu erklären. Alle übrigen Energiearten können mit Leichtigkeit auf diese beiden **zurückge-**

führt werden – wenigstens principiell, wenn auch in Einzelheiten noch nicht immer klar ist, in welcher Art die Reduction stattzufinden hat. So unterliegt es z. B. keinem Zweifel, dass die sog. chemische Energie elektrischer Natur ist. Das gleiche gilt, wie jederman weiss, von der Energie der Licht- und Wärmestrahlen – die Wärmeenergie n der ponderablen Körper dagegen wird durch die kinetische Theorie als mechanische erkannt. Der moderne Physiker hat also nur noch zwei verschiedene Energiearten einander gegenüberstehen: mechanische und electromagnetische. Und es ist also noch der letzte Schritt zur völligen Vereinheitlichung des Weltbildes zu tun: Es muss entweder die mechanische ihrem Wesen nach als electrische erkannt werden, oder beide müssen auf eine dritte erst noch zu definierende Art **zurückgeführt** werden. Im letzten Jahrzehnt hat man mit beträchtlichem Erfolge diese beiden Wege eingeschlagen und zwar war das grosse Hilfsmittel hierbei die sog. Elektronentheorie, durch die das Substanzproblem in der Gegenwart ein ganz neues Aussehen bekommen hat. Ich muss ganz kurz die Leitgedanken der Electronentheorie angeben. (187–189, **[Einleitung in die Naturphilosophie] 1911/12**)

6. Die ersten naturphilosophischen Versuche wollten das Tote auf das Lebendige zurückführen (Mythologie, Hylozoismus)[.] Die moderne Wissenschaft versucht natürlich das Umgekehrte. Erklären: Wiederfinden des Gleichen. Arten des Constanten: 1: Substanzen; 2: Gesetze. Die organische Natur erklären heisst also: im Lebendigen dieselben Substanzen, dieselben Gesetze wiederfinden wie im Anorganischen. Die 1ste Aufgabe ist vollständig, die 2te erst zum Teil gelöst. Wenn wir das Wesen einer Sache erkannt, d. h. wenn wir sie auf andre Sachen **zurückgeführt** haben, so ist der beste Beweis für die Richtigkeit dieser **Zurückführung** immer der, dass wir das Erkannte mit Hilfe jener andern Sachen wirklich künstlich erzeugen. (119–220, **Philosophie der Biologie 1915–17**)
7. Wenn man annimmt, dass Lebewesen niemals aus totem Stoffe entstehen, niemals so entstanden sind, so ist damit streng genommen noch nicht die Unerklärbarkeit des Lebens, d. h. seine **Unzurückführbarkeit** auf anorganische Gesetze behauptet – aber ohne diese Behauptung läge kein Grund zu jener Annahme vor, denn wenn die Lebenserscheinungen auf physikalisch-chemische Prozesse reduzierbar sind, dann *muss* es im Princip möglich sein, Organismen aus toter Materie aufzubauen; und wenn es möglich ist, liegt kein Grund vor, warum es in der Natur nicht auch wirklich stattfinden sollte. (228, **Philosophie der Biologie 1915–17**)
8. (Ich wies schon darauf hin, dass die künstliche Erzeugung eines Gegenstandes oder Vorganges erst den Abschluss unserer vollständigen Erkenntnis davon bildet und sie krönt und erst den Beweis liefert, dass wir sein Wesen voll erkannt haben – es ist also eine ganz unbillige Forderung, das Lebendige erzeugen zu wollen, *ehe* wir seine Gesetzlichkeit und seine Bedingungen voll erkannt, d. h. auf die allgemeinen Gesetze **zurückgeführt** haben, die wir durch das Studium der unbelebten Welt kennen gelernt haben. Probiert man es dennoch, durch einen glücklichen Zufall die Bedingungen zu treffen, die wir nicht auf Grund unserer Erkenntnis herzustellen verstehen, dann dürfen wir uns über das Mislingen nicht wundern.) (250, **Philosophie der Biologie 1915–17**)

9. II. Mechan[istisches] Weltbild Gründe: Bewegung einzige Veränderung, bei der etwas anschaulich konstant bleibt. An*schau*lich quantitativ darstellbar. Mach, Ostwald: Mechanik am längsten bekannt. Erklären = **zurückführen** auf Bekanntes? Erkennen: Reduzieren des Einen auf das Andere. Zahlen hierzu am besten. 1) Substanz: Ausdehnung. Man nimmt die Gesetze realer Flüssigkeiten und idealisiert. Die mech[anischen] Theorien scheitern an der Erklärung der elektr[ischen] Erscheiungen[.] 2 große Gebiete: Mechanik und Electricität. Reduktion aufeinander? Nein, sondern vereinigen. Begriffe von Raum und Zeit immer unentbehrlich. (391–392, **Naturphilosophie 1926/27**)

MSGA II.2.1: Berücksichtigkte Vorkommen von ‚Reduzieren'

1. Hier werden also zwei völlig getrennte Gebiete, das der Mechanik und das der Wärme unter einen Gesichtspunkt gebracht; in den Temperaturerscheinungen werden die mechanischen Gesetze wiedergefunden, wiedererkannt, und hier haben wir also einen jener grossen Erkenntnisschritte vor uns, durch die zwei ganz auseinanderfallende Wirklichkeitsgebiete aufeinander zurückgeführt werden, was eine gewaltige Vereinfachung des Weltbildes bedeutet. Stellte bis dahin die Temperatur eine besondere qualitative Eigenschaft der Körper dar, die uns durch einen besonderen Sinn, den Temperatursinn gegeben wurde, so sind nunmehr alle Wärmeerscheinungen als qualitativ besonderes Reich der Wirklichkeit ausgemerzt und auf quantitativ fassbaren Grössen, nämlich die lebendige Kraft kleinster Teilchen zurückgeführt. Sie sehen, wie ganz anders diese moderne Atomtheorie dasteht als die antike. Sie ist ein fest gegründetes, wissenschaftliches Gebäude, sie ist eben eine physikalische, nicht mehr eine philosophische Theorie. Die philosophischen Schwierigkeiten, auf die ich bei der Demokritischen Lehre zuletzt aufmerksam machte, bleiben in der modernen Theorie unverändert bestehen, das philosophische Problem der Materie ist durch sie in keiner Weise gelöst. Nur, um Ihnen dies zeigen zu können, habe ich die Theorie so verhältnismässig ausführlich dargestellt. Was sind denn die Atome, die den Rechnungen der kinetischen Theorie d[er] Materie zugrunde gelegt werden? Feste, vollkommen elastische Körperchen. Es ist also das Verhalten der Gase zurückgeführt auf das Verhalten fester Körper. Ist aber die Natur der festen Körper nicht viel rätselhafter als die der Gase, die doch viel einfacheren Gesetzen folgen? Man hat in der Tat die Erklärung durch die kinetische Theorie aus diesem Grunde als illusorisch verworfen, aber mit Unrecht. Denn es kommt bei der physikalischen Naturerklärung von vornherein nicht gleich darauf an, das Komplicierte auf das Einfachere zu **reduzieren,** sondern zunächst darauf, überhaupt verschiedene Erscheinungsgebiete aufeinander zu **reduzieren;** damit ist immerhin schon ein Erkenntnisfortschritt erzielt. Aber das philosophische Bedürfnis ist natürlich auf diese Weise noch nicht befriedigt. Wie soll man sich die vollkommen elastischen Körperchen vorstellen? Erfahrungsgemäss sind solche nicht bekannt, sondern nur unvollkommen elastische Körper, z. B. Billardkugeln. Beim Zusammenstoss von solchen geht infolge der unvollkommenen Elastici-

tät etwas von der Energie des Stosses verloren und wandelt sich in Wärme um, die Kugeln erleiden eine geringe Temperaturerhöhung. Beim Stoss der Moleküle oder Atome darf dergleichen nicht angenommen werden, denn *1.* darf nichts von der Energie beim Stosse verlorengehen, da man sonst zu einem ganz falschen Verhalten der Gase käme, das mit der Erfahrung nicht stimmen wurde, und *2.* Darf man auch nicht annehmen, dass etwa *in* den Atomen noch Wärme erzeugt wurde, denn da ja nach der Theorie die Bewegung der Atome selber erst das ausmacht, was wir Wärme nennen, so kann das, was *in* ihnen stattfindet, eben *nicht* mehr Wärme sein. (137–139, **[Einleitung in die Naturphilosophie] 1911/12**)

2. Wenn nun die Annahme der unendlichen Teilbarkeit der Materie wirklich zur Erklärung dienen, die anfänglichen Schwierigkeiten des Substanzbegriffs vermeiden soll, so muss sie mit einer Reihe andrer Annahmen verbunden [werden:] 1. muss die Annahme leerer Zwischenräume gänzlich fallen (denn sonst könnte sich die ganze Materie in diskrete Punkte auflösen, wodurch man wieder in die dynamische Theorie getrieben wurde); es muss also die ganze Welt continuierlich mit Materie erfüllt sein – wenigstens ist dies die einfachste Annahme. 2. Die Teile müssen gegeneinander unendlich leicht verschiebbar sein, dürfen durch keine Kräfte zusammengehalten werden, denn diese wären ein neues unerklärliches, d. h. **unreduzierbares** Moment, das vermieden werden soll 3. Reibungslos. 4. Incompressibel und unelastisch. Vereinigt man diese Annahmen, so gelangt man zu der Conception einer idealen, absolut inkomressiblen, den Weltraum continuierlich erfüllenden Flüssigkeit. Man hat nun wirklich eine höchst geniale Theorie aufgestellt, nach welcher die ganze Welt continuierlich erfüllt ist mit einer solchen homogenen Flüssigkeit, in jedem Punkte des ganzen Universums befindet sich diese Substanz, und weiter nichts, sie ist überall völlig gleich beschaffen – das einzige, was also unter diesen Voraussetzungen noch verschieden sein kann, ist die *Bewegung* dieser Flüssigkeit. Alle Körper, die wir sinnlich wahrnehmen, feste, flüssige, gasförmige, alle Dinge in der Welt sind nichts weiter als verschiedene Bewegungszustände in diesem Medium, und zwar Wirbelbewegungen. Das ist die berühmte Theorie der Wirbelatome von Lord Kelvin, die ich Ihnen nun kurz auseinandersetzen will. (148–149, **[Einleitung in die Naturphilosophie] 1911/12**)
3. Und zwar liegt er in Folgendem: wie ich früher erklärt habe, fassen wir alle Erscheinungen auf als Wechsel in den Zuständen einer beharrlichen Substanz, um sie zu begreifen. Aus der sinnlichen Anschauung ist uns aber nun nur eine einzige Art von Veränderung bekannt, bei welcher die daran teilnehmenden Dinge dennoch für die Anschauung gänzlich unverändert bleiben: das ist die Bewegung. Solange man glaubt, Erklären bedeute **Reduktion** auf *Bekanntes,* kamen nur *anschauliche* Erklärungsprinzipien in Frage, denn nur Anschauliches ist in letzter Linie bekannt. (156, **[Einleitung in die Naturphilosophie] 1911/12**)
4. Was nach der modernen qualitativen Energetik bei allen Umwandlungen dasselbe bleibt, ist nur die Zahl, welche die Grösse der betr[effenden] Energie angibt, das aber etwas mit sich selbst identisch Bleibendes zugrunde liegt, eine Substanz, wird nur behauptet, nicht bewiesen, und der Beweis wird sogar abgelehnt, indem z. B. die kinetische Theorie der Wärme verworfen wird, welche den Übergang ki-

netischer Energie in Wärme erklärt und beide Arten von Energie als identisch, als wesensgleich, nämlich beide als kinetisch auffasst. Die Energetik lässt also eine Hauptforderung der Erkenntnis unerfüllt, nämlich die qualitativen Unterschiede in der Natur auf quantitative zurückzuführen. Die Energieumwandlungen möchten wir doch *erkennen;* Erkennen aber heisst Wiederfinden des einen im andern; die Umwandlungen können also nur dann als erklärt gelten, wenn in allen Energiearten ein und dieselbe Energie wiedergefunden ist. Die reine Energetik verbietet nun gerade solch Wiederfinden, solch **Reduzieren** aufeinander. Man müsste sich dabei beruhigen, wenn die Versuche zu solchen **Reductionen** erfolglos gewesen wären – aber wir haben bei den mechanischen Theorien gesehen, dass es vorzüglich gelungen ist, Wärmeenergie auf kinetische zurückzuführen – und dadurch wird das Erkenntnisstreben in viel höherem Masse befriedigt. Der Gedanke, der den mechanischen Hypothesen zugrunde lag, war, wie wir jetzt erkennen, der: alle Energie in der Welt ist mechanischer Natur. Bei den dynamischen Theorien: potentiell und kinetisch, bei der Wirbelringtheorie blos kinetisch. Ebenso bei der Hertz'schen Theorie. Erläutern. Aber von allen mechanischen Theorien hat man sich, wie ich schon mehrmals sagte abgewandt, und zwar aus dem einfachen Grunde, weil es auf keine Weise gelingen wollte, die electrischen und magnetischen Erscheinungen auf mechanische Art zu erklären. Alle übrigen Energiearten können mit Leichtigkeit auf diese beiden zurückgeführt werden – wenigstens principiell, wenn auch in Einzelheiten noch nicht immer klar ist, in welcher Art die Reduction stattzufinden hat. So unterliegt es z. B. keinem Zweifel, dass die sog. chemische Energie elektrischer Natur ist. Das gleiche gilt, wie jederman weiss, von der Energie der Licht- und Wärmestrahlen – die Wärmeenergie n der ponderablen Körper dagegen wird durch die kinetische Theorie als mechanische erkannt. Der moderne Physiker hat also nur noch zwei verschiedene Energiearten einander gegenüberstehen: mechanische und electromagnetische. Und es ist also noch der letzte Schritt zur völligen Vereinheitlichung des Weltbildes zu tun: Es muss entweder die mechanische ihrem Wesen nach als electrische erkannt werden, oder beide müssen auf eine dritte erst noch zu definierende Art zurückgeführt werden. Im letzten Jahrzehnt hat man mit beträchtlichem Erfolge diese beiden Wege eingeschlagen und zwar war das grosse Hilfsmittel hierbei die sog. Elektronentheorie, durch die das Substanzproblem in der Gegenwart ein ganz neues Aussehen bekommen hat. Ich muss ganz kurz die Leitgedanken der Electronentheorie angeben. (187–189, **[Einleitung in die Naturphilosophie] 1911/12**)

5. II. Mechan[istisches] Weltbild Gründe: Bewegung einzige Veränderung, bei der etwas anschaulich konstant bleibt. An*schau*lich quantitativ darstellbar. Mach, Ostwald: Mechanik am längsten bekannt.
6. Erklären = zurückführen auf Bekanntes?
   Erkennen: **Reduzieren** des Einen auf das Andere. Zahlen hierzu am besten.
   1) Substanz: Ausdehnung. Man nimmt die Gesetze realer Flüssigkeiten und idealisiert. Die mech[anischen] Theorien scheitern an der Erklärung der elektr[ischen] Erscheiungen[.]

2) große Gebiete: Mechanik und Electricität. **Reduktion** aufeinander? Nein, sondern vereinigen. Begriffe von Raum und Zeit immer unentbehrlich. (391–392, **Naturphilosophie 1926/27**)

7. III. Theorienbildung

   Bisher nur das *End*resultat der Theorienbildung betrachtet, jetzt Verfahren höher untersuchen. Theorien bestehen aus allgemeinen Sätzen. Woher kommen sie?

   1) Direkt gewonnen, abgelesen durch Zusammenfassung. Führt nur zur Beschreibung im engeren Sinne, während erst Beschreibung im *weitern* Sinne Erklärung ist. Wiederfinden des einen im andern. Um zu finden, muss man *suchen, raten.* Kriterium f[ür] richtiges Raten: Bestätigung durch Erfahrung.
   2) Hypothesen, Annahmen, Geratenes. Deduktion aus allgem[einen] Sätzen muss zu verifizierbaren Urteilen fuhren.
   3) Notwendige Sätze. Synth[etisch] a priori
   4) Definitionen. (Analytische Urteile, Konventionen) Definition ist leicht – aber gibt es Objekte in Wirklichkeit, auf die dann der definierte Begriff passt?

   Was ist Theorie? Schlechtes Wort, denn ϑεωρέω heisst *anschauen.* Theoretische Physik = deduktive, experimentelle = induktive Physik. Die rohe (Bacon'sche) Induktion liefert die lebenswichtigsten Erkenntnisse über Sukzessionen, sodass wir nicht *überrascht* werden – aber kein wissenschaftliches *Verständnis.* Nur Feststellung und einfachste Voraussagungen der Koinzidenzen. **Reduktion** verschiedener Gebiete aufeinander erfordert Einführung neuer Ideen, um Gleichheiten aufzudecken. *Phantasie* des Forschers. (393–394, **Naturphilosophie 1926/27**)

MSGA II.2.2

Keine relevanten Vorkommen von ‚Wiederfinden' und ‚Reduzieren'.

MSGA II.2.2: Berücksichtigte Vorkommen von ‚Wiedererkennen'

1. Die erste Stufe des Naturerkennens ist die Beschreibung der Natur, das ist die Feststellung der Tatsachen. Sie besteht darin, dass durch Worte oder Symbole angegeben wird, wie der beschriebene Tatbestand sich aus Elementen zusammensetzt, deren jedes mit dem dafür üblichen Symbol (Namen) bezeichnet wird. Hierzu sind jedesmal primitive **Wiedererkennungsakte** nötig, vermöge deren [sic!] man jeden Bestandteil als zu einer bestimmten Klasse gehörig erkennt und ihm das entsprechende Symbol, zuordnet. (608–609, **Naturphilosophie 1932/33 & 36**)

MSGA II.2.2: Berücksichtigte Vorkommen von ‚Zurückführen'

1. Erkennen heisst aufeinander **zurückführen;** daher hat die Biologie zunächst die Aufgabe, die Gesamtheit der Lebenserscheinungen durcheinander zu erklären, sie auf allgemeinste Prinzipien zu bringen, indem sie in ihnen allen das Gemein-

same aufsucht (215, **Einführung in die Naturphilosophie/Naturphilosophie 1920–1927**)

2. Erkenntnis liegt dort vor, wo wir irgend einen Vorgang auf einen anderen Vorgang **zurückgeführt** haben oder wo das eine als Spezialfall eines allgemeineren aufgefasst wird, z. B. das Licht als elektrische Wellenbewegung. Das gilt auch für die Philosophie. Bei jeder Erkenntnis haben wir es mit zwei Dingen zu tun: Mit etwas, das erkannt wird und mit etwas, als welches das erstere erkannt wird. Das letztere ist immer das allgemeinere. So müssen wir bei etwas Allgemeinsten [*sic!*] anlangen, welches zur Erklärung von allem anderen dient und welches nicht etwa weiter durch etwas anderes erklärt werden kann. (258, **Naturphilosophie 1927**)
3. Verhältnis der Theorie zur Wirklichkeit. Naturerkenntnis besteht in der Beschreibung der Natur durch Gesetze. Eine Erklärung kann immer nur im **Zurückführen** auf allgemeinste Naturgesetze bestehen; wir müssen bei jeder Erklärung bei etwas Letztem haltmachen, denn wir können nicht aus Nichts heraus erklären. (268, **Naturphilosophie 1927**)

MSGA II.5.2a

Keine relevanten Vorkommen von ‚Wiedererkennen'.

MSGA II.5.2a: Berücksichtigte Vorkommen von ‚Wiederfinden'

1. (Primitivstes Beispiel für eine Erkenntnis: aus welchen Teilen besteht eine unbekannte Speise? Woraus besteht ein Stuhl? Aus Holz. Holz ist schon bekannt. Das **Wiedererfinden** des einen im anderen kehrt in dieser Gestalt am häufigsten wieder.) (344, **Historische Einleitung in die Philosophie 1935**)

MSGA II.5.2a: Berücksichtigte Vorkommen von ‚Zurückführen'

1. Die Wissenschaft lehrt die Fragen richtig zu beantworten, die Philosophie vernünftige Fragen zustellen. Erkenntnis besteht immer aus zwei Phasen: aus der Frage und aus der Bemühung um ihre Beantwortung. Das Fragen kann natürlich viel freier und umfangreicher sein, als das Antworten, denn man kann ja viele Fragen stellen, zu deren Beantwortung man gar keine Mittel hat. Meist wird der grosse Fehler begangen, dass man viel zu schnell die Antwort geben will. Das vorsichtige Fragen, das nur ganz langsam in den Gegenstand eindringt, hat die Menschheit erst sehr spät mit vielen Opfern erlernt.
   Wie sieht eine wissenschaftliche Frage aus? *Zuerst sind die Fragen von der Art, dass man nach dem Wesen der Dinge fragt,* unabhängig davon ob es Zweck für das tägl. Leben hat oder nicht; man frägt z. B. „Wie gross ist der Mond?" oder „Wie weit ist der Mond von der Erde entfernt?" Das sind vernünftige Fragen, denn in ihnen kommen lauter klare Begriffe vor (Entfernungen, Grösse etz.) Das

Besondere dieser Fragen liegt nur darin, dass sie auf Ausserirdisches ausgedehnt werden. Nun gibt man z. B. die Antwort, dass der Mond so gross sei, wie der Peloponnes (man überträgt also irdische Masse auf überirdische).
Die Antwort besteht meist darin, dass wir das Fragwürdige auf schon Bekanntes **zurückzuführen,** also dadurch erklären; denn *Erkenntnis besteht immer darin, dass das Unbekannte auf etwas Bekanntes* ***zurückgeführt*** *wird.*
(Primitivstes Beispiel für eine Erkenntnis: aus welchen Teilen besteht eine unbekannte Speise? Woraus besteht ein Stuhl? Aus Holz. Holz ist schon bekannt. Das Wiedererfinden des einen im anderen kehrt in dieser Gestalt am häufigsten wieder.)
Diese Fragestellung, nämlich *woraus etwas bestehe, kann man auf die verschiedensten Stoffe übertragen,* die uns im täglichen Leben begegnen. *So entsteht die Frage, wie es sich mit den Stoffen überhaupt verhält,* ob sie Mischungen aus verschiedenen Grundstoffen sind, oder jeder etwas für sich. (Eine Speise ist z. B. eine Mischung von verschiedenen Stoffen.)
Unser Erkenntnisstreben wird umso mehr befriedigt, je mehr es uns gelingt, die Stoffe nicht jeden für sich in seiner empirischen Beschaffenheit zu betrachten, sondern einen auf den anderen **zurückzuführen;** es ist klar, dass *die Erkenntnis umso vollkommener* werden muss, *je geringer die Zahl der Grundstoffe wird, auf die wir alles* ***zurückführen****. Die vollkommenste Erkenntnis ist die, bei der es gelingt, alle Körper als Modifikation eines und desselben Stoffes darzustellen.* Dies ist *gleichsam ein Postulat der vollkommensten Erkennbarkeit.* In dieser Form bewegt sich das erste Nachdenken über die Natur; die primitivste und leichteste Art der **Zurückführung** ist die, dass man die verschiedenen Stoffe auf Grundstoffe **zurückführt** und daher ist *die erste Frage, die sich über den Bereich des täglichen Lebens hinaus erstreckt, die Frage: „Woraus bestehen die Körper?" Aus welchen Grundstoffen oder aus welchem Grundstoff besteht die Welt?* (344–346, **Historische Einleitung in die Philosophie 1935**)
2. *Thales* hat die Frage gleich in der Form gestellt „Welches ist der Urstoff, aus dem die Weltbesteht?" Hier übersprang der Denker gleichsam viele vorherige Fragen und Experimente (wir sind erstheute ungefähr so weit, dass wir die Elemente auf noch viel weniger **zurückgeführt** haben,) und das Ziel wird als erreicht vorgespiegelt, indem keine vorsichtige Antwort gegebenwird, sondern eine die gleich die vollkommenste Erkenntnis liefern könnte, die nur eineneinzigen Urstoff hat die Frage gleich in derangibt. (346–347, **Historische Einleitung in die Philosophie 1935**)
3. Diese drei Denker richteten ihre Gedanken hauptsächlich auf das eine Problem, das man in der Geschichte der Philosophie das *Substanzproblem* nennt; die Fragestellung ergibt sich unmittelbar aus der Einsicht in das Wesen der Erkenntnis. *Alle Stoffe werden auf einer einheitlichen Stoff* ***zurückgeführt*** *oder es wird vielmehr gefragt und darin liegt das Philosophische ob sie sich auf einen Stoff* ***zurückführen*** *lassen; man weiss nicht, ob es möglich ist, aber es wird nach der Möglichkeit gefragt.* (348, **Historische Einleitung in die Philosophie 1935**)

4. Er *war sich* also *darüber klar, dass die Erkenntnis nach Einheit strebt, nach dem* ***Zurückführen*** **der Fälle auf ein einziges Grundprinzip.** (367, **Historische Einleitung in die Philosophie 1935**)
5. Die *Eleaten sahen ein, dass es nicht anginge, z. B. Luft und Wasser als dasselbe anzunehmen, ohne zu sagen, wie dies möglich sei.* Hier liegt wirklich ein Problem vor (wenn man sagt, dass Wasser verdichtete Luft sei, so ist damit noch nichts geklärt.) *Erkenntnis besteht darin, dass eines auf das andere* ***zurückgeführt*** *wird. Bleiben die beiden Stoffe aber verschieden, dann liegt keine Erkenntnis vor; man muss also auf die Vielheit der Eigenschaften verzichten. Die Eleaten sagten* nun, *dass es überhaupt keine Vielheit gäbe, dass diese nur Schein sei; von dieser Scheinwelt müsse man die Welt des Verstandes unterscheiden.* Von dieser können wir aussagen, wie sie aussehen muss, da je *der Verstand dazu da* ist, *alles auf ein einziges Prinzip* ***zurückzuführen***. (380, **Historische Einleitung in die Philosophie 1935**)
6. *Heute sehen wir, dass diese Schwierigkeiten in logischen Fragen bestehen,* dass wir uns klar machen müssen, wie wir über die Dinge reden. *Die älteren Philosophen hingegen hielten diese Fragen für sachliche Fragen und glaubten, auf das Wesen der Natur der Dinge zurückgehen zu müssen, von denen sie sprachen.* Es galt, die Erfahrungstatsache der Vielheit der Stoffe und Vorgänge mit dem Erkenntnisbedürfnis, das diese Vielheit reduzieren wollte, in Einklang zu bringen (Heute sehen wir denselben Prozess in der Physik und Chemie). Damals wurde aber dieser ganze Prozess des **Zurückführens** missverstanden (er wird es auch heute noch oft), *die* ***Zurückführung*** *war ein blosser Wunsch* (nicht so wie heute eine wissenschaftliche Tatsache), *man hatte noch keine naturwissenschaftlichen Erklärungen,* um sich Rechenschaft geben zu können, was bei einer solchen **Zurückführung** geschieht, was sie bedeutet. *Die Reduktion auf eine geringe Zahl von Grundstoffen war damals ja nicht durchgeführt, das Resultat wurde aber in den Behauptungen* (z. B. dass alles Wasser sei) *vorweggenommen.* Hätte man wissenschaftliche Erklärungen für die Reduktion gehabt, dann wäre kein Grund vorhanden gewesen, an der Möglichkeit der Erkenntnis zu zweifeln. Da man diese Erklärungen nicht hatte, befreite man sich vom Zweifel, indem man sagte, dass die Sinnenwelt blosser Schein sei, dass sie nicht existiere. (384, **Historische Einleitung in die Philosophie 1935**)

MSGA II.5.2a: Berücksichtigte Vorkommen von ‚Reduzieren'

1. Die Eleaten (und auch schon Thales) sahen ein, dass die Möglichkeit der Erkenntnis in derMöglichkeit bestehe, die Vielheit der Erscheinungen zu **reduzieren,** mit wenigen Begriffen dieMannigfaltigkeit der Dinge und Vorgänge zu beschreiben. *Diese Vielheit zu* ***reduzieren*** *und sie zuerklären ist ein und dasselbe. Dass eine solche* ***Reduktion*** *durchgeführt werden kann, ist dieVoraussetzung für Erkenntnismöglichkeit.* Bei Thales bestand die **Reduktion** in der Bildung desSubstanzbegriffes; dieser Begriff trägt mit Schuld an den Schwierigkeiten der Eleaten, an derBegründung der metaphysischen Philosophie. Die Eleaten haben

das Verdienst, dieWiderspruche in den Behauptungen der Jonier aufgeklärt und gezeigt zu haben, dass man vonden Veränderungen der Stoffe Rechenschaft geben müsse; sie sahen ein, dass die Erklärung derVeränderungen das Wesentliche sei, dass das wesentliche Erklärungsprinzip bisher außerachtgelassen worden sei. *Fasst man die Erkenntnis so auf, dass die* ***Reduktion*** *auf weniger darinbestünde, die Vielheit überhaupt aus der Welt zu schaffen, dann tritt natürlich ein Widerspruchauf, denn die Vielheit ist ja wirklich da.* Diesen Widerspruch kann man auf verschiedene Weiseerzeugen, so wie man den Begriff der Substanz verschieden anwenden kann. (382–383, **Historische Einleitung in die Philosophie 1935**)

2. *Heute sehen wir, dass diese Schwierigkeiten in logischen Fragen bestehen,* dass wir uns klarmachen müssen, wie wir über die Dinge reden. *Die älteren Philosophen hingegen hielten dieseFragen für sachliche Fragen und glaubten, auf das Wesen der Natur der Dinge zurückgehen zumüssen, von denen sie sprachen.* Es galt, die Erfahrungstatsache der Vielheit der Stoffe und Vorgänge mit dem Erkenntnisbedürfnis, das diese Vielheit **reduzieren** wollte, in Einklang zu bringen (Heute sehen wir denselben Prozess in der Physik und Chemie). Damals wurde aber dieser ganze Prozess des Zurückführens missverstanden (er wird es auch heute noch oft), *die Zurückführung war ein bloßer Wunsch* (nicht so wie heute eine wissenschaftliche Tatsache), *man hatte noch keine naturwissenschaftlichen Erklärungen,* um sich Rechenschaft geben zu können, was bei einer solchen Zurückführung geschieht, was sie bedeutet. *Die* ***Reduktion*** *auf eine geringe Zahl von Grundstoffen war damals ja nicht durchgeführt, das Resultat wurde aber in den Behauptungen* (z. B. dass alles Wasser sei) *vorweggenommen.* Hätte man wissenschaftliche Erklärungen für die **Reduktion** gehabt, dann wäre kein Grund vorhanden gewesen, an der Möglichkeit der Erkenntnis zu zweifeln. Da man diese Erklärungen nicht hatte, befreite man sich vom Zweifel, indem man sagte, dass die Sinnenwelt bloßer Schein sei, dass sie nicht existiere. (384, **Historische Einleitung in die Philosophie 1935**)
3. *Empedokles ist der erste, der auf den Urstoff verzichtet;* er nimmt an Stelle des einzigen Urstoffes vier verschiedene Stoffe an: Feuer, Erde, Wasser, Luft. Er zweifelte daran, dass die durch den Erkenntnisbegriff geforderte **Reduktion** aller Stoffe auf einen einzigen Urstoff möglich sei und machte bei den vier Elementen halt. Diese Lehre erhielt sich durch die Jahrtausende *poetisch spricht man noch heute von den vier Elementen. Empedokles begründet mit dieser Lehre eigentlich die Chemie. Zu diesen vier Grundstoffen kam er durch die Sinneswahrnehmung:* die Erde ist das Kalte, das Feuer das Warme, die Luft das Trockene, das Wasser das Feuchte. Das Prinzip dieser Auswahl nach dem sinnlichen Eindruck ist kein philosophisches. In dieser Beschränkung auf vier Elemente liegt *eine gewisse Weisheit. Empedokles wollte die* ***Reduktion*** *nicht weiter führen, als er sie verantworten konnte.* (393–394, **Historische Einleitung in die Philosophie 1935**)

MSGA II.5.2b: Berücksichtigte Vorkommen von ‚Wiederfinden'

1. *Das Wesen der Vernunft besteht nur darin, das Neue zu analysieren und dadurch Ähnlichkeiten in Verschiedenem zu entdecken, im Neuen das Alte* ***wiederzufinden***. (958, **Die Probleme der Philosophie in ihrem Zusammenhang 1933/34**)
2. *Jede Erklärung also, wie die Erkenntnis, ist das Zurückführen des Besonderen auf das Allgemeine* (der Blitz z. B. wird auf eine andere, auch im Laboratorium herrstellbare Erscheinung zurückgeführt, auf den elektrischen Funken; man hat das eine im anderen **wiedergefunden**). (962, **Die Probleme der Philosophie in ihrem Zusammenhang 1933/34**)

MSGA II.5.2b: Berücksichtigte Vorkommen von ‚Wiedererkennen'

1. Das Erkennen besteht in einer Symbolischen Reduktion (wir nehmen nicht die Gegenstände selbst, sondern operieren mit Zeichen dafür) des einen auf das andere. Auch in der Wissenschaft heisst Erkenntnis nichts anderes als Verbindung des Unbekannten mit etwas früher Bekannten, ist Erkennen immer ein **Wiedererkennen.** (959–960, **Die Probleme der Philosophie in ihrem Zusammenhang 1933/34**)
2. Das Wort „erkennen" stammt aus dem tägl. Leben und hat da seinen guten Sinn; bei blossem Vorhandensein eines Bewusstseinszustandes wurde man nie an Erkenntnis denken, sondern nur in dem Falle eines **Wiedererkennens,** der Feststellung einer Tatsache, einer Erklärung und deren Zweck ist es immer, die Ordnung in der Welt aufzufinden (dass wir daran Freude haben, ist der Weg, der zur Wissenschaft führt). (970, **Die Probleme der Philosophie in ihrem Zusammenhang 1933/34**)
3. Ferner ist zu überlegen, dass überall dort, wo etwas über eine Intuition gesagt wird, schon ein discursiver Erkenntnisprozess, wenn auch primitiver Art, vorliegen muss: denn wenn man sagt, dass etwas z. B. grün ist oder dass Grün da ist, so muss man doch schon wissen, was „grün" ist, muss es schon einmal kennengelernt haben, um es nun **wiedererkennen** zu können. (971–972, **Die Probleme der Philosophie in ihrem Zusammenhang 1933/34**)

MSGA II.5.2b: Berücksichtigte Vorkommen von ‚Zurückführen'

1. Alles Erkennen und Erklären nämlich führt zuletzt auf gewisse Grundbegriffe, die ihrerseits nicht mehr erklärbar sind. Wir erkennen irgend eine Naturerscheinung dadurch, dass wir sie auf allgemeine Erscheinungen zurückführen auf Wellenbewegungen der Luft; und diese wieder werden zurückgeführt auf die allgemeinen Eigenschaften eines Gases, Elastizität u.s.w. Dies Erklären kann nicht ins Unendliche fortgehen, sondern muss schließlich einmal Halt machen bei letzten Begriffen, wozu etwa die Begriffe Kraft, Stoff, Bewegung, Raum,

Zeit, Universum etc. gehören. Zuletzt wird also alles Erkennbare auf diese unerkennbaren Grundbegriffe zuruckgeführt; (683, **[Philosophie der Gegenwart] 1912–24**)

2. Da eine Wissenschaft ein System von Erkenntnissen darstellt, legen wir vorläufig fest, was diese Erkenntnisse sind: *eine wissenschaftliche Erkenntnis besteht darin, dass man irgendeine besondere Aussage* (z. B. einen Erfahrungssatz) *über die Wirklichkeit als Spezialfall einer allgemeinen Aussage auffasst;* oder, anders formuliert: *Erkenntnis besteht darin, dass man das Besondere auf das Allgemeine* **zurückführt**. *Das Wesen der Erkenntnis besteht also darin, Zusammenhänge zwischen verschiedenen Wahrheiten zu finden.* (913, **Die Probleme der Philosophie in ihrem Zusammenhang 1933/34**)
3. *So ist der Prozess, der bei jeder Erkenntnis stattfindet; einzelne, verschiedene Fälle werden zusammengefasst und gedanklich aus einer allgemeinen Wahrheit abgeleitet, die für sie alle gilt.* Obiges Beispiel gilt für jeden Erkenntnisprozess, wie er sich in der neueren Wissenschaft abspielt; es zeigt, wie *die Fragen auf immer allgemeinere* ***zurückgeführt*** *und vereinheitlicht werden, so dass die einzelnen Wissenschaften auf diese Weise verschmelzen.* Die Frage, wie die einzelnen chemischen Elemente untereinander und allgemein zu reduzieren sind, versetzt uns mitten in die Physik; wir haben so die chemischen Verhältnisse aus physikalischen Gesetzen verstanden; was die Physik über die Reduktion der chem. Elemente, über die Elektronen aussagt, gilt für jeden Stoff (auch für Kreide), es endet alles als physikalische Erkenntnis. Alle chemischen Fragestellungen sind heute in physikalische aufzulösen, die Chemie ist ein Teil der Physik, dadurch, dass man gelernt hat bestimmte Fragestellungen so zu verallgemeinern, dass man auf allgemeine Fragen gekommen ist. Die sogenn. chem. Kräfte werden auf allgemeine physikalische Kräfte **zurückgeführt;** prinzipiell hat die Chemie ihr eigenes Reich verloren. So baut sich eben das System der Wissenschaften dadurch auf, dass irgend welche speziellen Aussagen durch weitgehende Erkenntnis auf allgemeine Aussagen **zurückgeführt** werden; *diese allgemeinen Aussagen gehören einer höheren Wissenschaft an.* (913–914, **Die Probleme der Philosophie in ihrem Zusammenhang 1933/34**)
4. *Die Einzelwissenschaften hängen dadurch zusammen, dass ihre Sätze aufeinander* **zurückgeführt** *werden können;* die einen haben mehr allgemeinen, die anderen mehr speziellen Charakter. Die *Spezialwissenschaften sind die, welche im Prinzip nicht von irgendwelchen ganz allgemeinen Gesetzmässigkeiten handeln, sondern von lauter konkreten, individuellen Gegenständen* (z. B. Geographie od. rein beschreibende Astronomie, die die Verteilung der Himmelskörper im Weltraum beschreibt, ohne nach irgendwelchen Gesetzmässigkeiten zu forschen); *diese Forschungsergebnisse können dann wieder auf allgemeine Gesetzmässigkeiten* ***zurückgeführt*** *werden.* So ist es auch mit den Teilen der Physik oder der Beziehung der Chemie zur Physik und Ähnliches findet sich zwischen allen Wissenschaften. (z. B. kann man die Gesetze der Meteorologie erst verstehen, wenn man sie restlos auf physikal. **Zurückgeführt** hat) (914–915, **Die Probleme der Philosophie in ihrem Zusammenhang 1933/34**)

5. Die naturwissenschaftlichen Erkenntnisse bestehen auch immer darin, dass das Eine auf das Andere **zurückgeführt** wird; z. B. die verschiedenen Gattungen von Wellen: Licht-Radio-Röntgenwellen, Gammastrahlen; man kann diese versch. Namen entbehren und alle als elektromagnetische Wellen, natürl. von verschiedener Wellenlänge, bezeichnen; auch die unterscheidenden Zahlen sind bekannte Worte, deren Bedeutung wir kennen. (960, **Die Probleme der Philosophie in ihrem Zusammenhang 1933/34**)
6. *Jede Erklärung also, wie die Erkenntnis, ist das* ***Zurückführen*** *des Besonderen auf das Allgemeine* (der Blitz z. B. wird auf eine andere, auch im Laboratorium herrstellbare Erscheinung **zurückgeführt,** auf den elektrischen Funken; man hat das eine im anderen wiedergefunden). (962, **Die Probleme der Philosophie in ihrem Zusammenhang 1933/34**)
7. Wir finden also das Wort Erkenntnis überall dort, wo wir das Neue durch alte Zeichen erklären; dazu braucht man einen Ausdruck: das Erkennen ist eben ein Ausdruck. *Zu jeder Erkenntnis gehören zwei Glieder; eines, das erkannt wird und eines, durch das es erkannt wird. Die Glieder, die zu jeder Beschreibung, Erklärung, Erkenntnis gehören, sind im Ausdruck verbunden: das eine erklärt das andere, das eine drückt das andere aus und da durch, dass das eine auf das andere* ***zurückgeführt*** *und als Spezialfall des Allgemeinen dargestellt ist, wird eine Ordnung in der Welt eingeführt.* (96)
8. Z. B. der Chemiker analysiert eine Substanz, Wasser, und drückt die gefundenen Tatbestände dann mit Worten aus, die schon zur Beschreibung anderer Tatbestände benutzt worden sind; so hat er das eine auf das andere **zurückgeführt** und das ist der Zweck der Erkenntnis. Es würde aber nichts dadurch geleistet werden, wenn man das Wasser unmittelbar erleben könnte; man lernt dadurch nicht die Einordnung des Wassers in die übrigen Substanzen der Welt kennen. Auch wenn wir mit dem Wasser eins, also selbst zu Wasser wurden, würden wir das Wasser deshalb erkennen? Weiss das Wasser selbst, was es ist?! (963, **Die Probleme der Philosophie in ihrem Zusammenhang 1933/34**)
9. *Bei der Intuition ist überhaupt nur ein Glied vorhanden* (z. B. eine bestimmte Sinnesqualität),
   zur Erkenntnis sind mindestens zwei Glieder notwendig; eines wird auf das andere **zurückgeführt.** (975, **Die Probleme der Philosophie in ihrem Zusammenhang 1933/34**)
10. Erkenntnisse und Wissenschaften sind Worte, die man bis zu einem gewissen Grade miteinander vertauschen kann; man spricht auch von wissenschaftlicher Erkenntnis.
    Eine Wissenschaft ist dadurch ausgezeichnet und wir finden dann den *wissenschaftlichen Charakter einer wissenschaftlichen Disziplin am deutlichsten realisiert, wenn die einzelnen Erkenntnisse untereinander zusammenhängen.* Eine Wissenschaft ist also ein System von Erkenntnissen. Dass ein System ein Zusammenhang ist, folgt eigentlich schon aus dem Wesen der Erkenntnis, denn Erkenntnis ist das **Zurückführen** des Besonderen auf das Allgemeine, ist Ausdruck des Neuen durch alte Worte und durch diesen Prozess wird schon von selbst ein Zusammenhang der verschiedenen Ausdrucke gestiftet; dadurch ent-

steht eine Art von Pyramide, bei welcher das Speziellere immer unter das Allgemeinere zu liegen kommt. (976–977, **Die Probleme der Philosophie in ihrem Zusammenhang 1933/34**)

11. *Dieser Zusammenhang macht* nun, wie wir früher schon gesehen haben, *das eigentliche Wesen der Erklärung aus,* als einer **Zurückführung** einer besonderen Aussage auf eine allgemeine. (983, **Die Probleme der Philosophie in ihrem Zusammenhang 1933/34**)
12. *Durch die allgemeinen Gesetze werden die tiefer liegenden Aussagen erklärt* (Erklärung besteht ja darin, dass wir die einzelnen Fälle auf die allgemeineren **zurückführen**). (984, **Die Probleme der Philosophie in ihrem Zusammenhang 1933/34**)

MSGA II.5.2b: Berücksichtigte Vorkommen von ‚Reduzieren'

1. *Das Erkennen besteht in einer Symbolischen* ***Reduktion*** (wir nehmen nicht die Gegenstände selbst, sondern operieren mit Zeichen dafür) *des einen auf das andere. Auch in der Wissenschaft* heisst Erkenntnis nichts anderes als Verbindung des Unbekannten mit etwas früher Bekannten, ist *Erkennen immer ein Wiedererkennen.* (959–960, **Die Probleme der Philosophie in ihrem Zusammenhang 1933/34**)
2. So kann man also viele Namen durch eine Kombination anderer Zeichen ersetzen. Man kann in der Chemie mit Hilfe von Zeichen viele Namen ersparen, also viele Tatbestände mit einer viel geringeren Menge von Zeichen ausdrucken: deshalb ist auch jede chem. Formel eine Erkenntnis[.] Bei jeder wirklichen Erkenntnis werden die Zeichen **reduziert.** (960, **Die Probleme der Philosophie in ihrem Zusammenhang 1933/34**)

Literatur

Cassirer, Ernst. 1927. Erkenntnistheorie nebst den Grenzfragen der Logik und Denkpsychologie. *Jahrbücher der Philosophie* 3: 31–92.

Engler, Fynn Ole und Wendel, Hans Jürgen. 2006. Einleitung zu *Allgemeine Erkenntnislehre* [= MSGA I.1], Hrsg. Fynn Ole Engler und Hans Jürgen Wendel. Wien: Springer.

Friedl, Johannes. 2013. *Konsequenter Empirismus. Die Entwicklung von Moritz Schlicks Erkenntnistheorie im Wiener Kreis.* Wien: Springer.

Kutzner, Nicole und Pohl, Michael. 2019. Editorischer Bericht zu „[Einleitung in die Naturphilosophie]" In: *Moritz Schlick: Naturphilosophische Schriften. Manuskripte 1910-1936* [= MSGA II.2.1], Hrsg. Nicole Kutzner und Michael Pohl. Wien: Springer.

Lemke, Martin. 2019. Editorischer Bericht zu „Logik und Erkenntnistheorie" In *Moritz Schlick: Vorlesungen und Aufzeichnungen zur Logik und Philosophie der Mathematik* [= MSGA II.1.3], Hrsg. Martin Lemke. Wien: Springer.

Schlick, Moritz. 1986 [1933/34]. *Die Probleme der Philosophie in ihrem Zusammenhang. Vorlesung aus dem Wintersemester 1933/34*, Hrsg. Henk Mulder, Anne J. Knox, und Reiner Hegselmann. Frankfurt a. M.: Suhrkamp.

Schlick, Moritz. 1913. Gibt es intuitive Erkenntnis? *Vierteljahresschrift für wissenschaftliche Philosophie und Soziologie* 37: 472–488.
Schlick, Moritz. 2006 ff. *Moritz Schlick: Gesamtausgabe* [= MSGA], Hrsg. Friedrich Stadler und Hans Jürgen Wendel. Wien: Springer.
Schlick, Moritz. 2006. *Allgemeine Erkenntnislehre* [= MSGA I.1], Hrsg. Fynn Ole Engler und Hans Jürgen Wendel. Wien: Springer.
Schlick, Moritz. 2006. *Über die Reflexion des Lichtes in einer inhomogenen Schicht/Raum und Zeit in der gegenwärtigen Physik* [= MSGA I.2], Hrsg. Fynn Ole Engler und Matthias Neuber. Wien: Springer.
Schlick, Moritz. 2012. *Rostock, Kiel, Wien. Aufsätze, Beiträge, Rezensionen 1919–1925* [= MSGA I.5], Hrsg. Edwin Glassner und Heidi König-Porstner. Wien: Springer.
Schlick, Moritz. 2019. *Frühe erkenntnistheoretische Schriften* [= MSGA II.1.1], Hrsg. Jendrik Stelling. Wien: Springer.
Schlick, Moritz. 2019. *Vorlesungen und Aufzeichnungen zur Logik und Philosophie der Mathematik* [= MSGA II.1.3], Hrsg. Martin Lemke. Wien: Springer.
Schlick, Moritz. 2019. *Naturphilosophische Schriften. Manuskripte 1910-1936* [= MSGA II.2.1], Hrsg. Nicole Kutzner und Michael Pohl. Wien: Springer.
Schlick, Moritz. 2024.*Naturphilosophische Schriften Nachschriften, Diktate und Notizen 1922–1936* [= MSGA II.2.2], Hrsg. Konstantin Leschke. Wien: Springer.
Schlick, Moritz. 2024.*Vorlesungen und Aufzeichnungen zur Geschichte und zum Begriff der Philosophie* [= MSGA II.5.2a], Hrsg. Martin Lemke. Wien: Springer.
Schlick, Moritz. 2024.*Vorlesungen und Aufzeichnungen zur Geschichte und zum Begriff der Philosophie* [= MSGA II.5.2b], Hrsg. Martin Lemke. Wien: Springer.
Stelling, Jendrik. 2019. Editorischer Bericht zu „Grundzüge der Erkenntnislehre und Logik“. In *Moritz Schlick: Frühe erkenntnistheoretische Schriften* [= MSGA II.1.1], Hrsg. Jendrik Stelling. Wien: Springer.
Wittgenstein, Ludwig. 1977. *Philosophische Untersuchungen* [= PU]. Frankfurt a. M.: Suhrkamp.

Kapitel 4
Struktur

Zusammenfassung Der Begriff der Struktur spielte nicht nur in Schlicks späten Schriften eine zentrale Rolle. Die sog. *Strukturthese* aus den 1930er Jahren hatte bereits im Frühwerk seine Vorläufer. Um dies nachzuweisen wird im folgenden Kapitel darauf eingegangen, wie in der AEL der Zusammenhang wissenschaftlicher Erkenntnisse mittels seiner Erkenntniskonzeption sowie unter Verwendung der Idee von ‚implizit definierten Begriffen' rekonstruiert wird. Daran anschließend wird der Begriff der ‚Struktur' in Schlicks späten Schriften eingehend analysiert. Hierauf aufbauend wird abschließend gezeigt, dass die Strukturkonzeption des späten Schlicks unter Rückgriff auf Überlegungen aus seinem Frühwerk entwickelt wurde und dass sich die Idee, die der Strukturthese zugrunde liegt, mithin durch sein gesamten wissenschaftsphilosophisches Werk zieht.

Schlüsselwörter Begriffssystem · Erkenntnissystem · Implizite Definitionen · Strukturenrealismus

4.1 Die Konstruktion des Erkenntniszusammenhangs

Im vorangegangenen Abschnitt wurde ausführlich darauf eingegangen, inwiefern die Erkenntnis bei Schlick als ein ‚Wiederfinden' von etwas in einem anderen resp. als ‚Zurückführung' von zwei unterschiedlichen Dingen auf einen gemeinsamen Begriff charakterisiert wird: Etwas an einem Wahrnehmungserlebnis – wie bspw. eine rote Farbwahrnehmung beim Anschauen einer Tomate – wird in einem anderen Wahrnehmungserlebnis – wie bspw. in der Wahrnehmung eines Mantels – ‚wiedergefunden'. Das, was beiden Wahrnehmungserlebnissen gemein ist (die Farbwahrnehmung), wird in der Folge auf einen gemeinsamen Begriff, in diesem Falle ‚rot', zurückgeführt. Nach Abschluss dieses Prozesses des ‚Wiederfindens' von etwas in einem anderen bzw. der ‚Zurückführung' zweier unterschiedlicher Dinge auf etwas ihnen Gemeinsames (das ‚Rote' an dem jeweiligen Erlebnis) liegt nun eine Erkenntnis vor.

Im Kontext seines Erkenntniskonzeptes konstruiert Schlick in der AEL den Zusammenhang der Erkenntnisse anhand von Begriffssystemen, der Thema dieses Ka-

J. Franke-Reddig, *Zur Kontinuität und Eigenständigkeit der Wissenschaftsphilosophie von Moritz Schlick*, Veröffentlichungen des Instituts Wiener Kreis 34,
https://doi.org/10.1007/978-3-032-14192-7_4

pitels ist. Den zentralen Aspekt jener Konzeption möchte ich an dieser Stelle vorweggreifend in eigener Terminologie erfassen: Durch das ‚Wiederfinden' bzw. die ‚Zurückführung' entsteht nach Schlick nun eine bestimmte *Struktur.* Diese Struktur wird durch die in der AEL konzipierten Begriffssysteme abgebildet. Bevor die Begriffssysteme im Folgenden rekonstruiert werden können, muss noch etwas näher auf den Begriff der Struktur eingegangen werden. Denn Schlick selbst verwendet diesen Ausdruck in der AEL nur sehr spärlich. Ungeachtet dessen ist die dem Begriff der ‚Struktur' zugrundeliegende konzeptionelle Idee zentral für Schlicks Erkenntnisphilosophie, wie auch Matthias Neuber bestätigt. So heißt es in seiner Betrachtung des „Raumproblems" beim frühen Schlick: „[...] dass sehr viele Parallelen zum sog. *strukturellen Realismus,* wie er – in seiner epistemischen Variante – zunächst von John Worrall vertreten worden ist, bestehen" (Neuber 2012, S. 120). Auf etwaige Parallelen zu aktuellen Debatten zum Strukturenrealismus kann im Rahmen der vorliegenden Arbeit leider nicht eingegangen werden, allerdings verdeutlicht Neubers Urteil an dieser Stelle die zentrale Bedeutung des Strukturkonzepts für Schlicks Frühwerk. In diesem Zusammenhang führt Friedl in seiner bereits zitierten Studie den Begriff des „Strukturalismus" ein, bezieht diesen jedoch ausschließlich auf Schlicks spätere Erkenntnisphilosophie. Hierzu heißt es bei Friedl:

> Bei der zweiten These *[sic!]* handelt es sich um den (von mir so genannten) Strukturalismus, also die These, dass (wiederum in vorläufiger Charakterisierung) nur Strukturen erkennbar und ausdrückbar sind, samt deren negativer Kehrseite, der These der Unsagbarkeit der Erlebnisinhalte. Der Strukturalismus erreicht schließlich in F&C seine elaborierteste Fassung [...] (Friedl 2013, S. 48)

Jene These von der „Unsagbarkeit der Erlebnisinhalte" bezeichnet Friedl an späterer Stelle auch als „Strukturthese" (S. 115). Diesen Terminus werde ich im Folgenden übernehmen. Er steht einerseits für Schlicks Behauptung, dass ausschließlich Strukturen ausdrückbar, mitteilbar und erkennbar seien sowie auch für deren negative Kehrseite, nach der alles Qualitative am Erlebnisinhalt weder ausdrück- noch mitteilbar sei. Laut Friedl taucht diese These in EEM erstmals auf (S. 48).[1]

In diesem Kapitel werde ich nun, im Unterschied zu Friedl, die These vertreten, dass eben jener „Strukturalismus", den Friedl erst ab EEM ausmacht, konzeptionell bereits in der AEL nachzuweisen ist: M.E. verhält es sich so, dass das erkenntnisphilosophische Konzept, das Schlick mit den Begriffssystemen in der AEL entwickelt, das, was Friedl hier „Strukturthese" nennt, inhaltlich bereits in großen Teilen vorwegnimmt. Hierzu sollen im Folgenden zunächst die Begriffssysteme der AEL rekonstruiert werden, woran anschließend gezeigt wird, dass Schlicks Ausführungen zur Strukturthese im Spätwerk letztlich nur die Weiterentwicklung seiner früheren Ideen darstellen.

Um die Konstruktion von Begriffssystemen in der AEL nachzuzeichnen, gilt es zunächst nochmals die zentrale Bedeutung der Trennung von Anschauung und Begriff

---

[1] Im Text schreibt Friedl, diese These sei eine von zweien, die in EEM „erstmals in aller Deutlichkeit" ausgesprochen würde. Trotz dieser abschwächenden Einschränkung spricht er in der zugehörigen Fußnote 74 davon, dass die These im zur Frage stehenden Text „erstmals angeführt" würde. Diesen stärkeren Standpunkt nimmt er auch auf den darauffolgenden Seiten weiter ein.

in der AEL hervorzuheben: Diese spiegelt sich in der begrifflichen Unterscheidung von ,Kenntnis' und ,Erkenntnis' wider, wie sie im vorangegangenen Kap. 3 besprochen wurde: Das ,Kennen' steht hiernach für das ,Erleben', die ,Anschauung', ,Empfindung' oder auch die ,Intuition'. ,Gekannt' wird demnach die noch unverarbeitete Wahrnehmung von etwas (wobei jedoch auch bei einem bloßen ,Wissen' von etwas, von ,Kennen' die Rede sein kann). Entscheidend ist, dass der Kenntnisprozess demjenigen der Erkenntnis stets voraufgeht, d. h. die Voraussetzung dafür stellt, dass etwas erkannt werden kann, denn ich kann nicht etwas erkennen, das ich nicht *kenne*. Durch das ,Kennen' werden die ,zu erkennenden' Gegenstände für den Akt des ,Erkennens' – des ,Begreifens' – bereitgestellt. Am darauffolgenden Akt der ,Erkenntnis' selbst hat die ,Kenntnis' jedoch keinen eigenen Anteil mehr. Denn der Prozess der ,Kenntnis' muss stets bereits abgeschlossen sein, bevor der Prozess der ,Erkenntnis' einsetzen kann. (MSGA I.1, S. 308 sowie S. 442). In diesem Sinne sind die Akte des ,Kennens' und des ,Erkennens' per Definition streng geschieden.

Wie auch der Ausdruck ,Wiederfinden' nahelegt, handelt es sich beim ,Erkennen' laut Schlick um eine zweistellige Relation, nämlich die der Identitäts- oder Gleichheitsbeziehung zwischen zwei unterschiedlichen Gliedern (MSGA I.1, S. 157). Hierbei wird das *Eine* in einem *Anderen* wiedergefunden, das ihm gleicht oder gar mit ihm identisch ist. Betrachten wir hierzu eine im Abschn. 3.1 im Zusammenhang mit dem Erkennen als einem ,Wiederfinden' betrachtete Passage aus der AEL erneut:

> Es gilt auf jeden Fall, daß beim Erkennen die beiden Glieder als »ein und dasselbe« festgestellt werden. Es handelt sich also um Gleichheit, die in Identität übergehen kann. Ist das Gemeinsame [...] ein *Gesetz*, so ist damit stets etwas *Identisches* gefunden, denn ein Gesetz ist ein begriffliches Gebilde, bei Begriffen aber fallen Gleichheit und Identität bekanntlich zusammen. Vorläufig interessieren uns die hier berührten Unterschiede nicht weiter, wir halten vielmehr fest, daß auch dort, wo man in der Wissenschaft von »Erkenntnis« spricht, ein Wiederfinden des Gleichen stattfindet. (MSGA I.1, S. 157)

D. h., dass in einer Erkenntnis, beim ,Wiederfinden' bzw. der ,Zurückführung', stets etwas mit einem anderen entweder identifiziert oder gleichgesetzt wird.[2] Zwar handelt es sich bei jener Passage, wie zuvor bereits angemerkt, um eine Zufügung aus der 2. Auflage, allerdings wird hierbei keine inhaltliche Ergänzung der Ausführungen durch Schlick vorgenommen[3] (MSGA I.1, S. 127 ff.). Stattdessen ist die neue Passage als Präzisierung der darauffolgenden Ausführungen zu lesen, die bereits in der ersten Auflage vorhanden waren. In diesen drückt er dasselbe aus, jedoch weitaus kürzer und lediglich unter Bezug auf Beispiele. Doch auch in der 1918er Version wird deutlich, dass Schlick das Erkennen als eine „Identifikation" von etwas mit einem anderen versteht:

> Wenn man z. B. feststellt, daß Aristoteles die Schrift über den Staat der Athener verfaßt hat [...] so identifiziert man den Urheber dieser Schrift mit dem anderweitig wohlbekannten Philosophen, erkennt also diesen in jenem wieder. (MSGA I.1, S. 157–158)

---

[2] Folglich hat die Relation, die dem Erkennen zugrunde liegt, die Eigenschaft der Symmetrie, der Reflexivität sowie auch der Transitivität.

[3] Solcherart Zufügungen hat er in der Vorrede von 1925 ohnehin selbst ausgeschlossen.

Allgemein lässt sich feststellen, dass Schlick in der 1. Auflage etwa gleichhäufig von „Identifikation“ wie auch von „Gleichheit“ spricht. In der 2. Auflage hingegen ersetzt er an einigen Stellen die „Identifikation“ durch „Gleichheit“ (S. 150, 166, 167, 176, 236, 237 sowie 239). Die Differenz zwischen *Gleichsetzung* und *Identität* sollte zwar sicher nicht unter den Tisch gekehrt werden, doch diese Unterscheidung spielt für das, worum es hier gehen soll, keine entscheidende Rolle. Denn diese nachträglich teilweise vorgenommene Abschwächung seiner Formulierung ändert letztlich nichts an der Grundidee, auf die Schlick hier und an anderen Stellen referiert: Es geht darum, dass beim Erkennen stets zwei Glieder zugrunde liegen müssen, die zueinander in Beziehung zu setzen sind, da ihnen etwas gemeinsam ist, m. a. W.: „daß zum Erkennen nur die Zurückführung zweier vorher getrennter Erscheinungen aufeinander gefordert wird [...]“ (S. 158). Dahingehend, ob dieses ‚Gemeinsame‘ nun auf Gleichheit oder Identität basiert, unterscheidet Schlick in der AEL nicht.

Man könnte nun annehmen, dass bei einem so definierten Erkenntnisprozess stets ein zuvor ‚Unbekanntes‘ in einem bereits ‚Bekannten‘ wiedergefunden bzw. mit diesem identifiziert wird. Doch bei dieser Lesart würde es sich laut Schlick um ein Missverständnis handeln: Ihm zufolge handelt es sich bei demjenigen, das in einem anderen wiedergefunden werden soll – also bei dem ersten Relationsglied – um das *Erklärte*. Und dieses muss bekannt sein, damit es überhaupt erklärt werden *kann* (MSGA I.1, S. 159–160). Hierzu kann bspw. eine neue Hypothese aufgestellt werden. In diesem Fall wäre das *Erklärende* das bislang Unbekannte. Es wird hierbei also gerade umgekehrt ein Bekanntes in einem zuvor Unbekannten wiedergefunden. Das bedeutet jedoch nicht, dass das *erklärende* Moment jederzeit ein Unbekanntes sein muss. Denn etwas Bekanntes kann auch dadurch erkannt werden, dass es in einem anderen, ebenfalls bereits Bekannten wiedergefunden wird. Die Erkenntnis besteht in diesem Fall in der Entdeckung, dass die Möglichkeit dazu besteht, das eine in dem anderen wiederzufinden. Folglich setzt eine Erkenntnis lediglich die Bekanntschaft mit dem „zu Erklärenden“ voraus (ebd.). Zum besseren Verständnis der Erläuterungen zu diesen Begrifflichkeiten sei an dieser Stelle das folgende Schema aufgestellt:

Es wird demnach in einem Gegenstand A etwas gefunden, das erklärt werden soll. Dies geschieht durch Zurückführung auf einen Gegenstand B, der A in der jeweils zur Frage stehenden Hinsicht gleicht. An dieser Stelle muss darauf hingewiesen werden, was Schlick unter dem Begriff ‚Gegenstand‘ versteht: Er verwendet den Begriff stets im weitestmöglichen Sinne. D. h., dass mit diesem Wort grundsätzlich alles gemeint sein kann, über das sich Aussagen treffen lassen (MSGA I.1, S. 181). Besonders hervorzuheben ist hier, dass Schlick den Begriff ‚Gegenstand‘ auch stellvertretend für Begriffe und Vorstellungen verwendet, doch darauf wird sogleich näher einzugehen sein. Die soeben erläuterten Bestimmungen vorausgesetzt, kommt Schlick vorläufig zu dem Ergebnis, dass der zu erkennende Gegenstand stets mit demjenigen gleichgesetzt wird,[4] als der er erkannt ist (MSGA I.1, S. 236). Betrachten wir hierzu erneut die im Zusammenhang mit der Verwendung von ‚Wiedererkennen' und ‚Wiederfinden' zitierte Passage:

> Wir nehmen also einen einfachen Fall, in dem das Wort in unbefangener Weise angewendet wird. Ich gehe auf der Straße nach Hause; da gewahre ich in der Ferne ein bewegliches braunes Etwas. An seiner Bewegung, Größe und anderen kleinen Merkmalen *erkenne* ich, daß es ein Tier ist. Die Entfernung verringert sich, und es kommt schließlich ein Augenblick, in dem ich mit Sicherheit *erkenne:* ich habe einen Hund vor mir. Er kommt immer näher, und bald *erkenne* ich, daß es nicht bloß irgendein Hund ist, ein fremder, nie vorher gesehener, sondern ein wohlbekannter, nämlich mein eigener, Tyras, oder wie er sonst heißen mag. (MSGA I.1, S. 147)

Nach dem zuvor Erörterten wird also zunächst ein „bewegliches braunes Etwas" wahrgenommen (im Sinne einer Anschauung, was also in den Bereich des ‚Kennens' fällt). Im direkt daran anschließenden Erkenntnisprozess wird jenes „braune Etwas" als Tier erkannt, d. h. also auf die Erscheinung eines Tieres zurückgeführt bzw. als Tier *identifiziert* oder mit einem solchen *gleichgesetzt.* Darauffolgend wird jenes Tier in einem weiteren Erkenntnisschritt mit einem Hund gleichgesetzt und abschließend als „mein Hund Tyras" identifiziert. An dieser Stelle verdeutlicht sich auch die Transitivität der Erkenntnisrelation: Das ‚bewegliche braune Etwas' wurde in mehreren aufeinanderfolgenden Schritten zunächst als Tier, dann als Hund und zuletzt als „Tyras" erkannt. Damit ist jenes „braune Etwas" letztendlich als „mein Hund Tyras" erkannt worden. Schematisch dargestellt:

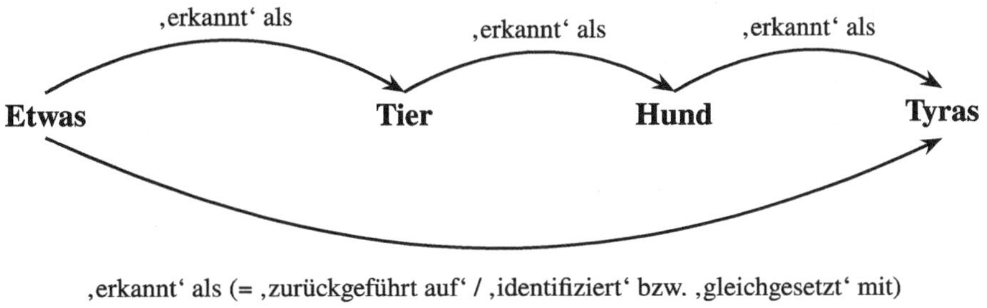

Hieraus resultiert nun, „[. . .] daß alles Begreifen dadurch von Stufe zu Stufe weiterschreitet, daß zuerst das eine im anderen wiedergefunden wird, dann in jenem wieder ein anderes und so fort" (MSGA I.1, S. 162) So entsteht gewissermaßen ein Netzwerk, über das alle existierenden Erkenntnisglieder miteinander verknüpft sind. Global betrachtet, verhält es sich demnach in der AEL so, dass alle Gegenstände, die Teil einer Erkenntnis sind, in einem größeren Rahmen miteinander im Zusammenhang stehen. Hierbei schreitet das Erkennen, wie Schlick es in oben angeführtem

[4] In der A-Ausgabe von 1918 heißt es an dieser Stelle noch „identifiziert". Bei der Verwendung der Ausdrücke „Gleichheit" und „Identifikation" scheint Schlick in der B-Ausgabe wesentlich vorsichtiger geworden zu sein, was an dieser Stelle m. E. jedoch keine inhaltliche Relevanz für das Wesentliche bei der Konstruktion von Begriffssystemen hat.

Zitat beschreibt, von Stufe zu Stufe fort, wodurch die Zahl derjenigen Gegenstände, die auf den oberen Stufen stehen, immer kleiner wird (ebd.). Bereits hier zeigt sich, dass Schlicks Erkenntniskonzeption letztlich darauf hinausläuft, Strukturen zu konstruieren: Es wird ein Netzwerk von Erkenntnissen gebildet, das alle Gegenstände, die Teil einer Erkenntnisrelation sind, miteinander in Verbindung bringt. Auch der Ausdruck „Relation“, den Schlick an späterer Stelle auch selbst verwendet (S. 215, 222 sowie 223), verdeutlicht den rein strukturellen Charakter seiner Ausführungen. Wie sich hier zeigt, wird schon zu Beginn der AEL ein Netzwerk aus Erkenntnissen konstituiert, dass letztlich nichts anderes darstellt als eine strukturelle Ordnung zur Darstellung des Zusammenhangs von Erkenntnissen.

Das Ziel alles Erkennens besteht nun nach Schlick darin, die Anzahl der Gegenstände, die an höchster Stelle stehen, die also nicht auf einen Gegenstand höherer Stufe zurückgeführt werden können, auf ein Minimum zu begrenzen (MSGA I.1, S. 162 f.). Denn laut Schlick ist eine Erklärung umso vollkommener, je kleiner die Zahl der Elemente ist, auf die das zu Erklärende reduziert wird (Schlick 1910, S. 125). Die an oberster Stelle stehenden Gegenstände haben im Rahmen dieser Rangordnung den höchsten Grad an Allgemeinheit und je weiter die Stufen nach unten verfolgt werden, desto individueller werden die Gegenstände, die die einzelnen Glieder der Erkenntnisrelation darstellen (MSGA I.1, S. 162 f.).

Es fragt sich nun direkt, inwiefern das oben angeführte Beispiel mit dem Hund „Tyras“ sich hier einordnen lässt. Nach Schlicks Darstellung wurde an letzter Stelle des Erkenntnisvorgangs die Wahrnehmung des „beweglichen Braunen Etwas“ auf „Tyras“ zurückgeführt. Demnach müsste Tyras auf oberer Stufe im Erkenntniszusammenhang stehen. Wie passt das mit Schlicks Ausführungen zusammen, dass das Individuelle im Zusammenhang auf unterster Stufe steht, während die Begriffe von Stufe zu Stufe nach oben stets allgemeiner werden? Bedeutet dies, dass „mein Hund Tyras“ nach Schlick als Allgemeinbegriff und nicht, wie intuitiv erwartbar, als Individualbegriff aufzufassen ist (da es sich schließlich um einen Eigennamen handelt, der ein Individuum bezeichnet)? Letztlich könnte man hierzu vermerken, dass es sich bei jenem Beispiel um ein allgemeines einführendes Beispiel in Schlicks Erkenntnisbegriff handelt, das lediglich das Erkennen im täglichen Leben betrifft,[5] während der eigentliche Fokus seiner Erkenntnislehre auf wissenschaftlicher Erkenntnis liegt (MSGA I.1, Vorrede zur 1. Auflage). Insofern könnte man argumentieren, dass jenes Beispiel nicht in allen Details zu ernst zu nehmen sei. Allerdings ist auch anzumerken, dass es sich um ein allgemeineres Problem von Schlicks Erkenntniskonzeption handelt, dass durchweg nicht ganz klar wird, Begriffe welcher Art an unterster Stelle zu stehen haben. Viele seiner Ausführungen deuten darauf hin, dass es Begriffe sind, die in einem gewissen Sinne atomare Einzelwahrnehmungen bezeichnen, wie eine einzelne individuelle Rotwahrnehmung. Dies vorausgesetzt, könnte man an dieser Stelle tatsächlich schließen, dass Tyras eben auf höherer Stufe im Erkenntniszusammenhang stehen müsste: ‚Tyras‘ wäre somit als ein Abstraktum aufzufassen, dass sich aus vielen Einzelwahrnehmungen im Erkenntniszusammenhang zu einem ganzen individuellen Hund zusammensetzt. Seine einzelnen Eigenschaften wie die

[5] Das Beispiel entstammt dem § 2. Das Erkennen im täglichen Leben.

Farbe seines Fells, der Klang seines Bellens etc. wären demnach Einzelmerkmale, in die sich der Begriff, den ich von „meinem Hund Tyras" habe, auflösen lässt. Diese Interpretation passt auch mit einigen weiteren Ausführungen zusammen, die ich weiter unten ergänzend besprechen werde.

Vor diesem Hintergrund stehen nun, schematisch gesprochen, die Erkenntnisgegenstände mit dem höchsten Grad an Allgemeinheit an oberster Stelle der Erkenntnis und subsummieren unter sich all dasjenige mit geringerem Allgemeinheitsgrad, resp. das Individuelle (MSGA I.1, S. 166). Dies sei hier beispielhaft anhand eines Schemas veranschaulicht, für das ich eine Kennzeichnungsmethode von Variablen mithilfe von Nummerierungen und Indizes entwickelt habe:[6]

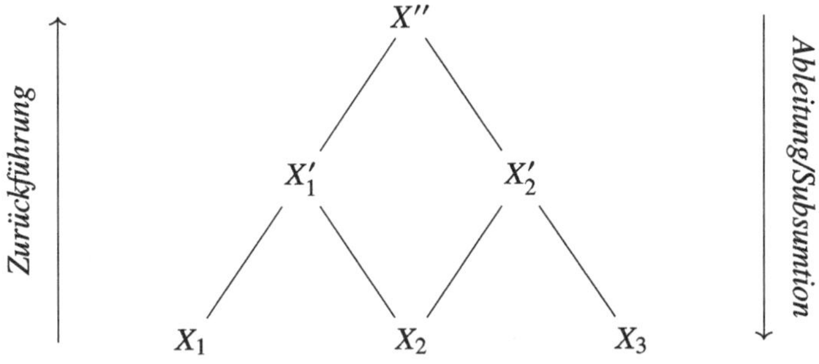

Die Variablen innerhalb dieses Schemas stehen jeweils für einzelne Gegenstände, die im Erkenntniszusammenhang an ihrer statt gesetzt werden könnten. Der Index „*(')*" gibt dabei die Stufe an, in der der Gegenstand im Erkenntniszusammenhang steht. So sind die Gegenstände unterster Stufe die individuellsten X_1, X_2, X_3 und die Gegenstände mit dem höchsten Index die allgemeinsten X''. In diesem Beispiel wird X_1 durch Zurückführung auf X'_1 erkannt, X_2 lässt sich wiederum auf X'_1 und X'_2 zurückführen und X_3 auf X'_2. Dabei wird jeweils etwas an X_1, X_2 oder X_3 als X'_1 bzw. X'_2 erkannt. X_1 könnte hier z. B. für eine Kälteempfindung stehen und X_2 für die Wahrnehmung der Farbe ‚Weiß'. Nun könnte die Farbwahrnehmung wie auch die Kälteempfindung auf den gemeinsamen Begriff X'_1 = ‚Schnee' zurückgeführt bzw. könnte das ‚Kalte und Weiße' als ‚Schnee' erkannt werden. Unter Verwendung des Ausdrucks ‚Erklären', der hier als Synonym zum Begriff der Erkenntnis eingeführt wurde, könnte man auch sagen, die Kälteempfindung wie auch die Farbwahrnehmung wurden durch das Vorhandensein von ‚Schnee' erklärt, wie Schlick auch selbst an späterer Stelle erörtert (allerdings im Zusammenhang mit dem Begriff des Urteils, auf den im Kap. 4 noch genauer einzugehen sein wird). X'_1 und X'_2 lassen sich nun

[6] Dieses Schema, auf das ich auch an späterer Stelle zurückkommen werde, dient lediglich der Erläuterung der Konstruktion von Begriffssystemen und darf nicht als eins-zu-eins-Übersetzung von Schlicks Gedankengängen verstanden werden. Es handelt sich lediglich um eine vereinfachende Darstellung, die zum einfacheren Verständnis meiner Ausführungen beitragen soll. D. h. Schlick hat offenkundig weitaus komplexere Strukturen im Sinn, sodass das hier dargestellte Schema nicht für alle seine Beispiele passend ist. Allerdings verhält es sich auch so, dass Schlicks Beispiele selbst zum Teil nicht miteinander kompatibel sind. Einige Probleme, die damit im Zusammenhang stehen und die auch Schlicks Ausführungen betreffen, werden weiter unten thematisiert.

selbst wiederum auf X'' zurückführen (um das Beispiel fortzuführen, könnte man für X'' bspw. Aggregatzustände von Wasser denken und für X_3 etwas passendes wie bspw. ‚heiß' und für X'_2 etwa ‚Dampf' einsetzen). In dieser Weise entsteht nun das besagte strukturelle „Netzwerk" der Erkenntnisse. Aufgrund der Transitivität der Erkenntnisrelation lässt sich an dieser Stelle festhalten, dass somit X_1, X_2 und X_3 vermittelt durch die Erkenntnisglieder höherer Stufe in Zusammenhang miteinander stehen: Vermittelt durch X'_1 und X'_2 sowie durch X'' stehen auch die Glieder X_1 und X_2 in einem größeren Rahmen miteinander in einem Zusammenhang, da sie demselben Erkenntniszusammenhang angehören.

Es sei hier vermerkt, dass in der ersten Auflage der AEL noch nicht von „Variablen" im Erkenntniszusammenhang die Rede ist. Erst Ende der 1920er Jahre gab Schlick zu, dass er seine Ausdrucksweise aus der AEL heute revidieren würde. Statt von „implizit definierten Begriffen" würde er nun von „Variablen" sprechen (siehe Abschn. 1.3). Allerdings findet sich auch in der 1. Auflage der AEL ein Kapitel, in dem Schlick darauf eingeht, dass es streng genommen eigentlich gar keine Begriffe gibt, sondern lediglich eine „begriffliche Funktion"(MSGA I.1, S. 184 f.) und darüber hinaus, dass Begriffe als „Zeichen" zu verstehen seien (S. 180 f.), was sehr stark in eine Richtung deutet, wonach Schlick schon hier etwas wie Variablen im Sinn hatte, ohne diesen Terminus explizit zu verwenden. Da die Erläuterung von Begriffssystemen durch die Verwendung von Variablen im Erkenntniszusammenhang mithilfe von Schemata jedoch enorm erleichtert wird, erlaube ich es mir, an dieser Stelle im Vorweggriff Variablen zur Veranschaulichung von Schlicks Konzeption zu verwenden. Vorläufig sind sie auch nur als Stellvertreter für dasjenige zu verstehen, was sogleich noch im Laufe dieses Kapitels an ihre Stelle zu setzen sein wird.

Wie zuvor festgehalten, wird der Grad an Allgemeinheit im Netzwerk der Erkenntnisse von Stufe zu Stufe größer, während die Zahl der Glieder mit jeder Stufe niedriger wird. Die allgemeinsten Begriffe subsummieren dabei alle Erkenntnisglieder niedrigerer Stufe unter sich (MSGA I.1, S. 162 f., 239, 250, 251, 252, 308 sowie 329). Der Begriff der „Subsumtion" ist hier in zweierlei Hinsicht interessant: Zum einen impliziert der Ausdruck, dass sich aus dem ‚Allgemeineren' – das durch Zurückführung des ‚Individuelleren' konstruiert wurde – eben jene Elemente, die auf sie zurückgeführt wurden, in umgekehrter Richtung auch wieder ableiten lassen, da sie in ihnen enthalten sind. Zum zweiten legt diese Ausdrucksweise eine Darstellung nahe, die an die Mengenlehre angelehnt ist. Hierauf kommt Schlick dann auch sogleich zu sprechen: Das Individuelle kann durch das Allgemeine so genau beschrieben werden, als ob jemand mit seinem Finger darauf zeigen und „Dieses hier" sagen würde. Das geschieht, indem allgemeine Gegenstände gekreuzt werden. Dadurch wird in ihrer Mitte ein Bezirk abgegrenzt, in dem allein der zu erkennende Gegenstand vorzufinden ist (S. 250 ff.).

Somit wurden nun zwei verschiedene Bilder vom Zusammenhang der Erkenntnisse gezeichnet: Nach dem ersten stellte er sich als eine Art hierarchische Strukturordnung in Pyramidenform dar, wonach die Anzahl der Elemente von Stufe zu Stufe kleiner wird. Nach dem zweiten Bild wird der Zusammenhang der Erkenntnisse durch Schlick dagegen als eine Ordnung von Gegenständen in verschiedene Klassen beschrieben, in der die individuellen Gegenstände Schnittmengen von allgemeineren darstellen. So spricht er in Bezug auf das oben angeführte Beispiel vom Erkennen des Hundes „Tyras" auch von der ‚Klasse der Tiere', der ‚Klasse der Hunde' etc., in die das ‚zu Erkennende' im Erkenntnisvorgang jeweils eingeordnet wird (MSGA I.1, S. 147 ff.). Dies scheint vordergründig dem zuvor dargelegten zu widersprechen: Wie kann der Erkenntniszusammenhang einerseits als eine Art hierarchische Strukturordnung dargestellt werden und zugleich als eine bloße Zuordnung von Gegenständen zu bestimmten Klassen? Beim Konzept der ‚Allgemeinheit' der Gegenstände höherer Stufen bzw. beim Begriff der ‚Subsumtion' liegt der Schlüssel zum Verständnis dieses Sachverhalts. Denn Schlick will mit diesen beiden verschiedenen Konzepten tatsächlich ein und denselben Zusammenhang der Erkenntnisse beschreiben, nur auf gänzlich unterschiedliche Weise. Dass beide Arten der Beschreibung einander nicht widersprechen, scheint für ihn evident zu sein, denn er sieht sich offenbar nicht dazu genötigt, dies näher zu erläutern oder überhaupt anzusprechen – sprich: Er bleibt bezüglich dieser Fragestellung eine Erklärung schuldig. Um Schlicks Erörterungen diesbezüglich zu ergänzen, soll hier gezeigt werden, dass es möglich ist, ein und denselben Erkenntniszusammenhang sowohl in der vorgestellten Pyramidenform als auch mithilfe von mengentheoretischen Sprechweisen äquivalent darzustellen:

Als Gegenstände höherer Stufe sind, wie erwähnt, allgemeinere Gegenstände zu verstehen. Auf jene allgemeineren Gegenstände werden die jeweils individuelleren zurückgeführt, indem sie mit ihnen identifiziert bzw. gleichgesetzt werden. Jene individuelleren Gegenstände werden dabei unter den allgemeineren subsumiert, und da die Anzahl der allgemeinen Gegenstände von Stufe zu Stufe geringer wird, versteht sich von selbst, dass ein allgemeiner Gegenstand jederzeit mehr als nur einen einzigen individuellen Gegenstand unter sich subsummieren muss. Insofern lassen sich die individuellen Gegenstände auch als Teilmengen der Allgemeingegenstände auffassen, auf die sie sich zurückführen lassen. Ein Gegenstand, der auf einen Gegenstand höherer Stufe zurückgeführt wird, ist folglich ein Element der allgemeineren Klasse jenes höherstufigen Gegenstandes und als solches eine Teilmenge desselben. Dies lässt sich auch anhand des Beispiels der Rotwahrnehmung verdeutlichen: Die Wahrnehmung der roten Tomate und die Wahrnehmung des roten Mantels sind so gesehen jeweils Elemente der Menge der ‚Rotwahrnehmungen'. Jene allgemeinere Menge subsummiert unter sich dagegen alle einzelnen Rotwahrnehmungen, die auf sie zurückgeführt werden könnten. Die Rotwahrnehmung der Tomate und des Mantels sind damit jeweils einzeln (und auch zusammengenommen) als Teilmenge(n) von allgemeinen Rotwahrnehmungen aufzufassen.

Damit sich zwei verschiedene Gegenstände auf ein und dasselbe zurückführen lassen, müssen sie einander jedoch in irgendetwas gleichen. Und dieses Etwas, das da an zwei verschiedenen Gegenständen gleich ist, wird durch den allgemeinen Gegenstand bezeichnet, auf den beide zurückgeführt werden. Im eben besprochenen Beispiel ist dieses ihnen Gemeinsame die identische Farbwahrnehmung ‚rot'. In vielerlei anderer Hinsicht gleichen sich die Tomate und der Mantel in ihren unterschiedlichen Eigenschaften aber selbstredend nicht. Die Konsistenz, Größe, Geruch etc. sind sehr unterschiedlich. Auch dies lässt sich in Schlicks Konzeption widerspiegeln: Gegenstände können zugleich Teilmengen mehrerer Allgemeingegenstände darstellen, da sie verschiedene Eigenschaften haben und anderen Gegenständen folglich in unterschiedlicher Hinsicht gleichen. Somit lässt sich ein und derselbe Gegenstand dann eben auch auf mehrere verschiedene Allgemeingegenstände zurückführen und auch als Schnittmengen von Allgemeingegenständen auffassen, wie Schlick suggeriert (MSGA I.1, S. 251): Damit ein ganz konkreter individueller Gegenstand durch das Allgemeinste ganz genau beschrieben werden kann, wird einzig vorausgesetzt, dass es keinen anderen individuellen Gegenstand gibt, der sich auf exakt die gleichen Allgemeingegenstände zurückführen lässt. Ist diese Voraussetzung erfüllt, dann bleibt bei Kreuzung der Mengen der Allgemeingegenstände, auf die der betreffende individuelle Gegenstand zurückgeführt werden kann, tatsächlich nur ein einziger Gegenstand übrig. Ebendies meint Schlick wenn er sagt:

> Wir sehen ferner, worin die eigentliche Schwierigkeit aller Erklärung und Gewinnung letzter Erkenntnisse besteht: ein Minimum von Erklärungsprinzipien zu verwenden und doch mit Hilfe dieser geringen Anzahl jede einzelne Erscheinung in der Welt ganz vollständig zu bestimmen. Das heißt, es soll das Individuelle nur mit Hilfe der allgemeinsten Namen und doch eindeutig bezeichnet werden. (MSGA I.1, S. 164–165)

Um nun auf den Zusammenhang zwischen den beiden unterschiedlichen Darstellungsweisen des Zusammenhangs der Erkenntnisse zurückzukommen, sei hier die oben beispielhaft angeführte Darstellung eines Erkenntniszusammenhangs in Pyramidenform mit der ihr äquivalenten Darstellung in Form eines Venn-Diagramms verglichen.

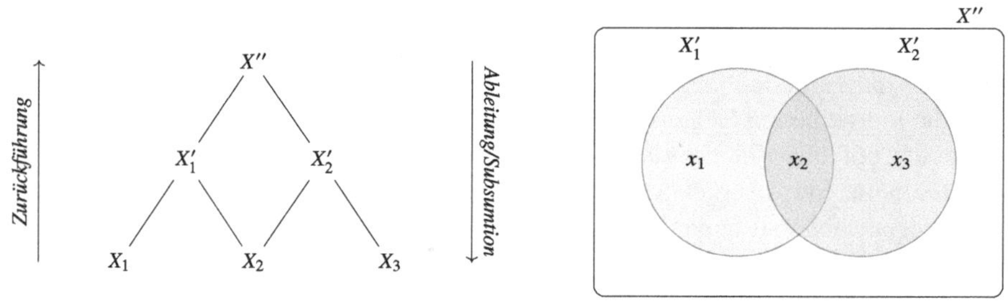

Im rechten Bild ist der allgemeinste Gegenstand X'' als Menge dargestellt, deren Teilmengen die in der Pyramide vorkommenden Variablen X'_1 und X'_2 sind. Die individuellen Gegenstände X_1, X_2 und X_3 wiederum sind als Elemente der Mengen X'_1 und X'_2 zu verstehen. X'_1 und X_3, die in der Pyramidendarstellung jeweils nur entweder auf X'_1 oder auf X'_2 zurückführbar sind, sind als Elemente jeweils nur in einer der beiden Mengen enthalten. Dagegen ist X_2, derjenige Gegenstand, der sich im linken Bild sowohl auf X'_1 als auch auf X'_2 zurückführen lässt, hier als Element der Schnittmenge von X'_1 und X'_2 dargestellt. X'_1 und X'_2, die links beide auf X'' zurückgeführt werden, sind in der rechten Darstellung beide als Teilmengen von X'' dargestellt. Da X_1, X_2 und X_3 jeweils Elemente von X'_1 bzw. X'_2 sind, sind sie – wie hier dargestellt – auch als Elemente in der Obermenge X'' enthalten. Darin spiegelt sich die Transitivität der Zurückführungsrelation wider. Damit zeigt sich an dieser Stelle die prinzipielle Möglichkeit ein und denselben Erkenntniszusammenhang auf beide beschriebenen Weisen (äquivalent) darzustellen.

Es sei hier nochmals darauf hingewiesen, dass Schlick den Zusammenhang beider Ausdrucksweisen in der *AEL* nicht so detailliert erörtert, wie dies hier geschehen ist und dass darüber hinaus die hier besprochenen Beispiele auch nur entfernt an Schlicks eigene Erörterungen angelehnt sind (er selbst führt tatsächlich gar keine eigenen Beispiele hierzu an). Allerdings scheut er sich nicht, die soeben erörterten Beschreibungsweisen des Zusammenhangs der Erkenntnisse (die auf der einen Seite die Darstellung in Pyramidenform suggerieren und auf der anderen Seite die Darstellung in Form von Mengen) durchweg synonym zu verwenden. Die hier versuchte Rekonstruktion diente nur dazu, plausibel zu machen, dass diese Vorgehensweise Schlicks ihre konzeptionelle und logische Berechtigung hat. Nach der Verfahrensweise, den Zusammenhang der Erkenntnisse mithilfe von Ausdrücken aus der Mengenlehre („Klassen“, „Subsumtion“, „Kreuzung der allgemeinen Begriffe“ etc.) zu beschreiben, die Schlick – wie er selbst schreibt – aus den mathematischen Wissenschaften entlehnt (MSGA I.1, S. 166), ist es von fundamentaler Bedeutung, dass das Individuelle nicht lediglich durch die Zuweisung eines Eigennamens gekennzeichnet wird. Stattdessen muss das Individuelle allein durch das Allgemeine beschrieben und dadurch exakt bestimmt werden. Gelingt eine vollständige Beschreibung des Individuellen auf der Basis allgemeinster Sätze – ist also ein individueller Gegenstand durch Kreuzung allgemeiner Gegenstände, auf die er sich zurückführen lässt, als konkreter Einzelgegenstand bestimmt – so ist dieser Gegenstand nach Schlick erkannt (S. 250 ff.). An dieser Stelle zeigt sich die immense Bedeutung der Möglichkeit der Darstellung des Erkenntniszusammenhangs nach dem Verfahren der Mengenlehre, denn allein darin unterscheidet sich Erkenntnis von bloßer Tatsachenanhäufung. Auch hierin zeigt sich die immense Bedeutung des Begriffs der Struktur für die AEL, denn letztlich ist die Darstellung des Zusammenhangs der Erkenntnisse mithilfe von Begriffen, die Mengenverhältnisse darstellen, nichts anderes als die Aufzeigung der tiefergehenden *Struktur des Zusammenhangs* von Begriffen untereinander. Dadurch, dass das Einzelne unter etwas Allgemeinem subsumiert wird, ist es im Allgemeinen wiedergefunden und das Einzelne ist in diesem Allgemeinen stets enthalten. Denn die Allgemeinbegriffe sind keineswegs losgelöst vom Einzelnen, sondern gerade „[...] nirgends anders als nur im einzelnen, und wenn der Physiker sagt: ‚Ich kenne die allgemeinsten Gesetzmäßigkeiten der Natur‘, so heißt das überhaupt nichts als: ‚Ich bin imstande, in das einzelne gegebene Geschehen am tiefsten verstehend einzudringen‘“ (Schlick 1910, S. 123–124). Somit zeichnet sich der strukturelle Zusammenhang der Erkenntnisse gerade dadurch aus, dass er es ermöglicht, einen konkreten Einzelgegenstand nur durch Zuhilfenahme der allgemeinsten Beschreibungsmöglichkeiten zu individuieren.

Die entscheidenden Aspekte von Schlicks Erkenntniskonzeption, die bis hierhin erörtert wurden, seien an dieser Stelle noch einmal zusammengefasst: Das ‚Erkennen‘ ist grundlegend als die Zurückführung individueller Gegenstände auf Allgemeineres definiert. Dadurch entsteht ein Strukturzusammenhang zwischen den einzelnen Gliedern der Erkenntnisrelation, der so aufgebaut ist, dass die individuellen Gegenstände allesamt in den Gegenständen höherer Ordnung, auf die sie sich zurückführen lassen, enthalten sind. Deshalb muss das ‚Erkennen‘ auch entweder auf einer Gleichheits-

oder einer Identitätsrelation basieren, denn andernfalls könnten die allgemeineren Gegenstände die individuelleren nicht unter sich subsummieren.

An dieser Stelle muss nun die Aufmerksamkeit auf eine Frage gelenkt werden, die bislang weitgehend umschifft wurde: Welche Arten von Gegenständen können überhaupt Glied der Zurückführungsrelation einer Erkenntnis sein? Wofür stehen die Variablen im oben angeführten Schema? Kann hier, nach Schlicks Festlegung, der Ausdruck Gegenstand sei stets im allgemeinstmöglichen Sinne zu verstehen, schlicht alles eingesetzt werden? Oder sollten an dieser Stelle nicht doch konzeptionelle Einschränkungen vorgenommen werden, um den Erkenntniszusammenhang zu konstituieren? Dies soll nun geklärt werden.

Eine Erkenntnis setzt nach Schlick stets einen Vergleich voraus. D. h. diejenigen Gegenstände, die Teil einer Erkenntnis sind, müssen miteinander verglichen werden, bevor der Erkenntnisvorgang einsetzen kann. Das ergibt sich auch sogleich aus der Bestimmung der Zurückführungsrelation als Gleichheits- oder Identitätsbeziehung: Damit ein Gegenstand mit einem anderen identifiziert bzw. gleichgesetzt werden kann, müssen beide zuvor einem Vergleich unterzogen worden sein (M. a. W.: trivialerweise kann ich nicht einen Gegenstand mit einem anderen gleichsetzen, ehe ich beide miteinander verglichen habe). Für die Ansprüche, die das alltägliche Leben an eine Erkenntnis stellt, ist laut Schlick ein Vergleichen von Vorstellungen hinreichend (MSGA I.1, S. 171). Bei Vorstellungen handelt es sich um „jene Gebilde“, die durch die Sinneswahrnehmung *anschaulich* gegeben werden (S. 174). (Im Prinzip also um jene Gegenstände, von denen wir ‚Kenntnis‘ erlangen können.) Für eine Alltagserkenntnis können also problemlos Wahrnehmung- oder Erinnerungsvorstellungen herangezogen werden (S. 170 ff.). Schwierigkeiten ergeben sich erst, wenn dieses Verfahren im wissenschaftlichen Arbeiten Anwendung finden soll. Das folgt für Schlick nicht zuletzt daraus, dass den „Erinnerungsvorstellungen“ (wie auch den anschaulichen Vorstellungen im allgemeinen) eine gewisse „Unschärfe“ anzulasten ist (S. 170). Mit „Unschärfe“ ist dabei jedoch nicht gemeint, dass es sich bei Vorstellungen nicht um exakt bestimmte Gegenstände handeln würde. Das Problem der Unschärfe besteht für Schlick stattdessen darin, dass Vorstellungen, welcher Art auch immer, stets flüchtig und veränderlich sind. Das begründet er damit, dass eine Erinnerung des nächstfolgenden Moments nicht mehr dazu imstande ist, den vorhergehenden perfekt nachzubilden (S. 200 f.). An anderer Stelle fügt Schlick dem noch hinzu, dass anschauliche Vorstellungen stets durch einen kontinuierlichen Bewusstseinsstrom gegeben werden (S. 399). Und Kontinuität lässt nach Schlick keine absolut scharfen Grenzen zu (S. 396). Doch gerade das wird von den exakten Wissenschaften erfordert: etwas scharf Bestimmtes, das exakte Identifikation ermöglicht (S. 177 f.). So schreibt Schlick:

> [...] daß ein wissenschaftlich absolut brauchbarer, d. h. strenger, exakter Begriff des Erkennens sich auf diese Weise überhaupt nicht begründen läßt. Die Art der Erkenntnis, die für die Bedürfnisse des vorwissenschaftlichen Denkens und des praktischen Lebens ausreicht, kann keine legitime Verwendung finden für die Wissenschaft, welche überall möglichste Strenge und höchste Gewißheit fordert. (MSGA I.1, S. 177)

Hieran zeigt sich etwas sehr deutlich, das zuvor bereits angesprochen: Für Schlick ist eine Erkenntnis umso exakter, je weniger sie mit der Anschauung zu tun hat. Deshalb ist er bestrebt, die Anschauung aus der wissenschaftlichen Erkenntnis weitgehend fernzuhalten. Überdies kommt für das Erkennen durch Vorstellungen noch ein weiteres Problem hinzu, das in diesem Kontext noch weitreichender ist: Wie hier dargelegt wurde, besteht eine Erkenntnis laut Schlick darin, das Individuelle auf das Allgemeinste zurückzuführen. Bezogen auf das Erkennen durch Vorstellungen bedeutet dies, dass konkrete Vorstellungen, die in diesem Zusammenhang als das Individuelle zu verstehen sind, auf allgemeine Vorstellungen zurückgeführt werden müssten, um erkannt zu werden. Wird nun noch der Strukturzusammenhang der Erkenntnisse und die Stufenfolge bis hin zu den allgemeinsten Gegenständen berücksichtigt, folgt daraus, dass es sog. ‚Allgemeinvorstellungen‘ geben müsste, die an oberster Stelle stehen und unter die alle anderen Vorstellungen sich subsummieren lassen. Doch Vorstellungen dieser Art sind unmöglich. Diesem Fakt widmet Schlick gar ein ganzes Kapitel in der AEL (MSGA I.1, § 4. Das Erkennen durch Vorstellungen): Es bereitet zwar niemandem größere Schwierigkeiten, sich bspw. irgendein individuelles Dreieck vorzustellen. Problematisch wird es allerdings, wenn es darum geht, sich ein Dreieck vorzustellen, unter das alle individuellen Dreiecke subsumiert werden können. Dieser Versuch ist aussichtslos, da ein ganz allgemeines Dreieck völlig eigenschaftslos sein müsste, so Schlick. D. h., es dürfte weder eine spezifische Größe haben, noch dürfte der Winkel in irgendeiner Weise festgelegt sein (S. 173 f.). Mehr noch: Es dürfte nicht einmal eine Farbe, einen Rahmen oder sonst etwas Anschauliches an sich haben. Das ergibt sich daraus, dass jede konkrete Eigenschaft, die einer Allgemeinvorstellung beigelegt werden könnte, irgendwelchen bestimmten individuellen Dreiecken nicht mehr entsprechen würde, sodass diese fortan nicht mehr unter ihr subsummiert werden könnten. Allein schon die Festlegung auf einen Winkel von 90° schließt alle Dreiecke aus, die ein anderes Winkelmaß aufweisen. Zwar können laut Schlick im alltäglichen Leben bestimmte Individualvorstellungen bei einer Erkenntnis behilflich sein (S. 171 ff.), es darf allerdings nicht missachtet werden, dass es sich hierbei lediglich um Repräsentanten für Allgemeinvorstellungen handelt (S. 175 f.). Als bloße Repräsentationen können diese Vorstellungen die hohen Ansprüche nicht erfüllen, die Schlick an das wissenschaftliche Erkennen stellt. Denn mit ihrer Hilfe ließe sich das Individuelle nicht im Allgemeinen wiederfinden, nur in einem anderen, ebenso Individuellen. Dabei kann es sich nach Schlick nicht um echte Erkenntnis handeln: Nur Allgemeinvorstellungen könnten laut Schlick einen strengen, exakten Begriff des Erkennens begründen (S. 177). Vor diesem Hintergrund schließt er das Erkennen durch Vorstellungen für wissenschaftliche Kontexte aus und postuliert, dass an ihrer statt *Begriffe* verwendet werden müssen, um absolut strenge und exakte Erkenntnis in der Wissenschaft zu ermöglichen (S. 178).

Auch hierin spiegelt sich die scharfe Trennung von ‚Kenntnis‘ und ‚Erkenntnis‘ wider: Die anschaulichen Vorstellungen werden, wie in Abschn. 3.1 dargelegt, durch das Vermögen der ‚Kenntnis‘ vermittelt, sprich: Durch das Erleben, das Anschauen, welches Schlick soeben für die wissenschaftliche Erkenntnis verworfen hat. Diese wiederum ist daselbst als etwas bestimmt, das mit anschaulichen Vorstellungen nichts zu schaffen haben darf, um die explizit geforderte absolute Strenge der Wissenschaften zu ermöglichen und ist darauf verwiesen, sich ausschließlich mit den per Definition als völlig unanschaulich bestimmten Begriffen zu begnügen. Damit ist die Unterscheidung zwischen *Kenntnis und Erkenntnis* direkt an die Differenz zwischen *Anschauung und Begriff* gekoppelt. Und dieser Punkt wird auch im Spätwerk Schlicks eine entscheidende Rolle spielen.

An dieser Stelle des Kapitels gelangen wir nun endlich zu der Frage, was „Begriffe" in der AEL sind, und wie mit ihrer Hilfe die „Begriffssysteme" konstituiert werden können. Schlick stellt die Frage „Was ist ein Begriff?" an den Anfang des 5. Kapitels über das „Erkennen durch Begriffe" (MSGA I.1, S. 178). Eine erste näherungsartige Antwort gibt Schlick denn auch direkt zu Beginn, indem er erneut Begriffe von anschaulichen Vorstellungen abgrenzt: Ein wesentlicher Unterschied liege darin, dass ein Begriff „vollkommen bestimmt ist und nichts Schwankendes sich an ihm findet" (S. 178). Darüber hinaus heißt es, Begriffe seien keine ‚realen psychischen Gebilde' oder etwas ‚Wirkliches', sondern lediglich „etwas Gedachtes, das wir uns an Stelle der Vorstellungen mit fest bestimmtem Inhalt gesetzt denken" (S. 179). Das ist ein für die folgenden Ausführungen entscheidender Punkt: Begriffe können nach Schlick also als *Setzungen* verstanden werden, die in Bezug auf anschauliche Vorstellungen eine Stellvertreterfunktion erfüllen und die daselbst als bloße ‚Gedankendinge' keine eigenständige Realität besitzen.

Sind Begriffe als Stellvertreter von Vorstellungen bestimmt, so lässt sich an dieser Stelle schlussfolgern, dass mit ihnen genauso umzugehen ist, wie mit Vorstellungen. Eben diesen Gedankengang bestätigt Schlick sodann auch gleich im nächsten Schritt:

> Wir schalten mit Begriffen so, als ob es Vorstellungen mit völlig genau umrissenen Eigenschaften wären, die sich stets mit absoluter Sicherheit wiedererkennen lassen. (MSGA I.1., S. 179)

Was aber ist an dieser Stelle mit „Eigenschaften" gemeint? M.E. bezieht sich Schlick hier auf ganz konkrete Eigenschaften, die einem Gegenstand in einer anschaulichen Vorstellung zukommen können. Bspw. das „braune" an „meinem Hund Tyras" aus Schlicks eigenem Beispiel oder das ‚Rot' der Tomate und des Mantels aus dem von mir konstruierten Exempel. Hinzu kommen freilich auch Eigenschaften wie die äußerliche Gestalt, Geruch, Konsistenz etc., zunächst eben all jene Eigenschaften, die mittels der Anschauung an einem Gegenstand festgestellt werden können. „Diese Eigenschaften", so fährt Schlick fort, „heißen die *Merkmale* des Begriffes, und sie werden durch besondere Be- stimmungen festgelegt, die dann in ihrer Gesamtheit die *Definition* des Begriffes ausmachen" (ebd.). Weiter unten heißt es: „Der Begriff spielt also die Rolle eines *Zeichens* für alle diejenigen Gegenstände, unter deren Eigenschaften sich sämtliche Merkmale des Begriffs finden" (S. 180). M. a. W. zusammengefasst sind Begriffe nach Schlick als nicht-reale Zeichen zu verstehen, die gedanklich anstelle von Vorstellungen gesetzt werden. Darüber hinaus hält Schlick – wie oben zitiert – noch fest, dass die unterschiedlichen zu den Vorstellungen gehörigen Eigenschaften in Bezug auf Begriffe als dessen *Merkmale* bezeichnet werden. Dem folgend lässt sich feststellen, dass die Merkmale für die Eigenschaften dieselbe Rolle übernehmen wie die Begriffe für die Vorstellungen: Sie werden gedanklich an ihrer statt gesetzt und erfüllen fortan eine Stellvertreterfunktion. Fernerhin legt Schlick fest, dass alle Merkmale eines Begriffs zusammengenommen die *Definition* des Begriffs heißen. Vor diesem Hintergrund sind Begriffe laut Schlick als *Zeichen für*

Gegenstände zu verstehen, deren Eigenschaften (in der anschaulichen Vorstellung) den Merkmalen des jeweiligen Begriffs entsprechen (S. 179). Schematisch dargestellt:

anschauliche Vorstellung:

Gegenstand ←——————————— **Begriff**

Zeichen

↪ Eigenschaft 1 — 1. Merkmal ↩
↪ Eigenschaft 2 — 2. Merkmal ↩
↪ Eigenschaft 3 — 3. Merkmal ↩
↪ Eigenschaft . . . — 4. Merkmal ↩

} *Definition des Begriffs*

Wie oben angesprochen, lässt sich mit dieser Darstellung auch begründen, inwiefern nach Schlicks Darstellung der Hund „Tyras", obgleich es sich um einen Eigennamen für ein Individuum handelt, nicht zwangsläufig als Individualbegriff auf unterster Stufe des Erkenntniszusammenhangs aufgefasst werden muss: Wir könnten ‚Tyras' insofern als einen allgemeineren Begriff auffassen, als dass der ‚Gegenstand Tyras' sich aus vielen unterschiedlichen Eigenschaften zusammensetzt (Fellfarbe, Klang seines Bellens etc.), die jeweils auf unterer Stufe des Zusammenhangs stehen und die nur in ihrer Gesamtheit ein vollständiges Bild des Hundes abgeben. Damit kann ‚Tyras' als Begriff verstanden, auch in seine einzelnen Merkmale aufgelöst, auf höherer Stufe des Erkenntniszusammenhangs stehen. Somit wäre Schlicks Beispiel von der Erkenntnis des „beweglichen braunen Etwas" in den Kontext seines Erkenntniskonzeptes eingeordnet.

Doch es ergibt sich an dieser Stelle ein neues Problem: Während nun einerseits der Begriff als Zeichen eine Vertreterrolle für anschauliche Vorstellungen übernimmt und so gehandhabt wird, als ob er eine Vorstellung mit fest bestimmtem Inhalt wäre, sind es auf der anderen Seite die anschaulichen Vorstellungen, die im ‚aktuellen Denken' die Begriffe vertreten (MSGA I.1, S. 181). Denn da das aktuelle Denken laut Schlick ein „realer psychischer Vorgang" ist, müssen Begriffe im „Denkakt" durch etwas ebenso „psychisch Reales" vertreten oder bezeichnet werden (ebd.). In diesem Sinne übernehmen die ‚anschaulichen Bilder' die Vertreterrolle für Begriffe im aktuellen Denken (S. 182). Schlick führt seine Erörterungen diesbezüglich weiter unten unter Bezugnahme auf die Psychologie näher aus: Vorstellungen im anschaulichen Denken seien „Bewußtseinsvorgänge", die er hier auch explizit als „Akte" bezeichnet. Sie sind zwar unscharf und flüchtig, im realen physischen Akt des Denkens aber repräsentieren sie die ihrerseits als „das schlechthin Bestimmte und Scharfe" charakterisierte Begriffe. Entscheidend ist, dass eben jene „Akte" die Begriffe nur repräsentieren und nicht mit diesen selbst zu verwechseln sind: „die einen Begriff repräsentierenden Bilder" machen nicht seine „Bedeutung" aus (S. 184).

Wie ist dies nun genau zu verstehen? War nicht soeben noch die Rede davon, dass Begriffe Stellvertreter für Vorstellungen sind? Geraten wir nicht in einen infiniten Regress, sofern wir nun wiederum Vorstellungen als Stellvertreter von Begriffen auffassen? Dies scheint mir in der Tat eine konzeptionelle Schwierigkeit zu sein. Schlick geht auf die Probleme, die sich aus solch einer wechselseitigen Bestimmung ergeben könnten, selbst nicht näher ein, er scheint die Problematik gar nicht als solche aufzufassen. Wie diese Schwierigkeit zu umgehen ist, wird hier offenkundig der Interpretation überlassen. So stellt sich also die Frage, ob die wechselseitige Bestimmung des „Begriffs" und der „anschaulichen Vorstellungen", als Stellvertreter des jeweils anderen, auf eine Weise verstanden werden kann, die nicht in einen infiniten Regress mündet. M.E. ist dies möglich, indem man sich den Unterschied zwischen der *Stellvertretung* der Vorstellung durch den Begriff und der *Repräsentation* des Begriffs durch die Vorstellung vergegenwärtigt: Schlicks Ausführungen haben damit begonnen, dass den anschaulichen Vorstellungen ein gewisser Mangel angelastet wird: Sie sind stets unscharf und flüchtig. In Abgrenzung hierzu wurden Begriffe als das „scharf umrissene" und stets in jeglicher Hinsicht vollständig bestimmte Gegenstück zu den Vorstellungen eingeführt. Sie sind wie Vorstellungen zu handhaben, die *nicht* in der beschriebenen Weise mangelhaft sind. (Wir tun einfach so, als gäbe es Vorstellungen, die nicht unscharf sind und als würden wir mit ihnen arbeiten können.) Da die Mangelhaftigkeit der Vorstellungen nun aber daher rührt, dass sie reale psychische (und damit im weitesten Sinne *physische*) Vorgänge sind, müssen Begriffe, wenn sie nicht auch der „Unschärfe" unterliegen sollen, selbst wiederum etwas sein, das nicht einem physischen Vorgang unterliegt. Deshalb bestimmt Schlick sie als etwas „Unwirkliches" das im Denken bloß *gesetzt* ist. Da jedes Denken im Sinne eines „Aktes" aber stets ein realer psychischer Vorgang ist, müssen die nicht-realen, bloß gesetzten Begriffe im psychischen Akt des Denkens durch etwas Reales, nämlich durch konkrete anschauliche Vorstellungen, repräsentiert werden. Um an mein oben eingeführtes anschauliches Schema vom Erkenntniszusammenhang anzuknüpfen, könnte man auch sagen, dass ein ‚Begriff' eine der dargestellten Variablen *ist,* die gedanklich gesetzt wird. Im realen psychischen Akt des Denkens muss jedoch für jede Variable eine Individuenkonstante eingesetzt werden die, in einem gewissen Sinne, jene Variable repräsentiert. Mit der „Unwirklichkeit" der Begriffe fährt Schlick etwas weiter unten fort:

> So sind also Begriffe nichts Wirkliches. Sie sind weder reale Gebilde im Bewußtsein des Denkenden, noch gar [...] irgend etwas Wirkliches an den realen Objekten, die durch sie bezeichnet werden. Es gibt streng genommen überhaupt keine Begriffe, wohl aber gibt es eine *begriffliche Funktion,* und diese kann je nach den Umständen durch Vorstellungen oder sonstige psychische Akte, oder auch durch Namen oder Schriftzeichen ausgeübt werden. (MSGA I.1, S. 184–185)

Begriffe selbst sind also nicht etwas, das in irgendeiner Weise existiert. Einzig ihre Funktion ist wirklich und diese wird mithilfe von realen psychischen Akten ausgeführt. Etwas weiter unten heißt es hierzu, dass zu jener „begriffliche Funktion", die im Gegensatz zum Begriff selbst als etwas „Wirkliches" zu erachten ist, auch das „Denken eines Begriffes" und das „Gerichtetsein auf ihn" gehört (MSGA I.1, S. 187). Folglich ist das „Denken" als ein realer psychischer Vorgang, als etwas „Wirkliches" zu verstehen, nicht aber die Begriffe, die im „Akt" des Denkens vorkommen. In diesem Sinne sind sie als „bloße Gedankendinge" etwas im Geiste „nur gesetztes", das so gehandhabt wird, *als ob* es eine Vorstellung „mit fest bestimmtem Inhalt wäre": Begriffe sind nichts wirkliches, wir gehen jedoch mit ihnen so um, als ob sie (im Sinne von anschaulichen Vorstellungen) wirklich wären. Abschließend stellt

Schlick erneut fest: „Die begriffliche Funktion ist also etwas Wirkliches, nicht aber der Begriff selber" (S. 187). Dies sei jedoch eine rein psychologische Nebenbemerkung, denn eigentlich gehe es im Kontext der Erkenntnislehre nicht um Psychologie, sondern um die Klärung der „erkenntnistheoretischen Bedeutung der begrifflichen Funktion". Und diese, so Schlick, „besteht eben im *Bezeichnen.* Bezeichnen aber bedeutet hier weiter nichts als *Zuordnen*" (ebd.).

In unserem Zusammenhang ist laut Schlick also einzig relevant, dass die erkenntnistheoretische Rolle, die ein Begriff zu erfüllen hat, darin besteht, dass er ein Zeichen ist, das Gegenständen zugeordnet wird. Wie aber geht diese Zuordnung vonstatten?

> Wenn man von irgendwelchen Gegenständen sagt: sie fallen unter den und den Begriff, so heißt das nur: man hat ihnen diesen Begriff zugeordnet. (MSGA I.1, S. 187)

Entscheidend ist an dieser Stelle auch die Fußnote, die Schlick dieser Bemerkung anfügt. Er zitiert hier Oswald Külpes Ansicht über „das Wesen des Begriffs" und ergänzt, dass Külpes Beschreibung seiner Ansicht exakt entspricht. Hiernach seien Begriffe „für die objektive Wissenschaft *fixierte Zuordnungen* zwischen Zeichen und bezeichneten Gegenständen" (ebd.). Demnach besteht die begriffliche Funktion im Rahmen wissenschaftlicher Forschung im Zuordnen von Begriffen zu Gegenständen, die unter den Begriff fallen. Zusammengenommen mit dem, was Schlick zuvor über die „Eigenschaften" eines Gegenstandes und die zugehörigen „Merkmale" eines Begriffes geschrieben hat, lässt sich an dieser Stelle Folgendes festhalten:

Ein Gegenstand der anschaulichen Vorstellungen hat bestimmte konkrete Eigenschaften. Entsprechen jene Eigenschaften den Merkmalen, die einem Begriff im Rahmen einer Definition zugeordnet wurden, so fällt der Gegenstand unter den Begriff und der Begriff kann andersherum jenem Gegenstand zugeordnet werden. In der Folge ist der Begriff als eine Art Variable für den konkreten Gegenstand gedanklich gesetzt, während der Gegenstand den Begriff im anschaulichen Denken repräsentiert. Auf diese Weise wird ein Gegenstand laut Schlick durch einen Begriff *bezeichnet.* Diese Art Begriffe und Gegenstände einander zuzuordnen, bezeichnet Schlick als wissenschaftliche Zuordnung von Begriffen als Zeichen zu den durch sie bezeichneten Gegenständen (MSGA I.1, S. 180 f.). Dabei gesteht er ein, dass selbstverständlich zu unterscheiden sei zwischen Bezeichnung als „Anzeige" und Bezeichnung als „Ausdruck, Stellvertretung, Bedeutung, Sinn und vielleicht noch manchem anderen" (S. 188). Überdies mögen all diese alternativen Möglichkeiten, den Ausdruck „Bezeichnung" zu interpretieren, jeweils unterschiedlichen „Akten" im Bewusstseinsvorgang entsprechen, „gemeinsam ist aber allen diesen Fällen doch dies, daß es sich um eine *Zuordnung* handelt, und nur das ist für die Erkenntnislehre wesentlich" (ebd.). Die Unterschiede zwischen jenen Akten seien dabei rein psychologischer Natur und für die Erkenntnislehre, auf der unser Fokus liegt, nicht weiter von Relevanz, da sie für die Zuordnung eines Begriffs zu einem Gegenstand keinerlei Rolle spielen (ebd.).[7] Zur Lösung der Frage nach dem „Wesen der Erkenntnis"

[7] M. a. W.: Es ist völlig gleichgültig, ob ich einem Gegenstand einen Begriff zuordne, weil ich meine, dass dies die „Bedeutung" jenes Begriffs sei, sein „Sinn" oder weil ich meine, dass jener Begriff eben diesen Gegenstand „ausdrückt". Entscheidend ist für die Erkenntnislehre einzig, *dass* ich es tue.

genüge es deshalb, allein „das Moment der Zuordnung" in Betracht zu ziehen (ebd.). Abschließend fasst Schlick in Anschluss an eine Warnung vor jeglicher „Verdinglichung" von Begriffen die wesentlichen Aspekte seiner Ausführungen über Begriffe folgendermaßen zusammen:

> Sie sind nichts als Gedankendinge, die eine exakte Bezeichnung der Gegenstände zu Erkenntniszwecken ermöglichen sollen, wie etwa das den Erdball umspannende fingierte Gradnetz die eindeutige Bezeichnung eines Ortes seiner Oberfläche gestattet. (MSGA I.1, S. 193)

Um zur Konstitution sog. Begriffssysteme zurückzukehren, muss an dieser Stelle der Zusammenhang der Erkenntnisse mit dem, was Schlick über das „Wesen der Begriffe" erörtert hat, verknüpft werden. Denn es sind im System der Erkenntnisse *Begriffe,* die aufeinander zurückgeführt werden. Hierbei erhebt sich die Frage, in welcher Weise die derart bestimmten Begriffe die Konstitution von Erkenntnissystemen ermöglichen. Um dies zu erläutern, muss nun noch näher darauf eingegangen werden, was es nach Schlick mit der *Definition* von Begriffen auf sich hat. Zuvor wurde die Definition eines Begriffes dadurch charakterisiert, dass die Merkmale, die die Eigenschaften eines Begriffes bezeichnen, zusammengenommen seine Definition bilden. Schlick unterscheidet jedoch zwei Arten des Definierens: die *konkrete* und die *implizite Definition.* Die konkrete Definition dient laut Schlick dazu, den „Inhalt der einfachsten Begriffe" in der Anschauung aufzuzeigen. Hierzu führt er beispielhaft „die Höhe des Tones »a« durch Erklingenlassen einer Stimmgabel" an (S. 201). Die Hgg. der MSGA I.1 führen an dieser Stelle eine ähnliche Bestimmung der „konkreten Definition" aus einer weitaus älteren Schrift Schlicks an, die dieser an vielen Stellen zur Vorlage für die AEL gemacht hat. Dort heißt es, eine konkrete Definition „liegt also immer dann vor, wenn man einen realen Gegenstand direct vorzeigt und dazu das Wort ausspricht, das ihn bezeichnet" (S. 460). Entscheidend ist demnach, dass bei der konkreten Definition eines Begriffes derjenige Gegenstand, für den der Begriff gedanklich gesetzt werden soll, in der Anschauung aufgezeigt und mit dem Begriff in Verbindung gebracht wird. In dem in Abschn. 3.1 konstruierten Beispiel von der Tomate und dem Mantel wäre der Moment, in dem ich auf die Tomate zeige und sage: „Dies ist rot", ein Beispiel für die konkrete Definition des Begriffs ‚Rot'. Etwas weiter unten in der AEL führt Schlick diesbezüglich weitere Beispiele an, die diese Lesart bestätigen:

> [...] man weist also dabei immer auf etwas Wirkliches, individuell Existierendes hin, man erläutert etwa den Begriff des Punktes durch Demonstration eines Sandkörnchens, den der Geraden durch eine gespannte Schnur, den der Gerechtigkeit durch Hinweis auf bestimmte Gefühle, die der zu Belehrende in der Wirklichkeit seines Bewußtseins vorfindet – kurz, durch die konkrete Definition wird der Zusammenhang der Begriffe mit der Wirklichkeit hergestellt, sie zeigt in der anschaulichen oder erlebten Wirklichkeit dasjenige auf, was nun durch den Begriff bezeichnet werden soll. (MSGA I.1, S. 217)

Darüber hinaus gibt es laut Schlick noch die Möglichkeit der ‚impliziten Definition' von Begriffen und diese ist im Kontext der Erkenntnislehre von weitaus größerer Bedeutung. Hierzu kann ein Rückgriff auf Abschn. 1.1 dieser Arbeit vorgenommen werden, in dem die implizite Definition bereits ausführlich besprochen wurde. Die entscheidenden Punkte seien hier erneut zusammengefasst:

Laut Schlick genügte der neueren Mathematik der Hinweis auf die Anschauung zur Definition ihrer Grundbegriffe nicht mehr länger, da nunmehr die Legitimität solcher Begründungsweisen in Zweifel gezogen wurde. Nach dem soeben gesagten ist klar, dass hiermit auch (oder gar vor allem) die konkrete Definition von Begriffen durch Aufzeigung in der Anschauung gemeint ist: Nachdem bspw. in der Geometrie vormals die Grundbegriffe (wie bspw. „Punkt" und „Gerade" wie in den soeben zitierten Beispielen) allein durch jenen für die konkrete Definition wesentlichen Anschauungsbezug definiert wurden, erhebt sich nun das Ziel, das Konzept der Anschauung (und damit nach Schlick eben die konkrete Definition, obgleich er dies nicht explizit herausstellt) möglichst vollständig aus der Mathematik zu verbannen. In diesem Zusammenhang führte Hilbert in seinen *Grundlagen der Geometrie* eine später als „implizite Definition" bezeichnete Methode ein, nach der die Grundbegriffe allein dadurch definiert sind, dass sie den Axiomen genügen. Dies geschieht, indem die Begriffe „Punkt", „Gerade" und „Ebene" zunächst als inhaltsleere Worte eingeführt werden. Die Axiome legen darauffolgend die Beziehungen zwischen den Begriffen fest, allein dadurch gelten sie dann als definiert. D. h. der Sinn von Begriffen, die implizit definiert werden, beschränkt sich auf die in den Axiomen festgelegten Beziehungen zwischen ihnen. Schlick selbst beschreibt das „Prinzip" der impliziten Definition in der AEL mit den folgenden Worten:

> Die Aufgabe war: die im gewöhnlichen Sinne undefinierbaren Grundbegriffe auf solche Weise einzuführen, daß die Gültigkeit der von ihnen handelnden Axiome streng verbürgt wird. Und sie wird nach Hilbert einfach so gelöst, daß man festsetzt: die Grundbegriffe sollen eben dadurch *definiert* sein, daß sie den Axiomen genügen.
>
> Das ist die sogenannte Definition durch Axiome, oder Definition durch Postulate, oder die implizite Definition. (MSGA I.1, S. 208)

Dieses Konzept der anschauungsunabhängigen Definition soll nach Schlick nunmehr nicht bloß in den mathematischen Wissenschaften Anwendung finden, sondern auch für die sog. Wirklichkeitswissenschaften tragbar sein. Dies geschieht, indem er seine Beispiele bezüglich der impliziten Definition zwar zunächst hauptsächlich aus der Mathematik entlehnt, die daraus gezogenen Schlussfolgerungen jedoch daran anschließend auf andere Wissenschaften bezieht und zuletzt die daraus gefolgerten Ergebnisse auf die Analyse des Erkenntnisvorgangs überträgt. Sein Argumentationsgang kann hier folgendermaßen nachgezeichnet werden:

Mit dem Ausdruck „Wirklichkeitswissenschaften" referiert Schlick auf all jene Wissenschaften, die sich in irgendeiner Weise auf die Empirie beziehen, damit kann auch die Geometrie „als Wissenschaft vom Raume" gemeint sein (MSGA I.1, S. 213). Die reinen „Begriffswissenschaften" sind dagegen in keiner Weise auf Empirisches bezogen. Dies gilt laut Schlick überdies für die Konstruktion einer jeden wissenschaftlichen Theorie, der „streng deduktive Aufbau einer wissenschaftlichen Theorie" habe mit dem „anschaulichen Bilde, das wir uns von den Grundbegriffen machen, gar nichts zu tun" (S. 212). Allein die durch die impliziten Definitionen festgelegten Beziehungen der Grundbegriffe untereinander sei für sie relevant (S. 212 f.). Hierin zeigt sich der erste Übertragungsansatz des über implizite Definitionen gesagten auf die empirischen Wissenschaften: Schlick spricht hier zwar beispielhaft von der Mathematik, bezieht sich dabei jedoch explizit auch auf den Aufbau wissenschaftlicher Theorien im Allgemeinen. Zwar ist die Geometrie als Wissenschaft vom Raum als Wirklichkeitswissenschaft zu betrachten, deren Begriffe auf die Empirie bezogen sind, doch sofern lediglich ihre Konstruktionsweise in Betracht gezogen wird, soll jener Wirklichkeitsbezug außen vor gelassen werden, da allein die Beziehungen zwischen ihren Grundbegriffen für ihren Aufbau von Relevanz sei. Doch wie genau verhält sich nun eine durch implizit definierte Begriffe konzipierte Theorie zur anschaulichen Wirklichkeit? Innerhalb einer Theorie, so Schlick, seien die Grundbegriffe implizit definiert und alles über diese Definitionen hinausgehende spiele zunächst keine Rolle. Demnach gibt es auf der einen Seite eine Theorie mit implizit definierten Begriffen, auf der anderen Seite ein anschauliches Bild, dass jener Theorie entspricht und als anschauliches Beispiel für sie dienen kann:

> Für die Mathematik als festes Gefüge zusammenhängender Sätze haben die anschaulichen Vorstellungen, die wir mit den Worten Ebene, Punkt usw. verknüpfen, nur die Bedeutung von illustrierenden Beispielen, die durch ganz andere Beispiele ersetzt werden können [...] (MSGA I.1, S. 212–213)

Und etwas weiter unten heißt es hierzu ergänzend:

> Die Geometrie als fester Bau streng exakter Wahrheiten ist also nicht eigentlich Wissenschaft vom Raume, sondern die räumlichen Gebilde spielen nur die Rolle von anschaulichen Beispielen, in welchem die in den geometrischen Sätzen in abstracto aufgestellten Beziehungen verwirklicht sind. (MSGA I.1, S. 213)

Darin spiegelt sich die Annahme einer gewissen Parallelität zwischen der anschaulichen Wirklichkeit und der sie abbildenden rein begrifflichen Theorie wider. Zugleich scheinen beide jedoch voneinander entkoppelt. Wie im zuvor über Begriffe Gesagten spielen die Begriffe, die innerhalb einer wissenschaftlichen Theorie implizit definiert sind, auch in diesem Beispiel gewissermaßen die Rolle von Stellvertretern für anschauliche Vorstellungen, während diese die Begriffe in der Anschauung repräsentieren. Doch mit der impliziten Definition von Begriffen innerhalb wissenschaftlicher Theorien geht auch ein nicht zu vernachlässigendes Problem einher, auf das Schlick sogleich zu sprechen kommt: Ein „mit Hilfe impliziter Definition geschaffenes Gefüge von Wahrheiten“ habe mit der Wirklichkeit nichts zu tun, denn keiner der Begriffe einer solchen „Theorie“ bezeichne etwas „Wirkliches“ (S. 214). Stattdessen ergibt sich die Bedeutung ihrer Begriffe allein aus ihrer Konstellation miteinander. Damit handle es sich bei „jeder strengen deduktiven Wissenschaft“ (es zeigt sich also hier, dass Schlick darunter eben eine „Theorie“ versteht, die allein mithilfe von impliziten Definitionen konstruiert wurde) um „ein bloßes Spiel mit Symbolen“ (S. 215). Dagegen liege jedoch das Hauptinteresse aller Wirklichkeitswissenschaften vor allem in den anschaulichen bzw. wirklichen Gegenständen, d. h. im Rahmen dieser Wissenschaften sind vor allem die anschaulichen Beispiele relevant, „die den begrifflichen Beziehungen parallel gehen“ (ebd.). Es geht Schlick folglich darum, die rein begrifflich konstruierten Theorien, die ausschließlich implizit definierte Begriffe enthalten, auf die Wirklichkeit zu übertragen.

Darin zeigt sich, dass Schlick zwar einerseits die „streng deduktiven“ mathematischen Wissenschaften von jenen unterschieden wissen will, die sich auf „anschauliche" oder „wirkliche" Gegenstände beziehen. Doch alles, was er über den Aufbau jener mittels implizit definierter Begriffe konzipierten Theorien zu sagen hat, überträgt er sofort auf die Konstruktion sog. Wirklichkeitswissenschaften. Ihrem Aufbau nach gleichen sie Theorien, die ausschließlich implizit definierte Begriffe beinhalten. Fernerhin sind sie nach Schlick parallel zur Anschauung konstruiert, der er gar die zentrale Rolle einräumt: „Im allgemeinen beschäftigen wir uns mit dem Abstrakten nur, um es auf das Anschauliche anzuwenden" (MSGA I.1, S. 215). Allerdings, so Schlick, geht mit der Übertragung begrifflicher Relationen auf die Anschauung jene „exakte Strenge" verloren, die den implizit definierten Begriffen innewohnt (ebd.). Trotzdem – und das ist der in unserem Zusammenhang entscheidende Punkt – bezeichnet Schlick die implizite Definition als „Mittel", um „strenge Exaktheit des Denkens" zu ermöglichen. Zwar führe dies zu einer radikalen Trennung von Anschauung und Begriff, doch beide bleiben dabei stets aufeinander bezogen, obgleich sie nicht miteinander verbunden sind. Diese radikale Trennung „des Denkens von der Wirklichkeit" müsse in Kauf genommen werden für das „Erkennen der Erkenntnis" (S. 216). Darin allein besteht laut Schlick das Ziel dieser Untersuchung und mithilfe der Scheidung beider „Reiche" soll es ermöglicht werden, die Beziehungen zu überschauen, in denen sie „im Erkenntnisakt zueinander treten" (ebd.). M. a. W. zusammengefasst postuliert Schlick also auf der einen Seite das ‚Reich des Denkens', der Begriffe, das absolut exakte Strenge des Denkens ermöglicht und dem das ‚Reich der Wirklichkeit' auf der anderen Seite gegenübersteht (ebd.). Auf der ersten Seite werden Theorien mittels implizit definierter Begriffe konstruiert, die dann auf der anderen Seite in den Wirklichkeitswissenschaften auf Anschauliches bezogen werden. Begriff und Anschauung sind damit streng voneinander getrennt, bleiben jedoch aufeinander bezogen und stehen zueinander in einer Beziehung der Parallelität. Der Aufbau einer jeden wissenschaftlichen Theorie ist damit dem Aufbau einer rein mathematischen Theorie gleichgesetzt: Obwohl ihre Begriffe sich auf Anschauliches beziehen, ja stets beziehen müssen, sind sie nach Schlicks Argumentation, sofern man sie nur im Rahmen der Theorie betrachtet, innerhalb derer sie vorkommen, konzipiert *wie* implizit definierte Begriffe. Sie stehen stellvertretend für die anschaulichen Vorstellungen, die daselbst als anschauliche Repräsentationen für jene implizit definierten Begriffe dienen.

Um nun das Wesen der Begriffe und damit auch den Erkenntnisvorgang tiefergehend zu verstehen, müsse im nächsten Schritt das „Wesen des Urteils" erforscht werden, wie Schlick anmerkt (MSGA I.1, S. 217). Dies rührt daher, dass implizite Definitionen Begriffe dadurch bestimmen, dass gewisse Axiome festgelegt werden. Und bei Axiomen handle es sich um nichts anderes als um Urteile (ebd.). Somit führt die implizite Definition wie auch jede andere Form der Definition – so Schlick – Begriffe auf Urteile zurück, während in jedem Urteil auch Begriffe auftauchen:

> [...] es scheint daher selber sich aus solchen aufzubauen und sie vorauszusetzen. So sind Begriff und Urteil zueinander korrelativ, sie bedingen sich gegenseitig, keins kann ohne das andere sein. Begriffe sind zweifellos nur um der Urteile willen da. (MSGA I.1., S. 217–218)

Fernerhin bestehe der einzige Zweck des Bezeichnens von Gegenständen durch Begriffe im Denken über und im Reden von eben diesen Gegenständen und dies setzt Schlick mit dem Fällen von Urteilen über sie gleich (S. 218). D. h. Begriffe und Urteile treten stets in Verbindung miteinander auf. Insofern nun Begriffe als Zeichen für Gegenstände bestimmt sind, muss es sich auch bei Urteilen, die ja Begriffe miteinander verbinden (indem sie Beziehungen zwischen ihnen festlegen), um Zeichen handeln. Und zwar um „Zeichen für die Beziehungen zwischen Gegenständen" (S. 220). Dies veranschaulicht Schlick anhand eines Beispiels, dass wir weiter oben bereits angesprochen haben: Er betrachtet das Urteil „Der Schnee ist kalt" (S. 221). Die unterschiedlichen Bedeutungen der in dem Urteil vorkommenden Begriffe „Schnee" und „kalt" seien uns aus der Anschauung bekannt. Jenes Urteil bezeichne nun seinerseits eine Beziehung zwischen den durch die Begriffe bezeichneten Gegenständen, „nämlich eine Zusammengehörigkeit, die uns als das Verhältnis Ding-Eigenschaft vertraut ist"(ebd.). Demnach wird durch den Begriff „Schnee" ein „Ding" bezeichnet, durch den Begriff „Kälte" eine Eigenschaft und durch das Urteil „Der Schnee ist kalt" die zwischen dem Ding und der zugehörigen Eigenschaft bestehende Beziehung. Dabei handelt es sich laut Schlick um eine Erkenntnis, denn aufgrund eines „Wiedererkennungsaktes" wurde derjenige Gegenstand, der aufgrund von Merkmalen wie „weiß und flockig" als „Schnee" bezeichnet wurde, mit der Eigenschaft „kalt" in Verbindung gebracht:

> „[...] unser Urteil bezeichnet den Umstand, daß mit eben diesen Merkmalen des Weißen und Flockigen auch dasjenige der Kälte verbunden ist; wo die einen auftreten, findet sich auch das andere. (MSGA I.1, S. 221)

Das Verhältnis, das zwischen den Begriffen „Schnee" und „kalt" im Urteil festgehalten wird, bezeichnet Schlick ergänzend als ein *räumliches* und *zeitliches,* denn es beinhaltet, dass die Kälte am selben Ort und zur selben Zeit angetroffen wurde wie der Schnee (S. 222). Darauffolgend hält er fest, dass durch ein Urteil nicht lediglich eine Beziehung zwischen Gegenständen bezeichnet wird, sondern darüber hinausgehend das *Bestehen einer Beziehung* und d. i. eine *Tatsache.* So gelangt Schlick zu dem Ergebnis, dass es sich bei jedem Urteil um ein Zeichen für eine Tatsache handle und d. h. einen realen oder begrifflichen Tatbestand, „[...] denn nicht nur die Verhältnisse wirklicher Gegenstände, sondern auch das Dasein von Relationen zwischen Begriffen ist als ein Tatbestand aufzufassen" (S. 222). Das Verhältnis zwischen den Begriffen, die Zeichen für Gegenstände sind, sowie die zwischen ihnen obwaltenden Beziehungen und die Zeichennatur des Urteils, so wie sie hier dargelegt wurden, sei hier noch einmal schematisch zusammengefasst:

Zusammenfassend lässt sich an dieser Stelle festhalten, dass Begriffe nach Schlick als Zeichen für Gegenstände zu verstehen sind. Die zwischen den Begriffen bestehenden Beziehungen sind dabei selbst als Zeichen für die Beziehungen zwischen den bezeichneten Gegenständen aufzufassen. Als Ganzes bilden zwei Begriffe, die durch eine Beziehung miteinander verbunden sind, wiederum ein Urteil. Auf der anderen Seite sind die beiden Gegenstände, die zueinander in Beziehung stehen, eine Tatsache. Unter einem Urteil versteht Schlick nunmehr ein Zeichen für das Bestehen jener Tatsache.

In dieser Weise werden nach Schlick also Begriffe durch Urteile miteinander verknüpft. Er betont dabei explizit, dass jede Aussage jene Verbindung zweier Begriffe miteinander bezeichnet (MSGA I.1, S. 229). Darüber hinaus sind ebenso Urteile durch Begriffe miteinander verbunden. Wie ist das zu verstehen? Da ein jeder Begriff, so Schlick, jeweils als Glied mehrerer Urteile auftritt, setzt er auch eine Beziehung zwischen eben jenen Urteilen, allein dadurch komme ihm überhaupt Sinn und Bedeutung zu (ebd.). Wie sich dies in einem größeren Zusammenhang von Begriffen und Urteilen darstellt, umschreibt Schlick in metaphorischer Weise mit den folgenden Worten:

> So bildet denn jeder Begriff gleichsam einen Punkt, in welchem eine Reihe von Urteilen zusammenstoßen (nämlich alle die, in denen er vorkommt); er ist wie ein Gelenk, das sie alle zusammenhält. Die Systeme unserer Wissenschaften bilden ein Netz, in welchem die Begriffe die Knoten und die Urteile die sie verbindenden Fäden darstellen. Tatsächlich geht im wirklichen Denken der Sinn der Begriffe ganz darin auf, Beziehungszentren von Urteilen zu sein. Nur als Verknüpfungspunkte von Urteilen und in den Urteilen führen sie ein Leben im lebendigen Denken. (MSGA I.1, S. 229)

Vor diesem Hintergrund betrachten wir erneut das oben konstruierte Schema des Erkenntniszusammenhangs.

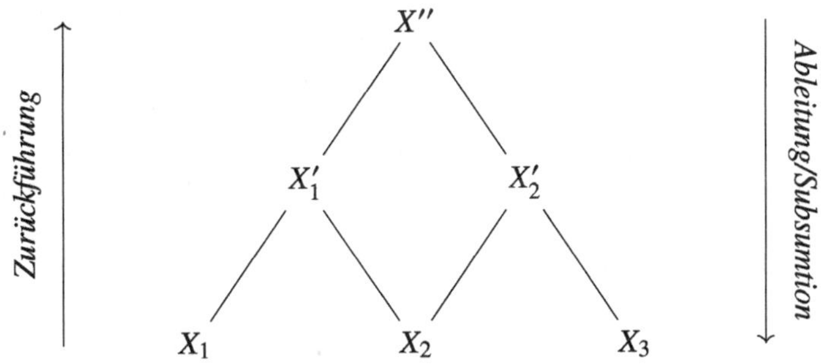

Nach dem, was nun über das Verhältnis von Begriff und Urteil festgehalten wurde, lässt sich nunmehr ergänzen, dass die Relationen, die die Begriffe X_1, X_2 usw. miteinander verbinden, als Urteile aufzufassen sind. Und zwar in einer Richtung als Urteil über die Zurückführbarkeit eines spezielleren Begriffs auf einen allgemeineren und in anderer Richtung als Urteil über die Ableitbarkeit des einen aus dem anderen. In dieser Weise bilden nun laut Schlick die Wissenschaften ein Netz aus Urteilen und Begriffen, das als Ganzes ein „System" von Begriffen darstellt, welches ich im Folgenden auch als *Begriffssystem* bezeichnen werde. Solcherlei Begriffssysteme der Wissenschaften erfüllen die Aufgabe, den anfangs beschriebenen Zusammenhang der Erkenntnisse abzubilden und zwar mittels implizit definierter Begriffe. Rekapitulieren wir an dieser Stelle, wie Schlick implizite Definitionen bestimmt hat: Sie werden durch Angabe der Relationen definiert, in denen sie zu den jeweils anderen Begriffen eines Systems stehen. Vor diesem Hintergrund erscheint es sinnvoll, dass Schlick im Zusammenhang mit der Erläuterung des Wesens der Urteile nun ergänzt, dass als Definitionen eines Begriffs diejenigen Urteile aufzufassen sind, „die ihn sozusagen mit den ihm am nächsten liegenden Begriffen in Verbindung setzen; er kann als kurzer Ausdruck für das Bestehen dieser Verbindungen aufgefaßt werden" (MSGA I.1, S. 230). Darin zeigt sich einmal mehr, dass Schlick das Konzept der impliziten Definition auf Begriffe innerhalb von „Systemen der Wissenschaft", sprich: auf wissenschaftliche Theorien ausweitet. Zwar sind jene Begriffe durch Bezugnahme auf die Anschauung nicht im strengen Sinne implizit definiert. Doch innerhalb eines Begriffssystems der Wissenschaften spielen sie die gleiche Rolle *wie* implizit definierte Begriffe: Ihre Definition besteht in der Angabe der Urteile, die sie mit den jeweils anderen Begriffen des Systems in Verbindung bringen. Dies gilt, obgleich sie für sich genommen durch konkrete Definitionen mit der empirischen Realität in Verbindung stehen oder nicht.

Fernerhin muss an dieser Stelle noch ergänzt werden, dass Schlick die Unterscheidbarkeit zwischen Definition und Urteil in erkenntnistheoretischer Hinsicht verneint: Man müsse die Definition zu den „echten Urteilen" rechnen, da sie sich innerhalb eines deduktiv zusammenhängenden Systems der Wissenschaft allein in praktischer oder psychologischer Hinsicht von diesen unterscheiden lässt, nicht jedoch in logischer (S. 231). Da jedes Urteil einen Begriff zu anderen Begriffen in Beziehung setze und damit die „Tatsache des Bestehens dieser Beziehung" bezeichne, scheint es laut Schlick zweckmäßig, auch Definitionen, die eben jene Beziehungen stiften, als Urteile aufzufassen. Somit vereinheitlicht sich laut Schlick das Bild, „das wir uns von dem großen Strukturzusammenhange der Urteile und Begriffe machen müssen, in welchem alle Wissenschaft besteht" (S. 233). Und eben jener Zusammenhang der Urteile und Begriffe mache das wesentliche der Erkenntnisse aus: ihre Möglichkeit beruht auf der Verbindung von Begriffen durch Urteile (ebd.).

Doch welche Rolle spielen Erkenntnisse in diesem Zusammenhang? Vorweggreifend könnte hier aus dem hier über Erkenntnisse Gesagten festgehalten werden, dass es sich bei Zurückführungsurteilen, also bei Urteilen, die im Begriffssystem von einer niedrigeren zu einer höheren Stufe führen, um Erkenntnisse handelt. Bei Urteilen jedoch, die in die andere Richtung weisen, eben nicht. So trifft es sich auch, dass Schlick jenes Kapitel mit den Worten beschließt: „Nur in Urteilen ist Erkenntnis"

(MSGA I.1, S. 233). D. h., dass es sich bei jeder Erkenntnis um ein Urteil handeln muss. Doch daraus folgt eben nicht, dass auch jedes Urteil zwangsläufig auch eine Erkenntnis enthält. So stellt es sich auch in Schlicks weiteren Erörterungen zur Projektion des über die implizite Definition Festgestellten auf die „Realwissenschaften" dar. Bei der „Übertragung" sei zu beachten, dass Realwissenschaften nie als streng abgeschlossen gelten können, da im Laufe des Forschungsprozesses stets neue Eigenschaften realer Gegenstände bekannt würden, „so daß die Begriffe dieser Gegenstände mit der Zeit immer reicheren Inhalt gewinnen, also sich ändern, während die Worte, mit denen wir sie benennen, immer die gleichen bleiben" (S. 232). Somit ist hier also der *Begriff* vom *Wort* zu unterscheiden. Schlick führt diesbezüglich weiter aus, dass das Wort für den wirklichen Gegenstand steht, mitsamt seinen Eigenschaften und Beziehungen, der Begriff hingegen für das, was ihm durch die Definition zugeteilt wird (ebd.). Folglich verhält es sich so, dass einem Begriff innerhalb eines Begriffssystems eine bestimmte Bedeutung zukommt, die durch die Beziehungen zu den jeweils anderen Begriffen festgeschrieben wird. Auf der anderen Seite steht der wirkliche Gegenstand in tatsächlichen Beziehungen zu anderen realen Gegenständen. Das Wort bezeichnet eben diesen realen Gegenstand und nicht den Begriff: dieser spielt, wie ausgeführt, innerhalb des Systems die Rolle einer Variablen für den durch das Wort benannten Gegenstand. Dabei zeichnen die Beziehungen des Begriffs zu den jeweils anderen Begriffen des Systems die Beziehungen zwischen den realen Gegenständen nach, für die der Begriff ein Zeichen ist. In diesem Sinne stellt das Wort also einen Vermittler dar zwischen dem Begriff und dem durch ihn bezeichneten Gegenstand, darf jedoch nicht mit dem Begriff selbst verwechselt werden. Vor diesem Hintergrund hebt Schlick nun den Unterschied zwischen Definitionen und „echten Erkenntnisurteilen" hervor: In den Realwissenschaften seien diese zwar streng unterschieden, doch je nach aktuellem Forschungsstand kann „ein und derselbe sprachliche Satz" entweder als Erkenntnis oder als Definition betrachtet werden (ebd.). Schlick erläutert dies damit, dass für die „sprachliche Formulierung", in der die Urteile zu fixieren sind, sowie auch für die „Wirklichkeitswissenschaften" der Unterschied zwischen beiden Urteilsarten – den Definitionen und den Erkenntnissen – lediglich ein relativer sei:

> Zuerst ist der Begriff eines Gegenstandes immer durch diejenigen Eigenschaften oder Beziehungen definiert, durch die der Gegenstand anfänglich entdeckt wurde; beim weiteren Fortgang der Wissenschaft geschieht es nicht selten, daß man einen Begriff desselben Gegenstandes später auf ganz andere Weise bestimmt, so daß die Urteile, in denen das Bestehen jener zuerst gefundenen Eigenschaften behauptet wird, nun als abgeleitete erscheinen. (MSGA I.1, S. 233)

Was also vormals als Erkenntnis Eingang in ein Begriffssystem zu finden vermochte, kann an späterer Stelle ggf. als Definition vorausgesetzt werden, um neue Erkenntnisse zu gewinnen und so den Charakter einer vorausgesetzten Definition tragen. Bezüglich der Relativität von Definition und Erkenntnis ergänzt Schlick einige Seiten später noch ein schematisches Beispiel zur Erläuterung jenes Aspekts: Insofern ein durch das Wort A bezeichneter Gegenstand bislang durch die Eigenschaften a und b bekannt war, so Schlicks Beispiel, und nun bekannt wird, dass A auch die Eigenschaften c und d hat, so ist das neue Urteil „A hat die Eigenschaften c und d" als

Erkenntnis zu erachten. Wäre hingegen der Gegenstand A bereits zu Beginn durch die Eigenschaften c und d definiert worden (was eine rein logische Möglichkeit im Rahmen des Begriffssystems wäre), wäre dasselbe Urteil als Definition zu erachten, währen das zuvor unbekannte, nunmehr neue Urteil „A hat die Eigenschaften a und b“ eine Erkenntnis darstellen würde (S. 235 f.).

Nachdem „die zum Erkennen erforderlichen Mittel, Begriff und Urteil“ untersucht wurden, gilt es nun das Verhältnis zu betrachten, in dem diejenigen Begriffe zueinander stehen, von denen einer *das Erkannte* bezeichnet und der jeweils andere dasjenige, *als was* es *erkannt* wurde (MSGA I.1, S. 233). Hierzu stellt Schlick zunächst zwei unterschiedliche Formulierungsschemata auf, die er als synonym betrachtet: „ich erkenne, daß A B ist“ sowie „ich erkenne A als B“. Beide Formulierungen implizieren laut Schlick, dass ein und derselbe Gegenstand sowohl durch A als auch durch B bezeichnet wird (ebd.). Doch, wie Schlick einige Seiten später bemerkt, handelt es sich nur dann um eine „wirkliche Erkenntnis“, sofern die Begriffe A und B „kraft heterogener Zusammenhänge“ denselben Gegenstand bezeichnen und nicht lediglich „vermöge ihrer Definition“ (S. 234). D. h. genauer:

> Sind zwei Begriffe auf ganz verschiedene Weise definiert und findet man dann, daß unter den Gegenständen, die der eine vermöge seiner Definition bezeichnet, auch solche sind, die unter den zweiten Begriff fallen, dann ist der eine durch den andern erkannt. (MSGA I.1, S. 233)

Dies deckt sich mit dem zuvor gesagten insofern, als dass es stets darauf ankommt, was im Vorfeld bereits bekannt war, wodurch der Begriff also ursprünglich definiert wurde und ob nun derjenige Begriff, dessen Erkenntnisgehalt infrage steht, eine neue Information ergänzt, ob er also als neu hinzukommender Begriff etwas hinzufügt. Diesbezüglich lassen sich zwei Arten von Erkenntnissen unterscheiden: Insofern eine Erkenntnis mittels Beobachtung bzw. Erfahrung zustande kommt, handelt es sich laut Schlick um eine Erkenntnis „realer Zusammenhänge“. Ist die Erkenntnis hingegen das Ergebnis einer begrifflichen Analyse wie z. B. die Lösung einer mathematischen Aufgabe, so sind bislang unbemerkte begriffliche Zusammenhänge erkannt worden (S. 234 f.).

Auf diese Weise werden laut Schlick durch Erkenntnisse Beziehungen zwischen Gegenständen aufgedeckt: Wird eine Erkenntnis ausgesprochen, so wird damit eine Beziehung bezeichnet und hierdurch wiederum wird ein Urteil gefällt. Dabei handelt es sich bei jedem Urteil, das weder eine Tautologie noch eine Definition darstellt, um eines, das Erkenntnis enthält (S. 235).

Inwiefern passt dies mit der Festlegung zusammen, dass es sich bei einer Erkenntnis stets um das Wiederfinden des Einen im Anderen handelt? Dies lässt sich so erklären, dass das Aufdecken einer Beziehung durch ein Urteil, in dem etwas Neues zum alten Begriff hinzukommt, stets darin besteht, dass der Gegenstand, der zunächst durch den ersten Begriff bezeichnet wurde, nun durch einen weiteren Begriff zu bezeichnen ist, in dem er sich ebenso wiederfindet wie im Ersten: er ist nunmehr als auf einen weiteren Begriff zurückführbar erkannt worden.

Wie nun geschieht laut Schlick der konkrete Aufbau eines Begriffssystems in den Wissenschaften? Zu Beginn wird durch die zufällige Reihenfolge menschlicher Erfahrung bestimmt, was als Definition und was als Erkenntnis zu gelten hat (MSGA I.1, S. 236). Im Laufe der Entwicklung jedoch ergibt es sich, dass sich die Wissenschaft im Rahmen der systematischen Darstellung zu einem „annährend geschlossenem Gefüge" entwickelt. In diesem Stadium werden diejenigen Definitionen als Urteile angesehen, die es ermöglichen, einen Begriff so in seine Merkmale aufzulösen, „daß man aus denselben Merkmalen möglichst viele – vielleicht sogar alle – Begriffe der betreffenden Wissenschaft in möglichst einfacher Weise aufbauen kann" (ebd.). D. h., es sollen diejenigen Urteile als Definitionen genommen werden, die es ermöglichen, die größtmögliche Anzahl an Begriffen unterer Stufe abzuleiten. Bezogen auf das Schema zur Veranschaulichung des Erkenntniszusammenhangs, wären folglich diejenigen Urteile, die X'' mit X'_1 und X'_2 in Verbindung bringen, als Definitionen zu betrachten. X'' steht an oberster Stelle, da sich aus ihm alle anderen Begriffe des Systems ableiten lassen. Auf diese Weise würde man, laut Schlick, „den letzten Zwecken der Erkenntnis am besten gerecht", denn so würde es ermöglicht, die Begriffe „aller Gegenstände der Welt" auf so wenig Elementarbegriffe wie möglich zurückzuführen (S. 236). In diesem Zusammenhang wäre X'' als *Elementarbegriff* zu verstehen, alle anderen Begriffe des Schemas, die sich auf ihn zurückführen lassen, als Begriffe der Gegenstände der Welt.

An dieser Stelle können auch die RT als Beispiel dienen: Wie in Kap. 2 beschrieben, wurden in der SRT zunächst das spezielle Relativitätsprinzip und das Invarianzprinzip als Axiome aufgestellt, woraufhin entsprechend mathematischer Prinzipien Folgerungen über die Naturvorgänge abgeleitet wurden. Hierdurch konnte die Lorentz-Kontraktion eine neue Erklärung finden bzw. ist die beobachtete Erscheinung im Rahmen der SRT nunmehr auf das spezielle Relativitätsprinzip zurückgeführt worden. So gesehen lässt sich das spezielle Relativitätsprinzip (wie auch das Invarianzprinzip) im Rahmen des Schemas als ‚Begriff' der Stufe X' auffassen. Im weiteren Verlauf der wissenschaftlichen Entwicklung wurde das allgemeine Relativitätsprinzip etabliert. Hierdurch ließen sich weitere Naturphänomene erklären wie bspw. die Perihelbewegung des Merkur (siehe Abschn. 2.3) oder auch das durch Eddington 1919 nachgewiesene Phänomen der Krümmung von Lichtstrahlen durch das Gravitationsfeld der Sonne. Da sich durch das allgemeine Relativitätsprinzip dieselben Phänomene erklären lassen wie durch das spezielle und darüber hinaus noch weitere (bzw. auf das allgemeine Relativitätsprinzip sind mehr Phänomene zurückführbar als auf das spezielle), nimmt das allgemeine Relativitätsprinzip einen höherstehenden Platz im Schema ein, wäre also auf der Stufe X'' einzuordnen.

Schlick kommt nun zurück auf die Relation zu sprechen, die dem Erkennen zugrunde liegt: Jede Erkenntnis bedeutet stets eine Gleichsetzung und zwar in dem Sinne, dass der jeweils erkannte Gegenstand mit demjenigen gleichgesetzt wird, als der er erkannt wurde. Dies entspreche einer Identifizierung derjenigen Begriffe miteinander, die im Urteil verbunden werden (MSGA I.1, S. 236). D. h. also, dass auf der einen Seite zwei unterschiedliche Begriffe durch ein Urteil miteinander identifiziert werden. Auf der anderen Seite werden die durch die beiden Begriffe bezeichneten Gegenstände miteinander gleichgesetzt. (In diesem Zusammenhang sollte man sich erneut vergegenwärtigen, dass der Ausdruck „Gegenstand" nach Schlick stets im weitesten Sinne gebraucht wird.) Nun klärt Schlick darüber auf, wie diese „Identifizierung" im Erkenntnisprozess genau von statten geht: Er betrachtet erneut das zuvor angeführte Beispiel des Schnees und zieht die Urteile „dies ist weiß" und „dies ist kalt" heran (S. 238). Sie beschreiben, wie er anmerkt, natürlich keine vollkommenen Identitäten. Stattdessen ordnen sie konkrete Bewusstseinsinhalte der Klasse derjenigen Gegenstände zu, die als „kalt" oder „weiß" bezeichnet werden (ebd.). Sprich: es geschieht eine „Zuordnung" des wahrgenommenen Gegenstandes zu den Klassen „kalter" und „weißer" Gegenstände. Dabei wird der betreffende Gegenstand, so Schlick, nicht mit der gesamten Klasse weißer bzw. kalter Gegenstände identifiziert, sondern lediglich mit einem einzigen der unendlich vielen unter jene Prädikatsbegriffe fallenden Gegenstände: „es findet eine Subsumtion oder Einordnung statt" (S. 238). Die so bezeichneten „Merkmale" des Gegenstandes ‚Schnee' werden nunmehr laut Schlick zu einem „Inbegriff" vereinigt. Der „Grund zur Bildung dieses Inbegriffs" liege dabei im „Vorkommen dieser Qualitäten [weiß und kalt] an demselben Orte und zu derselben Zeit." Folglich handelt es sich bei der Identität, die durch das Urteil festgestellt wird, um eine „Identität des Raum- und Zeitpunktes" (S. 241). Dementsprechend wird also dem ‚Kalten' sowie dem ‚Weißen' dieselbe Raum-Zeit-Stelle zugeordnet. In der Folge werden sie zu einem konkreten Einzelgegenstand ‚Schnee' vereinigt. Diesem komme die „objektive Raumstelle" zu, die durch den Inbegriff der subjektiven Gesichtswahrnehmung des Weißen sowie der ebenso subjektiven Tastwahrnehmung des Kalten zu definieren ist (ebd.).

An dieser Stelle zeigen sich nun zwei weitere bedeutende Parallelen zur Entwicklung der RT. Zum einen in der zentralen Bedeutung der Gleichzeitigkeit am selben Ort, die in Einsteins SRT die Grundlage für jedwede Messung in physikalischen Kontexten darstellt (siehe Kap. 2). Schlick spricht in diesem Zusammenhang auch von „raumzeitlichen Koinzidenzen". All dasjenige, so Schlick, das sich zur selben Zeit am selben Ort befindet, dürfe zwar nicht einfach identisch gesetzt werden, doch es sei gestattet, eben dieses als *einen* Gegenstand aufzufassen. Die so zu einer Einheit zusammengefassten Elemente seien dabei als „Attribute oder Eigenschaften" des Gegenstandes zu bezeichnen, der mit *einem* Begriff und Namen benannt werden könne (MSGA I.1, S. 243). So setzten sich folglich unterschiedliche Elemente der Wahrnehmung zu Gegenständen zusammen, die die Knotenpunkte der sog. Begriffssysteme darstellen, auf denen unsere Erkenntnisse basieren. Damit spielt die Gleichzeitigkeit am gleichen Ort für Schlicks Erkenntnisphilosophie eine ähnliche Rolle wie im Kontext der SRT: Darin bilden sie das Fundament der Messvorgänge, die ihrerseits die Konstitution physikalischer Theorien maßgeblich beeinflusst, wie auch deren empirische Bestätigung ermöglicht. Sie sind, ähnlich den konkret definierten Begriffen bei Schlick, Ankerpunkte der Theorie in der Wirklichkeit. Darüber hinaus zeigt sich an dieser Stelle auch die große Relevanz der durch Einstein beeinflussten und schließlich durch Minkowski eingeführten Raum-Zeit-Union (Minkowski 1908). Schlick schreibt:

> Raum und Zeit sind in der sinnlichen Wirklichkeit die großen Einiger und Entzweier. Alle unseren Bestimmungen, durch die wir einen Gegenstand der Außenwelt als Individuum von anderen Individuen abgrenzen und unterscheiden, bestehen schließlich in Zeit- und Ortsangaben. (MSGA I.1, S. 243–244)

Um seine Konzeption von Gegenständen als „Einheiten“ näher zu erläutern, konstruiert Schlick ein Beispiel: Gegeben seien die Elemente a, b und c, die stets in Gemeinschaft auftreten. So sei bspw. a niemals zu beobachten, ohne dass b und c am selben Ort auftauchten. Dagegen seien b und c auch ohne a bereits aufgetreten. In diesem Falle, so Schlick, könne „abc“ als *Einheit* bzw. als *ein Gegenstand* aufgefasst werden. Der Grund dafür sei, dass Individuen in letzter Instanz allein durch raumzeitliche Bestimmungen voneinander unterschieden werden können (S. 244).[8] Diese Raum-Zeitlichen Bestimmungen seien im Fall von abc für die Elemente a, b und c aber stets die gleichen, da a ausschließlich in Kombination mit b und c auftrete. In der Folge sei abc als Individuum aufzufassen, dessen wesentliches Element a ist, während b und c als Eigenschaften jenes Gegenstandes zu verstehen sind, die er mit anderen Gegenständen gemeinsam haben kann (ebd.). Daran anschließend ergänzt Schlick, dass es ein „unzweifelhaftes Recht“ gebe, stets gemeinsam auftretende Elemente zusammenzufassen und durch einen einzigen Begriff zu bezeichnen. Auf dieser Grundlage seien wir im Rahmen seines zuvor bemühten Beispiels dazu berechtigt, den ‚kalten‘ und den ‚weißen‘ Gegenstand als „einen und denselben Schnee“ zu bezeichnen. Dabei sei jedoch selbstverständlich zu beachten, so Schlick, dass die „strengere Analyse“ dazu führt, dass sich die Identität des Gegenstandes in eine Identität des Raum- und Zeitpunktes auflöst (S. 245). Zwar sind wir also dazu berechtigt, bei Identität von Raum- und Zeitpunkt eine Einheit zu bilden und von nur einem Gegenstand zu sprechen, den es mit *einem* Namen oder Begriff zu bezeichnen gilt. Dabei sollten wir jedoch beachten, dass eben diese Einheit bei genauerer Analyse zerfällt und dass letztlich nichts anderes bleibt als eben jene Raum-Zeit-Identität, von der ausgehend die Vereinigung unterschiedlicher Elemente zu einer Einheit ihren Ursprung nahm. Diese „Zergliederung“ ließe sich für jedes Erkenntnisurteil empirischer Gegenstände durchführen: „alles in der Außenwelt ist an einem bestimmten Ort und zu einer bestimmten Zeit, und man kann zunächst sagen: das eine im andern wiederfinden, heiße beiden denselben Ort zur selben Zeit anweisen“ (ebd.). In diesem Sinne führt Schlick also letztlich die Erkenntnis des ‚Kalten‘ und des ‚Weißen‘ als ‚Schnee‘ auf die basale Konstruktion der Gleichzeitigkeit am gleichen Ort zurück, die sich als basales Element der Messung im Rahmen der RT wiederfindet (siehe Kap. 2). Allerdings zeigt sich im weiteren Fortgang von Schlicks Argumentation, dass jene Identifikation der Raum-Zeit-Stelle lediglich die Basis des Erkenntnisvorgangs in den Wissenschaften bildet, der da selbst nach ganz anderen, nach höheren Zielen strebt. Denn laut Schlick beschränkt sich die Identifikation in den „exakten“ Wissenschaften, wie auch im Rahmen einer jeden „tieferdringenden Erkenntnis“, nicht auf die Raum-Zeitstelle, sondern auf etwas „bedeutsamere[s]“: d. i. die „Übereinstimmung der Gesetzmäßigkeit“ (S. 246). Insofern ein Gegenstand nur durch seine Beziehungen zu anderen Gegenständen gegeben ist, besteht die „wichtigste und für den gesamten Bau der Erkenntnis schlechthin grundlegende Möglichkeit [...] zur Identifikation zweier Gegenstände (die dann in Wahrheit natürlich nur einer sind)“ (ebd.). Obgleich Schlick dies hier nicht explizit sagt, ist offensichtlich, dass an dieser Stelle nichts anderes

---

[8] Ganz ähnlich, wie im Rahmen der RT die Identität der Raum-Zeit-Stelle im Rahmen der Raum-Zeit-Union das entscheidende Kriterium zur Individuierung ist.

gemeint ist als die implizite Definition: Ist der Begriff eines Gegenstandes implizit definiert, so ist der Gegenstand, wie ausgeführt, nicht selbst, sondern ausschließlich durch die Relationen gegeben, in denen er zu jeweils anderen Gegenständen steht. Und eben diese Art des Gegebenseins ausschließlich durch Beziehungen zu anderen Gegenständen bezeichnet Schlick hier als die bedeutendste Grundlage für tieferdringende Erkenntnis in den Wissenschaften. In diesem Zusammenhang, so könnte man anbringen, spielt die soeben besprochene Identität der Raum-Zeit-Stelle jedoch keine entscheidende Rolle mehr, denn laut Voraussetzung ist der Gegenstand selbst eben nicht gegeben und damit auch weder ein Ort noch eine bestimmte Zeit. Allerdings, so lässt sich an dieser Stelle entgegnen, muss jene Identität als Basis für die Individuierung des durch einen Begriff bezeichneten Gegenstands vorausgesetzt werden. Denn nach Schlicks Argumentation ist die Individuierung eines Gegenstandes und die damit einhergehende Zusammenfassung desselben zu einer Einheit die Grundvoraussetzung dafür, ihn mit einem Begriff überhaupt korrekt bezeichnen zu können. Damit bildet die Identität des Raumzeitpunktes die Basis für die Konstruktion eines Begriffssystems mittels implizit definierter Begriffe. An dieser Stelle sei darüber hinaus erneut darauf verwiesen, dass die Begriffssysteme und der Tatsachenzusammenhang nicht miteinander gleichzusetzen sind, sondern durch Schlick als einander parallelgehend beschrieben werden. In dieser Weise übernehmen die in den Wissenschaften konstruierten Begriffssysteme lediglich eine Stellvertreterfunktion für die durch sie bezeichneten Gegenstände und Tatsachen. So ergibt es sich, dass der durch einen Begriff bezeichnete Gegenstand ein Individuum ist, das sich aus verschiedenen Elementen zusammensetzt, die vermöge der Identität einer Raum-Zeitstelle zu einer Einheit zusammengefasst werden können. Diese Raum-Zeitstelle, sogar der Gegenstand selbst, spielt jedoch für die wissenschaftliche Erkenntnis über jenen Gegenstand keinerlei Rolle, da diese allein auf den im Rahmen des Begriffssystems festgelegten Relationen basiert, in denen der ihn bezeichnende Begriff im Rahmen des betreffenden Begriffssystems zu jeweils anderen Begriffen steht. Eben jene Begriffe und Relationen wurden im Vorfeld bereits festgelegt, um als Stellvertreter für jenen Gegenstand und seine Beziehungen zu anderen Gegenständen zu fungieren.

D. h. der Prozess der wissenschaftlichen Erkenntnis selbst benötigt weder den Gegenstand selbst noch die Identität der Raumzeitstelle, die ursprünglich zu seiner Individuierung vorausgesetzt werden musste. Allerdings bedeutet dies nicht, dass letztere für die Wissenschaft völlig irrelevant ist: Es mag sich hierbei um einen Prozess handeln, der von der Erkenntnis selbst zwar streng zu unterscheiden ist, der jedoch gleichzeitig seine Voraussetzung darstellt. Würde die Erkenntnis nicht Bezug auf zuvor in der Empirie beobachtete, als Einheiten identifizierte und durch Begriffe bezeichnete Gegenstände nehmen, so wäre sie, laut Schlick, „ein bloßes Spiel mit Symbolen" (MSGA I.1, S. 215). Worauf Schlick lediglich hinaus will, ist, den Vorgang der Erkenntnis selbst streng vom Prozess des ‚Kennens' zu unterscheiden. An dieser Stelle ist erneut die scharfe Trennlinie zwischen dem ‚Kennen' im Sinne eines anschaulichen Erlebens empirischer Gegebenheiten und dem ‚Erkennen' zu betonen, die in diesem Zusammenhang einmal mehr hervortritt.

Unter der Voraussetzung nun, dass ein Gegenstand ausschließlich durch Beziehungen gegeben ist, fährt Schlick weiter fort, „bedeutet Erkenntnis das Wiederfinden eines und desselben Gegenstandes als Glied verschiedener Beziehungen" (MSGA I.1, S. 246). Jener „Akt" münde bei jeder wissenschaftlichen Erkenntnis stets in teilweiser oder vollständiger Identifikation (S. 250). Letztlich besteht also die Erkenntnis im Kontext wissenschaftlichen Arbeitens darin, Gleichheits- und Identitätsrelationen zwischen Begriffen aufzudecken, die im Rahmen von Begriffssystemen empirische Gegenstände bezeichnen. In diesem Zusammenhang liegt das Interesse der „exakten Wirklichkeitswissenschaften" im „Allgemeinen" (ebd.). Wie hier mehrfach festgehalten wurde, werden die Begriffe im Rahmen eines Systems von Stufe zu Stufe allgemeiner, je weiter die Erkenntnis voranschreitet, wobei ein Begriff höherer Stufe jeweils die Begriffe niedrigerer Stufe unter sich subsumiert (ebd.). Die durch die Begriffe bezeichneten Gegenstände werden durch Zurückführung auf Begriffe bzw. Gegenstände höherer Stufe allgemeineren Klassen zugeordnet, unter die sie sich subsummieren lassen. Eben darin besteht die Identifizierung bzw. Gleichsetzung von Gegenständen im Rahmen wissenschaftlicher Erkenntnis. Diese Subsumtion sei für die Wissenschaft, wie Schlick nun ergänzt, „das Wichtigste" (ebd.). Somit beginnt die Erkenntnis im Rahmen wissenschaftlicher Forschung bei individuellen Naturvorgängen und schreitet von Stufe zu Stufe fort zum immer Allgemeineren. Im weiteren Verlauf werde jenes „Vordringen" auf immer allgemeinere Stufen nicht mehr als „eigentlicher Erkenntnisfortschritt" gesehen, „sondern mehr als eine stets mögliche Anwendung" (ebd.). Dies impliziert die Möglichkeit, im Verlauf wissenschaftlicher Forschung stets weitere, noch höhere Stufen erreichen zu können und zu immer allgemeineren Begriffen vorzudringen, die jeweils immer mehr individuellere Begriffe unter sich subsumieren. Auch hier lässt sich die historische Entwicklung der RT als Beispiel heranziehen: In Abschn. 2.1 wurde die Entwicklung vom speziellen zum allgemeinen Relativitätsprinzip beschrieben. Dieser Fortschritt lässt sich nach dem soeben dargelegten auch als Erkenntnisfortschritt von einem „individuelleren" hin zu einem „allgemeineren" Begriff auffassen: War das spezielle Relativitätsprinzip zunächst als Definition bzw. Axiom eingeführt, so wurde es im Fortgang der wissenschaftlichen Entwicklung an späterer Stelle nicht mehr als ein an höchster Stelle des Erkenntnissystems stehender Begriff aufgefasst, sondern als einer, der sich auf einen noch höherstehenden allgemeineren Begriff zurückführen ließ, d. i. das allgemeine Relativitätsprinzip. Die ART ist als eine allgemeinere Theorie aufzufassen, die sowohl die SRT (als einen ihrer Spezialfälle) beinhaltet, als auch noch weitere ‚Begriffe' unter sich subsummiert, das sind die Naturvorgänge, die auf sie zurückzuführen sind bzw. die durch sie erklärt werden können.

Schlick kehrt abschließend zurück zur mengentheoretischen Sprechweise, um diese sogleich in Einklang mit den vorherigen Erörterungen zur Konstruktion von Begriffssystemen zu bringen. Es heißt, die Allgemeinbegriffe höherer Stufe seien so zu aufzufassen, dass durch Kreuzung derjenigen unterschiedlichen Allgemeinbegriffe, unter die ein Subjekt mittels eines Urteils subsumiert wurde, eben jenes Subjekt genau bestimmt werden kann. Es ist als dasjenige Subjekt zu verstehen, das durch sie alle bezeichnet wird und das zugleich an ihnen allen teilhat (MSGA I.1, S. 251 f.). In dieser Weise werde die „Aufgabe der Erkenntnis", das Individuelle durch allgemeine Begriffe exakt zu bezeichnen, gelöst:

> Durch Kreuzung der allgemeinen Begriffe wird in ihrer Mitte ein Bezirk abgegrenzt, in welchem nichts anderes Platz hat, als allein der Gegenstand, der da erkannt wird. Jedes Urteil dient zur Bezeichnung eines Tatbestandes. Ordnet es diesem Tatbestande ein neues Zeichen zu (d. h. tritt in ihm ein Begriff auf, der erst zum Behuf der Bezeichnung dieser Tatsache erfunden wurde), so stellt es eine Definition dar. Verwendet es aber lauter bei anderen Gelegenheiten schon gebrauchte Begriffe, so ist es eben dadurch eine Erkenntnis. Denn einen Gegenstand durch Begriffe zu bezeichnen, welche bereits anderen Gegenständen zugeordnet sind, geht nur dann an, wenn vorher diese in jenem wiedergefunden wurden, und gerade dies machte ja das Wesen des Erkennens aus. Der dem Erkannten zugeordnete Begriff steht zu den Begriffen, durch die es erkannt wird, in gewissen Subsumtionsbeziehungen, und das Bestehen dieser Beziehungen ist eben die Tatsache, zu deren Bezeichnung das Urteil dient. (MSGA I.1, S. 251–252)

Abschließend ist an dieser Stelle auf ein Problem innerhalb von Schlicks Konzeption von Begriffssystemen hinzuweisen, das sich m. E. nicht ohne weiteres auflösen lässt. Es wurden zwei verschiedene Arten von konkreten Beispielen für die Konstruktion von Begriffssystemen besprochen, die jeweils Unterschiedliches suggerieren: zum einen das Beispiel der Tomate und des Mantels, in dessen Rahmen einzelne Rotwahrnehmungen auf einen gemeinsamen Begriff ‚Rot' zurückgeführt wurden. Dieses Beispiel stützt sich auf Schlicks Erörterungen darüber, dass das Erkennen von etwas auch als die Einordnung eines Gegenstandes in eine bestimmte Klasse von Gegenständen verstanden werden kann, die gewisse Merkmale teilen: So spricht er davon, dass ein Gegenstand, der zunächst als ‚bewegliches braunes Etwas' bezeichnet wird, zunächst als ‚Tier' erkannt und damit in die Klasse der ‚Tiere' eingeordnet wird. Darauffolgend wird derselbe Gegenstand auf einen Begriff höherer Stufe zurückgeführt und in die Klasse der ‚Hunde' eingeordnet, also als Hund erkannt (S. 148 ff.). „Allgemeinvorstellungen", wie Schlick an späterer Stelle schreibt, bezeichnen „Vorstellungen, die in unserem Denken nicht einen einzelnen, individuellen Gegenstand vertreten, sondern gleich eine ganze Klasse von Objekten. Also z. B. die Vorstellung, die dem Worte »Hund« entspricht" (S. 173). Dementsprechend sind Bezeichnungen für Klassen von Gegenständen, wie bspw. der Klasse roter Gegenstände, auf höherer Stufe des Erkenntnissystems einzuordnen. Dies bestätigt Schlick selbst auch an späterer Stelle der AEL, wenn er schreibt, dass die Urteile „dies ist weiß" und „dies ist kalt" gewisse Bewußtseinsinhalte in die Klasse derjenigen Gegenstände einordnen, „die mit jenen Worten bezeichnet werden" (S. 238).

Zum anderen kam hier aber auch Schlicks eigenes Beispiel zur Sprache, wonach es der Begriff ‚Weiß' war, der an unterer Stelle im System stand und der auf einen Begriff höherer Stufe zurückgeführt wurde. Eine im nachfolgenden Abschnitt zu besprechende Passage aus der AEL deutet in eine ähnliche Richtung. Darin zeigt sich die hohe Komplexität, die Schlick beim Verfassen der AEL wohl im Sinn hatte und die durch die hier angeführten Schemata nicht gänzlich erfasst werden kann: Das Problem besteht darin, welcher Platz Begriffen dieser Art, deren Definition nach Schlick konkret zu erfolgen hat, im Rahmen eines Begriffssystems zuzuweisen ist. Sind sie stets an unterster Stelle zu verorten oder ist es möglich, sie – wie in dem von mir konstruierten Exempel – auch auf einer höheren Stufe des Systems anzusiedeln? Unglücklicherweise scheint Schlick sich diesbezüglich nicht wirklich festzulegen. Die soeben zum Beispiel der Klasse der roten Gegenstände angeführten Stellen deuten in die eine Richtung, viele von Schlicks Beispielen deuten jedoch in die andere. Es scheint folglich, als sei beides möglich. Eine argumentative Rechtfertigung hierfür ließe sich in Schlicks hier dargelegter Erörterung über den Status von Urteilen finden: Es sei stets möglich, jede beliebige axiomatische Basis für ein Begriffssystem zu wählen. Daraus resultiert, dass konkret definierbare Begriffe wie bspw. ‚rot‘ oder ‚weiß‘ durchaus unterschiedliche Plätze im Rahmen des Systems zugewiesen werden können, je nach Belieben. Dass dies aber für die Konstruktion von Begriffssystemen, deren Aufgabe es ist, den Tatsachenzusammenhang im Sinne der AEL zu ‚erkennen‘, problematisch ist, scheint offenkundig. Denn die Frage danach, Begriffe welcher Art an unterster Stelle eines derartigen Systems zu stehen haben und damit in gewisser Hinsicht das Fundament der Wirklichkeitserkenntnis bilden, ist durchaus nicht trivialer Natur: Es macht einen enormen Unterschied, ob konkrete Einzelwahrnehmungen, die durch das Vermögen der ‚Kenntnis‘ zugänglich sind, die Basis des Systems unserer Wissenschaften bilden, oder ob es individuelle Gegenstände sind, deren Zerlegung in ihre einzelnen erlebbaren Eigenschaften in der Stufenfolge eines Begriffssystems den Weg nach oben schreiten. Sind konkret definierbare Begriffe wie bspw. ‚rot‘ an der Basis eines Begriffssystems zu verorten, oder bilden sie Klassen von Allgemeingegenständen, unter die einzelne konkrete Wahrnehmungen von individuellen Gegenständen einzuordnen sind? Ist der vor mir stehende Tisch selbst das Individuellste im Rahmen des Systems, das auf Allgemeinbegriffe, die seine Eigenschaften beschreiben, zurückgeführt werden muss? Oder ist der Tisch selbst ein aus individuellen Einzelgegenständen zusammengesetztes Abstraktum, das an höherer Stelle des Systems zu verorten ist, so wie auch das Beispiel des Hundes ‚Tyras‘ suggeriert? Kurzum: Sind die Eigenschaften, die „Tyras“ hat, allgemeiner oder individueller als der Hund selbst? Darin, dass Schlick diese Frage in der AEL nicht eindeutig beantwortet, liegt m. E. ihre größte konzeptionelle Schwierigkeit. Hierbei könnte es sich um eine der „Unzulänglichkeiten“ handeln, die Schlick bereits in der Vorrede zur 2. Auflage der AEL bemängelte (MSGA I.1, Vorrede zur 2. Auflage). Ohnerachtet dessen ist zum Abschluss dieses Abschnitts festzuhalten, worum es bei der Konstruktion von Begriffssystemen in der AEL vornehmlich geht: Die Aufgabe der Wissenschaften ist es laut Schlick, mittels Begriff und Urteil unter Zuhilfenahme von Erkenntnissen Strukturen zu konstituieren, die den Zusammenhang von Gegenständen durch Tatsachen nachbilden.

4.2 Zur ‚Strukturthese‘

Zu Beginn dieses Kapitels wurde die sog. *Strukturthese* bereits angesprochen. Hiernach sind ausschließlich Strukturen ausdrückbar, erkennbar und mitteilbar, während das qualitative Moment an jedwedem Wahrnehmungserlebnis als das ‚Unausdrückbare‘ oder auch als das ‚Unsagbare‘ charakterisiert ist. Diese These ist laut Friedl ausschließlich beim späten Schlick auszumachen, explizit tauche sie 1926 erstmalig auf. Wie eingangs erläutert, soll im Folgenden dafür argumentiert werden, dass eben jene These implizit in der Konstruktion von Begriffssystemen enthalten ist. Bevor hier jedoch näher darauf eingegangen werden kann, soll zunächst die betreffende These unter Bezug auf Schlicks Spätwerk rekonstruiert werden.

Betrachten wir zunächst die auch von Friedl angeführten Stellen in EEM. Darin führt Schlick zunächst einige Überlegungen zum Begriff der Erkenntnis aus, die eng an die AEL angelehnt sind. So heißt es, Erkenntnis bestehe darin, dass der zu erkennende Gegenstand auf andere Gegenstände zurückgeführt wird, durch die er erkannt wird „und dies findet darin seinen Ausdruck, daß der erkannte Gegenstand mit Hilfe derselben Begriffe bezeichnet wird, welche schon jenen anderen Gegenständen zugeordnet waren" (MSGA I.6., S. 33). Jene symbolische Beziehung – das Bezeichnen – sei, so Schlick, für das Wesen der Erkenntnis charakteristisch, sie sei nichts anderes als Ausdruck, sprich: symbolische Darstellung. Vor diesem Hintergrund hält er fest, dass Erkenntnis als „das Mitteilbare κατ' ἐξοχήν" zu verstehen ist. Dies gründet auf der zusätzlichen Annahme, dass Mitteilbarkeit stehts darauf basiert, dass dasjenige, was mitgeteilt werden soll, durch Symbole irgendeiner Art ausgedrückt werden muss (ebd.). Dies vorausgesetzt, erhellt sich, dass mit der Erkenntnis, sofern auch sie allein auf symbolischer Darstellung basiert, stets auch Mitteilbarkeit einhergeht et vice versa. In diesem Zusammenhang stellt sich die Frage, was im Gegensatz zur Erkenntnis als das *nicht Mitteilbare* zu kennzeichnen ist. Und an dieser Stelle bringt Schlick sogleich die aus der AEL wohlbekannte Unterscheidung zwischen Kenntnis und Erkenntnis erneut an:

> Wenn ich eine rote Fläche anschaue, so kann ich niemandem sagen, wie das Erlebnis des Rot beschaffen ist. Der Blindgeborene kann durch keine Beschreibung eine Vorstellung von dem Inhalt eines Farbenerlebnisses bekommen. Wer nie Lust gefühlt hätte, würde durch keine Erkenntnis davon unterrichtet werden können, was man erlebt, wenn man Lust erlebt. Und wer es einmal erlebt und dann vergessen hätte und nie wieder zu fühlen imstande wäre, dem könnten es auch etwaige eigene Aufzeichnungen niemals sagen. Und das Gleiche gilt, wie jeder sofort zugibt, von allen Qualitäten, die als Inhalte des Bewußtseinsstromes auftreten. Sie werden nur durch unmittelbares Erleben bekannt. Wir kennen sie schlechthin, und der Inhalt des *Kennens* kann durch keine *Erkenntnis* vermittelt werden; er ist nicht ausdrückbar, nicht mitteilbar. Der Gegensatz von Kennen und Erkennen, auf den ich mit so großem Nachdruck hinzuweisen pflege, deckt sich mit dem Gegensatz des Nichtmitteilbaren und des Mitteilbaren. (MSGA 1.6., S. 33–34)

Demnach wird nun all dasjenige, was hier zuvor als das bloß Gekannte oder Erlebte gekennzeichnet wurde, als nicht-Mitteilbares charakterisiert – sprich: Das Kennen, das dem Erkennen stets voraufgehen und bereits abgeschlossen sein muss, ehe die Erkenntnis ansetzen kann, stellt dasjenige Vermögen dar, das den Zugang zum ‚nicht-Mitteilbaren' gewährt. Damit ist nun aber, wie auch Schlicks Formulierung andeutet (‚der Gegensatz von Kennen und Erkennen decke sich mit dem Gegensatz zwischen dem Mitteilbarem und Nichtmitteilbarem'), keineswegs eine völlig neue Idee unterbreitet worden. Was Schlick hier ersinnt, ist m. E. nichts anderes als seine alte Idee – die Differenz zwischen der ‚Kenntnis' und der ‚Erkenntnis' – in neue Worte zu fassen, indem er beide Vermögen mit dem „Mitteilbarem" bzw. mit dem „nicht-Mitteilbarem" identifiziert. Die *Strukturthese,* die in der Behauptung besteht, dass ausschließlich Struktur ausdrück- und mitteilbar sei, würde in auf die AEL bezogener Reformulierung dementsprechend bedeuten, dass lediglich Begriffssysteme sprachlich ausgedrückt werden können. Vor diesem Hintergrund verweise ich darauf, dass Schlicks Formulierungen in der AEL durchaus darauf hindeuten, dass seine Ausführungen zu Begriffssystemen nicht ausschließlich in dem Ansinnen verfasst wurden, ihre Geltung für in sich abgeschlossene wissenschaftliche Theorien zu haben (obgleich die Erläuterung der Konstruktionsweise wissenschaftlicher Theorien sicherlich sein vornehmliches Ziel darstellte). Ganz im Gegenteil scheint Schlick auch schon in der AEL den Anspruch erhoben zu haben, dass alles über die Begriffssysteme Gesagte, auf die Erkenntnis ja stets bezogen sein muss, auch für Aussagen, sprachliche Äußerungen und sogar Sprache im Allgemeinen zu gelten habe (bspw. MSGA I.1, S. 209, 210, 232, 235, 264, 267, 272 ff. sowie 282). Insofern nun die Unterscheidung zwischen Mitteilbarem und nicht-Mitteilbarem mit der Unterscheidung zwischen ‚Kennen‘ und ‚Erkennen‘ gleichgesetzt wird, ist die These, dass das nur Kenn- bzw. Erlebbare nicht sprachlich ausgedrückt werden kann, keineswegs eine neue Behauptung: Ist ‚Erkenntnis‘, wie Schlick ausführlich in der AEL darlegt, lediglich auf Begriffssysteme bezogen, während das Vermögen der ‚Kenntnis‘ sich auf das empirisch Wahrgenommene bezieht und stets bereits abgeschlossen sein muss, bevor die ‚Erkenntnis‘ ansetzen kann, ergibt sich von selbst, wie auch in der AEL immer wieder betont, dass der Akt des ‚Erkennens‘ mit dem Akt des ‚Kennens‘ gar nichts gemein hat (außer der übereinstimmenden Struktur der Tatsachen und der Begriffssysteme). Die Erkenntnis nimmt stets bloß Bezug auf die Begriffe, diese sind aber nicht mit dem Erlebten, das sie bezeichnen, gleichzusetzen. Sie sind bloß stellvertretend im Rahmen von Systemen für sie gesetzt, bezeichnen sie lediglich. Durch die Erkenntnis kann das bloß Gekannte, das Erlebte niemals gegeben werden. Denn die Begriffssysteme geben stets nur Relationen zwischen eben jenen Begriffen an, die daselbst nur stellvertretend für die zwischen den Gegenständen bestehenden Tatsachen stehen. Sind durch Erkenntnis, durch Begriffssysteme, lediglich Begriffe als Symbole und die zwischen den Begriffen bestehenden Relationen gegeben, so ist es in diesem Sinn bloß Struktur, die durch Erkenntnis vermittelt wird und das Erlebte „bleibt ewig jenseits“, wie Schlick schon in der AEL explizit schreibt (MSGA I.1, S. 441). Somit kann das Erlebte durch Erkenntnis nicht gegeben oder, wie Schlick dann in EEM explizit formuliert, nicht ausgedrückt werden. Darin zeigt sich m. E. nicht eine neue Idee Schlicks, sondern lediglich eine Reformulierung seiner zuvor bereits ausführlich ausgearbeiteten Überlegungen. Möglicherweise im Sinne eines „Ausbau[s] nach der erkenntnislogischen Seite hin“ (S. 127) wie er ihn selbst in der Vorrede zur 2. Auflage der AEL forderte. Dabei verlagert sich der Fokus: Freilich rückt Schlick ab EEM die Unausdrückbarkeit der Erlebnisinhalte viel mehr in den Vordergrund, als er dies in der AEL getan hat. Dies mag dazu beigetragen haben, dass der Sachverhalt, dass die Unsagbarkeit der Erlebnisinhalte in der soeben beschriebenen Weise im Sinne einer nicht-Erkennbarkeit aus der AEL hervorgeht, in der Literatur bislang übersehen wurde. Ebenso wie die nachfolgend zitierte Stelle aus der AEL, die meine These hier zu untermauern vermag und die an Relevanz zum Verständnis dieses Sachverhalts kaum zu überschätzen ist:

> Die Definition eines Begriffes besteht in der Angabe seiner Merkmale; diese aber müssen zu ihrer genauen Bestimmung wiederum definiert, d. h. in weitere Merkmale aufgelöst werden, und so fort. Müßte und könnte nun die Reihe der Subdefinitionen ohne Aufhören fortgesetzt

> werden, so würde durch diesen Regressus in infinitum natürlich alles Definieren überhaupt illusorisch gemacht. In der Tat kommt man aber sehr bald auf Merkmale, die sich schlechterdings nicht mehr definieren lassen; die Bedeutung der diese letzten Merkmale bezeichnenden Worte kann nur demonstriert werden durch die Anschauung, durch unmittelbares Erleben. (MSGA I.1, S. 199)

Bezieht man dies auf mein zur Veranschaulichung der Begriffssysteme konzipiertes Schema (siehe Abschn. 4.1), so stellt sich Schlicks Argumentation hier folgendermaßen dar: Der allgemeinste Begriff im System, in diesem Falle X'', wird durch seine Beziehungen zu den direkt unter ihm stehenden Begriffen X_1' und X_2' definiert (denn die Definition eines Begriffes besteht in der Angabe seiner Beziehungen zu den jeweils anderen Begriffen des Systems). Diese können nun in weitere Merkmale aufgelöst, d. h. durch Analyse in die sie definierenden Merkmale zerlegt werden, wodurch wir in diesem Beispiel zu den Begriffen unterster Stufe im System gelangen. Diese bezeichnet Schlick in eben angeführtem Zitat als die „letzten Merkmale", deren Bedeutung sich nicht mehr durch Angabe ihrer Definition im Sinne einer Auflösung in ihre einzelnen Merkmale angegeben werden kann, da nun keine weitere Zerlegung in Merkmale niedrigerer Stufe mehr möglich ist. Ihre Bedeutung findet sich, wie Schlick schreibt, allein durch Demonstration in der Anschauung bzw. im Erleben, d. h. ihre Bedeutung muss durch konkrete Definition, sprich: Durch Aufzeigung desjenigen Gegenstandes, für den der Begriff stehen soll, gegeben werden. Mehr kann an dieser Stelle zur Klärung der Bedeutung des Begriffs nicht getan werden. Denn – und dies ist der entscheidende Punkt – die Bedeutung von Begriffen wie „Blau" oder „Lust" kann, so Schlick in der AEL, durch Definition niemals erlernt werden, „sondern nur bei Gelegenheit des Anschauens von etwas Blauem oder des Erlebens von Lust" (S. 199–200). Die Bedeutung jener Begriffe sind mit den Mitteln des Systems selbst nicht angebbar. Das System selbst besteht lediglich in der Angabe von Begriffen und deren Relationen zueinander, was letztlich als reine Strukturangabe verstanden werden kann. Sind alle vorhandenen Strukturen angegeben, fehlt jedoch noch immer der wesentliche, der entscheidende Punkt, der die Bedeutung der Begriffe ausmacht: Wie ‚Blau' aussieht und wie sich ‚Lust' anfühlt, kann mit den Mitteln des Begriffssystems niemals angegeben werden. Die Bedeutung dieser „letzten Merkmale" ist nur im Erleben auffindbar. Hierbei handelt es sich, in Schlicks ab EEM verwendeter Terminologie, um Erlebnisinhalte, die „unausdrückbar" sind. Und nicht zufällig greift Schlick in EEM an oben zitierter Stelle auf eben diese Beispiele *zurück*.

Darin zeigt sich bereits sehr deutlich, inwiefern Schlick 1926 nicht eine neue Idee ausarbeitet, sondern eine sehr alte Idee schlicht näher ausführt. Doch die Strukturthese wird auch in weiteren Schriften des späten Schlicks dargestellt. Vornehmlich in zwei Vorlesungen aus den 1930er Jahren. Hierin geht Schlick weitaus ausführlicher auf die These von der Unsagbarkeit der Erlebnisinhalte ein.

4.3 Die Strukturkonzeption in Schlicks Spät- und Frühwerk

Betrachten wir zunächst die frühere von beiden Schriften unter dem Titel *Form and Content* (nachfolgend: F&C).[9] Hierbei handelt es sich um eine im November 1932 am King's College der Universität London gehaltene vierteilige Vorlesungsreihe (Friedl und Rutte 2013, S. 147). Darin heißt es, die Aussagen unserer Sprache sind nicht dazu in der Lage, gerade das Wichtigste zu transportieren, d. i. „[...] namely that ineffable quality of greenness which appears to constitute its very nature, its true essence, its content" (MSGA II.1.2, S. 317). Was genau ist damit gemeint? Schlick erläutert dies anhand eines Beispiels: Auf seinem Schreibtisch liege ein grünes Blatt (S. 312). Bei dem Versuch das Blatt einer sich nicht im selben Raum befindlichen Person zu beschreiben, müssen laut Schlick zwangsläufig Wege eingeschlagen werden, die sich letztlich als Vergleiche herausstellen. Für die Beschreibung der Größe des Blattes ist es nötig, Angaben in Zentimetern zu machen (was nach Schlick letztlich als Vergleich mit einem Maßstab betrachtet werden kann), während die Gestalt über die Ähnlichkeit mit einem der Person bekanntem Gegenstand beschrieben werden muss („heart-shaped" etc., MSGA II.1.2, S. 313). Bei der Beschreibung der Farbe des Blattes tritt die Natur des Vergleichs am deutlichsten hervor. Um das Grün des Blattes zu beschreiben, müsse man sich, so Schlick, Angaben wie bspw. „dark yellowish green" oder „a little darker than the green dress of a certain Madonna by Raphael" bedienen. Die letzte Möglichkeit bestünde darin, ein Stück Papier mit einem grünen Fleck darauf an die Person zu verschicken mitsamt dem Vermerk „This colour is exactly like that of the leaf on my desk" (ebd.). All dies zeigt, dass zur Beschreibung des Blattes in jedem Fall eine Referenz auf das ‚Kennen', das Erleben derjenigen Person von Nöten ist, der die Beschreibung des Blattes gegeben werden soll. Eine andere Möglichkeit, eine Vorstellung von der Anschauung des Blattes zu vermitteln, besteht nicht. Dies zeigt laut Schlick, dass unsere Aussagen nicht dazu in der Lage sind, die ‚unbeschreibliche' Qualität der ‚Grünheit' zu transportieren, die seine ‚wahre Natur', seine ‚wahre Essenz', seinen *Inhalt* konstituiert. Damit ist der Begriff ‚Inhalt' (bzw. ‚Content') eingeführt, der der Vorlesung ihren Namen gibt sowie die Strukturthese in ihrer negativen Kehrseite formuliert. Der Inhalt eines Wahrnehmungserlebnisses ist nicht ausdrückbar, nicht beschreibbar oder eben: „unsagbar" (Friedl 2013, S. 115 ff.). Doch wenn Wahrnehmungsinhalte durch Sprache nicht zum Ausdruck gebracht werden können, wie ist es dann möglich, dass verschiedene Personen Farben bzw. Farbwahrnehmungen miteinander vergleichen können? Laut Schlick nimmt jede Farbe im vollständigen System der Farbtöne einen ausgezeichneten Platz ein („a certain place within a comprehensive system of shades", MSGA II.1.2, S. 312). D. h., es gibt eine festgelegte Ordnung der Farben, auf die bei der Beschreibung eines Farbtons Bezug genommen werden kann. Die genaue Position eines Farbtons im System wird dabei durch Relationen wie

[9] Die nachfolgenden Ausführungen bis einschl. S. 168 entstammen ursprünglich meinem Artikel „Die Grenzen und Möglichkeiten des Ausdrucks" (Franke-Reddig [geb. Franke] 2019), wurden im Rahmen dieser Arbeit jedoch umgearbeitet und ergänzt.

bspw. ‚Ähnlichkeit' („by relations of similarity and dissimilarity to the other elements (shades) of the whole system") festgelegt (S. 315). Relationen, die in dieser Weise die Elemente des Farbsystems miteinander verbinden, bezeichnet Schlick in Anlehnung an Ludwig Wittgenstein (*Tractatus logico-philosophicus,* § 4.122.) als ‚interne Relationen' („internal relations", MSGA II.1.2, S. 315). ‚Intern' bedeutet in diesem Zusammenhang, dass die beiden Begriffe, die durch eine Relation dieser Art miteinander verbunden sind, ohne jene Beziehung nicht existieren könnten (ebd.). D. h., dass Begriffe notwendig die internen Relationen implizieren, durch die sie mit jeweils anderen Begriffen verbunden sind. Diese bilden die ‚logische Struktur' („logical structure") jener Begriffe ab (ebd.). Aufgrund der Notwendigkeit, die den internen Relationen zugeschrieben wird, gehört die logische Struktur eines Begriffs nach Schlick zu seiner ‚intrinsischen Natur' („intrinsic nature", ebd.). Aus diesem Grund sind die Verhältnisse, die zwischen den Farben bestehen, die zwei unterschiedliche Personen jeweils als ‚Rot' und ‚Grün' bezeichnen, in jedem Fall dieselben. Folglich nehmen die Farben Rot und Grün jeweils den Platz im Farbsystem ein, durch den sie bspw. einen Komplementärkontrast zueinander bilden. So ist die Beschreibung einer konkreten Farbwahrnehmung durch den Vergleich zu anderen Farben sowie auch die Feststellung der Strukturgleichheit der Farbsysteme nach Schlicks Konzept möglich. Wie oben erwähnt, dienen Farbtöne hier nur als Beispiel. Das Gesagte gilt nach Schlick für alle Qualitäten, die Wahrnehmungsvorstellungen angehören:

> In this way every quality (for instance, the qualities of sensation; sound, smell, heat etc. as well as colour) is interconnected with all others by internal relations which determine its place in the system of qualities. It is nothing but this circumstance which I mean to indicate by saying that the quality has a certain definite logical structure. (MSGA II.1.2, S. 315)

Über die internen Relationen, die die logische Struktur der Begriffe ausmachen, kann laut Schlick, ebenso wie über die Qualitäten selbst, nicht gesprochen werden (S. 316). Allerdings lässt sich, wie oben beschrieben, die Strukturgleichheit der Farbsysteme von zwei verschiedenen Personen feststellen. Wie passt dies mit der Behauptung zusammen, über die logische Struktur könne nicht gesprochen werden? Schlick meint, die logische Struktur lasse sich *nicht in demselben Sinne* zum Ausdruck bringen, in dem über Objekte oder Tatsachen gesprochen werden kann. Er sagt, dass die logische Struktur von ‚Grün' durch die Sätze über das grüne Blatt in unserem Beispiel nicht ausgedrückt, sondern *enthüllt* („revealed") wird (ebd.). Damit ist folgendes gemeint: Die Farbe ‚Grün' steht notwendig zwischen Blau und Gelb, andernfalls wäre die Bedeutung des Wortes ‚Grün' eine andere. Diese Notwendigkeit wird durch die internen Beziehungen bestimmt, die zwischen den Begriffen ‚Blau', ‚Grün' und ‚Gelb' bestehen. Sie sind Implikationen jener Begriffe und können nicht explizit formuliert werden. In den Sätzen der Versuchspersonen über das grüne Blatt taucht der Begriff ‚Grün' jedoch stets in einer bestimmten Art und Weise auf. Hierdurch werden seine internen Relationen ‚enthüllt'. So zeigt sich laut Schlick die logische Struktur eines Begriffes in den vielfältigen Gebrauchsmöglichkeiten eines Wortes (S. 317).

Erkennt man die so festgelegte Bedeutung des Begriffs der ‚internen Relationen' sowie auch deren ‚Unsagbarkeit' in der beschriebenen Weise an, so muss hier noch eine weitere Definition eingeführt werden, um das ‚Ausdrückbare' näher zu bestimmen. Denn wenn interne Relationen als notwendige Beziehungen zwischen Gegenständen bestimmt sind, so muss es auch noch Relationen anderer Art geben, die nicht notwendig sind. Schlick bezeichnet sie, wiederum in Anlehnung an Wittgenstein, als ‚externe Relationen' („external relations", MSGA II.1.2, S. 316). Er erläutert diesen Begriff anhand eines weiteren Beispiels:

> If the leaf happens to have the same colour as a blotter lying next to it, the relation of similarity between the two coloured objects is external, for the blotting paper might just as well have been dyed with a different colour. (MSGA II.1.2, S. 316)

Externe Relationen beziehen sich demnach auf wahrgenommene Qualitäten als konkrete Eigenschaften von Objekten. Sie bestehen nicht zwischen den Qualitäten selbst, sondern zwischen Objekten, denen diese Qualitäten als kontingente Merkmale zukommen. Dass der Grünton des Blattes eine bestimmte Position in unserem Farbsystem einnimmt, ist – wie oben erläutert – durch seine internen Relationen zu den anderen Tönen des Farbschemas bedingt. Doch dass zwischen dem Farbton, der dem Blatt zukommt und demjenigen des Löschpapiers eine Ähnlichkeits- oder gar eine Identitätsbeziehung bestehen mag, ist eine externe Beziehung. Sie ist unwesentlich in dem Sinne, dass beide Objekte auch jeweils andere Farben hätten haben können. Aus diesem Grund folgt die Relation zwischen diesen beiden Objekten nicht logisch aus dem Begriff des einen oder des anderen. Als weiteres Beispiel für eine externe Relation nennt Schlick die Beziehung zwischen dem Blatt und dem Tisch, auf dem es liegt. Sie ist laut Schlick deshalb als extern zu bezeichnen, weil es dem Blatt nicht wesentlich zukommt, auf dem Tisch zu liegen (ebd.). Wie schon in obigem Beispiel handelt es sich hierbei um eine kontingente Eigenschaft. Auch in diesem Fall spielen die Qualitäten selbst gar keine Rolle, es kommt allein auf die Objekte an. Zusammenfassend lässt sich also festhalten: Bei einer externen Relation handelt es sich um eine kontingente Beziehungen zwischen Objekten.

Vor diesem Hintergrund postuliert Schlick, dass Aussagen Tatsachen zum Ausdruck bringen, indem sie über Objekte und ihre externen Relationen sprechen (MSGA II.1.2, S. 316). Der Grund dafür ist klar: Wie oben erläutert wurde, können Aussagen nach Schlick weder ‚Inhalte' noch interne Relationen zum Ausdruck bringen. Folglich beziehen sich alle Aussagen nach seiner Konzeption ausschließlich auf externe Relationen. D. h. genauer, dass nach Schlick auch in Aussagen über Qualitäten streng genommen nicht von den Qualitäten selbst die Rede ist, sondern von Qualitäten als Eigenschaften von Objekten. Versucht eine Person, wie Schlick selbst beispielhaft ausführt, den Farbton eines Blattes zu beschrieben, bezieht sie sich in ihren Sätzen nicht auf die Qualität ‚Grün', sondern auf das ‚Grün' als spezifische Eigenschaft des Blattes. Sie macht z. B. Angaben wie ‚Es ist ein hellerer Farbton als der des Ahornblattes dort draußen vor dem Fenster' oder zeigt auf einen anderen Gegenstand, der dieselbe Farbe hat. Sprich: sie vergleicht die zu beschreibende Qualität mit den Eigenschaften anderer Gegenstände wie bspw. mit Raphaels Madonna oder einem grünen Farbkleks auf einem Blatt Papier. In diesem Sinne drücken Aussagen dieser Art nicht abstrakte Qualitäten als solche aus, sie legen stattdessen Qualitäten durch Referenz auf externe Eigenschaften konkreter Objekte vor. Laut Schlick ist ihnen auch gar nichts anderes möglich:

> „It is clear that in speaking of colours or other „qualities" we can refer to them only as *external* properties of something: we have to define a certain flavour as the sweetness *of sugar,* a certain colour as the green *of a meadow,* a certain sound as the sound produced *by a tuning fork* of a particular description, and so on. (MSGA II.1.2, S. 316)

Wenn alle Aussagen sich ausschließlich auf externe Relationen beziehen und wenn Relationen, wie oben angeführt wurde, Strukturen konstituieren, dann folgt daraus, dass alle Aussagen letzten Endes Strukturaussagen sind. Bei dieser These handelt es sich um das Gegenstück zur oben erläuterten *Unsagbarkeitsthese,* und damit ist die Strukturthese von ihrer Kehrseite her abgeleitet.

Nach Schlick besteht der Unterschied zwischen ‚Struktur' und ‚Inhalt' zusammengefasst darin, dass ersteres das ist, was ausgedrückt werden kann, letzteres hingegen das, was sich nicht ausdrücken lässt (MSGA II.1.2, S. 312). Alle Aussagen sind reine Strukturaussagen. Die Struktur, die sie mitteilen, wird von jedem verstehenden Individuum mit seinem eigenen Inhalt gefüllt. Das Material dafür schöpft es aus seiner eigenen Erfahrung (S. 318). Vor dem Hintergrund, dass Schlick ‚Inhalt' als Ausdruck für das verwendet, was sich gerade nicht ausdrücken lässt, hält er dazu an, den Begriff am besten gar nicht zu verwenden. Denn ‚Inhalt' sei – so Schlick – eigentlich ein verbotenes Wort: Es kann, wie erörtert, über Inhalt gar nichts ausgesagt werden. Deshalb gibt es laut Schlick auch keinen Grund dazu, es überhaupt zu benutzen. Der Ausdruck sei nur als eine Art Abkürzung für einen komplizierteren Satz zu verstehen, in dem das Wort selbst gar nicht auftaucht (S. 340). Dies erinnert, wie auch Friedl anmerkt, unweigerlich an Wittgensteins nur allzu gut bekannte Leitermetapher (Friedl 2013, S. 162–163). Darüber hinaus, so muss hier angemerkt werden, ist natürlich die Anlehnung an Wittgensteins Arbeiten in der Verwendung der Termini ‚interne' und ‚externe Relationen' nicht zu übersehen. Inwiefern kann hier die Rede davon sein, dass Schlick inhaltlich *nicht* über die AEL hinausgeht? Schlick scheint von zwei unterschiedlichem ‚Unsagbarem' auszugehen. Zum einen ist die Rede vom ‚Inhalt', d. i. das Qualitative an einem Wahrnehmungserlebnis wie bspw. das ‚Grün' des Blattes. Zum anderen ist hier jedoch auch von den unausdrückbaren internen Relationen die Rede. Hierbei handelt es sich nicht um etwas, das nicht in irgendeiner Weise als etwas Qualitatives am Wahrnehmungserlebnis aufgefasst werden kann, sondern eben um Relationen, die nicht wahrgenommen und nicht ausgedrückt werden können, die sich jedoch im Ausdruck in der beschriebenen Weise enthüllen. Da es hier um zwei unterschiedliche ‚Unsagbarkeiten' geht, die nicht miteinander vermengt werden dürfen, wird im Folgenden auf die unsagbaren Qualitäten stets mit dem Terminus ‚Inhalt' referiert. Dagegen wird der Ausdruck ‚logische Form' für jenes andere Unausdrückbare eingeführt. Diesen Terminus gebraucht Schlick an einigen Stellen selbst (ebenfalls wohl in Anlehnung an Wittgenstein) für die internen Relationen bzw. logischen Strukturen. Darüber hinaus hat er sich auch in der nun zu besprechenden Sekundärliteratur etabliert (bspw. Neuber 2018, S. 33).

Es ist wiederum Neuber, der darauf hinweist, dass Schlick die „These der Nichtdarstellbarkeit der logischen Form" sowie auch den Begriff der „logischen Form" eins-zu-eins von Wittgenstein übernommen hat (Neuber 2018, S. 33). Hierzu verweist er auch auf eine Stelle aus der *Wende der Philosophie,* an der es heißt, es sei einer der schwersten Irrtümer der Philosophie gewesen, „daß man glaubte, den eigentlichen Sinn und letzten Inhalt wiederum durch Aussagen zu formulieren, also in Erkenntnissen darstellen zu können: Es war der Irrtum der »Metaphysik«" (MSGA I.6, S. 219). Doch der eigentlich interessante Aspekt an Neubers Anmerkung ist, dass er auf dieses Zitat verweist, um zu belegen, dass Schlick Carnap als „Metaphysiker" zu denunzieren suchte, da dieser von der Darstellbarkeit der logischen Form ausgeht (Neuber 2018, S. 33). Nach Neubers Interpretation verbirgt sich nach Schlick folglich der „eigentliche Sinn" und „letzte Inhalt" von Aussagen in ihrer logischen Form, und wer deren Ausdrückbarkeit behauptet, ist aus dessen Sicht ein Metaphysiker wie bspw. Carnap bei seinem Versuch der „meta-logische[n] Analyse der logischen Struktur der Wissenschaftssprache" (ebd.). Doch betrachtet man die zitierte Stelle im *Wende-Text* genauer, so ergibt sich, dass an dieser Stelle eben *nicht* von der „logischen Form" die Rede ist. Schlick schreibt weiter:

> Das Streben der Metaphysiker war von jeher auf das widersinnige Ziel gerichtet (vgl. meinen Aufsatz »Erleben, Erkennen, Metaphysik«, Kantstudien Bd. 31, S. 146), den Inhalt reiner Qualitäten (das »Wesen« der Dinge) durch Erkenntnisse auszudrücken, also das Unsagbare zu sagen; Qualitäten lassen sich nicht sagen, sondern nur im Erlebnis aufzeigen, Erkenntnis aber hat damit nichts zu schaffen. (MSGA I.6, S. 219)

Sowohl durch Schlicks Verweis auf EEM, worin von der „logischen Form" an keiner Stelle die Rede ist, wie auch durch die darauffolgende Erläuterung, dass es Qualitäten sind, die sich nicht ausdrücken lassen, sollte klar sein, dass es an dieser Stelle eben nicht um die Nicht-Darstellbarkeit der logischen Form, sondern um die ‚Unsagbarkeit' des Inhalts geht. Darauf, dass es sich hierbei um zwei wohl voneinander zu unterscheidende Unsagbarkeiten handelt, machen bereits die Herausgeber der MSGA an der entsprechenden Stelle aufmerksam. In der angefügten Fußnote findet sich der Hinweis, dass Schlick an dieser Stelle auf die Unsagbarkeit der Erlebnisqualitäten im Sinne seiner Unterscheidung zwischen Kennen und Erkennen aus der AEL referiert, wohingegen drei Seiten zuvor noch von der Nicht-Darstellbarkeit der logischen Form die Rede war:

> Es gibt also zwei Arten des Unsagbaren, die in diesem Text von Schlick ohne Erläuterung nebeneinandergestellt werden. (MSGA I.6, S. 219)

Es zeigt sich damit, dass die zwei Arten des Unausdrückbaren auch deshalb streng auseinandergehalten werden müssen, weil eine der beiden Thesen, wie Neuber völlig richtig bemerkt, von Wittgenstein übernommen wurde und das betrifft die *logische Form,* wie sie wesentlich im *Tractatus* ausgearbeitet ist. Sie kann, wie Friedl anmerkt, als Konzession an Wittgenstein verstanden werden, die von Schlick nur nebenbei vertreten wurde (Friedl 2013, S. 126). Die These von der ‚Unausdrückbarkeit des Inhalts' dagegen stammt gerade nicht von Wittgenstein (S. 109; 129). Dies vorausgesetzt, ist bei der *Strukturthese* nochmals zu differenzieren: Die These besagt, dass ausschließlich Strukturen ausdrückbar sind. Doch sie lässt sich auf zwei unterschiedliche Weisen begründen. Zum einen lässt sie sich aufstellen, indem man von der Unausdrückbarkeit des Inhalts ausgeht. Hiernach wäre all dasjenige ausdrückbar, was nicht durch Wahrnehmungsinhalte vermittelt wird, letztlich bleiben hierbei lediglich Strukturen übrig, was die Strukturthese begründet. Zum anderen könnte die Strukturthese jedoch auch sowohl von der Unausdrückbarkeit der Inhalte als auch von der Unausdrückbarkeit logischen Form ausgehen. Hiernach sind weder die Erlebnisinhalte noch die internen Relationen ausdrückbar, es bleiben nur noch externe Relationen übrig. Auch hierbei ist die Ausdrückbarkeit auf Strukturen beschränkt, doch die Einschränkung selbst ist weitaus größer: Was an ausdrückbarer Struktur übrigbleibt, verringert sich. Daraus ergibt sich, dass die zwei unterschiedlichen Argumentationswege, die jeweils die Strukturthese begründen, auf zwei unterschiedliche Formen derselben führen. Der zuerst beschriebene Weg, auf dem sich die These lediglich auf die Unsagbarkeit der Inhalte gründet, führt zu der Form der These, die ich im Folgenden als *schwache Strukturthese* bezeichnen werde. Die zweite Form, nach der sowohl die Unsagbarkeit der Inhalte als auch der internen Relationen behauptet wird, bezeichne ich als *starke Strukturthese.*

Betrachtet man die hier zuvor bereits besprochenen Schriften Schlicks bezüglich der Strukturthese, so zeigt sich, dass die starke Strukturthese spezifisch für F&C ist: Schlick hat hierin seine „Kernthese“ (Friedl 2013, S. 109), die schwache Strukturthese, mit Wittgensteins Konzeption der internen Relationen zu kombinieren versucht. Dabei zeigt sich, wie Friedl in seiner Studie zum *Konsequenten Empirismus* herausarbeitet, dass die Unsagbarkeit des Inhalts sich nicht so leicht mit der Unsagbarkeit interner Relationen in Einklang bringen lässt, wie dies vordergründig erscheint (S. 149 ff.). Dies vorausgesetzt und vor dem Hintergrund, dass die Unsagbarkeit der Erlebnisinhalte, wie Friedl herausarbeitet, den eigentlichen Kern der schlickschen Argumentation ausmacht, ist es im Rahmen dieser Arbeit sinnvoll, sich auf die schwache Form der Strukturthese zu beschränken. Denn um die Eigenständigkeit und Kontinuität Schlicks aufzuzeigen, sollte dasjenige, was im Rahmen von Schlicks Philosophie eindeutig von Wittgenstein stammt, ausgeklammert werden. Hierzu könnte man nun versuchen, aus F&C all jene Komponenten, die nicht Wittgenstein zuzuschreiben sind, von allem anderen abzusondern und zu überprüfen, was übrig bleibt. Allerdings erweist sich dieser Weg als nur sehr schwer gangbar, da Schlick in F&C seinen Argumentationsweg eben aus seinen eigenen und Wittgensteins Thesen zusammengenommen aufgebaut hat. Hieraus die entscheidenden Stellen schlicht auszuklammern, würde im besten Fall eine unvollständige Gesamtkonzeption ergeben. Dieses Vorgehen ist so auch gar nicht notwendig, denn es gibt noch eine weitere Vorlesung Schlicks, in der die Thematik zum Tragen kommt und d. i. *Die Probleme der Philosophie in ihrem Zusammenhang* (nachfolgend: PPZ). Das erstaunliche an dieser Vorlesung ist, dass die Unsagbarkeit der Inhalte hierin eine zentrale Rolle spielt, während die Unsagbarkeit der logischen Form, ja sogar die Termini „logische Form“, „interne“ und „externe Relationen“ an keiner einzigen Stelle mehr erwähnt werden. Die soeben vorgeschlagene „Reinigung“ des schlickschen Ansatzes der Unsagbarkeit von der Wittgenstein'schen These hat dieser also selbst bereits vorgenommen und zwar in der Zeit *nach F&C.* Welche Gründe er hierfür gehabt haben mag, ist freilich von interessanter Natur. Doch in diesem Rahmen geht es vornehmlich darum, Schlicks eigene These von der Unsagbarkeit als Ganze zu verstehen und im Zusammenhang mit seinem Frühwerk darzustellen. Aus diesem Grund verlagert sich der Fokus im Folgenden auf das Verständnis der schwachen Strukturthese, die im Kern nur die Unsagbarkeit der Erlebnisinhalte behauptet. Betrachten wir hierzu PPZ, genauer: die Abschnitte „16. Form und Stoff" sowie „17. Mitteilbarkeit der Struktur".[10]

Ausgangspunkt für Schlicks Erörterungen zur These von der Unsagbarkeit der Erlebnisinhalte ist die Frage, ob es sinnvoll ist zu sagen, zwei Personen haben das gleiche Erlebnis. In diesem Zusammenhang erörtert er erneut das Beispiel des grünen Blattes (Schlick 1986 [1933/34], S. 180 f.; MSGA II.5.2b, S. 1064 f.).[11] Liegt es auf dem Tisch, so könnte eine Person darauf zeigen und sagen „das ist grün", woraufhin ich antworten könnte „Ja, ich sehe es auch grün, also sehen wir beide dieselbe Farbe" (ebd.). Doch so einfach gestaltet sich die Feststellung, ob zwei Personen auch *dasselbe* sehen, nach Schlick eben genau nicht. Wird die Farbwahrnehmung einer Person mit der einer anderen verglichen, so ergibt sich die Möglichkeit, dass die erste Person z. B. immer dort rot sieht, wo andere grün sehen: „die Folge davon ist, dass er das Erlebnis, das ich als rot bezeichnet hätte, als grün bezeichnet, weil er es von anderen so gehört, in seiner Kindheit so erlernt hat" (S. 180; 1065). Daraus ergibt sich für Schlick, dass eben noch nicht gesichert ist, dass die Versuchsperson „das Gleiche" sieht er selbst, sofern sie auf die Frage nach der Farbe des Blattes mit „grün" antwortet. Es sei gar unmöglich festzustellen, ob beide dasselbe Erlebnis haben, wenn Licht derselben Wellenlänge in ihr Auge fällt. Daher sei die Bedeutung des Wortes „grün" scheinbar gar nicht festgelegt, so Schlick (ebd.). Nun könnte man, um sich der Antwort auf die Frage anzunähern, die Versuchsperson fragen, was der Farbe des Blattes ähnlich sei. Sofern sich hierbei kein Unterschied in der Farbwahrnehmung herausstellt, insofern sie also über alle Farbkombinationen die gleichen Urteile fällt wie er selbst, ist jedoch nichts weiter festgestellt, als dass die Person nicht farbenblind ist (ebd.). Denn trotz allem könnten die Farben innerhalb der Farbskala bei der Versuchsperson vertauscht sein: Die Verhältnisse zwischen ihnen blieben dieselben und alle Aussagen, die die Person über die Farbähnlichkeiten trifft, beziehen sich eben ausschließlich auf die Verhältnisse zwischen den Farben. Es könnte laut Schlick sogar so weit gehen, dass die Person dasjenige, was sie als ‚Farbe' bezeichnen, als das wahrnimmt, was ich einen ‚Ton' nennen würde. Dies würde man durch keine Prüfung jemals bemerken, insofern ihr Farbsystem dieselben Verhältnisse aufweisen würde wie mein Tonsystem et vice versa, da sich jedwede Prüfung lediglich auf eben diese Verhältnisse beziehen kann (S. 182; 1066).[12] Daraus schließt Schlick, dass es eine bloße Hypothese ist, dass die Person das „grün" des Blattes genauso sieht wie

[10] Es sei hier erwähnt, dass Schlick vor allem im 17. Abschnitt erneut Anleihen bei Wittgenstein macht, die jedoch in einem anderen Thema stehen, was in Rahmen dieser Erörterung jedoch keine Rolle spielt und deswegen ausgelassen werden kann. Darüber hinaus nimmt Schlick im Abschnitt 16 Rückbezug auf seine Thesen vom Verifikationismus. Auch diese Passagen können hier jedoch außen vor gelassen werden, da die schwache Strukturthese auch ohne Bezug darauf erörtert werden kann.

[11] Offensichtlich bedient sich Schlick an dieser Stelle des gleichen Beispiels wie in F&C. Allerdings ohne dabei auf interne Relationen einzugehen.

[12] A. a. O. verwendet Schlick statt ‚Verhältnisse' bereits den Ausdruck „Struktur" den ich sogleich einführen werde.

er selbst und „nicht nur die Verhältnisse seiner Farberlebnisse den Verhältnissen meiner Farberlebnisse entsprechen; dass also nicht nur die Form, sondern auch der Stoff derselbe ist" (S. 181; 1066). Und damit sind an dieser Stelle die Begriffe *Form* und *Stoff* eingeführt. Unter „Form" versteht Schlick folglich die Verhältnisse der Farberlebnisse untereinander, die mithilfe von Beschreibungen wie bspw. „heller als ..." oder „komplementär zu ..." zum Ausdruck gebracht werden können. „Was beide Versuchspersonen angeben, bezieht sich aber immer nur auf gewisse Ordnungen, wie Farbeindruck, Sättigungseindruck etz., es sind Strukturaussagen" (ebd.). Bei Aussagen dieser Art, die jene Verhältnisse zwischen Qualitäten wiedergeben, handelt es sich laut Schlick folglich um Aussagen über Strukturen. Darüber hinaus heißt es an oben zitierter Stelle, dass, insofern die Verhältnisse zwischen den Farberlebnissen von zwei Personen einander gleichen, eben die *Form* dieselbe ist. Es lässt sich daraus ersehen, dass Schlick mit den Begriffen ‚Form' und ‚Struktur' jeweils auf dasselbe referiert: Aussagen, die Verhältnisse von Erlebnissen untereinander betreffen, sind Strukturaussagen. Solcherlei Aussagen konstituieren in ihrer Gesamtheit eine Struktur, die auch als Form bezeichnet werden kann. Darüber hinaus spricht Schlick davon, dass jene Strukturaussagen sich auf „gewisse Ordnungen" beziehen. Damit ist letztlich gemeint, dass eben die Form bzw. die Struktur, auf die sich jene Aussagen beziehen, eben auch als eine Ordnung bezeichnet werden kann. Doch welche Art von Ordnungen sind damit genau gemeint? Etwas später kommt Schlick darauf zurück und spricht in diesem Zusammenhang von einem System, in das die Farben durch die Personen jeweils eingeordnet werden (S. 182; 1066 f.). Im Rahmen dieses Systems bestehen bestimmte Verhältnisse zwischen den einzelnen Farberlebnissen einer Person, die Beziehungen, die zwischen jenen Erlebnissen bestehen, wie bspw. „dass orange zwischen rot und gelb liegt", bezeichnet Schlick dann auch als die „Form des Farbsystems" (ebd.).

Mit „Form" sind, um dies hier nochmal zusammenzufassen, die Beziehungen gemeint, die zwischen unterschiedlichen Erlebnissen bestehen und die in ihrer Gesamtheit eine gewisse Struktur ergeben, die Schlick auch als System bezeichnet. Der Begriff „Stoff" dagegen beschreibt dasjenige, dessen Gleich- bzw. Ungleichheit zwischen zwei Personen eben nicht festgestellt werden kann und d. i. das Qualitative an einem Wahrnehmungserlebnis. Damit ist dasjenige gemeint, „was das Wesen der Farbe ausmacht, was der Mensch wirklich sieht, der Inhalt, der Stoff [...]" (Schlick 1986 [1933/34], S. 182; MSGA II.5.2b, S. 1067). Und damit zeigt sich, dass mit dem Ausdruck „Stoff" eben der „Inhalt" gemeint ist, der aus F&C bekannt ist, d. i. der qualitative Inhalt eines Wahrnehmungserlebnisses. Und dieser – so Schlick – „scheint immer jenseits unserer Erkenntnis liegen zu müssen" (ebd.). An dieser Stelle zeigt sich erneut die in Bezug auf EEM besprochene Identifikation der Differenz ‚Form' und ‚Inhalt' mit der Unterscheidung zwischen ‚Kennen' und ‚Erkennen': Der Inhalt ist, wie Schlick hier schreibt, nicht erkennbar und dementsprechend auch, wie er sogleich ergänzt, nicht ausdrückbar. Was festgestellt werden kann, ist allein die „Strukturgleichheit der Systeme" und dies betrifft allein „formale Beziehungen" (ebd.). Abschließend fasst Schlick seine Erörterungen zum Thema „Form und Stoff" mit den folgenden Worten ab:

> Wir können also zunächst sagen: Wenn wir in unserer Sprache von irgendwelchen Qualitäten reden, z. B. von Sinnesqualitäten, Gefühlen, also sozusagen von dem, was wir »psychologische Erscheinungen« nennen, läuft alles, was wir feststellen können darauf hinaus, dass sich diese Qualitäten in ein bestimmtes System einordnen. Irgendetwas anderes, als was dieses System betrifft, können wir überhaupt nicht aussagen. (Schlick 1986 [1933/34], S. 182; MSGA II.5.2b, S. 1067)

Folglich ist der Stoff bzw. der Inhalt dasjenige, über das nichts ausgesagt werden kann. In dieser Weise wird in PPZ die These von der Unsagbarkeit der Erlebnisinhalte eingeführt. Vor diesem Hintergrund widmet sich Schlick im 17. Abschnitt der „Mitteilbarkeit der Struktur". Zunächst stellt er erneut fest, dass all unsere Aussagen darauf beschränkt sind, „die Struktur der Tatsachen wiederzugeben, in denen der Inhalt oder Stoff vorkommt" (S. 190; 1076). In diesem Zusammenhang postuliert Schlick nun, dass es nicht sinnvoll ist, von Stoff zu sprechen, insofern der Inhalt selbst keinen Eingang in unsere Aussagen finden kann (ebd.). Hier zeigt sich erneut eine Bezugnahme auf F&C, worin die Rede davon war, dass von Inhalt gar nicht erst gesprochen werden dürfe. Allerdings ist zu bemerken, dass der Wittgenstein-Bezug auch an dieser Stelle aufgegeben wurde: Sowohl auf die Anleihe an die Leiter-Metapher hat Schlick hier verzichtet, wie auch auf die Bezugnahme auf unausdrückbare interne Relationen. Schlick fährt stattdessen direkt damit fort, dass nur die Struktur von Tatsachen als dasjenige zu betrachten ist, was mitgeteilt werden kann (ebd.). Dies ergibt sich schließlich daraus, dass mit dem Inhalt alles Qualitative am Wahrnehmungsinhalt außen vor gelassen werden muss. Doch darin liege – so Schlick – „keine Unvollkommenheit", da es „von Vornherein das Wesen des Ausdrucks [ist] den Stoff beiseite zu lassen" (ebd.). Struktur ist, im Gegensatz zum Stoff, „ihrem Wesen nach etwas Mitteilbares" (S. 195; 1083), wie Schlick einige Seiten später schreibt. D. h., dass unter Mitteilung stets nur „Mitteilung von Strukturen" zu verstehen sei „und niemals etwas anderes" (ebd.). Daraus folgt, dass jedwede Aussage, die überhaupt getroffen werden kann, sich stets auf das beziehen muss, was wir oben als ‚Form' bestimmt haben. Damit ist eben gemeint, dass Aussagen stets nur die Verhältnisse zwischen den Erlebnissen und damit lediglich Strukturen betreffen (S. 196; 1083). In diesem Zusammenhang bezeichnet Schlick den Stoff als das Nichtmitteilbare auch als das „jenseits alles Sprechens gelegene Element" (S. 190; 1076). Zuletzt ist dem noch anzufügen, dass jene Strukturen, auf die unsere Aussagen sich laut Schlick ausschließlich beziehen können, stets etwas „Selbstgeschaffenes" sein müssen. Dies gründet darauf, dass sie laut Schlick erst dadurch entstehen, dass für die Dinge, die betrachtet werden und über deren Strukturen gesprochen werden soll, Zeichen eingeführt werden (S. 193; 1080).

Mit der Begründung der Unausdrückbarkeit des Inhalts auf der einen und der damit einhergehenden Auffassung, dass einzig Strukturen ausdrückbar bzw. mitteilbar sind auf der anderen Seite, ist die schwache Strukturthese in PPZ an dieser Stelle vollständig erörtert und soll hier in ihren entscheidenden Aspekten zusammengefasst werden: Die *Strukturthese* basiert auf der grundlegenden Unterscheidung zwischen ‚Form' und ‚Inhalt'. Hiernach können sich alle sprachlichen Äußerungen ausschließlich auf die Verhältnisse zwischen Qualitäten beziehen, nicht auf diese selbst. Dies gestaltet sich so aus, dass unsere Aussagen, die Ordnung der Qualitäten untereinander und damit deren Form zum Ausdruck bringen, indem sie die Verhältnisse zwischen den Qualitäten wiedergeben. Die Qualitäten selbst bezeichnet Schlick als den „Stoff" oder „Inhalt", der durch Aussagen nicht wiedergegeben werden kann, er ist „unsagbar", da er jenseits der Sprache liegt. Auf diese Weise geben Aussagen lediglich die Struktur der Tatsachen wieder, in denen der Inhalt vorkommt. Jene Struktur ist in dem Sinne als eine „selbstgeschaffene" aufzufassen, dass Zeichen für die Dinge eingeführt werden, über deren Struktur gesprochen werden soll.

Hierzu lässt sich zwar keine direkte Veranschaulichung in der RT ausmachen, jedoch eine interessante Parallele, denn der Begriff der Struktur scheint für Schlick in diesem Rahmen dieselbe Rolle zu spielen: Bei der Strukturthese sind es die Wahrnehmungsinhalte, durch deren Verhältnisse zueinander eine Struktur erschaffen wird. Im Rahmen der ART sind es analog dazu die „Dinge oder Körper im Raum", durch welche die Raum-Zeit-Struktur bestimmt wird. Denn wie im 2. Kapitel ausführlich erläutert, weist der Raum nach Schlicks Darlegung der ART keine spezifische Geometrie als die ihm eigentümliche Struktur mehr auf. Was bleibt, sind allein die Verhältnisse zwischen den im Rahmen der Raum-Zeit-Union an konkreten Raum-Zeit-Stellen verankerten Einheiten, durch die allein sich die Raum-Zeit-Struktur bestimmen lässt.

Inwiefern wird nun die Strukturthese in der AEL vorbereitet oder gar vorweggenommen? Dies soll nun unter Rückbezug auf die Erörterungen in 3.1. erläutert werden. Bezüglich dieser These sei hier daran erinnert, dass Schlick die Unterscheidung zwischen ‚Mitteilbarem' und ‚nicht-Mitteilbarem' schon 1926 mit der Unterscheidung zwischen ‚Kennen' und ‚Erkennen' identifiziert. Er verweist hierzu selbst auf die AEL. Jene Differenz selbst ist wiederum wie in 3.1. erläutert, direkt an die Unterscheidung zwischen ‚Anschauung' und ‚Begriff' gekoppelt: Das Erkennen bezieht sich allein auf Begriffe, die Schlick als nicht-reale Zeichen auffasst, während das Kennen ausschließlich Anschauungen zum Gegenstand hat. Dabei sind sie streng voneinander zu trennen und zwar in dem Sinne, dass Begriffe und Anschauungen jeweils als Stellvertreter füreinander fungieren. Dabei werden Begriffe so gehandhabt, „als ob sie Vorstellungen mit fest bestimmtem Inhalt wären" (MSGA I.1, S. 179). Sie bezeichnen Gegenstände aus der Anschauung und werden durch Urteile miteinander verbunden, die wiederum Zeichen für reale Beziehungen zwischen diesen Gegenständen darstellen. Mittels der Erkenntnisrelation werden anhand von Begriffen und Urteilen Begriffssysteme konstituiert, die aufgebaut sind wie axiomatische Systeme, deren Begriffe implizit definiert sind. In dieser Weise erfolgt der streng deduktive Aufbau einer wissenschaftlichen Theorie. Als solche haben sie jedoch keinen Bezug zur Wirklichkeit, sie stellen ein „leeres Spiel mit Symbolen dar". Doch sie sind, wie Schlick mehrfach betont, nicht um ihrer selbst Willen da. Stattdessen ist es ihre Aufgabe, den Tatsachenzusammenhang der Wirklichkeit abzubilden. Dies geschieht bspw. mittels konkreter Definition, in deren Rahmen einem Begriff ein Gegenstand durch Aufzeigung in der Wirklichkeit zugeordnet wird. So wird der Zusammenhang des Begriffssystems mit der Wirklichkeit des Bewußtseins hergestellt (siehe Abschn. 4.1). Und hier liegt der springende Punkt: Die wissenschaftliche Theorie, die nichts anderes darstellt als ein Begriffssystem, hat nach der AEL mit dem „anschaulichen Bild" gar nichts zu tun. Sie bezeichnet die Anschauungen nur und kann darüber hinaus nichts leisten, denn darin allein besteht ihre erkenntnistheoretische Rolle. Wie im Rahmen der Strukturthese ist es nicht möglich und entspricht auch gar nicht dem Wesen des Systems, die nur durch das ‚Kennen' zugänglichen Anschauungen in irgendeiner Weise wiederzugeben. Sie werden durch die Systeme lediglich bezeichnet, doch findet die Anschauung in keiner Weise Eingang in das System: Dasjenige, was nur erlebt werden kann, „bleibt ewig jenseits" der Begriffssysteme und zwar in genau der Weise, in der der „Inhalt" beim späteren Schlick ein außersprachliches Element darstellt. Weiter ist es so, dass der Zusammenhang der Tatsachen der Wirklichkeit nach der AEL durch Begriffssysteme nachzubilden versucht wird, indem die Beziehungen zwischen den Begriffen so festgelegt werden, dass sie den Beziehungen zwischen den real existierenden Gegenständen, die nur angeschaut werden können, parallel gehen. Hierin zeigt sich die nächste deutliche Parallele zur Strukturthese, in der es eben die Verhältnisse zwischen bloß wahrnehmbaren Qualitäten sind, die durch Strukturaussagen wiedergegeben werden. Die Beziehungen zwischen den Begriffen in der AEL – sprich: die Urteile entsprechen den Strukturaussagen im Spätwerk. Letztlich ist auch im Rahmen eines Begriffssystems eben nichts weiter über die Gegenstände der Wirklichkeit ausdrückbar, als die Verhältnisse, in denen sie zueinander stehen, die im Rahmen des System durch Urteile ausgedrückt werden, die Begriffe miteinander verbinden. Auf diese Weise soll, wie auch in PPZ beschrieben, die Struktur der Tatsachen beschrieben werden. Und zwar dadurch, dass Zeichen für Dinge eingeführt werden, die durch sie bezeichnet werden, so wie in der AEL Begriffe dazu dienen, Zeichen für die durch Anschauung gegebenen Gegenstände zu sein. Während Aussagen in PPZ die Verhältnisse zwischen Qualitäten wiedergeben, sind es in der AEL die Urteile, die die realen Beziehungen zwischen den aus der Anschauung bekannten Gegenständen bezeichnen. Auch sie geben lediglich Strukturen wieder.

Noch deutlicher zeigen sich die Parallelen zwischen AEL und der Strukturthese in Bezug auf Schlicks Erörterungen vor dem Hintergrund der Relativitätstheorien: Hier heißt es, dass die Raumzeitstelle, die ein Gegenstand einnimmt, ja sogar der Gegenstand selbst für die Erkenntnis über ihn überhaupt keine Rolle spielt: Diese basiere allein auf den im Rahmen des Systems festgelegten Beziehungen, die eben auch als Strukturen aufgefasst werden können. Für die Wissenschaft stellt es, wie hier dargelegt wurde, gar eine Voraussetzung dar, dass ein Gegenstand allein durch diese Beziehungen gegeben ist. Nur auf diese Weise ist laut der AEL absolut exakte Erkenntnis möglich und nur diese Strukturen werden für die Erkenntnis gebraucht: Erkenntnis ist allein auf Begriffssysteme bezogen und Begriffssysteme tun nichts weiter, als den Strukturzusammenhang wiederzugeben, der daselbst allein durch das Vermögen der Kenntnis in der Anschauung gegeben werden kann und durch nichts anderes. Darin steckt eine Annahme, die der „Unsagbarkeit der Erlebnisinhalte" stark ähnelt. Dies zeigt m. E. sehr deutlich, dass die in der AEL konzipierten Begriffssysteme als ein Vorläufer der Strukturthese gesehen werden können. Sie basieren auf der strikten Trennung von ‚Begriff' und ‚Anschauung', wobei durch die Begriffe und ihre untereinander bestehenden Beziehungen, auf denen die Erkenntnis basiert, die ‚Form' gegeben ist, während die Anschauung durch das Kennen den ‚Inhalt' vermittelt, der auf keine Weise durch Erkenntnis, durch Denken oder durch Bezeichnung je gegeben werden kann. Er ist, wie Schlick schon in der AEL schreibt, stets vor allem

Bezeichnen da und kann durch Zeichen niemals gegeben, sondern nur *bezeichnet* werden (siehe Abschn. 4.1).

Die bestehenden Differenzen zwischen den Begriffssystemen der AEL und PPZ bilden die Grundlage für die Einschränkung, dass die AEL eben lediglich als Vorläufer und nicht als Vorwegnahme der Strukturthese verstanden werden kann. Worin bestehen sie? Vornehmlich in der Einschränkung der Begriffssysteme der AEL auf wissenschaftliche Theorien: Zwar finden sich, wie angesprochen, Stellen in der AEL, die darauf hindeuten, dass Schlick sie in dem Ansinnen verfasst hat, seine Konzeption auch auf sprachliche Äußerungen im Allgemeinen auszuweiten. Doch diese sind spärlich und Schlick hat dies auch nicht explizit ausgeführt. Folglich haben seine frühen Überlegungen darüber, dass Anschauung mit Begriffen nichts zu tun hat, zunächst nur Gültigkeit im Rahmen wissenschaftlicher Forschung. Darüber hinaus scheint sein ganzes Konzept von Begriff und Urteil weitaus kürzer gegriffen als seine spätere Konzeption von Aussagen: Würde man die Konstitution der Begriffssysteme auf Sprache im Allgemeinen ausweiten, so würde sich sehr schnell zeigen, dass seine Auffassung von Sprache als aus Begriffen bestehend, die durch Urteile miteinander verknüpft sind, nicht ausreicht, um das weite Feld sprachlicher Gebilde der menschlichen Sprache abzubilden. Auch hierin mag eine der „Unvollkommenheiten nach erkenntnis-logischer Seite hin" liegen (siehe Abschn. 1.1). Überdies ist hier anzumerken, dass die in Abschn. 4.2 angesprochene konzeptionelle Schwierigkeit, welche Begriffe an unterster Stufe eines Begriffssystems zu stehen haben, im Rahmen der Strukturthese nicht mehr im selben Sinne zum Tragen kommt: Die Frage danach, ob Begriffe wie bspw. ‚Rot' nun individuellerer oder allgemeinerer Natur sind, wird durch die ‚Unsagbarkeit der Erlebnisinhalte' entschieden und zwar in dem Sinne, dass sie als das ‚Unausdrückbare' letztlich an unterster Stelle eines Erkenntnissystems anzusiedeln sind. In diesem Sinne kann die Strukturthese nicht als eine neue Idee des „Wiener Schlicks" aufgefasst werden, wie Friedl meint, oder gar als eine von Wittgenstein übernommene Konzeption, wie Neuber suggeriert. Stattdessen handelt es sich hierbei schlicht um die Weiterentwicklung einer Idee, die Schlick in der AEL ausgearbeitet hatte, lange bevor er Wittgenstein oder dem Tractatus begegnet ist.

Literatur

Franke-Reddig [geb. Franke], Julia. 2019. Die Grenzen und Möglichkeiten des Ausdrucks. *arbeitstitel* 7/1:8–11.

Friedl, Johannes. 2013. *Konsequenter Empirismus. Die Entwicklung von Moritz Schlicks Erkenntnistheorie im Wiener Kreis.* Wien: Springer.

Friedl, Johannes, und Heiner Rutte. 2013. Editorischer Bericht zu „Form & Content. An Introduction to Philosophical Thinking". In *Moritz Schlick: Erkenntnistheoretische Schriften 1926–1936* [= MSGA II.1.2], Hrsg. Johannes Friedl und Heiner Rutte. Wien: Springer.

Minkowski, Herrmann. 1908. Raum und Zeit. *Jahresbericht der Deutschen Mathematiker-Vereinigung* 18:75–88.

Neuber, Matthias. 2012. *Die Grenzen des Revisionismus. Schlick, Cassirer und das ‚Raumproblem'.* Wien: Springer.

Neuber, Matthias. 2018. *Der Realismus im logischen Empirismus. Eine Studie zur Geschichte der Wissenschaftsphilosophie.* Wien: Springer.

Schlick, Moritz. 1910. Die Grenzen der naturwissenschaftlichen und philosophischen Begriffsbildung. *Vierteljahresschrift für wissenschaftliche Philosophie und Soziologie* 34:121–142.

Schlick, Moritz. 1986. *Die Probleme der Philosophie in ihrem Zusammenhang*. In Hrsg. Henk L. Mulder, Anne J. Kox, und Rainer Hegselmann. Frankfurt a. M.: Suhrkamp.

Schlick, Moritz. 2006 ff. *Gesamtausgabe* [= MSGA], Hrsg. Friedrich Stadler und Hans Jürgen Wendel. Wien: Springer.

Schlick, Moritz. 2006. *Allgemeine Erkenntnislehre* [= MSGA I.1], Hrsg. Fynn Ole Engler und Hans Jürgen Wendel. Wien: Springer.

Schlick, Moritz. 2008. *Die Wiener Zeit. Aufsätze, Beiträge, Rezensionen 1926–1936* [= MSGA I.6], Hrsg. Johannes Friedl und Heiner Rutte. Wien: Springer.

Schlick, Moritz. 2013. *Erkenntnistheoretische Schriften 1926–1936* [= MSGA II.1.2], Hrsg. Johannes Friedl und Heiner Rutte. Wien: Springer.

Wittgenstein, Ludwig. 1963. *Tractatus logico-philosophicus*. Frankfurt a. M.: Suhrkamp.

Kapitel 5
Wirklichkeit

Zusammenfassung In den vorangegangenen Kapiteln wurde Schlicks Wissenschaftsphilosophie anhand seiner Konzeption des Erkenntnisbegriffes und der Begriffssysteme bzw. der Struktur dargestellt. Dabei wurde häufig darauf verwiesen, dass Erkenntnisse und Begriffssysteme den Tatsachenzusammenhang der Wirklichkeit abzubilden suchen. Dieses Kapitel widmet sich nun jenem zuvor bereits verwendeten aber noch nicht näher erläuterten Begriff der „Wirklichkeit" bei Schlick. Dabei wird zunächst die Diskussion in der Sekundärliteratur unter neutralem Blick beleuchtet. Anschließend werde ich den Begriff der „Wirklichkeit" bei Schlick durch eigene Analysen in ein neues Licht stellen.

Schlüsselwörter Realismus · Positivismus · Kant · Ding an sich · Philosophie der Physik

5.1 Zur Kontinuitätsdebatte

Vorab sei hier bemerkt, dass Schlick in der AEL explizit darauf hinweist, dass er die Worte „wirklich" und „real" jederzeit gleichbedeutend gebraucht (MSGA I.1, S. 444). Ich gehe deshalb davon aus, dass bei den im folgenden angeführten Zitaten mit Ausdrücken wie bspw. „Realität" und „Wirklichkeit" (natürlich stets auf den jeweiligen Kontext beschränkt) durchweg dasselbe gemeint ist. Um dabei zumindest die Einheitlichkeit meiner Darstellung zu wahren, werde ich mich auf eine der beiden Ausdrucksweisen beschränken. Da im Zusammenhang mit dem Begriff der „Wirklichkeit" bzw. der „Realität" in der zitierten Sekundärliteratur zumeist von „Realität" die Rede ist, fällt meine Entscheidung hier auf die erstgenannte Ausdrucksweise, um meine eigene Interpretation klar von der Interpretation anderer Autoren abzugrenzen. Sofern hier also von „Wirklichkeit" die Rede ist, sind damit ausdrücklich auch jene Textstellen bei Schlick gemeint, an denen von „Realität" die Rede ist.

Beginnen wir mit einer Arbeit von Klaus Hentschel, in der die Korrespondenz zwischen Einstein und Schlick zur philosophischen Auslegung der Relativitätstheorie beleuchtet wird (Hentschel 1986). In dem kurzen Abschnitt unter dem Titel „‚Wirklich' in verschiedenem Sinne" legt er dar, dass Einstein im Mai 1917 gegenüber

J. Franke-Reddig, *Zur Kontinuität und Eigenständigkeit der Wissenschaftsphilosophie von Moritz Schlick*, Veröffentlichungen des Instituts Wiener Kreis 34,
https://doi.org/10.1007/978-3-032-14192-7_5

Schlick einen Standpunkt vertreten habe, den Hentschel als „erkenntnistheoretischen Konventionalismus“ bezeichnet (S. 484) und fügt an, dass Einstein damit „paradoxerweise schon das spätere Selbstverständnis Schlicks (der Philosoph als neutraler Begriffserklärer und Sinndeuter) vorwegnimmt, welches Schlick in den dreißiger Jahren unter dem Einfluss Wittgensteins entwickelte“ (S. 483). Bezüglich der unterschiedlichen Positionen Einsteins und Schlicks in Hinblick auf den Wirklichkeitsbegriff merkt Hentschel an, dass sie sich in ihrer Entwicklung auf „merkwürdige Weise überkreuzen“ würden: So habe der frühe Schlick bezüglich der Wirklichkeitsfrage einen „kritischen Realismus“ vertreten, während zeitgleich Einstein, wie soeben zitiert, einen konventionalistischen Standpunkt eingenommen hat. Im weiteren Verlauf ihrer Entwicklung habe sich dieses Verhältnis laut Hentschel geradezu umgekehrt (ebd.). Die Entwicklung der erkenntnistheoretischen Konzeption Einsteins soll hier nicht weiter thematisiert werden. Einige weitere sehr aufschlussreiche Ausführungen hierzu liefert Hentschel in *Einstein, Neokantianismus und Theorienholismus* (Hentschel 1987). In unserem Kontext ist vor allem Hentschels Darstellung von Schlicks erkenntnistheoretischer Position in Früh- und Spätwerk von Bedeutung, denn sie ist geradezu beispielhaft für die typische Auslegung in sämtlichen Sekundärquellen und betrifft einen Aspekt der schlickschen Erkenntnisphilosophie, der häufig bemüht wird, um eine „Wende“ im Denken Schlicks und damit auch die strikte Unterscheidung zwischen dem „frühen“ und dem „späten“ Schlick zu rechtfertigen. So beschreibt Hentschel den „kritischen Realismus“ des frühen Schlick mit den folgenden Worten:

> Raumzeitliche Ordnungsschemata sind für Schlick 1917 nicht nur ökonomische Hilfsbegriffe, die als abkürzende Sprechweise Gegebenes repräsentieren – durch das Zeichensystem ‚Naturwissenschaft‘ erkennen wir laut Schlick ‚Realität‘. Die Annahme, daß ‚jeder für die Naturbeschreibung tatsächlich brauchbare Begriff auch in gleicher Weise als Zeichen für etwas Wirkliches betrachtet werden darf‘, erscheint Schlick für eine ‚wohlgerundete‘, gleichsam ‚löcherfreie‘ Weltansicht unentbehrlich. (Hentschel 1986, S. 483)

Indem er nun das Bild einer „Überkreuzung“ der unterschiedlichen Positionen Einsteins und Schlicks in ihrer weiteren Entwicklung zeichnet, stellt er die Position des späteren Schlicks jenem frühen Standpunkt als Kontraposition gegenüber: Es heißt, dass Schlick im Kontext der Diskussionen des Wiener Kreises „zeitweise“ die Position vertreten habe, „daß *alle* ‚ontologischen Aussagen‘, ob solche des Realismus, Idealismus oder Positivismus gleichermaßen als ‚metaphysisch‘ zu betrachten und deshalb zu umgehen seien [...]“ (S. 484). Darauf, warum hier nur von einer „zweitweise“ vertretenen Position die Rede ist, welcher Zeitraum damit genau gemeint ist und welche Position der späte Schlick sonst vertreten habe, geht Hentschel nicht weiter ein. Er fährt stattdessen damit fort, dass Schlick sich hiermit der Position Einsteins von 1917 annäherte, die Hentschel selbst als „erkenntnistheoretischen Konventionalismus“ klassifiziert hat. Kurz darauf betont er erneut, dass Schlick ursprünglich eine Position des „Realismus“ vertreten „hatte“ und ergänzt diese Bemerkung um ein Zitat aus einem Brief Einsteins an Schlick aus dem Jahr 1930, worin dieser die schlicksche Position als „zu positivistisch“ bezeichnet (ebd.).

Zusammenfassend lässt sich an dieser Stelle festhalten, dass Schlick (nach Hentschels Darstellung) in seiner Wiener Zeit („zeitweise“, was auch immer damit gemeint sein mag) eine als „konventionalistisch“ und „positivistisch“ zu bezeichnende Auffassung vom Wirklichkeitsbegriff vertreten hat, die in Kontraposition zu seiner früher vertretenen erkenntnistheoretisch „realistischen“ Position stand. Diese Darstellung von Schlicks (vermeintlich) widersprüchlichen Standpunkten in Bezug auf die Wirklichkeitsfrage während seiner verschiedenen Schaffensphasen möchte ich an dieser Stelle vorerst unkommentiert stehen lassen und zunächst auf weitere Kommentatoren verweisen, die diesbezüglich einen ähnlichen Standpunkt einnehmen.

Als nächstes ist hier der Schlick-Schüler Herbert Feigl zu benennen. In einer Schrift aus dem Jahr 1963 erinnert er sich mit den folgenden Worten an seinen Lehrer:

> Schlick's *Allgemeine Erkenntnislehre* [...] struck me like a thunderbolt. In the beautifully lucid and magnificently penetrating book Schlick argued essentially for a critical empirical realism, presenting trenchant objections to what he called the philosophies of immanence – that is, mainly the positions of Mach, Avenarius, and the early Russell. This, together with his views on the analytic nature of mathematical truth, his empiricist critique of Kant and the Neo-Kantians, and his profound understanding of modern science motivated me to become his student at the University of Vienna in 1922. But I was acutely distressed to witness Schlick's conversion to positivism in the late twenties. This conversion was largely due to the influence of Carnap and Wittgenstein. As to whether the early Wittgenstein was to be interpreted as a positivist may be debatable. But that was the way in which Schlick, Carnap, Hahn, and Neurath did understand the *Tractatus*. (Feigl 1981 [1963], S. 22)

Feigl nimmt hier mit Blick auf Schlicks philosophische Entwicklung folglich einen Bruch wahr, den er als „Konversion“ vom „kritischen empirischen Realismus“ zum „Positivismus“ bezeichnet. Ähnlich wie Hentschel beschreibt Feigl also die Position des späten Schlicks als „positivistisch“, während er dem frühen Schlick eine eher „realistische“ Perspektive zuschreibt. Zwar spricht Feigl die Frage nach Schlicks Wirklichkeitsbegriff hier nicht explizit an, doch er nimmt mit der Benennung der sog. Immanenzphilosophie von Ernst Mach und Richard Avenarius implizit Bezug auf einen längeren Teilabschnitt der AEL, in dem Schlick sich ausführlich mit jener Frage auseinandersetzt (an späterer Stelle wird ausführlich auf diesen Abschnitt zurückzukommen sein). Vor diesem Hintergrund ist es m.E. legitim zu schlussfolgern, dass Feigl jene Wende im Denken Schlicks auch ganz besonders in seiner Wirklichkeitskonzeption repräsentiert sieht. Unter Bezug auf Feigl bezeichnet Neuber, dessen Arbeit zur Wirklichkeitsfrage bei Schlick sogleich zu besprechen sein wird, Feigls Position als „Konversionsthese“ (Neuber 2018, S. 28). Angesichts der Parallelen zur Darstellung durch Hentschel, werde ich hier den Terminus „Konversionsthese“ erweiternd auch auf Hentschels Klassifizierung der schlickschen Entwicklung anwenden.

In diesem Zusammenhang ist es nun wichtig zu betonen, dass jenes so pointiert formulierte Zitat Feigls aus einem autobiografischen Rückblick von 1963 stammt. Inwiefern ist das relevant? Es existiert ein in der Literatur weitaus weniger beachteter Aufsatz Feigls, verfasst im Jahr 1937, anlässlich des sich zum ersten Mal jährenden Todestages seines Lehrers. Das Ziel des Verfassers liegt hier zum einen offenkundig in einer ausdrücklichen Würdigung des Lebenswerks, zum anderen aber auch in der Illustration der philosophischen Entwicklung im Denken Schlicks. Es lässt sich feststellen, dass in den Erinnerungen des frühen Feigls an seinen verstorbenen Lehrer (nur ein Jahr nach dessen Tod!) noch ganz andere Töne in Bezug auf eine vermeintliche Wende in dessen Denken anklingen als in dem 26 Jahre später verfassten Text. Der Aufsatz widmet sich unter insgesamt neun Teilüberschriften unterschiedlichen Aspekten der schlickschen Philosophie und bezieht sich dabei jeweils sowohl auf sein Früh- als auch auf sein Spätwerk. Zusammenfassend lässt sich über den 1937er Aufsatz sagen, dass der junge Feigl hier zwar einige Diskontinuitäten im Denken Schlicks ausmacht, diese jedoch im Vergleich zur 1963er Schrift jeweils sehr stark relativiert. So heißt es bspw. zum Thema „Aufgabe und Methode der Philosophie", Schlick habe von Anfang an die Aufgabe der Philosophie in einer „Besinnung auf die Prinzipien unseres Erkennens und Handelns" gesehen. Dabei ist sie „den Wissenschaften weder bei- noch übergeordnet. Sie ist im wesentlichen eine Methode der Begriffsklärung" (Feigl 1937, S. 400). Die entscheidende Feststellung Feigls an dieser Stelle lautet nun:

> In dieser Stellung wurde Schlick seit 1925 durch Wittgensteins Ideen noch besonders bestärkt. (Feigl 1937, S. 400)

Hier ist also nicht die Rede von einer Wende oder gar einem Bruch, sondern davon, dass Schlick durch Wittgenstein in seinen schon früher entwickelten Ansichten lediglich bestätigt wurde. An späterer Stelle, unter der Überschrift „Der fundamentale Unterschied von Erleben und Erkennen" (S. 402), führt Feigl dann aus, dass Erkenntnis nach Schlick immer symbolisch sei und zwar in dem Sinne, dass sie „auf einer strukturellen Abbildung der Tatsachen in einem Zeichensystem" beruhe (S. 403). „Diese Einsicht, die wir schon in der ersten Auflage der Allgemeinen Erkenntnislehre deutlich ausgearbeitet finden, wurde dann von Schlick – unter dem ersten Einfluss von Carnap und Wittgenstein – noch radikaler formuliert" (ebd.). So spricht Feigl also auch in diesem Zusammenhang nicht von einem Umbruch im Denken Schlicks, sondern von einer Radikalisierung seiner früheren Ideen durch Wittgenstein und Carnap. Bezüglich des „psychophysischen Problems" urteilt Feigl dann, dass Schlick an der „Essenz seiner früheren Ergebnisse [...] auch später festgehalten" habe (S. 411). Am eindrücklichsten zeigt sich die von der Ansicht des älteren Feigls stark divergierende Position in dem 1937er Aufsatz jedoch am Ende der als Einleitung konzipierten Passage ohne eigene Teilüberschrift. Dort heißt es:

> Schlicks erkenntnistheoretische Auffassung bis zum Jahre 1925 darf wohl als ein empirisch kritischer Realismus bezeichnet werden. Helmholtz' Lehre von den Empfindungen als Anzeichen für die Dinge an sich; die daraus folgende Ablehnung der immanenz-philosophischen Gesichtspunkte bei Mach, Avenarius und Russell; die realistisch-naturalistische Lösung des Leib-Seele-Problems sind später von Schlick wegen ihrer metaphysischen Färbung zumindest in ihrer ursprünglichen Formulierung nicht aufrechterhalten worden. In fast allen anderen Punkten seiner Lehre hat Schlick in seiner letzten Phase zwar sehr wesentliche Vertiefungen und Ergänzungen, aber keine grundsätzlichen inhaltlichen Änderungen vorgenommen. (Feigl 1937, S. 399)

Damit hält der junge Feigl also fest, dass der „späte" Schlick an den meisten seiner Thesen keine inhaltlichen Veränderungen vorgenommen hat. Ausgenommen sind dabei die Helmholtz'sche Ding-an-sich-Lehre, die Ablehnung der Immanenzphilosophie sowie seine Position bezüglich des Leib-Seele-Problems. Doch er relativiert das Urteil, Schlick habe seine früheren Positionen bezüglich dieser drei Themengebiete in seinem Spätwerk nicht aufrechterhalten sogleich wieder, indem er sich den Einschub des Teilsatzes „zumindest in ihrer ursprünglichen Formulierung“ gestattet (wie oben zitiert, widerspricht er bezüglich des „Leib-Seele-Problems“ der These, Schlick habe in seiner Spätphilosophie eine gänzlich andere Position bezogen als in seinem Frühwerk, sogar direkt). Der Aufsatz des jungen Feigls hinterlässt damit im Gesamtbild keineswegs den Eindruck, als habe der späte Schlick eine zu seinem Frühwerk im Widerspruch stehende philosophische Position bezogen, so wie das Feigl-Zitat von 1963 den Anschein erweckt. Nach dem früheren Feigl-Text lässt sich allenfalls feststellen, dass Schlick sich im Laufe seiner Entwicklung in einigen seiner Positionen radikalisiert hat, während er an anderen Stellen Umformulierungen vornahm, die jedoch nicht an der inhaltlichen Essenz seiner Thesen rührten. In unserem Kontext sind nun aber besonders Feigls Ausführungen zu Schlicks Wirklichkeitsbegriff von Bedeutung, auf die ich nun gesondert eingehen möchte. Feigl schreibt unter dem Titel „Das Realitätsproblem“ eingangs Folgendes:

> Vielleicht die stärkste Wandlung in Schlicks Auffassung betrifft das Problem der Wirklichkeit, das Transzendenzproblem. Es wurde schon angedeutet, daß er hier von einem kritischen Realismus (etwa Külpescher Prägung) zu einem positivistisch-empirischen Realismus übergegangen ist. (Feigl 1937, S. 409)

Dies erweckt zunächst – oberflächlich betrachtet – den Eindruck, als würde Feigl hier doch eine ganz ähnliche Position einnehmen wie in dem 27 Jahre später verfassten Aufsatz. Doch es sei betont, dass Feigl dem späten Schlick hier nicht eine rein positivistische Position zuschreibt, wie er es 1963 tut, sondern in abgeschwächter Form von einem „positivistisch-empirischen Realismus“ spricht. Er fügt dem an, dass Schlick im persönlichen Gespräch ihm gegenüber äußerte, dass er „seine Polemik gegen die Immanenzphilosophie später als etwas naiv und am Kern der Frage vorbeigehend angesehen hat“ (ebd.). Nun sind die persönlichen Gespräche zwischen Schlick und Feigl nicht als Textquelle in irgendeiner Form zugänglich und wie Schlick dies genau formuliert und gemeint haben mag, wird wohl auf ewig im Ungewissen verbleiben. Doch m.E. liegt es nicht fern, anzunehmen, dass Schlick damit darauf hinaus wollte, dass seine Darstellung der sog. Immanenzphilosophie Machs und Avenarius’ im §26 der AEL (MSGA I.1, §26. Kritik der Immanenzgedanken) als „naiv“ bezeichnet werden könnte. Hierauf wird an späterer Stelle zurückzukommen sein. Zunächst interessiert uns hier das abschließende Urteil, das Feigl am Ende des zitierten Abschnitts bezüglich Schlicks Standpunkt zum „Problem der Wirklichkeit“ fällt. Hiernach sei die letzte Position Schlicks ein *„empirischer Realismus“* gewesen (Feigl 1937, S. 410). Daran anschließend heißt es:

> Seine früheren Argumente zugunsten der realistischen Transzendenz würde ich heute so umdeuten, daß sie nur die Zweckmäßigkeit der empirisch-realistischen Sprechweise, nicht aber die metaphysische Existenz einer Welt von Dingen an sich beweisen. (Feigl 1937, S. 410)

Damit stellt es sich nach Feigls 1937 verfasster Schrift auch bezüglich des Wirklichkeitsbegriffs abschließend nicht so dar, als ob die Positionen des „frühen“ und des „späten Schlicks“ einander widersprechen würden. Obgleich Feigl die Unterschiede zwischen Früh- und Spätwerk Schlicks klar hervorhebt, bezeichnet er beide Standpunkte jeweils als einen „Realismus“, jedoch mit unterschiedlicher Prägung. Die Argumentation des frühen Schlicks sei dabei jedoch vor allem der „Zweckmäßigkeit der Sprechweise“ gewidmet. Dies ist ein entscheidender Punkt: Der junge Feigl hat damit m.E. etwas Richtiges erkannt, worauf ich weiter unten zurückkommen werde.

An dieser Stelle möchte ich nun das bisher festgestellte kurz zusammenfassen: In der zitierten Sekundärliteratur wird sowohl von Hentschel als auch vom späteren Feigl ein Bruch bzw. eine Wende im Denken Schlicks wahrgenommen, die sich insbesondere in Schlicks Wirklichkeitskonzeption widerzuspiegeln scheint. Der jüngere Feigl hingegen hebt in der Darstellung der schlickschen Entwicklung (auch in der Wirklichkeitskonzeption) noch eher die kontinuierlichen Momente hervor. Um die Übersicht sowie die Gegenüberstellung zu vereinfachen, habe ich die unterschiedlichen Standpunkte der genannten Autoren in nachfolgender Tabelle zusammengestellt.

Position bezügl. des Wirklichkeitsbegriffs...	**nach Klaus Hentschel**	**nach Herbert Feigl 1963**	**nach Herbert Feigl 1937**
im Frühwerk/ vor-Wiener-Schlick	kritischer Realismus	kritischer empirischer Realismus	(empirisch-) kritischer Realismus
im Spätwerk/ Wiener Schlick	erkenntnistheoretischer Konventionalismus/Positivismus	Positivismus	positivistisch-empirischer Realismus

Obgleich wir eindeutige Unterschiede in der Darstellung der schlickschen Entwicklung durch die verschiedenen Autoren erkennen können, sind sie sich zumindest in zwei Punkten einig: Die Philosophie des frühen Schlicks ist als „kritischer Realismus“ zu bezeichnen, die Philosophie des späten Schlicks ist dagegen durch den „Positivismus“ mindestens geprägt. Damit fokussiert sich die Erzählung von Schlicks Entwicklung insgesamt sehr stark auf die Zuordnung sog. „Ismen“, wodurch sowohl die Position des frühen als auch die des späten Schlicks jeweils einer Kategorisierung unterliegt. Derartige Klassifizierungen vermögen es zwar, unbedarften Leser*innen unmittelbar einen Überblick über die tendenziellen Positionen eines Denkers zu vermitteln und vereinfachen die Einordnung von Argumenten. Doch sie verschleiern dabei oftmals viel zu sehr, was der jeweilige Denker eigentlich konkret gesagt hat und wie dies im Detail zu deuten ist. Schlicks selbst würde dagegen wohl vehement opponieren. Er schreibt bspw. in *Die Überwindung des Konventionalismus:*

> Alle ‚ismen‘ bedeuten ja gewöhnlich einseitige Übertreibungen: Rationalismus heißt Überschätzung der Vernunft, Nationalismus Übertreibung der Nationalitätsidee, Konventionalismus eine falsche Einschätzung und einen übertriebenen Gebrauch des Begriffes der Konvention. (MSGA II.1.2, S. 93)

Da Schlick darüber hinaus sowohl den ‚Realismus‘ als auch den ‚Positivismus‘ als Begrifflichkeit explizit ablehnte (bspw. *Positivismus und Realismus,* MSGA I.6), scheint es mir problematisch, seine Antwort auf die Wirklichkeitsfrage in Früh- oder Spätwerk schlicht auf einen realistischen oder positivistischen Standpunkt zu reduzieren. Es bedarf m.E. der genaueren, nicht verallgemeinernden Untersuchung seiner Thesen und Argumente, besonders unter Bezug auf das Frühwerk. Fairerweise muss hier betont werden, dass sowohl Hentschel als auch Feigl in den angeführten Texten die Wirklichkeitsfrage bei Schlicks zwar ansprechen, sie aber jeweils nicht das (einzige) Hauptthema darstellt. Bei Hentschels insgesamt sehr kurzem Artikel widmet er sich dieser Frage nur in einem kürzeren Abschnitt und lediglich unter dem Gesichtspunkt, wie sich das Verhältnis zwischen Einstein und Schlick über die Jahre gewandelt hat. Feigl versucht dagegen 1937, wie erwähnt, einen Gesamtüberblick über die schlicksche Philosophie zu geben und bespricht die Wirklichkeitsfrage nur als einen unter verschiedenen anderen Aspekten, während es sich bei dem Zitat von 1963 um einen autobiografischen Rückblick handelt, nicht um eine systematische Besprechung von Schlicks Philosophie. Die detaillierteste Auseinandersetzung mit der Wirklichkeitsfrage bei Schlick in Früh- und Spätwerk lieferte jüngst der hier bereits mehrfach zitierte Neuber mit seiner Studie zum *Realismus im logischen Empirismus.* Im Folgenden werde ich mich sehr ausführlich mit Neubers Argumentation in diesem Zusammenhang auseinandersetzen. Dabei werde ich einen eigenen Standpunkt entwickeln, der bezüglich des Frühwerks in einigen Punkten von Neubers Interpretation abrückt.

Den Ausgangspunkt seiner Argumentation liefert die These, dass der erkenntnistheoretische Standpunkt des frühen Schlicks „auf einer realistischen Deutung der Kantschen Ding-an-sich-Lehre“ aufbaut (Neuber 2018, S. 27). Dagegen rückt der späte – genauer gesagt der „Wiener“ – Schlick laut Neuber von jener „antipositivistischen“ Ansicht ab (S. 27 f.). „Dies [...] berechtigt zu der Einschätzung, dass Schlick im Zuge seiner Übersiedelung nach Wien – *vor allem auch im Hinblick auf die Realismusfrage* – eine nur schwer zu übersehende ‚Wende‘ vollzogen hat“, so Neuber (S. 29). Darauf folgt ein Abschnitt unter dem Titel „Schlicks Wiener Wende“ in dem er vor allem anhand der Wirklichkeitsfrage einen Umbruch in Schlicks philosophischer Entwicklung nachzuweisen sucht. Dabei stellt er zunächst die „Konversionsthese“ Feigls der „Kontinuitätsthese“ Ludovico Geymonats gegenüber. Geymonat, der ebenfalls ein Schüler Schlicks war, teilt seinerseits nicht die Auffassung, es habe eine ‚Wende‘ im Denken Schlicks gegeben, die zu der strikten Unterscheidung zwischen einem „ersten“ und einem „zweiten“ Schlick berechtigt (ebd.). In seinem Artikel über die *Entwicklung und Kontinuität im Denken Schlicks* kommt er zu dem Ergebnis, dass es sich nicht um eine „echte Wende“ handelt, „sondern um einen weiteren Beweis dafür, daß er ein lebendiger Denker war, der imstande war, auch dem noch nie Dagewesenen und Eigenständigsten, das ihm nach und nach bekannt wurde, auf den Grund zu gehen und es sich anzueignen“ (Geymonat 1985, S. 25).

Neuber stellt hier lediglich Feigl und Geymonat als Vertreter der jeweils konträren Thesen vor. Da in unserem Kontext mit Feigl, Hentschel und auch mit Neuber drei Vertreter der sog. Konversionsthese angeführt wurden, möchte ich an dieser Stelle ergänzend noch zwei weitere Vertreter der „Kontinuitätsthese“ anführen. Hier ist zum einen Karl Menger zu benennen, der in seinen „Memories of Moritz Schlick“ anmerkt, dass Schlick Ideen, die er selbst geäußert hat, bevor er den *Tractatus* gelesen hatte, später Wittgenstein zugeschrieben hat. Den Grund dafür sieht Menger in Schlicks Bewunderung für Wittgensteins „to the point of self-effacement“ (Menger 1982, S. 84). Hiernach wird folglich die selbstaufopfernde Würdigung Wittgensteins durch Schlick dafür verantwortlich gemacht, dass einige Autoren sich dazu veranlasst sehen, zwischen einem „frühen“ und einem „späten“ Schlick zu unterscheiden, wobei der spätere Schlick häufig zum „Sprachrohr" Wittgensteins degradiert wird. Ähnlich sieht es auch Bernd Philippi. In Anschluss an Menger befindet er:

> Es wäre im Einzelfall zu untersuchen, ob die Verehrung für Wittgenstein den Verlust der Eigenständigkeit Schlicks bedeutet. Offensichtlich ist Schlick Wittgenstein in einigen Punkten nicht gefolgt; das Verhältnis läßt sich am ehesten so verstehen, daß Schlick die Anregungen Wittgensteins an den Stellen aufgenommen hat, an denen seine eigenen Vorstellungen noch unklar und Wittgensteins Ansichten seiner Meinung nach präziser formuliert waren. (Philippi 1986, S. III)

Auf die Diskussion um die (Dis-)Kontinuität in Schlicks erkenntnisphilosophischer Entwicklung soll an späterer Stelle vertiefend eingegangen werden (vor allem unter Rückbezug auf die nun zu besprechenden Aspekte der Wirklichkeitsfrage). An dieser Stelle sei jedoch hervorgehoben, dass die folgenden Erörterungen sich stets vor dem Hintergrund jener Debatte abspielen.

Um nun eine Wende im Denken Schlicks anhand des Wirklichkeitsbegriffs zu belegen, führt Neuber zunächst die Antwort des frühen Schlicks auf die Wirklichkeitsfrage an. In der AEL habe Schlick, so Neuber, „die Frage nach der Realität der Außenwelt [...] noch ganz ausdrücklich als ‚sinnvoll' charakterisiert und schließlich auch im Sinne seines kritischen Realismus affirmativ beantwortet" (Neuber 2018, S. 29). Hierzu verweist er auf eine konkrete Stelle in der AEL sowie auf das zweite Kapitel seiner 2012 veröffentlichten Studie zum *Raumproblem* (Neuber 2012). Beide Textstellen möchte ich hier nun genauer betrachten:

Um zu belegen, dass Schlick in der AEL die Frage nach der Realität der Außenwelt als „sinnvoll" erachtet hat, verweist Neuber auf Band I.1 der MSGA S. 443 f. Dort findet sich (allerdings auf S. 443, nicht 443 f.) die folgende Stelle:

> Jedenfalls ergibt sich, daß die Frage nach der Wirklichkeit eines Gegenstandes tatsächlich wie jede andere sinnvolle Frage durch den Vollzug bestimmter Zuordnungen, Bezeichnungen beantwortet werden kann und daher selbst sinnvoll ist. (MSGA I.1, S. 443)

Damit spricht Schlick hier nicht explizit von der „Frage nach der Realität der Außenwelt". Es geht stattdessen um „die Frage nach der Wirklichkeit *eines Gegenstandes*". D. i. eine gänzlich andere Frage. Doch, was ist damit genau gemeint? Vorläufig lässt sich hier festhalten, dass damit zunächst einmal nicht mehr gesagt ist, als dass die Frage, ob ein konkreter Einzelgegenstand als Teil der Wirklichkeit bzw. als wirklicher Gegenstand aufgefasst werden kann oder nicht, sinnvoll ist. So heißt es dann auch ein paar Seiten weiter unten:

> Der Begriff der Wirklichkeit ist ein schlechthin praktischer; das Handeln ist es, das sich unaufhörlich und ausschließlich mit Realitäten beschäftigt und selber Realitäten hervorbringt. (MSGA I.1, S. 446)

Das Motiv bzw. den Anlass zur Bildung des Wirklichkeitsbegriffs, so führt Schlick weiter aus, geben Träume, Sinnestäuschungen und Falschaussagen. Erst hierdurch „entsteht die Vorstellung des Scheines, des Unwirklichen [...]" (ebd.). Als Beispiel führt er an, dass jemand träumen könnte, er würde „in fernen Gegenden wandern." Nachdem er aufwacht, belehrt ihn sein Gefährte darüber, dass er die gesamte Zeit über ruhig dagelegen habe. Der Träumende erkennt, dass die Wanderung bloß ein Traum war: „Es entsteht die Scheidung von Vorstellung und Gegenstand. Die Traumvorstellungen waren wirklich, ihr Gegenstand, die Wanderung, war unwirklich, sie existierte nicht“ (ebd.). Ist dies, wie Schlick sagt, die „Quelle“ des Wirklichkeitsbegriffs, so entspringt der Begriff der Wirklichkeit aus jener Unterscheidung zwischen bloßem Schein und der davon abzugrenzenden Wirklichkeit. Alles was nicht „Schein“ wie bspw. ein Traum, eine Sinnestäuschung oder eine Falschaussage ist, kann folglich als „wirklich“ erachtet werden.

Wenn nun Schlicks Aussage, dass die „Frage nach der Wirklichkeit eines Gegenstandes“ sinnvoll ist, mit dem zusammengenommen wird, was er ein paar Seiten später über den Ursprung des Wirklichkeitsbegriffs schreibt, ist es naheliegend anzunehmen, dass Schlick hier mit der „Frage nach der Wirklichkeit eines Gegenstandes“ nicht mehr meint als jene Abgrenzung zwischen Schein und Wirklichkeit. Und dass Fragen dieser Art als sinnvoll zu erachten sind, ist keine allzu starke These, denn sie werden sowohl im Leben als auch in der Wissenschaft beinahe täglich verwendet und auch beantwortet, wie auch im Folgenden noch deutlicher wird.

Schlick ergänzt darüber hinaus, „daß ein Kennzeichen existiert und auffindbar ist, welches allem Wirklichen in gleicher Weise zukommt und es charakterisiert, so daß es stets als Kriterium für die »Wirklichkeit« eines Gegenstandes dienen kann“ (MSGA I.1, S. 447). Etwas ganz Ähnliches sagt dann auch der spätere Schlick: In EEM heißt es, dass sich natürlich Kriterien angeben lassen, durch die man in Wissenschaft und Leben das „wirklich Existierende“ vom bloßen „Schein“ unterscheidet (MSGA I.6, S. 35). Niemand würde allein auf der Grundlage dieser Textpassage auf die Idee kommen, zu behaupten, der späte Schlick erachte die „Frage nach der Realität der Außenwelt“ als sinnvoll. Vermutlich auch gerade deshalb, weil er in diesem Zusammenhang eine Zeile weiter unten explizit das Gegenteil behauptet (ebd.).

Es ist m.E. problemlos möglich konsistent zu behaupten, dass die Frage nach der Wirklichkeit eines Gegenstandes (im Sinne einer Unterscheidung zwischen Schein und Wirklichkeit) sinnvoll ist, während man zugleich meint, die Frage nach der Wirklichkeit der Außenwelt sei es nicht (so wie es der spätere Schlick hier tut). Aus diesem Grund können wir auch aus der Aussage des frühen Schlicks „die Frage nach der Wirklichkeit eines Gegenstandes ist sinnvoll“ nicht direkt schließen, dass er auch die „Frage nach der Wirklichkeit der Außenwelt“ für sinnvoll befindet. An der betreffenden Stelle in der AEL ist denn auch in keiner Weise explizit eine Aussage über die Frage nach der Realität der Außenwelt getroffen. Zum Beleg dafür, dass Schlick diese Frage in der AEL noch „explizit als sinnvoll charakterisiert“ hat, genügt jene Passage jedesfalls nicht. Vor diesem Hintergrund ist hier festzuhalten, dass sich Neubers Aussage unter Bezug auf „S. 443 f.“, Schlick habe die Frage nach der Realität der Außenwelt in der AEL noch *explizit* als sinnvoll bezeichnet, nicht bestätigen lässt.

Nun zu Neubers zweiter These: Schlick habe in der AEL die Frage nach der Realität der Außenwelt affirmativ beantwortet. Hierzu verweist er, wie erwähnt, auf das zweite Kapitel seiner 2012 erschienenen Studie. In diesem (insgesamt immerhin 86 Seiten umfassenden) Kapitel findet sich gegen Ende eine Stelle, an der es explizit um diese Thematik geht. Allerdings argumentiert er hier nicht unter Bezug auf die AEL, sondern zitiert zwei Passagen aus *Raum und Zeit in der gegenwärtigen Physik*, in denen Schlick (gegen Ernst Mach) dafür argumentiert, dass nicht-wahrnehmbare

Entitäten (wie bspw. Atome, Elektronen etc.) ebenso als real zu gelten haben wie wahrnehmbare bzw. wahrgenommene. Genauer heißt es dort (wie auch Neuber wörtlich zitiert):

> Der Bleistift in meiner Hand soll real sein, die Moleküle aber, die ihn aufbauen, bloße Fiktionen. Dieser oft unscharfe und schwankende Gegensatz zwischen Begriffen, die Reales bezeichnen, und solchen, die nur Hilfskonstruktionen sind, ist auf die Dauer unerträglich, und wir vermeiden ihn durch die gewiss erlaubte Annahme, dass jeder für die Naturbeschreibung tatsächlich brauchbare Begriff auch in gleicher Weise als Zeichen für etwas Wirkliches betrachtet werden darf." (MSGA I.2, S. 281; Neuber 2012, S. 117)

Welche andere Stelle Neuber mit seinem Verweis auf Kap. 2 der 2012er Studie gemeint haben könnte, um die Behauptung zu belegen, Schlick habe die Frage nach der Realität der Außenwelt in seinem Frühwerk noch bejaht, ist mir nicht klar. Es ist jedenfalls die einzige, an der die Thematik explizit angesprochen wird. Darüber hinaus sagt Neuber hier:

> „Nirgendwo anders hat Schlick seinen auf die Ontologie der Physik bezogenen Realismus so eindeutig zum Ausdruck gebracht wie an den soeben zitierten Stellen." (Neuber 2012, S. 117)

Betrachten wir nun die zur Rede stehenden Passagen bei Schlick. An oben zitierter Stelle heißt es, „dass jeder für die *Naturbeschreibung* brauchbare Begriff auch *in gleicher Weise* als Zeichen für etwas Wirkliches betrachtet werden darf." Dies zeigt zum einen, dass es hier explizit um wissenschaftliche Kontexte geht, so sagt es ja auch Neuber völlig richtig: ein „auf die Ontologie der Physik bezogener Realismus". Zum anderen geht es Schlick hier aber auch vorrangig darum, dass innerhalb dieses Kontextes nicht eine Unterscheidung des Wirklichkeitsgrades eingeführt werden darf. Und das ist eine These, die er auch an anderer Stelle im Frühwerk vehement vertritt, so z. B. in dem 1919 veröffentlichten Artikel *Erscheinung und Wesen*. Dort schreibt er:

> „Wir gelangen zu einem befriedigenden Weltbilde nur dann, wenn wir *allem* Wirklichen, den Bewußtseinsinhalten sowohl wie allem außerbewußten Sein die gleiche *Art* und den gleichen *Grad* von Realität ohne jeden Unterschied zuerkennen." (MSGA I.5, S. 66)

Etwas weiter unten heißt es weiter:

> Es gibt nur *eine* Wirklichkeit, und sie ist immer *Wesen*. Gewiß gibt es unendlich viele Arten wirklicher Gegenstände, aber es gibt nur eine Art der Wirklichkeit, und sie kommt ihnen allen in gleicher Weise zu. (MSGA I.5, S. 67)

Dies deutet an, dass Schlicks Anliegen nicht vorrangig darin besteht, den Gegenständen der Außenwelt explizit ‚Wirklichkeit' zuzuschreiben, sondern lediglich „den gleichen Grad" an Wirklichkeit wie den Bewußtseinsinhalten. Zwar geht es in dem zitierten Artikel hauptsächlich darum, dass weder den sog. Dingen-an-sich noch den Erscheinungen (jeweils im kantischen Sinne) jeweils ein „höherer Grad" an Wirklichkeit zugeschrieben werden kann, dass sie also jeweils in gleichem Maße als ‚wirklich' zu gelten haben. Doch Schlicks abschließende Zusammenfassung seiner Position verdeutlicht, dass er diesen Standpunkt auch in einer allgemeiner gehaltenen Weise vertritt:

> Nur wenn wir jede Trennung innerhalb des Wirklichkeitsbegriffs vermeiden, bleiben wir seinem ursprünglichen Sinne getreu. Seine Quelle war das unmittelbar Gegebene, dieses ist schlechthin real, und die Fragestellung des Realitätsproblems richtet sich darauf, ob *dieselbe* Realität außerdem noch andern Gegenständen zugeschrieben werden darf. Wer die Wirklichkeit der letzteren als etwas andersartiges und Neues betrachtet, nimmt jenem Problem den Sinn und erfindet frei einen Realitätsbegriff, der der Erfahrungsgrundlage entbehrt und in endlose Widerspruche führt. Es gibt nur *eine* Wirklichkeit, und alles, was in ihren Bereich fällt, ist unserer Erkenntnis prinzipiell auf gleiche Weise zugänglich, dem Dasein wie dem Wesen nach. Nur ein kleiner Teil dieser Wirklichkeit ist uns jeweils gegeben, alles übrige ist uns nicht gegeben, aber die dadurch bedingte Scheidung des Erlebten und des Nichterlebten, des Subjektiven und Objektiven ist zufälliger Art, nicht prinzipieller Natur, wie es diejenige zwischen Wesen und Erscheinung sein sollte, die wir als unmöglich erkannt haben. (MSGA I.5, S. 68)

Schlick zielt hiermit auf die Ununterscheidbarkeit von Gegenständen hinsichtlich ihrer ‚Wirklichkeit' in Korrelation mit ihrer ‚Wahrnehmbarkeit' ab. D. h., dass *allen* Gegenständen, seien sie nun wahrgenommen oder nicht, *das gleiche Maß an Wirklichkeit* zuerkannt werden muss. Damit geht es Schlick m.E. nicht in erster Linie um die Frage, ob die Außenwelt (als Ganze) existiert oder nicht. Es ist ihm vielmehr daran gelegen, dass all diejenigen Gegenstände, die gleichermaßen Teil ein und desselben wissenschaftlichen Gegenstandsbereiches sind, nicht anhand ihrer Wahrnehmbarkeit in zwei unterschiedliche Kategorien (wirklich/unwirklich) zu unterteilen sind, sofern die wissenschaftlichen Theorien dies selbst auch gar nicht verlangen. In der AEL ergänzt Schlick dazu auch, dass es für das wissenschaftliche Interesse belanglos sei, ob ihre Begriffe „Wirklichkeiten" bezeichnen: In den Wissenschaften werden ideale Fälle konstruiert, bei der Untersuchung vereinfachende Abstraktionen gebraucht. Alle Wissenschaft ist Theorie, d. h. sie hat unwirkliche Abstraktionen zum Gegenstand (MSGA I.1, S. 446). Wie sich hier zeigen wird, wird eine Unterscheidung ihres Gegenstandbereichs nach ‚Wirklichem' und ‚Unwirklichem' erst durch die Philosophie eingeführt. Für die (internen) wissenschaftlichen Zwecke ist sie dagegen nicht von Belang, sie ist gar „unerträglich" (MSGA I.2., S. 281). Somit geht es Schlick m.E. nicht explizit darum, der Außenwelt Wirklichkeit zuzuschreiben, sondern darum, eine Unterscheidung der Gegenstände nach ihrem Wirklichkeitsstatus zu vermeiden.

Man kann diese Ausführungen Schlicks sehr wohl als einen ‚Realismus' deuten und dies ist m.E. auch weitgehend richtig. Doch der ‚Realismus' im Frühwerk Schlicks ist von besonderer Natur. Er postuliert hier eine Abhängigkeitsbeziehung der Form:

Wenn X als ‚wirklich' zu bezeichnen ist, so auch Y.

D. h. hier konkret, dass sofern ‚Gegebenes' als ‚wirklich' bezeichnet werden muss, so auch ‚nicht-Gegebenes'. Die Motivation für die Etablierung dieser Implikation liegt – wie erwähnt – darin, dass Schlick eine Unterscheidung zwischen ‚Wirklichem' und ‚Unwirklichem' innerhalb des Gegenstandsbereichs, der in der Wissenschaft betrachtet wird, zu vermeiden sucht. In diesem Sinne geht es hier schlicht um die „Einheitlichkeit der Naturbeschreibung", von der auch bei Hentschel an oben zitierter Stelle die Rede war. Jene Einheitlichkeit lässt sich erreichen, indem wir die genannte Implikation einführen, oder, wie Schlick es an oben zitierter Stelle sagt:

„durch die gewiss erlaubte Annahme, dass jeder für die Naturbeschreibung tatsächlich brauchbare Begriff auch in gleicher Weise als Zeichen für etwas Wirkliches betrachtet werden darf".

Wie hier besprochen wurde, ist Neuber der Ansicht, der frühe Schlick habe die Frage nach der Realität der Außenwelt explizit als sinnvoll charakterisiert und sie darüber hinaus auch affirmativ beantwortet. Dieser (vermeintlichen) Position des frühen Schlicks stellt er in seiner Studie von 2018 nun den Standpunkt des „Wiener" Schlicks gegenüber. Hierzu zitiert er zunächst eine Stelle aus dem Aufsatz *Erleben Erkennen Metaphysik* von 1926. D. i. genau die Stelle, die ich oben angeführt habe, um aufzuzeigen, dass die Frage danach, ob konkrete Einzelgegenstände wirklich sind oder nicht, sprich: die Unterscheidung zwischen „Schein" und „Wirklichkeit", auch beim späten Schlick explizit als sinnvoll charakterisiert wird. Dort heißt es im Detail:

> „Was Existenz, was Wirklichkeit eigentlich sei, läßt sich nicht begrifflich formulieren, nicht durch Worte ausdrücken. Natürlich lassen sich Kriterien angeben, durch die man in Wissenschaft und Leben das „wirklich Existierende" vom bloßen „Schein" unterscheidet – aber in der Frage nach der Realität der Außenwelt ist bekanntlich mehr gemeint. Was jedoch dieses Mehr eigentlich sei, was man meint, wenn man der Außenwelt Existenz zuschreibt, ist auf jeden Fall gänzlich unaussprechbar. Wir haben nichts dagegen, daß man einer solchen Frage einen Sinn beimesse, mit allem Nachdruck müssen wir aber behaupten, daß dieser Sinn nicht angegeben werden kann." (MSGA I.6, S. 35 f.)

Entscheidend ist in unserem Kontext nun, dass Schlick hier drei Thesen aufstellt:

1. Hält er fest, dass sich Kriterien angeben lassen, anhand derer „wirklich Existierendes" vom „Schein" unterschieden werden kann.
2. Lässt sich nicht begrifflich zum Ausdruck bringen, was die „Wirklichkeit" ist.
3. Kann der Sinn der Frage nach der Realität der Außenwelt nicht angegeben werden.

Neuber stellt es nun so dar, als würde jener Standpunkt der Ansicht des früheren Schlicks bezüglich der Wirklichkeitsfrage diametral gegenüberstehen, d. h., als ob hieran ein inhaltlicher Bruch in seinem philosophischen Denken ersichtlich wäre. In diesem Zusammenhang kommen wir nun nochmals auf die oben besprochenen S. 443 f. aus der AEL zurück, die auch für Neuber zur Rede stehen. Die Parallele zwischen der These aus der AEL, nach der zumindest ein Kriterium dafür existiert, ob ein Gegenstand ‚wirklich' ist oder nicht und dass dieses Kriterium aufgefunden werden kann sowie der hier unter 1. gefassten These aus der 1926er Schrift, wurde oben bereits angeführt.

Darüber hinaus sagt Schlick direkt im Anschluss an die oben zitierte Stelle auf S. 443 f. der AEL (wonach die Frage nach der Wirklichkeit *eines Gegenstandes* explizit als sinnvoll zu erachten ist) wörtlich:

> Will man diesen Sinn noch näher bestimmen, so scheint es, daß alles auf die Definition des Wirklichkeitsbegriffes ankommt. Kann aber eine solche überhaupt gegeben werden? Gehört der Begriff nicht vielmehr zu denen, deren Gegenstand sich nur in der Anschauung, im Erleben aufweisen läßt? So scheint es sich in der Tat zu verhalten. [...] In der Tat werden wir den Verdacht bestätigt finden, daß eine Analyse des Wirklichkeitsbegriffes zu den unerfüllbaren Forderungen gehört. (MSGA I.1, S. 443–444)

Hierin zeigt sich direkt eine weitere Parallele zu der angeführten Stelle aus EEM: Der Begriff der ‚Wirklichkeit' lässt sich nicht analysieren, nicht definieren und nicht näher bestimmen. Damit ist m.E. dasselbe gemeint wie in der unter 2. angeführten These aus dem Spätwerk, wonach es nicht möglich ist, begrifflich zum Ausdruck zu bringen, was die ‚Wirklichkeit' ist.

Damit haben sich hier anhand der Stellen, die Neuber selbst aus der AEL und EEM anführt, um eine „Wende" im Denken Schlicks bezüglich des Wirklichkeitsbegriffs zu belegen, bereits zwei bedeutende inhaltliche Parallelen in Früh- und Spätwerk aufzeigen lassen. Das betrifft das Kriterium zur Unterscheidung zwischen ‚Schein' und ‚Wirklichkeit' sowie die Unmöglichkeit einer Definition des Wirklichkeitsbegriffes selbst. Wie steht es um die unter 3. erfasste These aus EEM, wonach der Sinn der Frage nach der Realität der Außenwelt nicht angegeben werden kann? Zwar sagt Schlick an der zitierten Stelle aus der AEL nichts *Explizites* über die Frage nach der Realität der Außenwelt. Doch es heißt hier, dass der Sinn der ‚Frage nach der Wirklichkeit eines Gegenstandes' sich nicht „näher bestimmen" läßt, da es nicht möglich ist, den Begriff der Wirklichkeit in irgendeiner Weise zu bestimmen. Und dies weist m.E. schon sehr stark in die Richtung, die der spätere Schlick bezüglich der Wirklichkeitsfrage einschlägt. Hierauf wird weiter unten noch zurückzukommen sein. Neuber meint nun weiter, der späte Schlick hielte „die Frage nach der Realität der Außenwelt für eine im Grunde müßige Frage" (Neuber 2018, 30). Dieser Behauptung möchte ich hier uneingeschränkt zustimmen. Allerdings, dies sei hier vorweggenommen, möchte ich dieses Urteil auch auf den frühen Schlick ausweiten, der sich m.E. mit jener Frage erst gar nicht befasst. Er fährt nun mit seiner Argumentation unter Bezug auf EEM fort. Die entscheidenden Punkte seien hier kurz zusammengefasst:

- Der „Wiener" Schlick vertritt laut Neuber die Ansicht, dass kein angebbarer Unterschied bestehe zwischen der Auffassung, transzendente Dinge seien ‚logische Konstruktionen' oder ‚selbstständige Wirklichkeiten'.
- Später ergänzt Neuber, dass sich der späte Schlick als „Kritiker des metaphysischen Außenwelt-Realismus" zu erkennen gibt (S. 33). In diesem Zusammenhang schreibt Neuber unter Bezug auf den 1932 erschienenen Aufsatz *Positivismus und Realismus*, dass Schlick ein explizites Gegenprogramm zum „Außenwelt-Realismus" aufgestellt hat. Hiernach wird das „Problem der Realität der Außenwelt" zur „sinnlosen Scheinfrage" deklariert.
- Darüber hinaus ist es, wie Neuber postuliert, nach dem späten Schlick „gar nicht möglich, auf philosophischem Wege zu entscheiden, ob etwas real sei oder nicht. Was herausgefunden werden könne, sei der *Sinn* bzw. die *Bedeutung* der Behauptung, etwas sei real. Und ob dies dann tatsächlich der Fall sei, könne nur durch die gewöhnlichen Methoden des täglichen Lebens und der Wissenschaft, das heißt, durch *Erfahrung* (ebd.) entschieden werden" (S. 35).

Dagegen habe der frühe Schlick, so Neuber, eine gänzlich andere Position vertreten. Er verweist hierzu auf den §26 der AEL, ohne jedoch genauer auf Schlicks Argumentation einzugehen.

Angesichts der Tatsache, dass sich bei der Gegenüberstellung der von Neuber zitierten Stellen aus der AEL und EEM auf den vorangegangenen Seiten eher Parallelen als Divergenzen zwischen dem Standpunkt des frühen und des späten Schlicks in der Wirklichkeitsfrage ergeben haben, erscheint es mir an dieser Stelle sinnvoll, die entscheidenden Abschnitte der AEL genauer zu betrachten. Dazu möchte ich im Folgenden nicht bloß den §26, den Neuber hier anführt, beleuchten, sondern den gesamten Teilabschnitt von §§22-26. Bevor ich dies tue, möchte ich jedoch zunächst meine bereits mehrfach angedeutete eigene Interpretation des frühen Schlicks, die in einigen zentralen Punkten nicht der Lesart Neubers entspricht, kurz umreißen, um sie anschließend anhand der genannten Paragraphen zu belegen.

5.2 Die ‚Setzung des Wirklichen'

Meine Interpretation des Wirklichkeitsbegriffs in der AEL lässt sich in drei zentralen Thesen zusammenfassen, die ich im Einzelnen anhand der §§22-26 belegen werde:

1.) *These von der gesetzten Wirklichkeit*
Was „die Wirklichkeit" ist, lässt sich nicht definieren, lediglich im Erleben aufzeigen. Sie ist (als Ganze) immer schon (voraus)gesetzt. Im Kontext jener bloß gesetzten Wirklichkeit lässt sich sinnvoll die Frage nach der Wirklichkeit einzelner Gegenstände stellen. D. h., die Frage danach, ob ein konkreter Einzelgegenstand Teil dieser gesetzten Wirklichkeit ist oder nicht. Es ist ein Kriterium auffindbar, anhand dessen diese Frage im Einzelfall jeweils entschieden werden kann.

2.) *These von der rein praktischen Bedeutung des Wirklichkeitsbegriffs*:
Für uns als in der Welt Lebende ist die Frage nach der Wirklichkeit eines Gegenstandes von rein praktischer Bedeutung. Als in der Welt Forschende haben wir kein Interesse an „Wirklichkeiten", es zählt für uns (aus rein praktischen Gründen) lediglich die „Einheitlichkeit" des erforschten Gegenstandsbereichs.

3.) *These von der bedingten Wirklichkeit*:
Die Wirklichkeit des nicht-Gegebenen ist ausschließlich in Abhängigkeit von der Wirklichkeit des Gegebenen bestimmt.

Zum Beleg der **1.) These** sei zunächst darauf hingewiesen, dass Schlick für die §§22-26, in denen er sich ausführlich mit dem Begriff der ‚Wirklichkeit' auseinandersetzt, eine eigene Teilüberschrift wählt. Er spricht hier nicht etwa von der „Konstitution", dem „Status" oder von „Existenz", sondern verwendet explizit die Formulierung „*Setzung* des Wirklichen" . Inwiefern geht diese „Setzung" nun von statten? Schlick stellt in diesem Zusammenhang zunächst die Frage:

> Was für eine Antwort kann man überhaupt erwarten auf die Frage: was ist das Wirkliche? (MSGA I.1, S. 441)

Bei jener Antwort, so Schlick, müsse es sich in jedem Fall um ein Urteil handeln. Und unter einem Urteil ist, vor dem Hintergrund dessen, was er zuvor auch im Zusammenhang mit seinem Erkenntniskonzept ausgeführt hat, ein Zeichen für eine Tatsache zu verstehen (siehe Abschn. 4.1). Hieran deutet sich bereits an, dass sich die „Setzung des Wirklichen“ lediglich im Zusammenhang mit Schlicks Erkenntnisbegriff klären lässt. Erkenntnis besteht laut Schlick eben darin, dass Gegenstände zunächst bezeichnet werden, woraufhin die sie bezeichnenden Begriffe zueinander in Beziehung gesetzt werden. Jenes In-Beziehung-Setzen der Begriffe im Erkenntnisprozess ist nach Schlick als das Fällen von Urteilen zu verstehen. Jedes Urteil bezeichnet für sich eine einzelne Tatsache. Eine Tatsache, d. i. das Bestehen einer Beziehung zwischen Gegenständen (ebd.). Das Zeichenverhältnis zwischen Begriffen und Urteilen auf der einen und Gegenständen und Tatsachen auf der anderen Seite wurde im oben angeführten Kapitel folgendermaßen veranschaulicht:

Vor diesem Hintergrund merkt Schlick nun im §22 erneut an, dass das Erkennen im Urteilen bestehe (wie in Abschn. 4.1 erläutert, handelt es sich laut Schlick zwar nicht bei jedem Urteil um eine Erkenntnis, aber jede Erkenntnis ist ein Urteil). Aufgrund der Zeichennatur der Urteile gibt uns das Erkennen lediglich Zeichen zur Hand (MSGA I.1, S. 441). Das mögen nun Zeichen für Gegenstände sein oder Zeichen für Tatsachen im eben beschriebenen Sinne. Dasjenige, was durch Urteile oder Begriffe bezeichnet wird (das sind demnach entweder Gegenstände oder Tatsachen, sprich: die bestehenden Beziehungen zwischen Gegenständen), „bleibt ewig jenseits“ (ebd.). M. a. W.: das Erkenntnisvermögen bezieht sich ausschließlich auf Urteile und Begriffe. Diese selbst sind jeweils nichts anderes als bloße Zeichen für Tatsachen und Gegenstände. Das Bezeichnete, also das „Reich der Tatsachen, der bezeichneten Gegenstände“ (S. 339), ist uns lediglich durch das Vermögen der Kenntnis zugänglich. Das Wirkliche kann uns folglich nicht durch Erkenntnisse gegeben werden (S. 442).

Mit der Frage „was ist das Wirkliche?“ kann denn laut Schlick auch nicht gemeint sein: „was ist das Bezeichnete unabhängig vom Bezeichnen?“, da jede mögliche Antwort darauf selbst wiederum in Zeichen verfasst sein müsste. Dies wäre ein sinnloses Problem (MSGA I.1, S. 441). Das Wirkliche, so Schlick, ist vor aller Erkenntnis da. „Es ist das Bezeichnete, das vor allem Bezeichnen ist.“ (S. 442.). Daraufhin wiederholt Schlick seine These, dass Urteile das Wirkliche nur bezeichnen können, nicht aber „geben“ oder gar „schaffen“. Dies sei eine rein analytische Einsicht, die sich direkt aus dem Erkenntnisbegriff folgern lässt: ‚Kenntnis‘ des Wesens der Wirklichkeit könne nicht durch das ‚Erkennen‘ der Wirklichkeit erreicht werden. Sie müsse der Erkenntnis stets vorausgehen: „das zu Bezeichnende ist früher als das Bezeichnen“. Dabei ist uns das sog. Reich der eigenen Bewußtseinsdaten (womit an dieser Stelle wohl dasjenige gemeint ist, das uns nur durch das ‚Kennen‘ bzw. ‚Erleben‘ zugänglich ist) schlechthin bekannt und zwar vor allem Fragen und vor jeder Erkenntnis. Die Erkenntnis selbst könne daran nichts ändern, nichts wegnehmen, nichts hinzusetzen (ebd.).

Die entscheidenden Punkte dieser Ausführungen Schlicks möchte ich hier in eigenen Worten zusammenfassen: Die „Wirklichkeit" ist lediglich der Kenntnis – d. h. durch das unmittelbare Erleben – zugänglich. Der Prozess des ‚Kennens' muss aber bereits abgeschlossen sein, bevor den Gegenständen Zeichen zugeordnet werden können. Insofern ist es m. E. schlüssig zu behaupten, dass die „Wirklichkeit", die im Denken und im Erkennen lediglich bezeichnet werden kann, laut Schlick stets als etwas schon Vorausgesetztes gedacht werden muss. So spricht er denn auch an späterer Stelle von einer „Wirklichkeit", „die sich nicht definieren läßt, deren Sinn aber doch von jedermann als ein völlig bestimmter überall vorausgesetzt wird und nach dem alles Handeln und Forschen sich richtet" (MSGA I.1, S. 478).

Dass die „Wirklichkeit" sich laut dem früheren Schlick nicht definieren oder näher bestimmen lässt, wurde oben bereits ausgeführt: Eine Definition des Wirklichkeitsbegriffes kann nicht gegeben werden, sein Gegenstand lässt sich ausschließlich im Erleben aufzeigen. Eine Analyse des Wirklichkeitsbegriffes (in deren Folge sich angeben ließe, was die Wirklichkeit *ist*) gehört laut Schlick zu den unerfüllbaren Forderungen. Die soeben ausgeführten Erörterungen zur Zeichennatur des Urteilens zusammengenommen mit der These, dass jede Antwort auf die Frage, was die „Wirklichkeit" ist, in Form eines Urteils gegeben werden müsste, erhärten diesen Standpunkt: Die ‚Wirklichkeit' ist das Erlebte, sie ist uns nur durch das ‚Kennen' zugänglich. Das auf Begriffssystemen basierende ‚Erkennen', auf dessen Grundlage beschrieben oder analysiert werden könnte, was die ‚Wirklichkeit' ist, setzt jedoch erst ein, sofern der Prozess des ‚Kennens' – dem allein die ‚Wirklichkeit' zugänglich ist – bereits abgeschlossen wurde. Damit kann auf begrifflicher Ebene die ‚Wirklichkeit' nur bezeichnet, nicht aber beschrieben werden. Da die ‚Erkenntnis' sich jedoch lediglich auf Zeichen beziehen kann, bleibt ihr der Zugang zur ‚Wirklichkeit' verwehrt.

Damit ist der erste Teil meiner erstgenannten These zum Wirklichkeitsbegriff, wonach die „Wirklichkeit" beim frühen Schlick stets etwas bloß (Voraus)gesetztes ist, vorläufig abschließend besprochen worden. Vor diesem Hintergrund lässt sich nun aufklären, inwiefern sich die Wirklichkeitsfrage in der AEL stets lediglich auf Einzelgegenstände bezieht und wie sich das Kriterium ausgestaltet, anhand dessen diese Frage im Einzelfall jeweils entschieden werden kann.

Im Kontext der sog. „Wirklichkeitsprobleme", so heißt es zunächst bei Schlick, gehen wir von der Betrachtung der Form, in der Erkenntnis dargestellt wird, zum Inhalt über, der in ihr dargestellt wird. D. h., wir wenden uns (im Einklang mit dem soeben erörterten) von den Zeichen ab, auf die sich das Erkenntnisvermögen bezieht, und den bezeichneten Gegenständen zu[1] (MSGA I.1, S. 440). Daran, dass Schlick im Kontext der Klärung der Wirklichkeitsfrage bereits zu Beginn darauf hinweist, dass der Hauptgegenstand der folgenden Betrachtungen die „bezeichneten Gegenstände" sind (ebd.), zeichnet sich ab, dass er die Frage stets bezogen auf konkrete Einzelgegenstände denkt. Auf den folgenden Seiten erhärtet sich diese Hypothese: Schlick stellt die Frage „Was ist die Wirklichkeit?" explizit in einem Zusammenhang, der es nahe legt, dass er sie als gleichbedeutend betrachtet zu den Fragestellungen

[1] Die uns durch das ‚Kennen' bzw. das Erleben zugänglich sind.

‚Was sind diese Gegenstände, Dinge, Tatsachen, denen wir im Erkennen Zeichen zuordnen? Was ist das Bezeichnete?‘ (S. 441 f.). Einige Seiten später reduziert er die Wirklichkeitsfrage erneut auf die Fragestellung „Welche Gegenstände sind wirklich?“ (S. 443). Kurz darauf folgt die oben mehrfach zitierte Stelle, die auch Neuber anführt, um zu belegen, dass Schlick die Frage nach der Realität der Außenwelt in der AEL noch explizit als sinnvoll charakterisiert. Wie oben jedoch bereits deutlich wurde, ist es auch hier die Frage nach der Wirklichkeit „eines Gegenstandes“, der Schlick einen Sinn zuspricht. Es verhält sich nun so, dass in den zu besprechenden §§22-26 wie auch in der gesamten AEL die ‚Wirklichkeitsfrage‘ stets lediglich in dieser Form gestellt wird. Hingegen taucht die Frage nach der Realität der Außenwelt, um die es Neuber vornehmlich zu gehen scheint, in dieser Form in der gesamten AEL nicht ein einziges Mal auf. An einer Stelle heißt es gar:

> Wie nun das unmittelbar erlebte Wirkliche weiter zu bezeichnen sei, ob man etwa sagen müsse: der Baum selbst ist mir gegeben, oder: nur die Wahrnehmungsvorstellung, die „Erscheinung“ des Dinges „Baum“ ist das Gegebene – das ist eine Frage, die an dieser Stelle für uns ganz nebensächlich ist. (MSGA I.1, S. 453)

D. h. die Frage danach, ob diejenigen Gegenstände, die wir als ‚wirklich‘ bezeichnen, als ‚Erscheinungen‘ zu gelten haben oder ob sie daselbst als ‚wirklich‘ zu bezeichnen sind, ob sie mehr sind als bloße ‚Erscheinungen‘ (womöglich im Sinne eines erkenntnistheoretischen Realismus), spielt im Rahmen der betrachteten Paragraphen zur ‚Wirklichkeitsfrage‘ für Schlick überhaupt keine Rolle. Es geht ihm stets bloß darum, ob ein konkreter Einzelgegenstand Teil der (stets bereits vorausgesetzten) Wirklichkeit ist oder nicht, ob jener Gegenstand ‚wirklich‘ ist oder bloße Einbildung, erträumt, erfunden oder erlogen. Und Fragen dieser Art bezeichnet – wie in Abschn. 5.1 ausgeführt – auch der spätere Schlick explizit als sinnvoll. In kantischer Terminologie könnte man auch formulieren: Schlick stellt nicht die Frage nach der ‚Wirklichkeit‘ von ‚Dingen an sich‘, sondern beschränkt sich in diesem Zusammenhang auf die Ebene der ‚Erscheinungen‘.

Exkurs: Schlicks Kant-Interpretation

An dieser Stelle bietet es sich an – auch in Hinblick auf die nachfolgend zitierten Stellen aus der AEL – einen kurzen Exkurs zu Schlicks Kant-Interpretation einzuschieben. Denn einige der in diesen Kontext relevanten Anmerkungen Schlicks lassen sich lediglich vor dem Hintergrund seiner Auslegung der *Kritik der reinen Vernunft* (KrV) in Gänze nachvollziehen.

Es hat sich in der Sekundärliteratur etabliert, Kant-Interpretator*innen in zwei konkurrierende Lager aufzuteilen. Dabei handelt es sich um die Unterscheidung zwischen der sog. Zwei-Welten-Lesart auf der einen und der Zwei-Aspekte-Lesart auf der anderen Seite. Es liegt m.E. nicht fern, in Hinblick auf diese Unterscheidung von zwei einander diametral gegenüberstehenden Extremen zu sprechen. Sofern man sich denn auf diese Unterteilung der unterschiedlichen historischen Kant-Interpretationen in Zwei-Welten und Zwei-Aspekte-Lesart überhaupt einlassen will, ist es so, dass die Zwei-Welten-Lesart zu Beginn des 20. Jahrhunderts vor allem in denjenigen Gedankenkreisen, in denen Schlick sich seiner Zeit bewegte, den Status Quo darstellte. Auch für Schlick bedeutet das, dass er jener Kant-Lesart gedanklich verhaftet war, und es ist leicht nachzuweisen, dass Schlicks Behauptungen über die Kantische Philosophie jener Lesart weitestgehend entsprachen. Dies sei hier vornehmlich in dem Anliegen erwähnt, dass meine nun folgenden Ausführungen, in denen ich Schlicks Kant-Interpretation zum Teil als etwas zu oberflächlich beschreiben werde, nicht darauf abzielen, ihm mangelhafte Lektüre zu unterstellen. Denn wenn Schlick Kant in einer Weise interpretiert, die m.E. nicht immer zutreffend ist, so ist das auch ausdrücklich dem Fakt geschuldet, dass er selbstverständlich als ein Kind seiner (philosophischen) Zeit und seines Umfeldes verstanden werden muss.

Ein inhaltlicher Kernpunkt, an dem sich die Interpretationen aufspalten, liegt im Begriff des „Dinges an sich". Marcus Willaschek fasst den in unserem Kontext entscheidenden Aspekt der Zwei-Welten-Interpretation sehr treffend zusammen: „Die sogenannte »Zwei-Welten-Interpretation« besagt, dass Dinge an sich und Erscheinungen in zwei disjunkte Klassen von Gegenständen fallen, von denen die einen subjektunabhängig, aber unerkennbar, die anderen erkennbar, aber subjektabhängig sind. Dinge an sich und Erscheinungen gehören demnach zwei verschiedenen »Welten« an" (Willaschek 2001, S. 680).

Es gibt dieser Lesart folgend bei Kant zwei unterschiedliche Ebenen: Eine empirische ‚Welt' der Erscheinungen die subjektabhängig ist sowie eine subjektunabhängige ‚Welt' der Dinge an sich, die unerkennbar bleibt. Schlick geht von einer ‚Welt der Dinge an sich' aus (bspw. MSGA I.1, S. 551), d. h. eine Welt, die hinter der empirischen Welt der Erscheinungen steht, wobei die Erscheinungen als von jener Hinterwelt in Abhängigkeit stehend gedacht werden. Akzeptiert man zunächst Schlicks ‚Zwei-Welten-Lesart' der kantischen ‚Dinge an sich' so zeigen sich interessante Parallelen und Anlehnungen von Schlick an die Kantische Philosophie: Bspw. hat bereits Ernst Cassirer etwas völlig Richtiges erkannt und in einer ausführlichen Kritik der AEL zum Ausdruck gebracht: Was Schlick im Kontext seiner Philosophie als „Ding an sich" zu bezeichnen pflegt, ist bei Kant „Gegenstand einer möglichen Erfahrung", das sind eben schlicht „empirische Objekte" auf der Kantischen Ebene der Erscheinungen (Cassirer 1927, S. 70 ff.).

Ein tiefergehender Vergleich der Philosophien Kants und Schlicks ergibt weiterhin, dass Kant in der *Kritik der reinen Vernunft* die Ausdrücke „Ding an sich", „Ding an sich selbst", „Ding an sich selbst betrachtet" in variierenden grammatischen Formen verwendet und darüber hinaus auch vom „transzendentalen Objekt" oder „Gegenstand" sowie vom „Noumenon" spricht, Schlick der Differenz jener Ausdrücke jedoch keinerlei Beachtung schenkt. So gibt es z. B. eine Stelle in der A-Ausgabe der KrV, auf einer Seite, die Schlick selbst in einem anderen Kontext zitiert, an der Kant sagt: „Das Objekt, worauf ich die Erscheinung überhaupt beziehe, ist der transzendentale Gegenstand, d. i. der gänzlich unbestimmte Gedanke von etwas überhaupt. Dieser kann nicht das Noumenon heißen [...]" (KrV, A253). Darüber hinaus gibt es bei Kant auch die Unterscheidung zwischen einem Noumenon in positiver und einem Noumenon in negativer Bedeutung, die klar zu trennen sind (KrV, B307 ff.), was jedoch von Schlick nicht weiter beachtet wird. Allerdings, dies muss Schlick hier zugestanden werden, sind all jene Unterscheidungen hinsichtlich seiner philosophischen Konzeption, nach der das ‚Ding an sich' in welchem Kantischen Sinn auch immer verstanden, für ihn nicht von Relevanz sind, da er sie ohnehin in Gänze ablehnt. Nichtsdestoweniger lässt sich jedoch im Detail aufzeigen, dass im Rahmen seiner (Er)Kenntniskonzeption die Begriffe eines Noumenon in positiver wie auch in negativer Bedeutung jeweils implizit für unmöglich erklärt werden (obgleich Schlick selbst dies freilich gar nicht im Sinn haben konnte).

Die Frage danach, ob ein konkreter Einzelgegenstand als ‚wirklich‘ zu bezeichnen ist oder nicht, betrachtet Schlick nun nicht als eine Frage, die in irgendeiner Weise durch die Philosophie beantwortet werden kann (was auch Feigl, wie in Abschn. 5.1 4.1 zitiert, noch 1937 sowohl in Bezug auf den frühen als auch auf den späteren Schlick feststellt). Die Philosophie hat lediglich zu klären, nach welchem Kriterium sie im Einzelfall entschieden *wird*: In Alltag und Wissenschaft wird die Frage nach der Wirklichkeit eines Gegenstandes täglich vielfach gestellt und beantwortet. Allen Fällen, in denen jene Frage affirmativ beantwortet wird, muss etwas gemein sein. Dieses Gemeinsame, so Schlick, lässt sich dann nachträglich wissenschaftlich in Form eines ‚Wirklichkeitskriteriums‘ (re)formulieren (MSGA I.1, S. 444). Hieran deutet sich bereits der rein praktische Charakter des schlickschen Erkenntnisbegriffes an, der Teil meiner zweiten These ist: Es geht Schlick in der AEL nicht darum, eine Entscheidung darüber zu fällen, welche Gegenstände wirklich sind und welche nicht. Es verhält sich vielmehr so, dass in Alltag und Wissenschaft bestimmten Gegenständen ‚Wirklichkeit‘ zugeschrieben wird und anderen nicht. Schlick zielt darauf ab, das Kriterium, das jener vorhandenen Praxis zugrunde liegt, herauszuarbeiten. Doch zur praktischen Bedeutung von Schlicks Wirklichkeitskonzept komme ich sogleich. Hier geht es zunächst um die Festlegung jenes Kriteriums „für die Wirklichkeit eines Gegenstandes“ (ebd.). Von grundlegender Bedeutung ist in diesem Zusammenhang die „Quelle“ des Wirklichkeitsbegriffs. Und d. i. nach Schlick die unmittelbare Wahrnehmung, sprich: das Erleben bzw. das ‚Kennen‘. Alles, was uns durch dieses Vermögen unmittelbar zugänglich ist, gilt laut Schlick als ‚wirklich‘ (S. 452 f.). Doch dieses Kriterium allein kann als Wirklichkeitskriterium nicht genügen, denn bereits im vorwissenschaftlichen Denken wird laut Schlick eine „Wirklichkeit an sich“ statuiert, die weder selbst noch in ihren Wirkungen jemals zur Erfahrung gelangt (S. 454). D. h. es gibt Gegenstände, die als ‚wirklich‘ bezeichnet werden, ohne direkt wahrgenommen zu sein. Das sind bspw. Gegenstände, die in der Vergangenheit wahrgenommen wurden oder unter bestimmten Bedingungen wahrgenommen werden könnten. Letztere stehen zu den wahrgenommenen Dingen in irgendeiner Weise in Beziehung. Schlick nennt Gegenstände dieser Art auch „transzendente Dinge“ oder „Dinge an sich“ (S. 481–482 sowie S. 483). Das gesuchte Kriterium muss folglich die unmittelbar wahrgenommenen Gegenstände als ‚wirkliche‘ Dinge kennzeichnen, wie auch diejenigen, die zum Gegebenen in bestimmter Weise in Beziehung stehen. Der Zweck, „den aus dem Leben entnommenen Wirklichkeitsbegriff“ in einer Weise zu reformulieren, die dieser Bedingung genügt, ist laut Schlick durch eine Kantische Formulierung vollständig zum Ausdruck gebracht:

> Was mit den materialen Bedingungen der Erfahrung (der Empfindung) zusammenhängt, ist wirklich. (MSGA I.1, S. 464–465; KrV, B266)

Allerdings erachtet Schlick allein diese Festlegung noch nicht als hinreichendes Wirklichkeitskriterium. Denn es geht ihm schließlich darum, ein charakteristisches

Merkmal einzuführen, „welches in jedem Falle eine Entscheidung darüber gestattet, ob ein Gegenstand mit Empfindungen (oder sonstigen Erlebnissen) in jenem ganz besonderen Zusammenhang steht, welcher seine Wirklichkeit verbürgt" (MSGA I.1, S. 466 f.). Das Kriterium, das er stattdessen herausarbeitet, ist denn auch um einiges konkreter formuliert:

> So können wir nunmehr den Satz feststellen, daß alles, was in Leben und Wissenschaft als wirklich anerkannt wird, charakterisiert ist durch seine Zeitlichkeit, durch seinen festen Platz in der allgemeinen zeitlichen Ordnung der realen Dinge und Vorgänge. (MSGA I.1, S. 476)

Etwas weiter unten findet sich die noch etwas knappere Formulierung derselben Formel:

> Wirklich ist alles, was zu einer bestimmten Zeit seiend gedacht werden muß. (MSGA I.1, S. 480)

Auch mit dieser Formulierung lehnt Schlick sich explizit an Kant an und zitiert eine Stelle aus der *Kritik der reinen Vernunft*, nach der das „Schema der Wirklichkeit" als das „Dasein in einer bestimmten Zeit" klassifiziert wird, wenngleich Schlicks Ausdrucksweise eine sehr viel konkretere Ausformulierung darstellt (MSGA I.1, S. 476). An dieser Stelle möchte ich noch zwei weitere Stellen zitieren, an denen Schlick sein Wirklichkeitskriterium zum Ausdruck bringt, um alle unterschiedlichen Aspekte, die diesem Kriterium anhaften, widerzuspiegeln. So heißt es in der AEL weiter:

> Jedem Wirklichkeitselement kommt ein und nur ein Platz in der Zeit zu, der völlig fest bestimmt ist, sobald nur eine Maßeinheit und ein Bezugssystem der Zeit gewählt sind. (MSGA I.1, S. 474)

Und eine Seite weiter unten hält Schlick dann fest:

> Sobald die Naturumstände den Zeitpunkt eines Ereignisses mit Notwendigkeit bestimmen, so heißt das eben: das Ereignis tritt wirklich ein. (MSGA I.1, S. 475)

Wie genau ist dieses Kriterium nun zu verstehen? Hiernach wird all dasjenige als ‚wirklich' bezeichnet, dem innerhalb der raumzeitlichen Ordnung genau ein konkreter Zeitpunkt zugeordnet werden muss. Für das unmittelbar Wahrgenommene ist dies leicht nachvollziehbar: Allem, was ich direkt wahrnehme, kann ich im Moment der Wahrnehmung auch direkt einen genauen Zeitpunkt zuordnen und keinen anderen, d. i. „jetzt". Bei allen Dingen, die nicht unmittelbar „jetzt" wahrgenommen werden und die trotzdem als ‚wirklich' zu bezeichnen sind, verhält es sich laut Schlick nun ebenfalls so, dass es stets nur genau einen einzigen Zeitpunkt in der Raumzeitordnung gibt, der ihnen zuzuordnen ist. Damit stehen auch sie, wie gefordert, zum unmittelbar Gegebenen in einer direkten Beziehung, denn jede zeitliche Ordnung bedarf eines konkreten Bezugspunktes. D. i. stets das unmittelbar wahrgenommene ‚Jetzt'. Dieser Punkt sollte hier etwas ausführlicher erläutert werden: Zeitangaben wie bspw. ‚im Jahr 2000 v. Chr.' oder ‚1998' entbehren jeglichen Sinn, wenn nicht angeben wird, wie weit diese Zeitangabe vom jetzigen Zeitpunkt entfernt ist. Erst durch die Festlegung ‚Jetzt', d. i. der 23. April 2021 um 18:46 Uhr' kann ich diese

Angaben einordnen. Dadurch erst weiß ich, dass das Jahr 1998 gegenwärtig 23 Jahre her ist und dass das Jahr 2000 v. Chr. vor über 4000 Jahren war. Hätte ich diese Festlegung, welcher Zeitpunkt ist ‚Jetzt‘, auf meiner Zeitskala nicht, würden mir die genannten Zeitangaben nichts nützen. Ich müsste erst fragen: ‚Wann ist 2000 v. Chr.? Ist das heute? War das gestern? Oder liegt dieser Zeitpunkt noch in der Zukunft? Wie weit und in welcher Richtung entfernt ist der angegebene Zeitpunkt zum erlebten ‚Jetzt‘?‘.

Es sei hier auch erwähnt, dass Schlick nicht lediglich den zeitlichen Aspekt des ‚Wirklichen‘ bespricht, sondern im Kontext der raumzeitlichen Eigenschaften des ‚Wirklichen‘ auch den räumlichen Aspekt ‚wirklicher‘ Gegenstände ausdrücklich zur Sprache bringt. Allerdings gelangt er in diesem Zusammenhang zu dem Ergebnis, dass ‚Räumlichkeit‘ – im Gegensatz zur ‚Zeitlichkeit‘ – lediglich eine hinreichende und keine notwendige Bedingung der ‚Wirklichkeit‘ von Gegenständen darstellt (hierfür können bspw. Ideen, Gedanken, Träume etc. angeführt werden). Aus diesem Grund beschränkt er sein Wirklichkeitskriterium auf deren ‚Zeitlichkeit‘ bzw. die Möglichkeit zur exakten zeitlichen Einordnung (MSGA I.1, S. 470 f.). An dieser Stelle ist der Einfluss der Auseinandersetzung Schlicks mit den RT m.E. kaum zu übersehen: Im Rahmen der SRT wird bspw. ausgehend von fixen Beobachterstandpunkten die Raum-Zeit-Union konstruiert. In ähnlicher Weise werden hier nun im Zusammenhang mit Raum und Zeit Fixpunkte konstituiert, auf deren Basis entschieden werden soll, welche Gegenstände wirklich sind und welche nicht. Letztlich läuft Schlicks Argumentation darauf hinaus, dass all jene Gegenstände als ‚wirklich‘ zu erachten sind, denen sich eine konkrete Raum-Zeit-Stelle im Rahmen der Raum-Zeit-Union zuordnen lässt (siehe Kap. 2). Hier sei noch einmal betont, dass das von Schlick eingeführte ‚Wirklichkeitskriterium‘ ausdrücklich nicht in dem Anliegen formuliert wurde, festzulegen, was ‚die Wirklichkeit‘ oder was alles als ‚ wirklich‘ aufzufassen ist. Es geht stattdessen vornehmlich darum, dass in der Praxis des Lebens und der Wissenschaft bestimmten Einzelgegenständen ‚Wirklichkeit‘ zugeschrieben wird. Das Kriterium soll es vermögen anzugeben, welche Bedingung bei all jenen Gegenständen erfüllt ist, denen innerhalb dieser bestehenden Praxis das Prädikat ‚wirklich‘ zugeschrieben *wird.*

An dieser Stelle seien nochmal die einzelnen Aspekte meiner 1. These, die ich an dieser Stelle hoffe belegt zu haben, zusammengefasst: Was „die Wirklichkeit“ ist, lässt sich laut Schlick nicht näher bestimmen, nicht definieren, nicht beschreiben oder analysieren, sondern lediglich im Erleben aufzeigen. Dabei scheint die Frage nach der ‚Realität der Außenwelt‘ für den frühen Schlick schlicht nicht relevant zu sein, er stellt sie erst gar nicht. Worum es ihm geht, ist die Frage nach der ‚Wirklichkeit‘ von einzelnen Gegenständen, d. h. die Frage, ob ein konkreter Einzelgegenstand selbst ‚wirklich‘ ist oder nicht. Das Kriterium der eindeutigen zeitlichen Einordnung dient aus philosophischer Perspektive zur Rechtfertigung dieser Entscheidung im Einzelfall. Die ‚Wirklichkeit‘ als ganze bildet hierfür den Hintergrund: Sie wird in jedem Fall, in dem über die ‚Wirklichkeit‘ eines Gegenstandes zu entscheiden ist, immer schon vorausgesetzt. Die Frage nach der Wirklichkeit eines Gegenstandes läuft somit schlicht darauf hinaus, ob ein konkreter Einzelgegenstand Teil dieser gesetzten Wirklichkeit ist oder nicht.

Meine **2. These** besagt, dass die Frage nach der Wirklichkeit für uns als in der Welt Lebende von rein praktischer Bedeutung ist, während wir als in der Welt Forschende kein Interesse am Begriff der „Wirklichkeit" hegen. Aus praktischen Gründen zählt in der Wissenschaft allein die „Einheitlichkeit" der in ihr betrachteten Gegenstände.

Es sei zunächst erneut vermerkt, dass Schlick gleich zu Beginn seiner Ausführungen zum Begriff der ‚Wirklichkeit' allgemein gehalten formuliert, dass jener Begriff „schlechthin praktisch" ist: „das Handeln ist es, das sich unaufhörlich und ausschließlich mit Realitäten beschäftigt und selber Realitäten hervorbringt" (MSGA I.1, S. 446). Nur die Philosophie mache den Begriff der ‚Wirklichkeit' zum Gegenstand wissenschaftlichen Interesses und müsse ermitteln, was es für den „naiven Menschen" bedeute, einem Gegenstand „Wirklichkeit" zuzuschreiben und ob sie diesen für wissenschaftliche Zwecke übernehmen könne (S. 447). Der Ausdruck „naiv" ist hier ausdrücklich im Sinne von „vorwissenschaftlich" zu verstehen. D. h., es geht hier vordergründig zunächst um die Verwendung des Begriffs der ‚Wirklichkeit' im alltäglichen Leben.

Für das „naive Individuum", so Schlick, stellen zunächst die Gegenstände der sinnlichen Wahrnehmung den „Inbegriff des Wirklichen" dar (MSGA I.1, S. 447). Dabei verweist er explizit darauf, dass es sich hierbei um „die nachträgliche wissenschaftliche Formulierung der natürlichen Ansicht des Naiven" handelt (S. 448). Wie ist das zu verstehen? Der naive Mensch, d. h. der Mensch im Rahmen seiner alltäglichen Praxis, die noch nicht in irgendeiner Form durch wissenschaftliche oder philosophische Analysen geprägt ist, würde nicht sagen: „Ich habe die Wahrnehmung des Tisches" und infolgedessen auf das Vorhandensein jenes Gegenstandes schließen. Er sagt schlicht: „Ich sehe den Tisch" (S. 448). Dabei zieht er keinerlei Rückschlüsse, sondern das Objekt ‚Tisch' ist für ihn unmittelbar das Gegebene. Schlick möchte an dieser Stelle darauf hinaus, dass der Mensch im vorwissenschaftlichen Kontext nicht zwischen dem gegebenen Objekt und der Vorstellung desselben unterscheidet, sondern sie schlicht gleichsetzt. Hierzu verweist er auf Wilhelm Wundts Terminus des „Vorstellungsobjekts" (S. 448 f.). Sprich: Die Wahrnehmungsvorstellung des Tisches wird zunächst nicht vom Objekt ‚Tisch' selbst abstrahiert, sie werden als ein und dasselbe betrachtet. Der Begriff der ‚Wirklichkeit' hat in diesem Stadium noch keine Bedeutung, es fehlt laut Schlick schlicht der Anlass zu seiner Bildung (S. 449). Und hier gelangen wir an einen Punkt, der schon in Abschn. 5.1 angesprochen wurde: Laut Schlick liegt das Motiv, einen Begriff der ‚Wirklichkeit' zu konstruieren, im praktischen alltäglichen Leben erst dann vor, wenn „besondere Erfahrungen" wie Träume, Sinnestäuschungen oder Falschaussagen vorliegen:

> Hier entsteht die Vorstellung des Scheines, des Unwirklichen, und damit ein Motiv zur Bildung des Wirklichkeitsbegriffes, denn vorher gab es nichts, wogegen er abgegrenzt werden konnte. Begriffsbildung setzt ja, wie wir wissen, Unterscheidung voraus. (MSGA I.1, S. 448)

Der Begriff ‚Wirklichkeit' hat seinen Ursprung laut Schlick folglich in der schlichten Unterscheidung vom bloßen ‚Schein'. ‚Wirklich' ist zunächst all das, was nicht unter dem Begriff der ‚Täuschung' in irgendeinem Sinne erfasst werden kann. Schlick fährt daraufhin damit fort, den Wirklichkeitsbegriff des naiven Individuums zu erörtern.

Sofern jemand nicht an die ‚Wirklichkeit' eines Gegenstandes glaube, ist das erste Mittel der Wahl, um ihn von dessen ‚Wirklichkeit' zu überzeugen laut Schlick, ihn entweder zu dem betreffenden Gegenstand hinzuführen oder ihm jenen Gegenstand selbst zu bringen. Darin ist nun, so Schlick, das erste Realitätskriterium gefunden, das der Mensch „benutzt": D. i. die Wahrnehmung (MSGA I.1, S. 448).[2] In jenem Fall, in dem jemand davon träumte, dass er in fernen Gegenden wandern würde, könne ihn sein Gefährte darüber belehren, dass er die gesamte Zeit über nur ruhig dagelegen und sich nicht vom Ort entfernt habe: „Die Traumvorstellungen waren wirklich, ihr Gegenstand, die Wanderung, war unwirklich, sie existierte nicht." So entsteht laut Schlick die Scheidung von Vorstellung und Gegenstand (S. 449). Schlick beschränkt sich an dieser Stelle auf die zwei genannten Beispiele, doch um die Konstruktion der ‚Wirklichkeit' in ihrer Abgrenzung zum bloßen ‚Schein' zu erläutern, wäre es m.E. zweckmäßig, noch ein weiteres Beispiel einzuführen, das Falschaussagen oder auch Irrtümer betrifft. So könnte man sich bspw. denken, ein Reisender berichte davon, dass er den Koloss von Rhodos am Fort von St. Nicholas in Rhodos (Stadt) besichtigt habe. Angenommen, ich schenke ihm Glauben und reise dorthin, um das Weltwunder mit eigenen Augen zu betrachten. Sodann werde ich bei meiner Ankunft feststellen, dass der Koloss dort nicht zu finden ist. Die Anwohner würden mir berichten, dass der Koloss bereits etwa 226 v.Chr. bei einem Erdbeben eingestürzt ist. Die Aussage des Reisenden, er hätte die Statue besichtigt, würde als Falschaussage enttarnt, in ‚Wirklichkeit' steht der Koloss seit über 2000 Jahren nicht mehr in Rhodos (Stadt), er kann ihn nicht besichtigt haben. Darüber hinaus könnte ich bspw. durch ein Gespräch mit einer Archäologin in Erfahrung bringen, dass der Koloss nach aktuellem Forschungsstand nicht wie weithin angenommen am Fort St. Nicholas gestanden hat sondern an einem gänzlich anderen bislang unbekanntem Ort in der Stadt. Insofern hätte der Bericht des Reisenden nicht bloß eine Falschaussage beinhaltet, sondern auch einen Irrtum: Dem Schein nach stand der Koloss von Rhodos am Hafeneingang der Stadt, in ‚Wirklichkeit' jedoch ist es ein anderer Ort gewesen.

Nun verhält es sich auch im alltäglichen vorwissenschaftlichen Leben nicht immer so einfach mit der Feststellung der ‚Wirklichkeit' eines Gegenstandes. Denn es gibt Fälle, in denen ein Gegenstand, ohne selbst wahrgenommen zu sein, für ‚Wirklich' erklärt wird (MSGA I.1, S. 450). Als Beispiel führt Schlick folgenden Sachverhalt an:

> Der Naturmensch, der seinen Genossen zerfleischt im Walde findet, ist überzeugt, daß ein Raubtier existiert, welches ihn so zugerichtet hat, auch wenn kein menschliches Auge das Tier je zu Gesicht bekommt. (MSGA I.1, S. 450)

Vor diesem Hintergrund stellt er fest, dass statt der Wahrnehmung des Gegenstandes selbst auch die Wahrnehmung seiner Wirkungen als Kriterium seiner Wirkungen genügen kann. Somit verknüpft sich mit dem Begriff der Wirklichkeit derjenige der „Kausalität" bzw. „Ursächlichkeit". Erfahrung sei, so Schlick, nichts anderes als die Herstellung solcher Verknüpfungen (ebd.). Inwiefern sind diese Ausführungen nun in unserem Kontext relevant? Und hatten wir nicht bereits ein gänzlich anderes ‚Wirklichkeitskriterium' eingeführt? Wie passt dies zusammen? Zur Erläuterung sei hier

---

[2] Zum Zusammenhang dieses Kriteriums mit dem Kriterium der Zeitlichkeit komme ich sogleich.

zunächst vermerkt, dass Schlick an der soeben besprochenen Stelle schlicht konstatiert, was es für den naiven Menschen bedeutet, wenn ein Gegenstand als ‚wirklich' bezeichnet wird. Beim Kriterium der Zeitlichkeit, das oben eingeführt wurde, handelt es sich um die nachträgliche wissenschaftliche Formulierung desselben. Denn er gelangt zu dem Ergebnis, dass das eben beschriebene „Kausalitätskriterium" erkenntnistheoretisch nicht befriedigend ist. Denn es würde bedeuten, dass der Begriff der ‚Wirklichkeit' auf den der ‚Kausalität' zurückzuführen ist. Kausalität aber sei ein komplexerer Begriff als ‚Wirklichkeit', der diese selbst immer schon voraussetze, da eine Kausalbeziehung stets eine Beziehung zwischen „Wirklichkeiten" sein müsse. Aus diesem Grund kommt er dazu, das Zeitlichkeitskriterium einzuführen, dass sowohl für das alltägliche Leben als auch für die Wissenschaften seine Gültigkeit haben soll (S. 466 f.). Dabei geht es selbstredend nicht darum, eben jenes Kriterium dem naiven Menschen als neues Wirklichkeitskriterium vorzulegen und ihn darauf zu verweisen, dass er von nun an bitte nur jenes Kriterium zu verwenden habe. Die Übereinstimmung des Wahrnehmungs- und Kausalitätskriteriums mit dem Zeitlichkeitskriterium stellt vielmehr eine notwendige Bedingung für dessen Gültigkeit dar (S. 444; S. 479). D. h., dass das gesuchte Wirklichkeitskriterium die Bedingung erfüllen muss, alles Wahrgenommene als ‚wirklich' zu kennzeichnen, wie auch all jene Gegenstände, die in der alltäglichen Praxis durch die Wahrnehmung ihrer ‚Wirkungen' als ‚wirklich' anerkannt werden. Durch den Zusammenhang der eindeutigen zeitlichen Zuordnung zum unmittelbar erlebten ‚Jetzt', wie auch durch die Festlegung, dass sofern die Naturumstände einen Zeitpunkt eindeutig und mit Notwendigkeit bestimmen (was einen Zusammenhang mit der Kausalvorstellung nahelegt), der betreffende ‚Gegenstand' als ‚wirklich' zu bezeichnen sei, glaubt er nun, dies erreicht zu haben (S. 478). D. h., dass laut Schlick eben jenes Kriterium der Zeitlichkeit genau all jene Gegenstände als ‚wirklich' herausstellt, die auch durch die beiden genannten Kriterien des naiven Menschen als ‚wirklich' zu bezeichnen sind. Das Kriterium der Zeitlichkeit stellt in diesem Zusammenhang, wie erwähnt, lediglich die „erkenntnistheoretische Rechtfertigung" der natürlichen Ansicht des „Naiven" dar (S. 454). Ob das Zeitlichkeitskriterium dies tatsächlich zu leisten vermag, sei hier zunächst dahingestellt. Entscheidend ist an dieser Stelle, dass nach Schlicks Ansicht die Wirklichkeitskriterien des alltäglichen Lebens hinreichend sind: „Damit ist für die Zwecke des Lebens vollständig gesorgt" (S. 450). Und allein darum scheint es ihm in diesem Zusammenhang zu gehen: Der Begriff der ‚Wirklichkeit' im alltäglichen Leben entsteht allein durch Abgrenzung zum Schein. ‚Wirklich' ist all das, was nicht Traum, Falschaussage oder Irrtum ist. Somit ist der Begriff der ‚Wirklichkeit' im vorwissenschaftlichen Denken zunächst einmal lediglich negativ bestimmt. Eine positive Aussage darüber, wie die ‚Wirklichkeit' beschaffen ist, wird auf dieser Ebene nicht getroffen, denn für die Zwecke des Lebens ist es ausreichend, in erster Linie anhand der Wahrnehmung eines Gegenstandes und in zweiter Linie anhand der Wahrnehmung seiner Wirkungen auf seine ‚Wirklichkeit' zu schließen.

> Damit ist die natürliche Weltansicht auf dem Standpunkt angelangt, den man gewöhnlich als »naiven« Realismus bezeichnet. (MSGA I.1, S. 451)

D. h. einen Wirklichkeitsbegriff, der darüber hinausgeht, bedürfen wir im vorwissenschaftlichen Alltag für unsere Zwecke, die auf dieser Ebene allein im Überleben bestehen, zunächst nicht. Die Aufgabe, einen weitergehenden ‚Wirklichkeitsbegriff' zu konstruieren und zu begründen, obliegt allein der Wissenschaft und Philosophie. Diese muss jedoch beachten, dass sie nicht einen Wirklichkeitsbegriff konstruiert, der von der Ansicht des Naiven in einer Weise abweicht, die bestimmten Gegenständen, denen im Alltag ‚Wirklichkeit' zugeschrieben wird, ihre Realität abspricht (S. 497). Gleiches gilt laut Schlick auch in Hinblick auf die Praxis der Forschung: Für das wissenschaftliche Interesse sei es belanglos, ob ihre Begriffe ‚Wirklichkeiten' bezeichnen, denn es gehe ihm lediglich um die Zurückführung der Begriffe aufeinander (S. 446). Darin zeigt sich erneut ein klarer Bezug auf den Erkenntnisprozess als Zurückführung: Die Wissenschaft befasst sich ausschließlich mit dem Erkennen, d. h. mit der Zurückführung von etwas auf etwas anderes, und nicht mit dem ‚Kennen', „d. i. mit reinem Erleben, bloßem Gegebensein" desselben (S. 541). Wie hier mehrfach betont wurde, hat das Vermögen der Erkenntnis nach Schlick keinerlei Zugriff auf das Gekannte, das Erlebte, worin sich die ‚Wirklichkeit' zeigt. Der Prozess des ‚Kennens' muss stets bereits abgeschlossen sein, wenn der Erkenntnisprozess einsetzt. Insofern sich die Wissenschaft ausschließlich auf das Erkennen bezieht, ergibt sich daraus folgerichtig, dass sie mit ‚Wirklichkeiten' allein nichts zu schaffen hat. Die Wissenschaften – so Schlick weiter – konstruieren ideale Fälle und gebrauchen bei der Untersuchung vereinfachende Abstraktionen. Alle wissenschaftliche Theorie hat demnach „unwirkliche Abstraktionen" zum Gegenstand (S. 446).

Hieran zeigt sich, dass der im philosophischen Diskurs zu besprechende Wirklichkeitsbegriff aus Schlicks Perspektive auch für die wissenschaftliche Praxis keinerlei Bedeutung hat. Dennoch ist Schlick bemüht um eine „wissenschaftliche Formulierung des aus dem Leben entnommenen Wirklichkeitsbegriffs" (MSGA I.1, S. 464). Daraus resultiert dann das Kriterium der Zeitlichkeit. Im Kontext wissenschaftlicher Praxis bedeutet dies für Schlick, dass die „reale Existenz" eines Gegenstandes (auch im philosophischen Sinn) gesichert ist, sobald sich ergibt:

> [...] daß die Regeln der einzelwissenschaftlichen Forschung dazu zwingen, ihm einen bestimmten Ort und eine bestimmte Zeit zuzuerkennen [...] er ist mehr als eine bloße Hilfsannahme oder Arbeitshypothese. (MSGA I.1, S. 481)[3]

Inwiefern ist die Wirklichkeit eines beliebigen Gegenstandes durch Zuhilfenahme des Kriteriums auch im philosophischen Sinn gesichert? Nach Schlick stellt jenes Kriterium wie besprochen nichts weiter dar, als die erkenntnistheoretische Rechtfertigung eines Wirklichkeitsbegriffs, der unabhängig von jeglicher philosophischer Reflexion bereits vorhanden ist und sowohl in der alltäglichen als auch in der wissenschaftlichen Praxis Verwendung findet. Das Kriterium wurde lediglich „aus dem

---

[3] Als Beispiel für eine derartige Hilfsannahme mag hier der „Lichtäther" dienen. Der Vorzug der SRT gegenüber des Lorentz'schen Standpunkte bestand für Schlick darin, dass im Rahmen der SRT das ‚Wirkliche' ausschließlich mit dem Erfahrbaren identifiziert wurde, während nach Lorentz zwar ein materieller Äther existierte, der jedoch in den Naturvorgängen nicht in Erscheinung trat. Dem folgend ist nach dem Kriterium der Zeitlichkeit einem materiellen Äther keine reale physische Existenz zuzusprechen.

Denken und den Verfahrungsweisen der Praxis [...] herausgearbeitet" (S. 479). Doch welchen Zweck vermag das Kriterium im philosophischen Diskurs zu erfüllen? Auch hierauf hat Schlick eine direkte Antwort: Mithilfe jenes Kriteriums könne der „Umkreis alles dessen abgegrenzt werden [...], was da als »wirklich« gilt, so ist für die Behandlung des Wirklichkeitsproblems durch die Philosophie eine feste Basis geschaffen, die sie nicht ohne weiteres verlassen darf" (ebd.).

Im Zusammenhang mit den nun folgenden Ausführungen wird noch eindringlicher deutlich, dass Schlick das herausgearbeitete Kriterium der Zeitlichkeit in Anlehnung an die Praxis einzelwissenschaftlicher Forschung entwickelt hat. Vor diesem Hintergrund erachtet er seinen Wirklichkeitsbegriff als einen im Vergleich zu anderen philosophischen Konzeptionen zweckmäßigeren Ansatz. In diesem Zusammenhang ist insb. die von Schlick sog. Immanenzphilosophie Machs und Avenarius' hervorzuheben, die Schlick in folgender Weise darstellt:

Vertreter des Immanenzgedankens ist laut Schlick, wer das ‚Ding an sich' im Sinne Schlicks ablehnt (MSGA I.1, S. 483).[4] Wer dies tut, der fordert, man müsse „in der Sphäre des Gegebenen oder Vorgefundenen" verbleiben und „Transzendenz" verbieten (S. 483 f.). Damit würden jene Vertreter den Begriff der ‚Wirklichkeit' auf das „Reich des Gegebenen" einschränken (S. 487). Vor diesem Hintergrund spricht Schlick vom „positivistischen Wunsch", der darauf abziele, „bei dem schlechthin Tatsächlichen" stehenzubleiben, jegliche „Denkzutaten" zu vermeiden, das Vorhandene durch Urteile bloß zu beschreiben und keinerlei „Hinzufügung von Hypothesen" zu gestatten. Allerdings würde wohl niemand, wie auch Schlick selbst eingesteht, die allzu strenge Durchführung dieses extremen Standpunktes ernsthaft in Erwägung ziehen (S. 489).[5] Doch es gibt einen weniger strengen Immanenzstandpunkt, der auch aus Schlicks Perspektive durchaus bedenkenswert erscheint. Hiernach wird ein „Minimum von Denkzutaten" gestattet, nicht jedoch die Annahme eines ‚Dinges an sich':

> Es werden nur die elementarsten Voraussetzungen von solcher Einfachheit zugelassen, daß sie tatsächlich allen Ausgangspunkten gemeinsam sind und von niemand in Zweifel gezogen werden. (MSGA I.1, S. 490)

In seiner reinsten Form findet sich dieser Standpunkt laut Schlick bei Avenarius und Mach (S. 493). Es folgt eine längere Darstellung einiger konkreter Aspekte der Philosophischen Arbeiten beider Denker. Auf die Details kommt es an dieser Stelle nicht an. Entscheidend ist, dass sich die Standpunkte beider Philosophen laut Schlick auf jenen inhaltlichen Kernaspekt reduzieren lassen, wonach die ‚Dinge an sich' im Sinne Schlicks abzulehnen sind. So verstanden, widersprechen beide dem schlickschen Wirklichkeitskriterium insofern, als dass sie bestimmten Gegenständen, die nach Schlick als ‚wirklich' zu erachten sind, ihre ‚Wirklichkeit' absprechen. In der Gegenüberstellung zu dieser (vermeintlichen) Gegenposition versucht Schlick nun,

---

[4] D. h. Gegenstände die ‚wirklich' sind ohne wahrgenommen zu sein, die Schlick wie zitiert auch als „transzendente Dinge" bezeichnet (MSGA I.1, S. 483 f.).

[5] Nach Schlicks eigenem Erkenntnisbegriff würde sich, wie er argumentiert, jener Standpunkt bei strenger Durchführung gar selbst aufheben (ebd.).

seinen Wirklichkeitsbegriff unter Bezug auf die wissenschaftliche Praxis plausibel zu machen. Hierzu müsse gezeigt werden:

> [...] daß gerade die immanenten Systeme an Widersprüchen kranken, deren Grund in der Unmöglichkeit liegt, die Leugnung der Dinge an sich mit der Rechtmäßigkeit der empirischen Forschungsmethoden und ihrer sichersten Grundsätze zu vereinen. (MSGA I.1, S. 492)[6]

Der Ausgangspunkt seiner Argumentation liegt also darin, dass die Immanenzphilosophie sich nicht mit der Praxis der Wissenschaften („mit der Rechtmäßigkeit der empirischen Forschungsmethoden und ihrer sichersten Grundsätze“) in Einklang bringen lassen und sie gar in Widersprüche führen würde. Inwiefern wäre dies der Fall? Ein erstes Argument, das Schlick diesbezüglich liefert, lautet, dass die Wissenschaft im Gegensatz zum naiven Individuum über die direkt wahrgenommenen Gegenstände hinausgeht zu Dingen, „von denen es nach ihren eigenen Prinzipien ausgeschlossen ist, dass sie je einem Menschen gegeben würden“ (S. 496). Dies geschieht, indem sie bspw. Urteile über das Innere der Sonne fällt, über Elektronen, magnetische Feldstärken etc. Daran anschließend stellt er die Frage, welcher Sinn diesen Aussagen zukomme. Hier eröffnen sich nach Schlicks Ansicht nun zwei Möglichkeiten: diese nicht wahrgenommenen Gegenstände als ‚wirklich‘ zu bezeichnen oder dies nicht zu tun (ebd.). Die erste Möglichkeit entspricht klar seinem eigenen Standpunkt, letztere beschreibt den Standpunkt, den Schlick der Immanenzphilosophie zuweist. Schlicks Überlegungen führen in der Folge zu dem Resultat, dass der Immanenzstandpunkt eine grundlegende Differenz zwischen wahrgenommenen bzw. wahrnehmbaren und nicht-wahrnehmbaren Gegenständen postuliert. Diese Ansicht führe zwangsläufig zu den verschiedensten Ungereimtheiten und ließe sich keinesfalls konsequent durchführen (S. 496–520). Im Kontrast dazu steht Schlicks eigene Position, deren Zusammenfassung durch Schlick ich hier in Gänze zitieren möchte:

> Auch wir können auf dem Standpunkte, auf den wir uns gedrängt sehen, keine Unterscheidung zwischen beiden Arten von Denkgegenständen machen, nur behaupten wir nicht ihre Irrealität, sondern wir erklären sie im Gegenteil für vollwirklich und damit leugnen wir zugleich jeden Realitätsunterschied zwischen den wahrgenommenen Gegenständen und den durch strenge Methoden erschlossenen; beiden sprechen wir gleicherweise Wirklichkeit zu. Die Gegenstände, die wir durch unsere naturwissenschaftlichen Begriffe (Körper, Atom, elektrisches Feld usw.) bezeichnen, sind nicht identisch mit den Elementenkomplexen, aber sie sind ebenso real wie diese und bleiben es auch, wenn überhaupt keine Elemente gegeben sind. Die Eigenschaften und Beziehungen dieser Gegenstände werden niemals unmittelbar gegeben, sondern stets erschlossen, und das gilt nun in genau demselben Sinne und Grade von *allen* derartigen Gegenständen, vom Elektron des Physikers so gut wie von dem Brot auf unserem Tisch. Auf Grund unserer Erlebnisse beim Beschauen und Betasten des Brotes nehmen wir die Existenz eines relativ beharrlichen Objektes an, dem wir den Begriff »Brot« zuordnen; und auf Grund der Erlebnisse, die wir bei gewissen Experimentaluntersuchungen haben, wie etwa denjenigen von Perrin oder Svedberg, nehmen wir das Dasein von Objekten an, die wir durch den Begriff »Atom« bezeichnen. (MSGA I.1, S. 519–520)

Diese Stelle ist auch deshalb von besonderer Bedeutung, da es zunächst den Eindruck erweckt, als sei sie geeignet um Neubers Standpunkt zu unterstützen, wonach

[6] In der A-Ausgabe von 1918 spricht Schlick an dieser Stelle von „Widersprüchen“ . In der überarbeiteten Fassung von 1925 scheint er sein allzu hartes Urteil über die ‚Immanenzphilosophie‘ etwas abzuschwächen, indem er den Ausdruck „Widersprüche“ durch „Schwierigkeiten“ ersetzt.

der frühe Schlick die Frage nach der Realität der Außenwelt noch eindeutig mit „Ja!" beantwortet hat. Bei genauerer Betrachtung zeigt sich jedoch, dass dies nur in einem eingeschränkten Sinn zutreffend ist. Denn erstens lehnt Schlick sich hier ganz explizit an die Praxis der wissenschaftlichen Forschung an, indem er sich auf naturwissenschaftliche Begrifflichkeiten bezieht („Körper, Atom, elektrisches Feld usw."). Zweitens geht es hier sehr deutlich darum, dass es zwei Arten von Gegenständen zu geben scheint: die Wahrgenommenen und die Erschlossenen. Letztlich zielt er darauf ab, dass allein auf der Grundlage dieser Unterscheidung eine Differenz des ‚Wirklichkeitsgrades' nicht zu rechtfertigen ist. Es geht Schlick dabei nicht darum, unter allen Umständen die ‚Wirklichkeit' der Gegenstände der Außenwelt oder nicht-gegebener Gegenstände zu behaupten, sondern in erster Linie darum, „jeden Realitätsunterschied zwischen den wahrgenommenen Gegenständen und den durch strenge Methoden erschlossenen" zu leugnen. Sich bei der Konstitution eines ‚Wirtklichkeitskonzeptes' an der Praxis empirischer Forschungsmethoden zu orientieren, scheint seine oberste Maxime zu sein. Diesbezüglich sagt er einige Seiten später, dass es den Prinzipien der Forschung widersprechen würde, alles nicht Gegebene aus der „Welt der Realität" zu streichen (S. 523). Als wichtigstes Beispiel hierfür führt er in erster Linie das Kausalprinzip an:

> Es fordert einen lückenlosen Zusammenhang alles Realen in der Weise, daß die wirklichen Vorgänge nach festen empirischen Regeln aufeinander folgen. (MSGA I.1, S. 523)

Würde man die ‚Wirklichkeit' auf gegebene Größen beschränken, so ließen sich für die „kontinuierliche Sukzession" der empirischen Vorgänge keine derartigen festen Regeln aufstellen (S. 523 f.). Um jenen „Zusammenhang" zu schließen, „auf dem alle Wissenschaft beruht", ist es zwangsläufig notwendig, nicht gegebene Größen innerhalb der Kausalreihen zu ergänzen. Denn Kausalverbindungen bestehen laut Schlick wie erwähnt ausschließlich zwischen ‚wirklichen' Gegenständen, nicht aber zwischen Begriffen. Die Vermengung von Gegenständen mit Begriffen (was offenbar mit einer Verknüpfung von ‚Wirklichem' und ‚Unwirklichem' innerhalb von Kausalreihen einhergehen würde) bedeutet die Verwechslung des Verhältnisses von „Ursache und Wirkung" mit dem von „Grund und Folge" (S. 524). Und darin besteht laut Schlick einer der charakteristischsten Züge des „immanenten Positivismus" (dies ist an dieser Stelle offensichtlich auf Mach und Avenarius bezogen). Um diese Verwechslung zu vermeiden, verbleiben laut Schlick nur zwei Auswege: Man müsse entweder die Existenz der transzendenten ‚Wirklichkeit' anerkennen (damit ist die ‚Wirklichkeit' der ‚Dinge an sich' im Sinne Schlicks gemeint) oder die allgemeine gesetzmäßige Kausalverknüpfung leugnen (S. 524). Letzteres scheint für Schlick selbstredend keine erwägenswerte Option zu sein. Und auch der „Immanenzphilosoph will sich für die zweite Alternative natürlich nicht gern entscheiden" (S. 525). Da jener nun aber auch die erste Alternative ablehnt, würde die Immanenzphilosophie laut Schlick in Widersprüche geraten. Letztlich gelangt Schlick zu dem Ergebnis, dass der Begriff des ‚Dinges an sich' (wie er selbst ihn gefasst hat) gebildet werden muss, „um die Eindeutigkeit der Kausalbeziehungen in der Natur zu wahren" (ebd.; S. 527).

In Hinblick auf die Kernfrage dieses Kapitels, wie sich der frühe Schlick in Bezug auf die Realismusfrage positioniert, ist die soeben besprochene Stelle ganz besonders interessant: Es zeigt sich, dass Schlick bezüglich der Frage nach der Realität der Außenwelt (im weitesten Sinne) lediglich zwei Alternativen vor Augen hat: Sie entweder zu bejahen oder die Kausalbeziehung aufzugeben. Da letzteres für ihn nicht in Frage kommt, fühlt er sich insgesamt dazu gedrängt, mit größter Vorsichtig und stets unter Bezug auf die Praxis empirischer Forschungsmethoden eine Antwort auf die Frage zu geben, die tendenziell in die Richtung eines realistischen Standpunktes weist. D. h. jedoch noch keineswegs, dass er diesen Standpunkt auch mit der Vehemenz vertritt, die ihm oftmals zugeschrieben wird, wie im Rahmen dieses Kapitels deutlich wurde und wie auch im Folgenden noch deutlicher wird.

Ein weiterer Grund, den Schlick anführt, um klarzustellen, dass sein „Wirklichkeitsbegriff“ dem der „Immanenzphilosophie“ (namentlich Mach und Avenarius) vorzuziehen ist, basiert dann auch noch auf seinem Erkenntnisbegriff: Das „Dogma von der Identität des Wirklichen mit dem Gegebenen“ verwechsle ‚Erkennen‘ mit ‚Kennen‘. Und zwar insofern, als dass eine Antwort darauf gesucht wird, was das ‚Wirkliche‘ eigentlich „ist“. Jene Antwort könne jedoch lediglich im unmittelbaren ‚Kennen‘, dem ‚Erleben‘ gefunden bzw. aufgezeigt werden (MSGA I.1, S. 540). Auf rein begrifflicher Ebene ist über dasjenige, was bloß gekannt werden kann, schlicht nichts aussagbar.

> So kehren wir von den Lehren der Immanenzphilosophie, welche Wirkliches und Gegebenes identisch setzen wollte, zurück zu dem Wirklichkeitskriterium, das wir oben dem Gedankenkreise des Lebens und der Wissenschaft entnommen hatten. (MSGA I.1, S. 537)

Vor dem Hintergrund all dessen, was hier zu dieser Thematik besprochen wurde, lässt sich nun meine **3. These** begründen. Hiernach wird laut dem frühen Schlick die Wirklichkeit des Nicht-Gegebenen – also die sog. Dinge an sich – lediglich in Abhängigkeit von der Wirklichkeit des Gegebenen bestimmt. Dieser Aspekt wurde in Abschn. 5.1 unter Bezug auf Schlicks Schrift zu den RT sowie auf den Artikel *Erscheinung und Wesen* ausgeführt. In diesem Zusammenhang ergab sich, dass sofern ‚Gegebenes‘ als ‚wirklich‘ zu bezeichnen ist, so auch ‚nicht-Gegebenes‘ und zwar in der Weise, dass das ‚nicht-Gegebene‘ als genauso wirklich anzusehen ist, wie das ‚Gegebene‘. M. a. W.: Die ‚Wirklichkeit‘ des Gegebenen wird an das nicht-Gegebene vererbt, sofern dieses auf Grundlage des Ersteren konstruiert wurde. Somit ist das nicht-Gegebene, d. h. die ‚Dinge an sich‘ bzw. die transzendenten Gegenstände, *genauso wirklich wie* die unmittelbar gegebenen Gegenstände. In diesem Zusammenhang lässt sich festhalten, dass Schlick nicht direkt die ‚Wirklichkeit‘ nicht-gegebener Gegenstände behauptet, es wird lediglich eine Unterscheidbarkeit des Wirklichkeitsgrades von Gegenständen anhand ihrer Wahrnehmbarkeit bestritten. Dieser letztgenannte Punkt wurde soeben im Kontext meiner zweiten These angesprochen und soll hier noch abschließend um den Aspekt ergänzt werden, dass Schlick auch in der AEL eine Abhängigkeitsbeziehung der Wirklichkeitszuschreibung zwischen gegebenen und nicht-gegebenen Gegenständen postuliert. In den zitierten Paragraphen lassen sich mehrere Stellen finden, die dies zumindest andeuten. So heißt es z. B., dass wir „im Laufe des Forschens“ (hier spiegelt sich erneut der rein praktische

Bezugsrahmen wider) dazu geführt werden, „durch Kombination von Begriffen, die Gegebenes bezeichnen, neue Begriffe zu bilden, die nicht etwas unmittelbar *Bekanntes* bezeichnen“ (S. 443). Die entscheidende Frage lautet für Schlick nun, ob Begriffen der letzteren Art auch etwas „Wirkliches“ zugeordnet ist (ebd.). M. a. W.: Im praktischen Kontext wissenschaftlicher Forschung werden zunächst den unmittelbar gegebenen Größen Begriffe zugeordnet. Daran anschließend werden auf Basis dieser Begriffe neue Begriffe konstruiert, die nicht unmittelbar Gegebenes bezeichnen. Die Frage lautet nun, ob jenen Begriffen ebenso etwas ‚Wirkliches‘ zugeordnet ist, wie denjenigen Begriffen, die sich auf unmittelbar Gegebenes beziehen und auf deren Basis die Begriffe von nicht-Gegebenem konstruiert wurden. Die Antwort, die Schlick an der soeben zitierten Stelle findet, lautet, dass die Entscheidung darüber „aus dem Zusammenhang der Begriffe mit solchen von »Gegebenem« getroffen werden“ muss (ebd.). Insofern wird die Frage nach der ‚Wirklichkeit‘ nicht-gegebener Gegenstände an die Frage nach der ‚Wirklichkeit‘ des unmittelbar Gegebenen geknüpft. Letzteres ist laut Schlick als ‚wirklich‘ gekennzeichnet, da hier die Quelle des Wirklichkeitsbegriffes überhaupt zu verorten ist (S. 452). Insofern wird also die Frage nach der ‚Wirklichkeit‘ nicht-gegebener Gegenstände in Abhängigkeit von der Wirklichkeit des Gegebenen beantwortet. Sind letztere als ‚wirklich‘ zu erachten, so sind es in der Folge auch die Ersteren.

Eine weitere Stelle, die in diesem Kontext anzuführen ist, findet sich etwas weiter unten, im Zusammenhang mit der o.g. kantischen Formulierung, nach der all dasjenige als ‚wirklich‘ zu bezeichnen ist, was mit den „materialen Bedingungen der Erfahrung (der Empfindung) zusammenhängt“ . Schlick benennt hier Alois Riehl als einen modernen Denker, der sich in modifizierter Form an jene kantische Formulierung angeschlossen habe. Er zitiert: „»Wirklich sein« und »in den Zusammenhang der Wahrnehmungen gehören« bedeutet ein und dasselbe“ (MSGA I.1, S. 466). Die Formulierungen des kantischen Gedankens in jener Fassung haben laut Schlick zwei entscheidende Vorteile: Zunächst wird, wie Schlick betont, in dieser Formulierung der fundamentale Punkt hervorgekehrt, dass die Notwendigkeit besteht, „die Bestimmung des Realen irgendwie an das unmittelbar Gegebene anzuschließen (nämlich an die Empfindung)“ (ebd.). Hieran zeigt sich, dass die Abhängigkeitsbeziehung der Wirklichkeitszuschreibung beim nicht-Gegebenen zur Wirklichkeit des Gegebenen für Schlick nicht bloß eine rein faktische Beziehung ist, sondern gar von notwendiger Natur. Aus welchem Grund? Und hier kommt der zweite von Schlick genannte Vorzug der Riehl'schen Formulierung ins Spiel:

> Damit ist zugleich die Unmöglichkeit einer rein logischen Definition des Wirklichkeitsbegriffes richtig zum Ausdruck gebracht. (MSGA I.1, S. 466)

Der Begriff der Wirklichkeit ist stets im praktischen Kontext empirischer Gegebenheiten gedacht und kann niemals in irgendeiner Weise rein logisch definiert werden.

Damit beschließe ich meine Ausführungen zum Wirklichkeitsbegriff beim frühen Schlick anhand meiner drei Thesen zu den §§22-26 der AEL an dieser Stelle und werde zum Ende dieses Kapitels die Ergebnisse meiner Erörterungen resümieren.

5.3 Zur Relevanz der ,Wirklichkeitsfrage‘

Im vorangegangenen Abschnitt wurde Schlicks Wirklichkeitsbegriff in der AEL ausführlich besprochen. Vor diesem Hintergrund wird nun abschließend erneut auf die im ersten und zweiten Abschnitt dieses Kapitels angesprochenen Sekundärquellen einzugehen sein.

Zunächst wurde Hentschels Artikel besprochen. Hierin hieß es, der frühe Schlick habe eine Position vertreten, nach der „Raumzeitliche Ordnungsschemata“ nicht lediglich „ökonomische Hilfsbegriffe“ darstellen:

> Die Annahme, daß ,jeder für die Naturbeschreibung tatsächlich brauchbare Begriff auch in gleicher Weise als Zeichen für etwas Wirkliches betrachtet werden darf‘ erscheint Schlick für eine ,wohlgerundete‘, gleichsam ,löcherfreie‘ Weltansicht unentbehrlich. (Hentschel 1986, S. 483)

Dem ist an dieser Stelle überhaupt nichts entgegenzusetzen. Aufgrund meiner eigenen, hier vorgelegten Analyse kann ich dieser Interpretation nur zustimmen. Man muss das Ganze jedoch im Rahmen des Kontextes verstehen, den Schlick hier selbst vorgibt. Und das ist, wie ausführlich beleuchtet, die alltägliche Praxis des Handelns und Forschens. Für fragwürdig erachte ich vor diesem Hintergrund Hentschels Aussage „durch das Zeichensystem ,Naturwissenschaft‘ erkennen wir laut Schlick ,Realität‘“ (ebd.). Meiner oben vorgelegten Interpretation entsprechend wurde gezeigt, dass die Frage nach ,der Realität‘, also die Frage nach der Wirklichkeit einzelner Gegenstände in einem ontologischen Sinne, für den frühen Schlick überhaupt keine Rolle spielt, er lehnt sie sogar explizit ab. Inwiefern sollten wir also laut Schlick durch die Naturwissenschaft „Realität“ erkennen, wenn seine Ausführungen explizit keinen Bezug auf eine an sich existierende ,Realität‘ nehmen? Es wurde hier hoffentlich deutlich, dass es Schlick in der AEL nicht daran gelegen ist, den Wirklichkeitsbegriff in irgendeiner Weise zu definieren (was ihm nach gar nicht möglich ist), sondern die vorhandene Praxis der Verwendung des Begriffs der „Wirklichkeit“ in Alltag und Wissenschaft zu untersuchen. Damit lehnt sich der in der AEL vertretene Wirklichkeitsbegriff explizit an einen bereits vorhandenen Wirklichkeitsbegriff an und sucht nicht mehr, als diesen zu erläutern und aufzuzeigen, dass bestimmte Wirklichkeitskonzeptionen (wie bspw. die „Immanenzphilosophie“) mit der vorhandenen Sprachpraxis nicht in Einklang zu bringen sind. In gewisser Hinsicht könnte man sogar sagen, dass Schlicks Auseinandersetzung mit dem Begriff der „Wirklichkeit“ nicht über eine reine Analyse der im Praktischen bereits vorhandenen und immer schon vorausgesetzten Verwendung jenes Begriffes hinausgeht. So gesehen, kann man m.E. nicht sagen, Schlick würde im Rahmen der AEL irgendetwas über „die Realität“ also solche aussagen oder etwas über die Realität der Gegenstände, die im jeweiligen Forschungsbereich einer Wissenschaft liegen. Er sagt nicht, dass wir durch die Naturwissenschaft „Realität“ erkennen würden. Es verhält sich vielmehr so, dass im Rahmen der Naturwissenschaft bestimmte Dinge als ,wirklich‘ bezeichnet werden und andere wiederum nicht. Und über diese Verwendungsweise des Wirklichkeitsbegriffs in Alltag und Forschung darf die Philosophie laut Schlick nicht einfach hinweggehen, sondern muss sich stets an ihr orientieren. Damit ist nichts darüber festgelegt, was „die Realität" ist oder in welcher Weise sie ‚erkannt' werden kann, sondern nur darüber, wie über diese geredet wird und wie wir über dieselbe auch in philosophischen Kontexten zu reden haben.

Hentschel bezeichnet darüber hinaus die Position des frühen Schlicks in der Wirklichkeitsfrage als einen „kritischen Realismus". Eine tiefergehende Bestimmung dieses Begriffs, die über die soeben besprochene Ausführung Hentschels zur Frühposition Schlicks hinausgeht, gibt er allerdings nicht. Dem stellt er die Auffassung des späten Schlicks in der Wirklichkeitsfrage als Kontraposition gegenüber: Er deutet an, dass die Spätposition als „konventionalistisch" und „positivistisch" zu bezeichnen sei und behauptet, dass nach dem späteren Schlick „alle ontologischen Aussagen" bspw. des Realismus, Idealismus und Positivismus als metaphysisch zu betrachten und deshalb zu verwerfen seien (siehe Abschn. 5.1). Inwiefern soll dies nun zur Position des frühen Schlicks im Widerspruch stehen? Wie hier mehrfach und ausführlich dargelegt wurde, ist es in der AEL nicht Schlicks Ziel, ontologische Aussagen zu treffen. Die Erläuterungen zur rein praktischen Bedeutung des Wirklichkeitsbegriffs für den frühen Schlick brauche ich hier nicht nochmals auszuführen. Zwar unterscheidet sich die Position des frühen Schlicks in der Wirklichkeitsfrage zur Position des späten. Doch eine bloße Differenz ist noch nicht als „konträre" Position zu interpretieren. Es konnten in den vorangegangenen Kapiteln vielmehr Parallelen in der Wirklichkeitsfrage beim frühen und späten Schlick ausgemacht werden, (siehe z. B. im Zusammenhang mit Neubers Argumentation in Abschn. 5.1). Der größte Unterschied zwischen der Früh- und Spätposition im Kontext der Diskussion um den Begriff der ‚Wirklichkeit' bezieht sich m. E. auf die Frage nach der Wirklichkeit nicht-wahrnehmbarer Gegenstände. Der frühe Schlick sieht hierauf nur zwei Antwortmöglichkeiten: Ihre Wirklichkeit zu behaupten oder sie abzustreiten, und er sieht sich aus rein praktischen Gründen dazu genötigt, die erste der beiden Alternativen zu wählen – nicht aufgrund einer bestimmten ontologischen Ansicht. Der spätere Schlick geht hingegen dazu über, die Frage selbst als sinnlos zurückzuweisen, wodurch er sich der Bedrängnis entzieht, eine bejahende oder verneine Antwort auf dieselbe zu geben. Doch hierauf komme ich sogleich zurück. Zu Hentschel bleibt abschließend zu sagen, dass seine doch sehr vagen Ausführungen bezüglich einer radikalen Abänderung der Ansichten Schlicks in der Wirklichkeitsfrage vom Früh- zum Spätwerk keineswegs als zwingend zu erachten sind.

Auch der späte Feigl, auf den Neuber den Ausdruck der „Konversionsthese" zurückführt, äußert sich – über sein Urteil hinausgehend – nur spärlich zur Thematik. Die Philosophie des frühen Schlicks tituliert er als „critical empirical realism". In den späten Zwanzigern habe er jedoch eine „Konversion" zum Positivismus durchgemacht (siehe Abschn. 5.1). Worin diese Konversion bestehen mag, bleibt auch hier im Unklaren. Gehen wir aus diesem Grund sogleich zur Abschlussbesprechung der hier ausführlich auseinandergenommenen Argumentation von Neuber über. Dieser hatte zunächst eine Wende im Denken Schlicks anhand seiner Positionen zur Wirklichkeitsfrage festmachen wollen. Sein Hauptargument basierte auf der These, der frühe Schlick habe in der AEL die Frage nach der Realität der Außenwelt noch als sinnvoll charakterisiert und anschließend affirmativ beantwortet. Dies konnte hier in Abschn. 5.2 im Einzelnen widerlegt werden. In den entscheidenden inhaltlichen

Punkten, unter Bezug auf Textstellen die Neuber zum Teil selbst zitiert, konnten sogar eher Parallelen denn Dissense in Schlicks Früh- und Spätposition herausgearbeitet werden. Dies soll hier nicht erneut im Detail besprochen werden. Viel interessanter sind zum Abschluss dieser Besprechung Neubers Ausführungen zum Standpunkt des späten Schlicks, die vorgeblich in Kontraposition zu seinen früheren Ausführungen stehen und die Wende in seinem Denken bezeugen sollen. Im Abschn. 5.2 habe ich eine Zusammenfassung der Neuber'schen Darstellung der Positionierung des späteren Schlicks in der Wirklichkeitsfrage gegeben, die ich nun an dieser Stelle mit der hier herausgearbeiteten Position des früheren Schlicks abgleichen werde. Betrachten wir zunächst den in der Auflistung als letztes genannten Punkt. Hiernach ist es laut dem späten Schlick nicht möglich, auf philosophischem Wege eine Entscheidung darüber zu treffen, ob etwas real sei oder nicht. Nur der Sinn bzw. die Bedeutung der Behauptung der Realität von etwas könne herausgefunden werden. Ob etwas real sei, obliege dabei allein den gewöhnlichen Methoden des Alltags und der Wissenschaft. Wie hier ausführlich dargelegt wurde, entspricht dies genau der Position des frühen Schlicks. Insofern kann die „Wende“ in seinem Denken nicht anhand dieses Aspekts festgemacht werden, sodass wir direkt dazu übergehen können, die anderen beiden Punkte der Auflistung zu besprechen. Hiernach vertritt der Wiener Schlick die Position, dass zwischen den Auffassungen, transzendente Dinge seien „logische Konstruktionen“ oder „selbstständige Wirklichkeiten“, kein angebbarer Unterschied bestehe. Darüber hinaus sei der späte Schlick ein Kritiker des „metaphysischen Außenwelt-Realismus“, er stelle sogar mit „Positivismus & Realismus“ das explizite Gegenprogramm dazu dar und deklariere das „Problem der Realität der Außenwelt“ zur „sinnlosen Scheinfrage“ .

Dass hierin eine Differenz zur früheren Auffassung der AEL besteht, ist sicher nicht zu bestreiten. So trifft Schlick in der AEL explizit die Entscheidung, transzendente Dinge seien als selbstständige Wirklichkeiten zu erachten, (allerdings, wie vielfach betont, lediglich im Kontext von und angelehnt an die Praxis des Handelns und Forschens). Weiterhin stellt sich der frühe Schlick nicht in der Weise explizit gegen einen Außenwelt-Realismus (wenngleich er sich jedoch auch nicht zu diesem bekennt und sich darüber hinaus auch schon in der AEL die Ablehnung metaphysisch-realistischer Aussagen nachweisen lässt). Doch ist diese Differenz derart groß, dass von einer „Wende“ im Denken Schlicks auszugehen ist, die zu einer Unterscheidung zwischen „Schlick 1“ und „Schlick 2“ berechtigt? Sind die Positionen zur Wirklichkeitsfrage beim frühen und späten Schlick so stark divergierend, dass sie als einander widersprechend bezeichnet werden müssen? Um dies zu beantworten erscheint es mir sinnvoll, die im letzten Abschnitt ausgearbeitete Position des frühen Schlicks in der Wirklichkeitsfrage nochmals zusammenfassend in Hinblick auf die Ablehnung der Frage nach der Realität der Außenwelt darzulegen.

M.E. ergibt sich, dass der frühe Schlick die ‚Frage nach der Realität der Außenwelt‘ nicht als sinnvoll erachtet hat. Er hat sie schlicht nicht gestellt. Fragen derart ‚Sind die Dinge um uns herum wirklich oder bloße Erscheinungen?‘ wie sie bspw. in kantischer Formulierung gestellt werden könnten, spielen für ihn sogar explizit keine Rolle. In der AEL hat Schlick die ‚Frage nach der Realität der Außenwelt‘ auch nicht affirmativ beantwortet: Die Wirklichkeit ist für ihn etwas, das als Ganzes im praktischen Kontext immer schon vorausgesetzt wird. Damit ist sie eine gesetzte Wirklichkeit, über die im Rahmen der AEL und vor allem der untersuchten §§22-26 prinzipiell nichts ausgesagt wird. Schlick äußert sich hier lediglich explizit zur Frage nach der Wirklichkeit von Einzelgegenständen. Dieserlei Fragen laufen für ihn jedoch schlicht auf die Unterscheidung zwischen Schein und Wirklichkeit hinaus und werden auch beim späten Schlick explizit als sinnvolle Fragen gekennzeichnet.

Letztlich zeigt sich, dass der Begriff der Wirklichkeit sich beim frühen Schlick stets an der Praxis des Alltags und der Wissenschaft orientieren muss. Dabei wird der Begriff im Rahmen einer bestehenden Praxis in einer bestimmten Weise verwendet, über die die Philosophie nicht einfach hinweggehen darf. Wenn Schlick also die sog. Dinge an sich, d.h. die nicht-wahrgenommenen bzw. nicht-wahrnehmbaren Gegenstände als wirklich bezeichnet, tut er dies nur, weil sich dies im Rahmen der alltäglichen und der wissenschaftlichen Praxis als zweckmäßig erwiesen hat. Er weist dabei jedoch diesen ‚Dingen an sich' nicht einfach das Prädikat ‚wirklich' zu, sondern erachtet sie als ‚genauso wirklich wie' die unmittelbar wahrgenommenen Gegenstände. Jene werden, unter Bezug auf Kant und mit der Begründung, dass sie aus der alltäglichen Praxis heraus die „Quelle des Wirklichkeitsbegriffs" überhaupt darstellen, nach Schlick als ‚wirklich' gekennzeichnet. Darüber jedoch, ob ihnen eine tiefergehende Wirklichkeit zukommt, im Sinne der ontologischen Frage nach einer Unterscheidung zwischen Erscheinungen und ‚Dingen an sich' in kantischer Terminologie, äußert sich Schlick nicht. Er lehnt diese Fragestellung im Rahmen der AEL sogar explizit ab, und zwar mit dem Verweis darauf, dass dies für seine Zwecke überhaupt nicht relevant sei.

Auf die Frage nach der Wirklichkeit der ‚Dinge an sich' im schlickschen Sinne scheint der frühe Schlick nur zwei Antwortmöglichkeiten zu sehen: Sie sind wirklich oder sind es nicht. Da er die letztgenannte Alternative aus wissenschaftstheoretischer Perspektive ablehnt, sieht er sich dazu genötigt, die erstere Möglichkeit zu ergreifen. Es scheint sich so zu verhalten, dass der spätere Schlick erkannt hat, dass es eine dritte Möglichkeit gibt, auf diese Frage zu reagieren: D.i. eben die Frage nach der Realität der Außenwelt selbst als „sinnlose Scheinfrage" zurückzuweisen. Der entscheidende Punkt ist nun, ob der frühe Schlick, sofern er diese Möglichkeit zu jenem frühen Zeitpunkt seiner Karriere bereits klar vor Augen gehabt hätte, nicht eher jenen Standpunkt eingenommen hätte, als sich für die erste der drei Möglichkeiten zu entscheiden. Die Tendenz weist m.E. jedenfalls sehr stark in diese Richtung.

Doch in jedem Fall scheint es mir, als sei es von der Position, die der frühe Schlick in der Realismusdebatte eingenommen hat, kein weiter Weg hin zu der Position, die der spätere Schlick vertritt. Es ist m.E. auch kein Weg, auf dem irgendwelche Abzweigungen gegangen werden oder gar eine Kehrtwende vollzogen werden müsste. (Wie hier gezeigt werden konnte, lassen sich an den entscheidenden Stellen sogar inhaltliche Parallelen aufweisen.) Die Position des späten Schlicks, wonach die ‚Frage nach der Realität der Außenwelt' eine sinnlose Scheinfrage darstellt, scheint vielmehr genau diejenige zu sein, zu der man zwangsläufig gelangt, sofern man vom Standpunkt der AEL ausgeht und auf seinem Wege im Sinne Schlicks „konsequent philosophiert" (Bauer et al., 2022). Denn der Standpunkt des frühen Schlicks, wonach die Frage nach der Realität der Außenwelt schlicht nicht interessiert, der m.a.W. in unserem

Kontext keinerlei Bedeutung zukommt, steht sicher nicht im Widerspruch zu der Aussage, sie sei eine „sinnlose Scheinfrage" . Die später eingenommene Position stellt sich mir viel eher als eine Radikalisierung, als eine konsequentere Ausformulierung desselben Gedankens dar. Insofern möchte ich mich an dieser Stelle dem oben angeführten Zitat des frühen Feigls anschließen:

> [Schlicks] früheren Argumente zugunsten der realistischen Transzendenz würde ich heute so umdeuten, daß sie nur die Zweckmäßigkeit der empirisch-realistischen Sprechweise, nicht aber die metaphysische Existenz einer Welt von Dingen an sich beweisen. (Feigl 1937, S. 410)

Ergänzend ist in diesem Zusammenhang der Briefwechsel zwischen Schlick und Max Planck heranzuziehen.[7] In Reaktion auf Schlicks oben bereits zitierten Artikel über *Positivismus und Realismus* wendet sich der Lehrer brieflich an seinen Schüler, zwecks inhaltlicher Rückfragen. Er schließt, dass aus den von Schlick gemachten Voraussetzungen, nach denen zum einen die Frage nach der Wirklichkeit eines Gegenstandes lediglich am „Gegebenen" geprüft werden kann und es zum anderen falsch sei zu sagen, nur das „Gegebene" sei wirklich, folgen müsse, dass es Fälle gibt, in denen etwas nicht Gegebenes durch Prüfung am Gegebenen als wirklich nachgewiesen werden kann. Hierfür fordert er Beispiele (Max Planck an Moritz Schlick 15. November 1932). Schlicks Antwortschreiben an Planck kann in der Tat als Bestätigung für die hier dargelegte Argumentation gelesen werden: Schlick stimmt mit Planck darin überein, dass durch unmittelbare Erfahrung über die „Wirklichkeit" des „Nicht-Gegebenen" entschieden werden könne. Um Planck die gewünschten Beispiele zu liefern nennt er die Existenz der Rückseite des Mondes, Atome sowie Quanten. Solche Fälle, so fährt Schlick fort, würden sich jedoch prinzipiell nicht von jenen unterscheiden, in denen die „Existenz" von „direkt wahrgenommenen" Gegenständen behauptet würde. Das Wort „wirklich" habe einen rein empirischen Gebrauch, sein Sinn bestehe darin, den Gegensatz zu bloß geträumten oder halluzinierten Dingen zu verdeutlichen (Moritz Schlick an Max Planck 12. Dezember 1932).

Diese Ausführungen erinnern stark an die hier besprochenen Ausführungen, die Schlick bereits in seinem Frühwerk ausgeführt hatte. Dies betrifft sowohl die von Schlick gewählten Beispiele, die von jener Art sind wie in *Erscheinung und Wesen* (siehe Abschn. 5.2), als auch die Formulierung, nach der der Begriff der „Wirklichkeit" stets an das Gegebene gekoppelt sein muss, wie auch die daraus resultierende prinzipielle Ununterscheidbarkeit des Grades an Wirklichkeit bezüglich gegebener und nicht-gegebener Gegenstände (siehe 5.2). Die darauffolgenden Äußerungen Schlicks zur zweiten Frage Planck, die auf das Verhältnis von Wissenschaft und „Metaphysik" abzielen, wird von Schlick ausführlich beantwortet. Überraschend sind in diesem Zusammenhang Schlicks Äußerungen zur sonst in Publikationen stets strikt abgelehnten Metaphysik: der Ton der darauffolgenden Zeilen klingt weniger streng und spiegelt nicht die zu erwartende offene Ablehnung wider, von der in der Literatur einhellig ausgegangen wird. M. E. führen diese Überlegungen letztlich Schlicks

[7] Ich beziehe mich auf die von der Moritz-Schlick-Forschungsstelle in Rostock vorgenommene Transkription, die im Rahmen der MSGA erscheinen wird.

Gedanken über das Verhältnis von Wissenschaft und wirklicher Welt neu aus: der Begriff der ‚Metaphysik' wird hier stellvertretend für eine real existierende Wirklichkeit gebraucht, über deren Existenz im Rahmen dieser Wissenschaften sich nichts sinnvoll aussagen lässt, obschon die Rede von dieser, so Schlick, nicht als „wertlos" zu erachten sei: ihr müsse außerhalb des schmalen Rahmens der strengen Logik ein Platz eingeräumt werden. Schlicks diesbezügliche Ausführungen über „metaphysische Einstellungen" weisen letztlich sehr stark in die Richtung dessen, was beim „frühen Schlick" sehr häufig als realistischer Standpunkt ausgedeutet wird. Um dies näher auszuführen, wäre genauer zu untersuchen, was nach Schlick eigentlich unter ‚Metaphysik' verstanden werden kann. Diese Überlegungen würden die Argumentation jedoch letztlich vom eigentlichen Thema der vorliegenden Arbeit wegführen und bedürfen eine eingehendere Analyse andernorts. Darüber hinaus verweisen sie auf eine Thematik, die weiter unten, wenn auch im Rahmen dieser Arbeit nicht vollständig besprochen, so doch zumindest in seinen Grundzügen umrissen wird: Namentlich geht es dabei um die in der Literatur sehr stark umstrittenen *Konstatierungen* (siehe 5.3).

Abschließend nochmals zur Frage, ob und inwiefern die Zuordnung eines -Ismus (sei es nun der „Positivismus" beim späteren Schlick oder der „Realismus" beim früheren) zur schlickschen Erkenntnisphilosophie überhaupt gerechtfertigt werden kann. Wie in Abschn. 5.1 erwähnt, lehnte Schlick selbst derartige Zuordnungen stets ab. Im Spätwerk tut er dies explizit, im Frühwerk könnte man eine implizite Ablehnung solcherlei Zuordnungen darin sehen, dass er sich stets jeglichen Bekenntnisses zu irgendeiner philosophischen Strömung verwehrt (auch hierin ließe sich wiederum eine Radikalisierung früherer Ansichten ausmachen). Was kann in Bezug auf den frühen Schlick überhaupt gemeint sein, wenn von einem „kritischen Realismus" die Rede ist? Die bislang angeführten Autoren äußerten sich zur Definition jenes Ausdrucks, wenn überhaupt, dann nur sehr spärlich. Der Schlick-Schüler Georg von Bernegg Sprecher, der sich mit einer in der Literatur bislang kaum beachteten Arbeit von 1938 „über den kritischen Realismus von M. Schlick" (Sprecher von Bernegg 1938) promovierte, bemüht sich zumindest im Ansatz um eine Definition. Er spricht in Bezug auf die AEL von einer „realistischen Position" mit „metaphysischen Charakter" (S. 2). Was hiermit genau gemeint ist, lässt sich leider nicht mehr nachvollziehen, da Sprecher sich an dieser Stelle auf seine Ausführungen von S. 1 seiner Dissertation bezieht, die in der Ausgabe im Archiv der Universität Wien leider nicht mehr erhalten ist.[8] Von Interesse ist jedoch die darauffolgende Definition des Ausdrucks „kritisch":

> »Kritisch« nennen wir diese [die Position der AEL], insofern Schlick, der von den Anschauungen des populären Denkens bezw. der Einzelwissenschaftlichen Forschungspraxis ausgeht, die naiv-realistischen Auffassungen von ihren Widersprüchen zu reinigen und in eine feste Theorie zu bringen sucht. (Sprecher von Bernegg 1938, S. 2)

Insofern Schlicks „kritischer Realismus" genau so verstanden wird, wie Sprecher es hier darstellt, ist der Auffassung, der frühe Schlick sei ein kritischer Realist gewe-

---

[8] Mein Dank gilt Philipp Leon Bauer vom Institut Wiener Kreis, der die Arbeit Sprechers für mich ausfindig machte und sie mir zur Verfügung stellte.

sen m.E. gar nichts entgegenzusetzen. Sprecher betont hier die Nähe zur Praxis der einzelwissenschaftlichen Forschung wie auch die sprachanalytische Herangehensweise Schlicks an den Begriff der Wirklichkeit in der AEL. Wenn unter ‚kritischem Realismus' nicht mehr verstanden wird als eben dies, kann ich dem uneingeschränkt zustimmen. Allerdings, und dies halte ich für problematisch, wird dem frühen Schlick in der sich inzwischen entwickelten Tradition allzu häufig eine Position im Sinne des Realismus zugeschrieben, nach der ihm ontologische Aussagen zugeschrieben werden.[9] Von der Prämisse ausgehend, dass der frühe Schlick ein kritischer Realist in einem ontologischen Sinne war, wird jede seiner Aussagen bezüglich der Wirklichkeitsfrage in der AEL in einer Weise interpretiert, die dies zu bestätigen scheint. Und dass, obwohl seine Ausführungen keineswegs zwingend in diese Richtung weisen, schon gar nicht lässt sich behaupten, er hätte diese Art des Realismus *explizit* vertreten. Dies geschieht sogar in Bezug auf Stellen, die inhaltlich, ja nahezu wörtlich, in späteren Schriften erneut auftauchen: Ein und dieselbe inhaltliche Aussage wird, sofern sie in der AEL auftaucht, als Bekenntnis zu einem ontologisch verstandenen kritischen Realismus gelesen, während dieselbe Aussage beim Wiener Schlick als Abkehr von seiner früheren Position hin zum Positivismus gedeutet wird (vgl. hierzu meine Ausführungen zu den von Neuber zitierten Stellen aus der AEL und EEM in Abschn. 5.1). Freilich soll mit meinen Ausführungen nicht gesagt werden, dass der frühe Schlick kein kritischer Realist war. Allerdings verschleiert diese Zuordnung zu einer bestimmten Denk- und Argumentationskategorie allzu leicht, was Schlick in der AEL zur Realismusdebatte wirklich gesagt hat: Er hat vielmehr vor dem Hintergrund seiner Kenntnisse aus der wissenschaftlichen Praxis der Naturwissenschaft, inspiriert durch philosophische Vordenker des kritischen Realismus, einen eigenständigen Standpunkt in der Wirklichkeitsfrage entwickelt, den ich hier als einen *relativen* oder einen *eingeschränkten kritischen Realismus* bezeichnen möchte. Relativ in dem Sinne, dass zum einen die Wirklichkeit der nicht-wahrgenommenen Gegenstände stets lediglich relativ in Bezug auf die Wirklichkeit wahrgenommener Gegenstände gedacht wird: Erstere sind stets lediglich als genauso wirklich wie Letztere bestimmt. Zum anderen ist der Wirklichkeitsbegriff, das heißt genauer, die Bestimmung dessen, was als ‚wirklich' zu bezeichnen ist, vollständig an den praktischen Gebrauch des Begriffs der ‚Wirklichkeit' in Alltag und Forschung gekoppelt. Damit legt Schlick keine ontologische und auch keine philosophische Bestimmung des Wirklichkeitsbegriffs in der AEL vor. Er bestimmt stattdessen das, was wirklich ist, lediglich relativ in Bezug auf das, was in einer bereits als vorhanden gedachten Praxis immer schon als ‚wirklich' bezeichnet wird. Damit ist sein kritisch-realistisches Wirklichkeitskonzept nur relativ in Bezug auf eben jene Praxis bestimmt. In dieser Hinsicht kann Schlicks Wirklichkeitsbegriff denn auch als ein *eingeschränkter kritischer Realismus* betrachtet werden, der sich daran festmachen lässt, dass er sich jeglicher ontologischer Aussage verwehrt. Damit ist m.E. eine gewisse positivistische Tendenz in der AEL vorweggenommen, die erst in den späteren Wiener Schriften Schlicks deutlich

---

[9] Vgl. bspw. oben zitierte Stellen in Neuber, Matthias (2013) und (2018) oder Hentschel (1986).

zutage tritt. In diesem Sinne kann dann auch von einer Radikalisierung Schlicks in Hinblick auf die Wirklichkeitsfrage die Rede sein, nicht aber von einer echten „Wende" in seinem Denken.

Literatur

Bauer, Philipp Leon, Raphael Borchers, Julia Franke-Reddig, and Ingolf Max. 2002. Konsequentes Philosophieren im Lichte empirischer Wissenschaften und Logik. Drei neue Bände der nachgelassenen Schriften der Moritz Schlick Gesamtausgabe. *Zeitschrift für philosophische Forschung* 76: 137–153.

Cassirer, Ernst. 1927. Erkenntnistheorie nebst den Grenzfragen der Logik und Denkpsychologie. *Jahrbücher der Philosophie* 3: 31–92.

Feigl, Herbert. 1937. Moritz Schlick. *Erkenntnis* 7: 393–419.

Feigl, Herbert. 1981 [1963]. The Power of Positivistic Thinking. In: *Inquiries and Provocations. Selected Writings 1929-1974*, ed. Robert S. Cohen, 38–56. Wien: Springer.

Geymonat, Ludovico. 1985. Entwicklung und Kontinuität im Denken Schlicks. In *Zurück zu Schlick. Eine Neubewertung von Werk und Wirkung*, ed. Brian McGuiness, 24–31. Wien: Hölder-Pichler-Tempsky.

Hentschel, Klaus. 1986. Die Korrespondenz Einstein-Schlick. Zum Verhältnis der Physik zur Philosophie. *Annals of Science* 43: 475–488.

Hentschel, Klaus. 1987. Einstein, Neokantianismus und Theorienholismus. *Kant Studien* 78: 459–470.

Kant, Immanuel. 1974. *Kritik der reinen Vernunft [= KrV]*. Frankfurt a. M.: Suhrkamp.

Menger, Karl. 1982. Memories of Moritz Schlick. In *Rationality and Science. A Memorial Volume for Moritz Schlick in Celebration of the Centennial of His Birth*, ed. Eugene T. Gadol, 83–103. Wien: Springer.

Neuber, Matthias. 2012. *Die Grenzen des Revisionismus. Schlick, Cassirer und das ‚Raumproblem'*. Wien: Springer.

Neuber, Matthias. 2018. *Der Realismus im logischen Empirismus. Eine Studie zur Geschichte der Wissenschaftsphilosophie.* Wien: Springer.

Philippi, Bernd. 1986. Protokollsätze versus Konstatierungen. Ein Kernproblem des Wiener Kreises. Einleitung zu: *Moritz Schlick: Philosophische Logik*, ed. Bernd Philippi, I—XLIII. Frankfurt a. M.: Suhrkamp.

Schlick, Moritz. 2006ff. *Gesamtausgabe* [= MSGA]. eds. Friedrich Stadler & Hans Jürgen Wendel. Wien: Springer.

Schlick, Moritz. 2006. *Allgemeine Erkenntnislehre* [= MSGA I.1]. eds. Fynn Ole Engler & Hans Jürgen Wendel. Wien: Springer.

Schlick, Moritz. 2006. *Über die Reflexion des Lichtes in einer inhomogenen Schicht/Raum und Zeit in der gegenwärtigen Physik* [= MSGA I.2]. eds. Fynn Ole Engler & Matthias Neuber. Wien: Springer.

Schlick, Moritz. 2008. *Die Wiener Zeit. Aufsätze, Beiträge, Rezensionen 1926–1936* [= MSGA I.6]. eds. Johannes Friedl & Heiner Rutte. Wien: Springer.

Schlick, Moritz. 2012. *Rostock, Kiel, Wien. Aufsätze, Beiträge, Rezensionen 1919–1925* [= MSGA I.5], eds. Edwin Glassner & Heidi König-Porstner. Wien: Springer.

Sprecher von Bernegg, Georg. 1938. *Studie über den kritischen Realismus von M. Schlick.* Unveröffentlichte Dissertation, Archiv der Universität Wien.

Willaschek, Marcus. 2001. Die Mehrdeutigkeit der kantischen Unterscheidung zwischen Dingen an sich und Erscheinungen. In *Kant und die Berliner Aufklärung. Akten des IX. internationalen Kant-Kongresses Band II: Sektionen I-V*, eds. Volker Gerhardt, Rolf-Peter Horstmann & Ralph Schumacher, 679–690. Berlin/New York: de Gruyter.

Fazit und Ausblick

In vorliegender Arbeit wurden drei Argumente für die Kontinuität im philosophischen Gesamtwerk Schlicks dargelegt und begründet. Das erste Argument aus dem 3. Kapitel basiert auf der kontinuierlichen Entwicklung von Schlicks Erkenntnisbegriff: Es konnte gezeigt werden, dass Schlick zwar zu Beginn seiner Karriere die These vertreten hat, dass das ‚Erkennen' als ein ‚Wiedererkennen' zu bestimmen sei. Doch davon ließ er bereits sehr früh ab, um stattdessen von der ‚Erkenntnis' als einem ‚Wiederfinden' von Etwas in einem Anderen zu sprechen. Kurz darauf etablierte er für das ‚Erkennen' den Terminus ‚Zurückführen', den er auch synonym zu ‚Reduzieren' gebrauchte. Fernerhin wurde in diesem Zusammenhang erläutert, dass Schlick die Erkenntnis in seinem Früh- und Spätwerk als das In-Beziehung-Setzen von zwei unterschiedlichen Gliedern miteinander versteht. Hierdurch wird eine gewissen Struktur in die Welt gebracht, die im 4. Kapitel thematisiert wurde. Friedls Kritik, nach der Schlicks Erkenntnisbegriff in einen infiniten Regress mündet und bezüglich der Analyse von Existenzurteilen unzulänglich ist, erwies sich als nicht haltbar.

Es zeigt sich damit, inwiefern Schlick eine schon zu Beginn seiner philosophischen Arbeit ausgearbeitete Idee sein Leben lang verfolgt und weiterentwickelt hat. Vor diesem Hintergrund kann von einem „Bruch" in seinem Denken keine Rede sein.

Im 4. Kapitel wurde ein zweites Kontinuitätsargument geliefert, das sich auf den Begriff der Struktur bezieht. Es basiert darauf, dass die sog. Strukturthese des späten Schlicks bereits in seinem Frühwerk angelegt war. Obgleich Schlick jene These in seinen frühen Schriften nicht explizit vertritt, konnte gezeigt werden, dass die ‚Begriffssysteme', die mittels der ‚Erkenntnis' den Tatsachenzusammenhang der Wirklichkeit zu rekonstruieren suchen, letztlich niemals Zugriff auf das nur ‚Kennbare' haben können. Insofern handelt es sich auch bei der Erkenntnislehre des frühen Schlicks um eine Konzeption, die wissenschaftliche Theorien zu einer bloßen Strukturbeschreibung der nur im unmittelbaren Erleben zugänglichen Welt erklärt. Aus diesem Grund kann nicht behauptet werden, Schlick habe die These, dass alle Aus-

J. Franke-Reddig, *Zur Kontinuität und Eigenständigkeit der Wissenschaftsphilosophie von Moritz Schlick*, Veröffentlichungen des Instituts Wiener Kreis 34,
https://doi.org/10.1007/978-3-032-14192-7

sagen reine Strukturaussagen sind, erst ab 1926 nachweislich vertreten, und damit einhergehend kann hier auch der Einfluss Wittgensteins auf die ursprüngliche Entwicklung jener These ausgeschlossen werden. Das heißt natürlich nicht, dass ich den Einfluss Wittgensteins hier ganz ausschließen möchte. Sicherlich hat die Bekanntschaft mit der Philosophie Wittgensteins Schlick in den 1920er Jahren stark beeindruckt. Doch dies heißt eben nicht, dass er die Strukturthese erst in der Auseinandersetzung mit Wittgenstein entwickelt hat. Es ist vielmehr anzunehmen, dass er sich in seiner These von der rein strukturellen Möglichkeit der Wirklichkeitsbeschreibung durch Wittgensteins Philosophie bestärkt sah. Dies führte letztlich zu einer konkreteren Ausgestaltung dieser früher schon vertretenen These.

Darüber hinaus thematisierte das vierte Kapitel auch den Zusammenhang von Schlicks Strukturthese mit Wittgensteins Konzeption der ‚internen' und ‚externen Relationen'. Dabei stellte sich auf Basis der Arbeit Friedls heraus, dass zwischen den beiden genannten Konzeptionen streng unterschieden werden muss: Bei Schlicks These von der Unsagbarkeit des Erlebnisinhalts handelt es sich um seine eigene, von Wittgensteins Überlegungen scharf abzugrenzende Konzeption.

Das 5. Kapitel nahm den Begriff der Wirklichkeit in den Fokus. Da die Debatte um die Kontinuität in Schlicks philosophischem Werk sich hauptsächlich an der Frage entbrennt, wie er im Rahmen seiner Erkenntnisphilosophie den Begriff der ‚Wirklichkeit' deutet, wurde zu Beginn dieses Kapitels ein Überblick über die Argumente verschiedener Autoren für eine „Konversion" im philosophischen Denken Schlicks betrachtet. Hierzu zählen Feigl, Hentschel und Neuber. Dabei wurde vor allem die jüngst vorgelegte Argumentation Neubers genauer untersucht. Darauf folgte eine eingehende Analyse der AEL, die darauf abzielte, Schlicks tatsächliche Positionierung in der Realismusdebatte zu ergründen. Das Ergebnis dieser Untersuchung stellte sich in drei Thesen zur Konzeption der ‚Wirklichkeit' in der AEL dar. Demnach ist die ‚Wirklichkeit' in der AEL stets etwas bereits (Voraus)gesetztes. Vor diesem Hintergrund hat der Begriff der ‚Wirklichkeit' im Rahmen des alltäglichen Lebens sowie der wissenschaftlichen Forschung eine rein praktische Bedeutung. Zudem wird die ‚Wirklichkeit' des nicht-Gegebenen stets in Abhängigkeit von der ‚Wirklichkeit' des Gegebenen bestimmt. Damit lehnt Schlick auch vor allem einen Wirklichkeitsbegriff ab, der unterschiedliche Grade von ‚Wirklichem' einzuführen sucht, da dies auch der Praxis des Alltags und der Wissenschaft widersprechen würde.

In diesem Sinne ist der Begriff der ‚Wirklichkeit' für den frühen Schlick stets aus seiner Verwendung im Alltags- und Forschungsgebrauch abgeleitet. Ein darüber hinausgehendes philosophisches Konzept einer „echten Wirklichkeit" zu entwickeln, lehnt er strikt ab. Die Frage nach der Realität der Außenwelt bestimmt Schlick weder als sinnvoll noch beantwortet er sie affirmativ: Fragen nach der ‚Wirklichkeit' werden in der AEL stets in der Form gestellt, dass sie auf die ‚Wirklichkeit' eines konkreten Gegenstandes im Kontext einer als existierend bereits vorausgesetzten ‚Wirklichkeit' abzielen. Somit erwies sich Neubers Hauptargument für einen tiefgehenden Umbruch im philosophischen Denken Schlicks als nicht haltbar. Damit wurde das dritte Kontinuitätsargument geliefert, das besagt, dass sich ein „Umbruch" im Denken Schlicks nicht so einfach anhand seiner Wirklichkeitskonzeption festmachen lässt. Selbstverständlich hat der späte Schlick die Frage nach der Realität der Außenwelt als sinnlose ‚Scheinfrage‘ zurückgewiesen. Doch es ist keineswegs so, als hätte der frühe Schlick diesbezüglich die genaue Gegenposition vertreten. Es stellt sich vielmehr so dar, als hätte Schlick diese Frage in der AEL als nicht relevant genug erachtet, um sie überhaupt zu bearbeiten. So gesehen stellt sich sein Wandel in der Wirklichkeitsfrage mehr als eine Weiterentwicklung, denn als Kehrtwende dar.

Damit wurden hier drei neue Argumente für die Kontinuität im Denken Schlicks vorgelegt. Es hätten auch weitere kontinuierliche Aspekte der schlickschen Erkenntnisphilosophie besprochen werden können, z. B. die verifikationistische Konzeption in der AEL. Diesbezüglich liegen allerdings bereits umfassende Arbeiten vor, in denen gezeigt wird, dass Schlick die zumeist dem Wiener Kreis zugesprochene These vom Sinnkriterium bereits in der AEL ausgearbeitet hat (bspw. Friedl 2013, Kap. II. Verifikationismus). Aus diesem Grund wurde von der Aufnahme dieses Themenschwerpunktes in die vorliegende Arbeit abgesehen.

Doch es gibt unter diesen Themen eines, das hier zumindest in einem kurzen Abriss näher beleuchtet werden soll, da eine Besprechung des Spätwerk Schlicks in heutigen Tagen wohl kaum darum herumkommt, Position zu seiner wohl umstrittensten Idee zu beziehen, namentlich zu den *Konstatierungen.* Umstritten war diese Konzeption schon in den 1930er Jahren und sie bleibt es bis heute: während bspw. Ingolf Max die ‚methodologische Kreativität in Schlicks wissenschafts-orientiertem Philosophieren‘ betont (Max 2021), spricht Michael Friedman in Bezug auf die ‚Konstatierungen‘ davon, dass Schlicks intellektuelle Kreativität ab 1932 ‚erheblich gedämpft‘ wurde (Friedman 1983, S. 512). Die Debatte selbst beschrieb Neurath seinerzeit als eine bloße „Randerörterung“ (Philippi 1986; S. XXV), während Carnap sie als „Kernproblem der Wissenschaftslogik“ betrachtete (ebd.). Der Erstere verurteilt Schlicks Beitrag zur Debatte als einen unsinnigen metaphysischen Entwurf (Neurath 1934, insb. S. 347), während Carnap und Schlick optimistisch waren, dass sie diesbezüglich sehr bald eine inhaltlich-systematische Einigkeit erzielen könnten (vgl. bspw. Moritz Schlick an Rudolf Carnap 16. April 1935).[1] Was also hat es mit diesen so umstrittenen ‚Konstatierungen‘ auf sich?

Hierbei handelt es sich um eine Konzeption, die Schlick nicht einmal zwei Jahre vor seinem verfrühten Tod im Sommer 1934 in *Über das Fundament der Erkenntnis* erstmals veröffentlichte (MSGA I.6, S. 479–516). Darauf folgten die ergänzenden und erläuternden Beiträge *Facts and Propositions* (MSGA I.6, S. 561–576), *Über Konstatierungen* (MSGA II.1.2, 419–436) sowie weitere Ausführungen in seiner zu Lebzeiten unveröffentlichten Vorlesung aus den Jahren 1934/35 (Schlick 1986a [1933/34]; MSGA II.5.2b). Mit dem ersten zur Thematik publizieren Aufsatz, dem *Fundament,* verfolgt er das Anliegen, erstmals seine „Ansicht über die Protokollsatzfrage zu Papier bringen“ (Moritz Schlick an Rudolf Carnap am 12. März 1934). Die in diesem Zusammenhang als „Protokollsatzdebatte“ in die Geschichte eingegangene Auseinandersetzung zwischen Otto Neurath, Rudolf Carnap und Moritz Schlick widmete sich, wie Philippi es treffend zusammenfasst, „der Grundannahme des Empirismus, daß sich nämlich alle Aussagen der Wissenschaft auf Daten unmittelbarer,

[1] Ich beziehe mich auf die von der Moritz-Schlick-Forschungsstelle in Rostock vorgenommene Transkription, die im Rahmen der MSGA erscheinen wird.

direkter Erfahrung, auf das ‚Gegebene' zurückführen lassen müssen [...]" (Philippi 1986, S. XVf.). Selbstredend stellt sich in diesem Kontext die Frage, wie *diese* Art der ‚Zurückführung' von statten gehen kann und vor allem, *worauf* sie zu erfolgen hat. An dieser Stelle sei ausdrücklich vermerkt, dass hier mit ‚Zurückführung' nicht die im Kap. 3 ausführlich beschriebene Erkenntnisrelation gemeint ist: ‚Zurückführung' im Schlick'schen Sinne des Erkennens bedeutet stets eine Beziehung zwischen Begriffen oder Sätzen *untereinander* im Rahmen eines Begriffs- bzw. Satzsystems und kann niemals über jenes System selbst hinaustreten. Bei der nun zu besprechenden Form der ‚Zurückführung' geht es Schlick, wie sogleich deutlich wird, gerade darum, in gewissem Sinne über dieses System hinauszutreten und eine Verbindung zwischen diesem und der außerhalb davon real existierenden Wirklichkeit herzustellen. Die soeben formulierte Frage wird von den drei genannten Denkern im Rahmen der Debatte jeweils in einer ihnen eigentümlichen Herangehensweise bearbeitet. Die sich zwischen Neurath und Carnap auf der einen und Schlick (und Bela Juhos, siehe bspw. Friedl 2016) auf der anderen Seite abzeichnende Kontroverse basiert letztlich auf einer fundamentalen Differenz, derer sich – so möchte ich hier spekulieren – nicht einmal ihre Akteure selbst bewusst waren. Dies verdeutlicht sich bereits daran, dass Schlick der Debatte attestiert, sie würde sich letztlich um nichts anderes als um „jenes alte Problem des Fundamentes [der Erkenntnis]" drehen (MSGA I.6, S. 492). Eine Diagnose, der Neurath und Carnap aus ihrer *logischen* bzw. *empirischen* Perspektive in inhaltlich-systematischer Sicht niemals hätten zustimmen können. Nicht umsonst betont Neurath in seiner Erwiderung auf Schlicks genannten Aufsatz, dieser habe sonst: „im Sinne gewisser Grundgedanken des Wiener Kreises nicht ungern betont, [...] es gäbe [...] überhaupt keine besonderen philosophischen Fragen, insbesondere nicht solche, *in denen die wissenschaftliche Erkenntnis selbst zum Problem erhoben würde.* In seiner letzten Arbeit aber hat er gerade über dies Problem geschrieben" (Neurath 1934, S. 346 f.). Damit verdeutlicht sich die klare Differenz zwischen Neurath und Schlick: der Erstere lehnt das Anliegen des letzteren, die Frage nach den Protokollsätzen als eine Frage von erkenntnis*philosophischer* Natur aufzufassen, ja überhaupt Fragen solcher Art zu stellen, grundsätzlich ab. Dass ausgeprägte Meinungsverschiedenheiten zwischen Neurath und Schlick Bestand hatten, deren Verhältnis in den 1930er Jahren auch im Rahmen dieser Debatte zunehmend getrübt wurde, gilt als sicher. Eine Einigung der beiden, nicht nur mit Blick auf die Protokollsatzfrage, stand nicht in Aussicht. Weitaus optimistischer gestimmt war Schlick jedoch in Hinblick auf eine Einigung mit Carnap: dem Briefwechsel der beiden ist zu entnehmen, dass eine solche zügig erzielt werden könne, insofern sich nur die Zeit für einen mündlichen Austausch finden ließe (Moritz Schlick an Rudolf Carnap 2. Juni 1934; Rudolf Carnap an Moritz Schlick 4. Juni 1934; Moritz Schlick an Rudolf Carnap 5. Juni 1934). Und gerade diese optimistische Haltung meine ich, wenn ich wie oben anmerke, dass sich nicht einmal die Protagonisten der Debatte selbst über die grundlegende Art ihrer Differenzen bewusst waren, die m. E. so tiefgreifend sind, dass sie inhaltlich-systematisch niemals hätten überwunden werden können. Hierauf möchte ich im Folgenden vertieft eingehen, um darauf aufbauend ein letztes Argument für die Kontinuität im philosophischen Denken Schlicks vorzubringen.

Nach Carnap sind unter Protokollsätzen Sätze zu verstehen, „die das ursprüngliche Protokoll etwa eines Physikers oder Psychologen“ enthalten. Sie dienen der Nachprüfung des Systems von Sätzen, welches die Wissenschaft uns darbietet (Carnap, 1931, S. 437). Entscheidend ist in diesem Zusammenhang, dass es sich bei den Protokollsätzen eben stets um *Sätze* handelt. Als solche gehören sie selbstredend einer Sprache an, die Carnap hier als „Protokollsprache“ bezeichnet, alternativ bietet er hierfür auch die Termini „Erlebnissprache“ und „phänomenale Sprache“ an (S. 438). Diese Ausdrucksweisen sind jedoch laut Neurath nur mit äußerster Vorsicht zu gebrauchen: allzu leicht könne ihr Gebrauch zu einer unerwünschten „Lehre von den ‚Erlebnissen‘“ führen, „die dann in die idealistische Metaphysik abgleitet“ (Neurath 1934, S. 346 f.). Und gerade dies sei Schlick im *Fundament* geschehen, das Neurath m. E. völlig richtig als besonders „scharfen“ Angriff aufgefasst hat. Und obgleich Schlick selbst Neuraths Vorwurf der ‚Metaphysik‘ als Affront auffasst, ist daran etwas sehr Richtiges: Konstatierungen haben stets die Form „Hier jetzt so und so“. Gemeinsam ist ihnen, dass sie jeweils hinweisende Worte beinhalten, wie bspw. „hier“, „jetzt“, „dies da“ etc. Der entscheidende Punkt ist, dass die Bedeutung von Worten dieser Art nur mittels Gesten verstanden werden kann, andernfalls hat ihre Verwendung keinen Sinn (MSGA I.6, S. 511–512). Auf diese Art und Weise wird das *System der Sätze* mit den *Tatsachen der Wirklichkeit* verbunden: so schreibt Schlick, dass Konstatierungen nur dann verstanden werden können, wenn sie mit den „Tatsachen“ verglichen werden (S. 512). Eine solche Konstatierung selbst, kann nicht aufgeschrieben werden (S. 513), sie ist folglich selbst nicht Teil des Satzsystems der Wissenschaften. Sie dienen letztlich dazu, jenes System mit der „Wirklichkeit“ in einen Zusammenhang zu bringen (insbes. S. 513–514). Von dieser Warte aus betrachtet – so Schlick – wird das Problem des „Fundaments“ zum „Problem der unerschütterlichen Berührungspunkte von Erkenntnis und Wirklichkeit.“Darauffolgend bezeichnet er die Konstatierungen explizit als jene Berührungspunkte (S. 514). Damit sollte deutlich geworden sein, dass der Sinn der Konstatierungen eben gerade darin besteht, über das Satzsystem der Wissenschaften hinaus in die Wirklichkeit hineinzutreten und damit eine Verbindung herzustellen zwischen diesem System und der unabhängig von diesem bestehenden Wirklichkeit. Dies hier zu betonen ist aus zwei Gründen von besonderer Relevanz: Erstens ist klar, dass Carnap und Neurath sich mit einer derartigen Konzeption, die aus dem System der Wissenschaften hinaustritt, von ihrem Standpunkt aus niemals hätten einverstanden erklären können. So betont Carnap stets die unbedingt einzuhaltende strikte Trennung zwischen der *formalen* und der *inhaltlichen* Redeweise (Carnap 1931, S. 435, 436, 439, 452, 453–457, 459 sowie S. 461), die sich auch bei Neurath manifestiert (vgl. bspw. Neurath 1931, S. 398 ff. in Anschluss an Carnap 1931). Hierbei handelt es sich m. E. um eine grundlegende Verständnisschwierigkeit zwischen den Mitgliedern des „linken“ und „rechten“ Flügels im Wiener Kreis, der auf grundlegend divergierenden Ansichten über das Verhältnis von Sprache und Wirklichkeit basiert. Diese spiegelt sich auch in *Sind die Naturgesetze Konventionen?*, wider. Ein Aufsatz der, wie die kritische Gesamtausgabe verrät, als eine grundlegende Kritik Schlicks an Carnap zu lesen ist (Friedl & Rutte 2008, S. 754 f.). Doch diese Divergenz, die in ihrer Tragweite nicht unterschätzt werden darf, bedürfte einer eigenständigen Analyse im Rahmen eines speziell diesem Themas gewidmeten Papers, das den inhaltich-systematischen Rahmen der vorliegenden Arbeit verlassen würde. Damit ist überzugehen zu Punkt zwei, der den Fokus erneut auf die Kontinuität im Gesamtwerk Schlicks lenkt.

Der aufmerksame Leser der Kap. 4 und 5 dieser Arbeit wird sofort darauf stoßen, dass es sich bei dem benannten „Problem" für Schlick um ein sehr altes handelt: zunächst fällt die Parallele zur Bestimmung des Wirklichkeitskriteriums auf. Dieses beinhaltet stets eine mittelbare oder unmittelbare Beziehung zum erlebten ‚Jetzt'. Der Bezug auf Worte, die zum einen hinweisende Gesten erfordern und die dadurch in einer engen Beziehung stehen ist hierin zumindest rudimentär bereits angelegt. Rudimentär insofern als das Schlick sich hier auf die Verwendung des Terminus ‚Jetzt' und (im Zusammenhang mit den räumlichen Beziehungen) auch das ‚Hier' beschränkt. Doch es wird deutlich, dass es Schlick schon in der AEL darum geht, das System der Begriffe bzw. das Erkenntnissystem der Wissenschaften mittels dieser Konzeption an die Wirklichkeit zu koppeln. Darüber hinaus spiegelt sich auch hierin die Problematik wider, mit der sich Schlick vor allem in den §§6 und 7 der AEL auseinandersetzt. Es geht darum, die Begriffs- bzw. Erkenntnissysteme der Wissenschaften mit dem durch sie bloß bezeichneten Tatsachenzusammenhang der Wirklichkeit in Verbindung zu bringen. Man beachte in diesem Zusammenhang vor allem seine Ausführungen zu den auch in Kap. 4 beschriebenen ‚konkreten Definitionen' in der AEL (MSGA I.1, S. 201 f.). Er lastet den Konstatierungen sogar dieselben Schwierigkeiten an, die er zuvor den anschaulichen Vorstellungen zugeschrieben hatte: sie seien flüchtig, veränderlich und aus diesem Grund zu unsicher, um als dauerhaftes Fundament der Wissenschaften dienen zu können. So heißt es bspw.:

> [Die Konstatierungen] liegen keineswegs am Grunde der Wissenschaft, sondern die Erkenntnis züngelt gleichsam zu ihnen auf, jeden nur in einem Augenblick erreichend und ihn sogleich verzehrend. Und neu genährt und gestärkt flammt sie dann zum nächsten empor. (MSGA I.6, S. 514)

In der AEL heißt es zu den anschaulichen Vorstellungen, die mittels konkreter Definition mit den Begriffen in Verbindung gebracht werden:

> [...] in allen Wirklichkeitswissenschaften, ist es vor allem das Interesse an gewissen anschaulichen oder wirklichen Gegenständen, welches für uns den Anlaß zur Knüpfung des Begriffsnetzes abgibt. Nicht so sehr an den abstrakten Zusammenhängen selbst haftet hier das Interesse, als vielmehr an den anschaulichen Beispielen, die den begrifflichen Beziehungen parallel gehen. Im Allgemeinen beschäftigen wir uns mit dem Abstrakten nur, um es auf das Anschauliche anzuwenden. Aber – und dies ist der Punkt, zu dem unsere Betrachtung hier immer wieder zurückkehrt – im Augenblick der Übertragung der begrifflichen Relation auf anschauliche Beispiele ist die exakte Strenge nicht mehr verbürgt. (MSGA I.1, S. 215)

Daran zeigt sich m. E. sehr eindrücklich, dass gewisse Überlegungen bezüglich der Konstatierungen, namentlich die soeben beschriebene Flüchtigkeit sowie auch ihr Status, nicht am Anfang, sondern gewissermaßen am Ende des Erkenntnisprozesses zu stehen, das eigentliche Ziel des ganzen zu sein, bereits in der AEL vorlagen, obgleich der Terminus ‚Konstatierung' in diesem Zusammenhang noch nicht verwendet wird. Die dahinterliegende Idee ist, wie im Kap. 4 in Bezug auf die Begriffssysteme und die Strukturthese beschrieben, dieselbe.

Zu einem ähnlichen Ergebnis kommt auch Thomas Uebel in einem Artikel von 2020: er verortet die Ursprünge der ‚Konstatierungen' bereits in der AEL, und zwar im Rahmen seiner Auseinandersetzung mit dem Skeptizismus (Uebel 2020, S. 146 ff.). Zwar zieht Uebel andere Passagen aus Schlicks Frühwerk heran als ich es oben getan habe und stellt die Thematik in einen anderen Kontext, doch ich kann Uebels Diagnose, dass in der AEL der Hintergrund wenn nicht gar die Ursprünge der Konstatierungen zu verorten sind (S. 149), an dieser Stelle nur zustimmen. Uebel stellt außerdem fest, dass die Konstatierungen einen Versuch darstellen, diese alten Überlegungen wieder aufzugreifen und mit den neuen durch Wittgenstein bereitgestellten Mitteln zu verbessern (S. 153 ff.). Auch diesem Ergebnis möchte ich hier nicht widersprechen, wenngleich ich mit Verweis auf die hier vorgelegten Ergebnisse aus Kap. 5 doch betonen möchte, dass vor allem der pragmatische Charakter der Konstatierungen auch schon in aller Deutlichkeit einen Grundgedanken der AEL widerspiegelt.

Um diese Thematik zu vertiefen ist es ebenso lohnenswert einen Blick auf Schlicks ‚Koinzindenzlehre' zu werfen. Über einen Zusammenhang zwischen den Konstatierungen und dieser von Schlick sehr früh entwickleten Konzeption publizierte jüngst Ingolf Max (2021). Sicherlich sind beide Konzeptionen nicht als identisch zu betrachten, die entscheidende Frage ist, ob sich beide miteinander in Einklang bringen lassen bzw. ob sie sich in eine gemeinsame Gesamtkonzeption einfügen lassen. Dagegen spräche, dass Schlick die ‚Koinzidenzen' in *Die Kausalität in der gegenwärtigen Physik* von 1931, nur drei Jahre vor Beginn der Debatte um die Konstatierungen erneut aufgreift, von den letzteren darin jedoch nichts zu lesen ist. Dem ist jedoch entgegenzuhalten, dass Schlick, wie auch die beiden oben angeführten nach dem *Fundament* publizierten Artikel belegen, diese Thematik sehr ernst genommen hat und insofern man ihm nicht Inkonsistenz im Denken vorzuwerfen gedenkt, eine Vereinbarkeit beider Konzeptionen widerspruchsfrei (möglicherweise mithilfe marginaler Modifikationen) möglich sein muss. Doch auch dies würde den Rahmen der hier dargelegten Ausführungen übersteigen, dessen Ziel es war, neue Argumente für die Kontinuität und Eigenständigkeit Schlicks zu liefern, indem vor allem zentrale Konzepte aus Schlicks Spätwerk aufgegriffen wurden die, anders als die Konstatierungen, in der gegenwärtigen Literatur noch nicht die ihnen gebührende Aufmerksamkeit erhalten haben. Der Kontinuitätsthese, die die Hauptthese der vorliegenden Arbeit darstellt, wurde knapp um einen weiteren Aspekt bereichert.

Mehren sich die nachgewiesenermaßen kontinuierlichen Aspekte in Schlicks philosophischem Gesamtwerk, so wird es immer schwieriger zu behaupten, der „späte Schlick" sei nichts weiter gewesen als ein Botschafter der Wittgensteinschen Philosophie. Vor dem Hintergrund der hier vorgelegten Argumente lässt sich festhalten, dass Schlick gegenüber Wittgenstein ein eigenständiger philosophischer Denker war, der viele zentrale Ideen seines Spätwerks schon im Frühwerk ausgearbeitet, im Lauf seiner Karriere kontinuierlich weiterentwickelt und zeitlebens vertreten hat. Für die Eigenständigkeit Schlicks gegenüber Wittgenstein spricht auch, dass er Wittgenstein in einigen Punkten nicht folgte (Philippi 1986, S. III) und dass Schlick darüber hinaus auch Thesen vertreten hat, die Wittgenstein so nicht teilte.[2]

Fernerhin ergeben sich aus den Themen, die in vorliegender Arbeit besprochen wurden, auch interessante Parallelen zu aktuellen Debatten: So ist wohl kaum zu übersehen, dass der Strukturalismus in Schlicks Früh- und Spätwerk sowie seine damit einhergehende These von der Unsagbarkeit der Erlebnisinhalte eine Vorwegnahme der Debatten um Fragen wie *How is it like to be a bat?* (Nagel 1974) sowie *What Mary didn't know* (Jackson 1986) darstellt. Zu den Parallelen zwischen Schlicks Erkenntnisphilosophie und der seit 1989 entbrannten Debatte um den sog. Strukturenrealismus arbeitete bspw. in jüngster Zeit Neuber (2013).

Was ist nun mit der Eigenständigkeit und Kontinuität Schlicks für die Rezeption seiner Philosophie gewonnen? Hierdurch wird es nunmehr ermöglicht, sein Gesamtwerk mit neutralem Blick zu betrachten, ohne auf eine scharfe Trennlinie zwischen Früh- und Spätwerk achten zu müssen. Dadurch können sich neue Konzepte und fruchtbare Ideen aus den von Schlick vorgelegten Schriften herausarbeiten und weiterentwickeln lassen. Ein Beispiel hierfür liefern Schlicks frühe Arbeiten zur Kunstphilosophie: Stellt man diese in den Kontext seiner Äußerungen über das ‚Geniale Raten' aus seinen Schriften der 1930er Jahre, lässt sich möglicherweise eine neue Sicht auf das Verhältnis von Wissenschaft und Kunst etablieren, wie ich in meinem Vortrag *Moritz Schlick über ‚Geniales Raten' – Ist Wissenschaft Kunst?* auf der Rostocker Tagung *Natur, Kultur, Kunst* 2019 skizziert habe. Diese Idee stellt sicherlich nur eine von vielen Möglichkeiten dar, die sich ergeben, sofern die strikte Unterscheidung zwischen einem „frühen" und einem „späten Schlick" fallengelassen wird.

Literatur

Carnap, Rudolph. 1931. Die physikalische Sprache als Universalsprache der Wissenschaft. *Erkenntnis* 2: 432–465.

Friedl, Johannes. 2013. *Konsequenter Empirismus. Die Entwicklung von Moritz Schlicks Erkenntnistheorie im Wiener Kreis*. Wien: Springer.

Friedl, Johannes. 2016. Moritz Schlick, Erkenntnisbasis und Intersubjektivität. Moritz Schlick und Béla Juhos über Konstatierungen. *Kriterion – Journal of Philosophy* 30(3):93–120

Friedl, Johannes und Heiner Rutte. 2013. Editorischer Bericht zu „Sind die Naturgesetze Konventionen?" in: *Moritz Schlick: Erkenntnistheoretische Schriften 1926–1936* [= MSGA II.1.2], Hrsg. Johannes Friedl, und Heiner Rutte. Wien: Springer.

Friedman, Michael. 1983. Moritz Schlick, Philosophical Papers. *Philosophy of Science* 50: 498–514.

Jackson, Frank. 1986. What Mary didn't know. *Journal of Philosophy* 83: 291–295.

Max, Ingolf. 2021. Coincidences and Konstatierungen. Aspects of the Methodological Creativity in Schlick's Science-Orientated Philosophizing. *Geltung* 1: 1–35.

Nagel, Thomas. 1974. What is it like to be a bat? *The Philosophical Review* 83: 435–450.

Neuber, Matthias. 2013. Treffpunkt Struktur. *Archiv für Geschichte der Philosophie* 95: 206–233.

Neurath, Otto. 1931. RSoziologie im Physikalismus. *Erkenntnis* 2: 393–431.

[2] Bspw. die hier in Kap. 4 besprochene These von der Unsagbarkeit der Erlebnisinhalte.

Neurath, Otto. 1934. Radikaler Physikalismus und ‚Wirkliche Welt'. *Erkenntnis* 4: 346–362.
Philippi, Bernd. 1986. Protokollsätze versus Konstatierungen. Ein Kernproblem des Wiener Kreises. In *Einleitung zu: Moritz Schlick: Philosophische Logik*, Hrsg. Bernd Philippi, I–XLIII. Frankfurt a. M.: Suhrkamp.
Schlick, Moritz. 1986a. *Die Probleme der Philosophie in ihrem Zusammenhang*. Hrsg. Henk L. Mulder, Anne J. Kox, und Rainer Hegselmann. Frankfurt a. M.: Suhrkamp.
Schlick, Moritz. 2008. *Die Wiener Zeit. Aufsätze, Beiträge, Rezensionen 1926–1936* [= MSGA I.6]. Hrsg. Johannes Friedl, und Heiner Rutte. Wien: Springer.
Schlick, Moritz. 2013. *Erkenntnistheoretische Schriften 1926–1936* [= MSGA II.1.2], Hrsg. Friedl, Johannes, und Heiner Rutte. Wien: Springer.
Uebel, Thomas. 2020. Schlick and Wittgenstein: The Theory of Affirmations Revisited. *Journal of the History of Philosophy* 58(1): 141–166.

FSC
www.fsc.org
MIX
Papier | Fördert
gute Waldnutzung
FSC® C083411

Kolibri 360 GmbH
Ferdinand-Jühlke-Straße 7
99095 Erfurt, Deutschland
produktsicherheit@kolibri360.de